莲花水电站运行技术

唐润庚　赵玉峰　唐宏亮
李振波　孔令辉　郑　军　等著

黄河水利出版社
·郑　州·

图书在版编目(CIP)数据

莲花水电站运行技术/唐润庚等著. —郑州:黄河水利
出版社,2021.12

ISBN 978-7-5509-2556-4

Ⅰ.①莲… Ⅱ.①唐… Ⅲ.①水力发电站-电力系统
运行-海林 Ⅳ.①TV737

中国版本图书馆 CIP 数据核字(2021)第 277163 号

出 版 社:黄河水利出版社　　　　　　　　　　网址:www.yrcp.com

　　地址:河南省郑州市顺河路黄委会综合楼 14 层　　邮政编码:450003

发行单位:黄河水利出版社

　　发行部电话:0371-66026940、66020550、66028024、66022620(传真)

　　E-mail:hhslcbs@126.com

承印单位:广东虎彩云印刷有限公司

开本:787 mm×1 092 mm　1/16

印张:25.5

字数:590 千字　　　　　　　　　　　　　印数:1—1 000

版次:2021 年 12 月第 1 版　　　　　　　　印次:2021 年 12 月第 1 次印刷

定价:150.00 元

前　言

　　水电站借助水工建筑和机电设备将水能转化为电能，具有成本低、污染小、启动快、可再生等优点。中国幅员辽阔，河川众多，水电资源丰富，目前水电装机容量居世界第一。如何尽快提高水电站广大员工的技术水平、业务能力和职业素养，让科学技术尽快地为广大员工所了解和掌握，对推动电力科技进步和促进水电事业的发展显得十分重要。

　　本书基于牡丹江莲花发电厂的生产过程进行了全面的阐述，从设备结构到工作原理，从系统构成到运行要求等方面，详细进行了讲解。在编写过程中，着重强调水电站运行的系统性、实用性和全面性，内容丰富，理论联系实际，相关内容也可以作为其他水电站安全生产和技能培训的有力工具。

　　参编人员不仅有理论基础深厚的科研人员，而且有长年工作在生产第一线、有着丰富实践经验的技术人员，后者十分了解生产人员的实际需要。

　　本书共分为 16 章。第一章主要介绍了电力系统、电力网和水电厂的基本情况，由唐润庚和李振波编写；第二章和第三章主要介绍了水轮机的类型、结构基本工作参数和运行维护情况，由唐润庚、李振波和杨勇编写；第四章详细阐述了电力变压器、高压断路器和互感器等高压电器设备的运行情况，由赵玉峰、唐宏亮和张凯编写；第五章和第六章主要介绍了电气一次系统和厂用电系统的运行，由李振波、赵玉峰和唐宏亮编写；第七章~第九章主要介绍了水系统、压缩空气系统和油系统的运行，由刘忠、武现治、刘东、邹乐乐编写；第十章~第十二章为直流系统、调速器和同步发电机的介绍和运行，由牛金亮、李贵勋、郑军、石广帅编写；第十三章主要介绍了自动化控制的基本情况和莲花发电厂的上位机监控系统、现地控制单元等，由郝伯瑾、武现治和吴岗权编写；第十四章和第十五章主要介绍了继电保护和二次回路，由郝伯瑾、郑军和孔令辉编写；第十六章主要介绍了水轮机磨蚀防护的技术和修复案例，主要由李贵勋、孔令辉和郝伯瑾编写。

　　本书得到了牡丹江水力发电总厂多位领导和专业人士的大力支持，在此表示诚挚的感谢。由于时间和水平所限，书中难免出现不足和错误，敬请读者批评指正。

作　者

2021 年 2 月

目　录

第一章　概　论

第一节　电力系统与电力网

一、概述

　　电力系统是由发电、变电、输电、配电、用电等设备和相应的辅助系统,按规定的技术和经济要求组成,将一次能源转换为电能并输送和分配到用户的一个统一的系统。电力系统还包括为保证其安全可靠运行的继电保护和安全自动装置、调度自动化和通信等相应的辅助系统。如图 1-1 所示,发电厂将一次能源转换为电能,经过输电网和配电网将电能输送和分配到电力用户的用电设备,从而完成电能从生产到使用的整个过程。电力系统的根本任务是向用户提供充足、可靠、合格和廉价的电能。

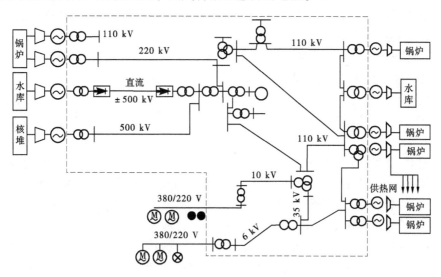

图 1-1　电力系统示意图

　　电力网是电力系统的一部分,它是由各类变电所和各种不同电压等级的输配电线路连接起来的统一网络。电力网的作用是将电能从发电厂输送并分配到电力用户。

　　发电厂是电力系统的中心环节,它是将其他形式的能源转换成电能的一种工厂。而根据能源取得的形式不同,发电厂又可分为火力发电厂、水力发电厂、核能发电厂、风力发电厂、太阳能发电厂、地热发电厂、潮汐发电厂等。目前,我国的发电厂主要是火力发电厂和水力发电厂,并已经开始大力发展核能发电和风能发电。这些发电厂都是由不同的高压输电线路互相联系起来的,组成巨大的电力网及电力系统。

二、电力系统的特征及特性

(一)电力系统的特征

电能与其他能量不同,一般不能大量储存,其生产过程是连续的,发、变、输、配、用在同一瞬间进行并完成,并且受地域、季节、气候、社会活动、工农业生产和人们的生活习惯等的不同而变化。电力系统有如下特征:

(1)电力的产供销同时完成,即电力的发生与消费同时完成。目前虽有少量电能可以直接或转换为其他形式能量予以储存,但远未形成规模,不能影响电力系统的上述特性。

(2)电力系统的频率是统一的,即正常稳态条件下在交流系统内频率到处都是一个数值,但用直流连接的复合电力系统除外。而电压在电力系统各处并不一致。频率表征电力系统的有功功率的平衡,电压则表征该处无功功率的平衡。

(3)电力系统内的事故时有发生,大的事故会造成国民经济的损失,对人民生活、工农业生产、社会秩序产生巨大影响,因而保证电力系统安全运行是电力工业的首要任务。

(4)电力系统的容量和覆盖的地理范围越来越大,是国民经济的重要组成部分。当前电力系统的特征是大容量、跨地区、高电压、高度自动化、交直流混合的大系统。

(5)电力系统的组成要素和运行特性各不相同,并随系统的发展而各自发生变化。

(二)电力系统的特性

为了保持电能生产与使用的随时平衡,必须随时对发电负荷进行调整。将不同形式的发电厂通过电力网组成电力系统,就能充分体现出其优越的特性:

(1)提高系统运行安全可靠性。当电力系统发生故障时,各地区间电力能相互支援,当系统中任一电厂因事故停电时,系统中其他电厂可以继续供电,使供电的可靠性极大地提高。

(2)提高系统运行的经济性。能更经济合理地开发利用水力、火力和核能等一次能源。即可以充分发挥各类电厂的作用,以节约燃料和充分利用水力资源。如可以利用火力发电厂带基本负荷运行,而由于水电机组具有启动灵活、方便、快捷的特点,可以利用水电机组担任系统的调峰任务,以达到水电与火电的合理调配作用。

(3)节省投资及减少备用机组。为了代替故障或检修机组,必须装有备用机组。建立电力系统后,就可以利用电力联网的优势,在系统中备有适量的备用机组就可以了,从而减少了投资。

(4)有利于采用大容量和标准化的发电机组和电力设备,可以节省建设投资和运行费用,以提高投资效益和运行经济性。

(5)便于集中管理,实现经济调度与电力的合理分配:随着现代科学技术的不断发展,对电力系统也提出了更新、更高的要求,电力系统因其具有统一性、同时性和广域性的特点,大范围的区域性、全国性的电网互联可以实现资源的优化配置,能够大大提高电网运行的经济性和可靠性,这也是目前我国电力系统正在发展的趋势。

三、电能的质量标准

如同任何产品一样,电能也是有其质量标准的,衡量电能质量标准的指标是电压和频率。我国电力系统要求系统频率应保持在 50 Hz,国家标准《电能质量 电力系统频率允许偏差》(GB/T 15945—1995)中规定:电力系统正常频率偏差允许值为±0.2 Hz。当系统容量较小时,偏差值可以放宽到±0.5 Hz。对电压的要求是,它应满足用户受电端的电压偏移值合乎规定。国家标准《电能质量供电电压允许偏差》(GB 12325—90)中规定:35 kV 及以上供电电压正、负偏差的绝对值之和不超过额定电压的 10%,10 kV 及以下三相供电电压允许偏差为额定电压的+7%、-10%。一般地讲,35kV 及以上电力用户为额定电压的±5%,10 kV 及以下电力用户为额定电压的±7%。

保持电能的质量标准是电力系统向电力用户提供优质服务的基本要求,否则如果频率和电压不稳定,变化幅度较大,不但对电力系统本身的安全稳定运行带来严重的影响,对电力用户的生产和使用也会造成严重的影响。

(一) 系统频率变化的影响

对用户的影响:

(1)大多数工业用户使用异步电动机,电动机的转速与系统频率有关。频率的变化将引起电动机频率的变化,从而影响产品的质量。

(2)系统频率降低,将使电动机功率降低。频率的降低会影响电动机所拖动的机械出力,使之下降或严重下降。

(3)随着现代电子技术的发展,各种精密电子仪器和自动控制设备得到广泛应用,系统频率的不稳定将会直接影响到这些电子技术设备的精确性。

对电厂及系统本身的影响:

(1)发电厂的厂用机械都是由异步电动机拖动的。频率的降低将使电动机功率降低,如果频率严重下降将直接导致厂用机械不能正常工作,从而影响到主机设备的安全运行。

(2)系统频率降低,使变压器和电动机的励磁电流增大,引起系统无功负荷的增加,从而导致系统电压下降,而电压下降又会引起电机转矩下降,出现恶性循环。若不采取措施及时恢复,会导致系统重大事故的发生。

(3)系统频率的变化也会影响同步发电机的并网速度,可能危及系统的安全运行。

(4)系统低频运行时,将可能引起汽轮机叶片共振,严重时会使叶片断裂。

(二) 系统电压变化的影响

任何用电设备最理想的工作电压就是它的额定电压。在电力系统的运行中,电压值的变化和偏移过大,也直接影响用户的产品质量,甚至损坏设备。

(1)白炽灯对电压变化的敏感性较大,电压变化使其光束、电流、发光效率和寿命都受到影响。

(2)异步电动机受电压偏移的影响更大,因为转矩和电压的平方成正比,所以当电压太低时,电动机会出现由于转矩太小而停止工作,或者重载电机可能启动不了。电压越低,电流越大,使电动机绕组的温度升高,加速绝缘老化。电压过高时,也会由于损耗加大而使其温度升高,高温和高压对绝缘都是不利的。

（3）系统电压低,甚至会使发电机、变压器等重要设备所承担的负荷都减小,降低系统的抗干扰能力,严重时将导致系统稳定运行受破坏。

四、电力网的额定电压

在电力系统中有各种不同的电压等级,在发电厂中发电机的输出电压都较低,一般为几千伏至几万伏之间。要想把发电机发出的电能输送到相当远的距离,均需用升压变压器变成电压等级较高的电压。因为输送同样容量的电能时,提高电压则输电线路中的电流便会减小,这样便可降低电能的损失。

我国电力网的额定电压等级主要有:0.22 kV、0.38 kV、3 kV、6 kV、10 kV、35 kV、60 kV、110 kV、154 kV、220 kV、330 kV、500 kV 等。目前,已经建成有 750 kV、1 000 kV 的电压等级。

电力网中的电压降落一般为 10%,而用电设备一般允许在额定电压的 ±5% 范围内变化时工作。所以,线路始端的电压一般比电网额定电压高 5%,而线路末端的电压则比电网额定电压低 5%,这样便可以保证线路的压降在 10% 时各用电设备工作正常。

考虑到网络中电压降落的影响,发电机的额定电压比它接入的电网电压的额定值高出 5%。

如图 1-2 所示为电力网中电压的变化示意图。B_1 为升压变压器,B_2 为降压变压器。B_1 副边高压侧额定电压应比电网的额定电压高 10%,因为此时 B_1 副边的额定电压为空载时测定的。带满负荷时,B_1 副边绕组本身损失约 5%,故线路首端电压比电网额定电压高 5%。

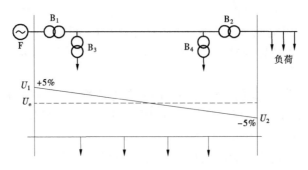

图 1-2 电力网中电压的变化示意图

以莲花发电厂的 1~4 号主变压器为例,高压侧的额定电压为 220 kV,但实际运行中,1~4 号主变压器高压侧线圈的分接头是调整在 3 号位置,即输出电压为 242 kV,比额定电压高出 10%,其原因如前所述。

五、电力系统接线

电气运行人员必须对本厂的电气接线和本电厂所在的电力系统的接线有清楚的了解,因为任何运行方式的变化都是和电气接线分不开的,而运行方式则是运行人员在正常运行及事故状态下分析和处理各种事故的基本依据。

凡用电力系统元件的规定符号并按实际接线顺序把它们连接起来的线路图,称为电力系统接线图,接线图只画出了电路的基本部分,未画出电路中的次要设备,并将三相系统用单线表示,使系统图简化、明了。

六、电力系统中的负荷

电力生产的最大特点是电能难以储存,电能的发、供、用同时完成,在任何时刻内,各发电厂发出的电能都必须和用户的耗电量相适应,否则就会引起频率和电压的不正常。

(一)电力系统中用户的种类

电力系统中用户数量很大,种类繁多,按其生产的性质可分为:

(1)工业用户。指各工矿企业中的各类电动设备及电炉、电化装置和车间照明用电。其用电的特点是用电量大,年内用电过程较均匀,但供电保证要求高。

(2)农业用户。主要是电力排灌、农副产品加工和照明等。它具有明显的季节性。

(3)交通运输用户。主要是电气化铁路运输。用电特点是日内用电均匀,但有短时的剧烈高峰冲击。

(4)城市公用事业及照明用户。主要用于市镇交通、电讯、照明等方面。其特点是年内和日内变化都比较大。

(二)负荷分类

按照负荷的重要程度,一般可分为以下三类:

第一类负荷:最重要的负荷,若对它停电会引起严重的人身和设备的损害,以至造成严重的政治影响,如矿山、钢铁厂等。

第二类负荷:较重要的负荷,这种负荷停电后,将造成生产的大量减产和较大的经济损失,如纺织厂、化工厂等。

第三类负荷:除以上两种负荷外的其他负荷。

对第一、二类负荷必须保证供电可靠,否则将给国民经济带来极大的损失。

第二节 水电厂的生产过程

一、我国水能资源的特点

中国的幅员辽阔,河川众多,水电资源丰富,目前的水电装机容量居世界第一位。我国水能资源具有以下特点:

(1)资源总量十分丰富,但人均资源量并不富裕。全国可开发容量接近 5 亿 kW,相应发电量约 2.24 亿 kW·h,居世界第一位。但由于我国人口众多,所以人均资源量并不富裕,只有世界均值的 70% 左右。

(2)资源分布极不均衡,与经济发展更不匹配。我国水电资源主要集中在长江和黄河中上游及西部地区,仅西南和西北的 11 个省、自治区的水电资源就占全国的 78% 左右,而其他地区的水电资源占有量相对较少。

(3)江河来水量年内、年际变化大。由于降水受季风影响,年内高度集中,一般雨季在2~4个月,降水量占全年降水量的60%~80%,且年际间的变化也较大。所以,一般多为年调节或多年调节的水电站。

二、水力发电的特点

(1)水能的循环使用。自然界中的水源是不断进行循环的,是取之不尽、用之不竭的。所以在诸多的可开发性能源中,水能是最廉价、最经济的一种能源。

(2)水资源的综合利用。修建水利工程可进行多目标的开发,除发电外,同时兼有防洪、灌溉、航运、养殖以及改良环境和形成游览胜地等多方面的效益,同时又可以实现梯级开发。

(3)水能的调节与储蓄。电能的特点就是不能大量地储存,而水电站则可利用水库将水能储存起来,来代替储存电能。这样有利于电力系统电能的调节,提高了供电的灵活性和经济性。

(4)水力发电的可逆性。建造抽水蓄能电站就可以根据需要进行电能与水能的相互转换。

(5)水电机组工作灵活。水轮发电机组具有设备简单、操作灵活、启动迅速、出力调整快、易于实现自动化等优点,是电力系统最好的调峰、调频和事故备用电源,对改善电力系统运行、防止突发性事故和避免大面积停电事故具有明显的优点。

(6)水电站的生产成本低、效率高。水电站的设备比其他形式的发电厂的设备少,厂用电消耗低,所需生产人员少,维护费用较低,能源利用的效率较高,且不需支付燃料费等。

(7)水力发电不污染环境。水力发电的生产过程无废气、废水和废渣排出,所以对空气和水都不会构成污染,水库的形成还可以改善当地的气候和环境,易于开辟成旅游胜地。

三、水电站在系统中的作用

根据水力发电的特点,水电站在电力系统中的作用主要是:
(1)提供电力、作为系统的工作容量分担负荷,可以减少系统内火电的装机容量。
(2)向系统提供廉价电量,以节省燃料。
(3)承担系统的备用容量,提高系统的供电质量。
(4)调节峰荷,改善系统的运行条件,降低发电成本。
(5)起调相作用,供给无功电力,调节系统电压。

四、水力发电厂的生产过程

图1-3所示的框图中表示了水力发电的基本过程。通过修建拦河大坝将河流中的水集中,以提高落差,然后将具有较大能量的水通过压力水管引至水轮机,冲动水轮机转动,将水能转化为水轮机的旋转机械能。水轮机带动与其相连的发电机,由发电机将旋转机械能转化为电能。发电机所发出的电能,经变压器升压后送至高压电力系统,由输电线路送到各种不同的用户,以满足各地区各类不同用户的用电需要。在水轮机中做功后的水

通过尾水管排至河流的下游。

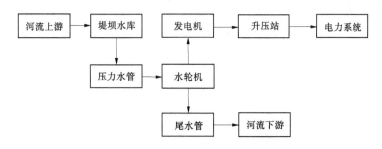

图 1-3　水力发电厂生产过程框图

水力发电的生产过程就是把水能转变为电能的过程,可分为以下两个工作阶段:

一是把在水库中储存的水能由水轮机转变为机械能的过程。

二是由发电机将机械能转变为电能的过程。

以莲花发电厂的生产过程为例,简要叙述其生产过程及几个系统的组成。

(一) 水库

1. 水库及其作用

水库是利用天然地形并修建水工建筑物所形成的人工湖泊。水库是水电站的重要组成部分,其作用有:

(1)利用挡水建筑物壅高水位,集中水头用以发电、增加库内航运水深或提高取水高程以扩大供水范围。

(2)调节径流,使天然的入库流量过程改变成能适应发电和其他用水要求的流量过程出库。

2. 水库调节特性

水库按对径流的调节能力和周期的不同,可分为以下几类:

(1)日调节水库。系统在低谷时将水储存起来,用在尖峰时发电,其调节周期为一日。它仅对一日内的径流进行有目的的重新分配,解决一日内径流与用水变化的矛盾。

(2)周调节水库。水库将一周内假日的多余水量储存起来,用于工作日发电,其调节周期为一周。

(3)年调节水库。利用较大的水库,将变化较大的天然径流在一年内进行重新分配,以满足枯水期(也叫供水期,即非汛期)发电等用水需要,其调节周期为一年。

(4)多年调节水库。修筑大型水库,将丰水年的水储存起来,以补充枯水年的不足,进行年际间的调节,其调节周期可达几年。

在年内或多年内,不能将丰水期的水全部储存起来,即可能发生弃水,这样的年调节和多年调节的水库,称为不完全年调节(也称为季调节)和不完全多年调节。

3. 莲花水库

莲花水库是一座人工修建的、不完全年调节型水库,1992 年 11 月电站开工建设,1994 年 10 月实现大江截流,1996 年 12 月第一台机组发电。水库主要以发电为主,并兼有防洪、灌溉等综合效益。

莲花水库沿牡丹江由南而北呈狭长形,从柴河镇至大坝全长 99.9 km,全湖最宽处约

3.5 km,最窄处只有约 0.5 km,最大水深在坝前区处约 60 m。水库控制流域面积 30 200 km^2,正常蓄水位为 218.00 m,相应库容 30.5 亿 m^3,相应水库面积 133 km^2。在设计洪水位 220.58 m 时相应库容为 32.7 亿 m^3,在校核洪水位 225.42 m 时的总库容为 41.8 亿 m^3。

水库在正常运用的情况下,允许消落的最低水位称为死水位。也即由于水库淤积及水头要求和引水量等因素,确定了水库水位不能低于某一高程,否则将降低水量利用效率,损伤水力机械设备,影响水库的综合利用。

死水位相对应的库容称为死库容,死库容不直接起调节径流的作用。死库容一般不允许随意动用,只有在干旱年份特殊需要时,才能动用其中的部分存水。莲花水库死水位为 203.00 m,相应的死库容为 14.6 亿 m^3。

4. 水库主要特征水位与特征库容

1) 正常蓄水位和兴利库容

正常蓄水位是水库在正常运用的情况下,为满足设计兴利要求,水库必须蓄到的最高水位。它是水库可以长期保持的最高蓄水位,是为了保证设计供水期正常供水所必须蓄到的水位,它标志着水库带来的效益。

兴利库容是指正常蓄水位与死水位之间的库容,也叫调节库容。只有兴利库容才能起到发电、灌溉、供水等兴利调节径流的作用,因此在蓄水期末,应力求将兴利库容蓄满,以满足枯水期供水。

莲花水库的正常蓄水位为 218.00 m,兴利库容(调节库容)为 15.9 亿 m^3。

2) 设计洪水位与校核洪水位

设计洪水位是指在水库来水达到设计标准洪水时,坝前达到的最高水位。设计洪水位是大坝设计的主要依据。莲花水库 50 年一遇设计洪水位为 220.58 m。

校核洪水位是指在水库来水达到校核标准洪水时,坝前达到的最高水位。校核洪水位是水工建筑物安全的重要指标,水库的水位在任何情况下,都不允许超过校核洪水位。莲花水库可能最大校核洪水位为 225.41 m。

(二)拦河大坝

拦河大坝是水工建筑物的重要组成部分,其功能为截断河流,形成水库,抬高水头,为水力发电提供能源和减少水灾。

莲花水电站拦河坝由大坝和二坝(副坝)组成。大坝位于主河床上,坝型为混凝土面板堆石坝,坝顶高程 225.80 m,最大坝高 71.8 m,坝顶长度 902.0 m,坝顶宽度 8.0 m,面板总面积 75 400 m^2,大坝上下游边坡比为 1:1.4,在下游坝坡 200 m、175 m 处设 3 m 宽的马道。坝基础铺有 2.0 m 厚的排水层,坝体填筑量 390 万 m^3,筑坝堆石料为混合花岗岩。

混凝土面板厚度 0.3~0.5 m,混凝土趾板宽度和厚度自上而下分别为 4.0 m、0.5 m 和 6.0 m、0.6 m。周边缝设三道止水,即底部 F 形铜片,中部为橡胶止水带,顶部为 SR-3 嵌缝材料。垂直缝的顶部和底部共设两道止水,趾板基础进行了固结灌浆和帷幕灌浆,图 1-4 为莲花水电站大坝结构图。

二坝(副坝)位于左岸条形山脊的垭口处,坝型为黏土心墙堆石坝。坝顶高程 225.80 m,最大坝高 47.2 m,坝顶长度 332 m,坝顶宽度 8.0 m,上游坝坡比为 1:2,下游坝坡比为

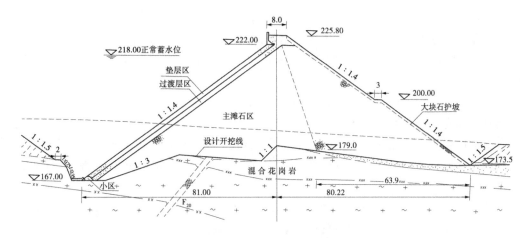

图 1-4　莲花水电站大坝结构图　（单位:m）

1:2.25,在下游坝坡 206 m 处设 3 m 宽的马道。黏土心墙顶宽 4.0 m,上下游坡比 1:0.2,黏土心墙的土料为左岸的黏土和粉质黏土,坝壳料为溢洪道开挖的强风化混合花 岗岩和部分砂砾石料。

(三)泄洪建筑物

泄洪建筑物是水电站枢纽的重要组成部分,主要用来宣泄水库多余水量,调节洪水, 以保证大坝和水库的安全,发挥水库的防洪效益。

莲花水电站溢洪道位于河道右岸低分水岭(山体垭口)处,为开敞式岸坡溢洪道。建 基在弱风化混合花岗岩上,全长 990 m,由进水渠、溢流堰、泄槽、挑流鼻坎和出水渠五部 分组成。进水渠底坎高程 202.1 m,长 220 m,溢流前沿总长度 130 m。溢流堰顶高程 205.6 m,设 7 孔 16 m 宽的溢流孔,装有 16 m×13.4 m 弧形工作闸门和平板检修闸门。泄 槽为矩形槽断面,泄槽全长 505 m,宽度由 130 m 渐变到 105 m,消能方式为挑流消能。溢 洪道最大泄流量(按校核泄流量)为 18 570 m³/s,正常设计泄流量为 12 210 m³/s。

(四)取水建筑物

取水建筑物是水电站的重要组成部分。取水建筑物的作用是指从水库中将所需要利 用的水引入水电厂厂房里用水设备处,并保证所需要的水量。

莲花水电站取水建筑物布置在右岸,主要由进水口、引水隧洞、调压井、压力管道等 组成。

(1)进水口。主要作用是按设计要求引进用水流量,为此要妥善选择进水口位置、高 程以及必需的孔口面积;其次要满足对引入水流的水质要求,采取防止泥沙、漂浮物等措 施,以保证水轮机的安全运行;为满足水电站灵活运行的控制要求,必须在进水口设置操 作方便的控制闸门。

莲花水电站进水口位于右岸大坝上游 200 m 的陡崖处,为岸塔式结构。进水塔高 62.5 m,进水口前沿设有 4 扇 6 m×33 m 活动拦污栅,以防止污物进入引水洞。每个进水 口设计流量 662 m³/s,设有两扇 6 m×14 m 平板检修门及固定式卷扬启闭机,作为引水隧 洞检修的安全措施。

(2)引水隧洞。其作用就是尽量保持将从进水口取得的水量、水头不变地引入到水轮机进行能量的转换。

莲花水电站两条引水隧洞均为圆形钢筋混凝土衬砌断面,隧洞埋深 70~160 m,内径 13.7 m,1 号引水隧洞和 2 号引水隧洞分别长 661.4 m 和 529.99 m,洞身前半部在施工期间兼作导流洞。

(3)调压井。调压井是设置在有压引水隧洞和压力管道连接处的建筑物,其作用是:在具有较长有压引水系统的水电站,当水电站负荷变化时,便在瞬间改变了引水流量,就会发生水锤现象。管道愈长则水锤现象也愈强烈。因此,调压井就是限制传到压力引水隧洞中的水锤作用,减小压力管道中的水锤值。此外,调压井还可以改善机组的运行条件。

莲花水电站调压井为阻抗式结构,调压井高 94.02 m,内径 23 m,横断面为复式双圆弧形。在调压井后侧每个压力钢管进口处安装有快速闸门。

(4)压力管道。莲花水电站在每座调压井后对称布置两条压力管道与发电厂房相连,每条压力管道长 140 m,直径 8.5 m,内径采用钢板衬砌。

(五)厂房及排水建筑物

(1)厂房。水电站厂房的作用是将水电站挡水或引水建筑物所集中的水能可靠而经济地变为可输往用户的电能,它是水电站建筑物的重要组成部分。所以,厂房必须满足温度和强度、防渗的要求,并应使电能的损失最小。

莲花水电站为岸边引水式地面厂房,由主厂房、副厂房、变电站和开关站组成。主厂房地面高程为 173.93 m,主厂房尺寸为长 162.5 m、宽 29.4 m、高 55.98 m。安装 4 台 137.5 MW 水轮发电机组。4 台主变压器布置在厂房后平台,开关站布置在厂房左侧,中控室布置在厂房左侧和开关站之间。

(2)排水建筑物。莲花水电站的排水建筑物主要是尾水渠,水能经水轮机进行能量转换后,由水轮机的尾水管排放至尾水渠而进入牡丹江的下游。莲花水电站尾水渠为明渠式混凝土挡墙结构,从尾水管出口底板高程 144.04 m 为起点,用 1∶5 的坡度上升到 159 m,在水平处与原河道相衔接。

尾水平台高程为 173.93 m、宽 19.33 m、长 108 m。设有 6 扇平板式尾水闸门,可共两台机组同时检修使用。在尾水平台处设有一台 QM-2×230 kN 门机式启闭机用于闸门的操作。

(六)发电及变、送电系统

(1)发电设备。主要包括水轮发电机组和为主机配套工作的辅助设备。

莲花水电厂的机组均为混流式水轮机,发电机为伞式。水轮发电机组的作用是通过水轮机将水能转换成旋转的机械能,再由主轴传递给同轴的发电机,由发电机将旋转的机械能转换成电能。辅助设备主要包括水轮发电机组的励磁系统、调速系统、继电保护与安全自动装置、水轮机自动控制装置、同期装置、音响装置、机组的油水气系统等。

(2)变、送电系统。发电机发出的电力,除机组自用电外,其余绝大部分都是由主变压器升高电压后,经高压配电装置和输电线路输向电网,以满足各类不同用户的需要。

莲花水电厂共有 4 台主变压器,输电线路主要是通过 220 kV 莲方甲乙线,送到方正变电所后与东北主系统联网。

第三节　运行任务及管理

水电厂机电设备运行是指水电厂根据电力系统及其自身安全经济发供电的要求,对其所管辖的水轮发电机组及其辅助设备、变压器、高压断路器等机电设备的起停操作、负荷调整、巡视检查、事故处理和情况记录等工作。而运行管理则是指对上述工作所实施的管理,包括安全、生产、技术、人员活动等。其目的是保证水电厂的发供电设备连续不间断地安全运转,保证电网的安全经济运行,向社会提供充足、可靠、合格的电能。

一、运行岗位的主要任务

运行岗位是水电厂极为重要的专业岗位,担负着重要的工作任务,主要是执行并保证全厂机电设备及各种辅助系统的安全经济发供电。

(一)保证安全发供电

运行岗位的主要任务就是执行并保证电力系统及其设备的安全经济发供电。电力生产的特点是发、供、用同时进行、同时完成。在电力系统中,各电气设备之间是相互联系的,任何一个电气设备故障,都会影响到其他设备及整个系统的正常生产,以至影响到千家万户,甚至给国民经济造成严重的损失。同时,在水电厂内各设备之间也是相互联系、相互配合在一起来完成发电任务的,其中的任一环节或元件、设备发生故障,都会影响到机组的安全稳定运行,甚至影响到电力系统的安全稳定。所以,电力生产必须保证安全运行。

同时安全生产也是保证经济发供电的前提,所以要加强设备的管理和维护,加强安全生产的教育和培训,提高思想觉悟和政治责任感,不断把安全生产提高到一个新的水平。

(二)保证经济运行

在安全发供电的前提下,做好水电厂的经济运行具有十分重要的意义。对水电厂来说,经济运行主要是指降低机组的耗水率和厂用电率,以便尽可能地多发电、少耗水和少耗电,降低发电成本。为了达到经济运行的目的,除在技术上和安全上采取有利措施外,在运行方面还要做到"四勤":

(1)勤联系。如正常的启停机、加减负荷时,值班人员要及时联系,以便减少调整时间,达到少耗水的目的。

(2)勤调整。对负荷、频率、电压及导叶的开度、发电机的进出口温度等要及时调整,以保持合理和稳定运行。

(3)勤分析。如对机组的各部轴承温度、各冷却器的供水压力和流量进行对比分析;对发电机的电压、电流及负荷之间的变化关系进行分析,通过分析能帮助运行人员掌握设备的运行情况,积累运行经验和发现工作中的优缺点。

(4)勤检查。经常检查设备的运行情况,以便发现缺陷并能及时处理,确保安全经济运行。

二、运行管理工作的基本任务

运行管理工作的基本任务主要体现在以下内容：

（1）按照电网的需要，向电网输送所需的电量，充分发挥水电厂提供电源和调峰容量的作用。

（2）按照电网的调度，输送或吸收无功功率，完成电网下达的调频和调压任务，保证电网的供电质量。

（3）进行机电设备的起停操作、负荷调整、巡视检查、缺陷和异常处理，保证水轮发电机组安全、不间断地运转。

（4）预测事故和分析事故发生的原因，及时采取对策，防止事故发生和处理已发生的事故，保证电网安全稳定运行。

（5）做好运行日志、操作记录和其他有关的生产和管理的原始记录以及操作票、工作票等，建立健全必要的设备台账，为企业的生产技术和经营管理提供依据。

（6）做好机组的经济运行工作，努力降低发电耗水率和厂用电量，提高企业的经济效益。

为了优质、高效地完成以上各项运行管理工作任务，工作在运行岗位的值班人员在值班期间内应努力做好以下工作：

（1）监视和调整机组及辅助设备的各项参数，使其运行在规定范围内。

（2）巡视和维护运行中的机电设备，保证其在正常工作状态。

（3）保证运行方式的合理化，使管辖范围内的电气系统和设备有最大的安全性和经济性。

（4）进行电气设备的倒闸操作，办理工作票和开工、结束手续。

（5）消除设备的各类缺陷。

（6）迅速进行机组、设备或电气系统的事故处理，消除异常工况。

（7）填写运行日志和各种记录，计算各项运行指标数据。

（8）做好备品、安全用具、图纸资料及仪器仪表等的管理工作。

（9）做好交接班及现场的卫生清洁工作。

三、运行制度及规程

运行的各种规章制度是为了加强岗位责任制，维持正常的生产秩序，保证安全生产，提高运行水平而制定的。每个运行人员必须熟悉和执行各种运行制度。

（1）操作票及操作监护制度。电气设备的倒闸操作是一项复杂而又极为重要的工作，操作的正确与否直接关系到操作人员的人身安全和设备、系统的安全运行，因此必须严格执行操作票和操作监护制度。应严格执行《电业安全工作规程》中有关倒闸操作的规定和省局颁发的"两票细则"中的具体规定。

（2）工作票和工作许可制度。它是保证检修人员在电气设备上工作安全的组织措施，是为了避免发生人身和设备事故而履行的一种安全管理手段，各级人员必须认真执行有关的规定。

（3）岗位责任制。它规定了每个值班人员的工作内容和工作程序,设备专责的范围、职责与职权。它是保证安全生产的一项核心制度。

（4）交接班制度。这是保证搞好连续发供电的一项有力措施,通过执行交接班制度,可以使值班人员做到心中有数、相互负责、正确掌握设备的运行情况和存在的问题。

（5）设备巡回检查制度。它要求运行值班人员在值班期间内,定时间、定路线、定专责地对设备和系统进行全面检查,以达到掌握设备运行情况、及时发现设备的缺陷并能予以消除的目的。

（6）设备定期试验、维护、轮换制度。它规定了运行值班人员要按要求、有计划地对运行的设备做好维护、试验、轮换工作,以保证设备经常处于良好的运行状态。

（7）监盘定位制度。监盘定位的主要任务是及时合理地调整机组的有功出力、无功出力,监视并调整设备系统的各项运行参数在规定的范围内运行,保证电能的质量,及时发现机组和系统发生的异常现象和故障,并且能够迅速汇报、正确判断。全面记录,并采取有效的措施加以处理,从而达到保证安全经济运行。

（8）设备缺陷管理制度。它是保证及时发现和消除影响安全运行和威胁安全生产的设备缺陷,提高设备完好率的一项重要制度。

（9）运行分析和事故预想制度。通过对设备的异常工况分析、运行对比分析,及时做好事故预想,摸索设备安全经济运行的规律,不断提高运行水平。

（10）运行现场的其他管理制度。它要求在运行生产现场要做好备品备件、安全用具、图纸资料、各种钥匙和仪器仪表等的管理工作。

除以上的规章制度外,还要求运行值班人员熟练掌握各种现场的运行规程和上级颁发的典型规程等,如《电业安全工作规程》《电力工业技术管理法规》《调度规程》等。

四、运行的技术管理

（一）运行台账

运行台账的作用是为了使值班人员及时掌握设备的运行情况,积累设备运行的有关资料。运行台账的内容包括以下各种记录:值班操作记录、设备检修交待记录、设备缺陷记录、设备绝缘测定记录、工作票登记记录、保护定值记录、保护和自动装置动作记录、开关跳闸记录等。

（二）运行日志

运行日志的记录是整个运行工作的一项重要内容,它能帮助运行人员掌握设备运行的情况、进行运行分析、积累运行经验、指导运行工作,又能使运行人员根据表计指示的数值及时了解设备运行参数和工况,发现设备的隐形缺陷,以利及时消除。此外,还能提供事故分析及检修资料,从而保证设备的安全运行。

运行日志包括参数记录和综合记录两种。

参数记录:内容包括机电设备及其有关辅助设备、系统等的各种适时的运行参数。如发电机、变压器、送电线路的电压、电流、频率、有功功率、无功功率等;水轮发电机组及辅助设备的温度、压力、流量等。

综合记录:记录的内容包括水库运行数据、发电机运行曲线、完成的经济技术指标等。

第二章　水轮机结构及运行

第一节　水轮机的基本工作参数

水轮机是将水流的能量转换为转轴的旋转机械能的机械。水轮机的参数很多,包括结构参数、工作参数以及综合参数等。水轮机的工作参数是表示水流通过水轮机,水流的能量转换为转轮的机械能过程中的一些特性数值。水轮机的基本工作参数,一般包括工作水头 H、流量 Q、出力 P、效率 η、转速 n、转轮直径 D 等。下面分别加以叙述。

一、工作水头

水轮机的工作水头是指水轮机进口断面水流单位能量与出口断面水流单位能量之差。其代表符号 H,单位为 m。水轮机的设计水头(亦称计算水头)是水轮机按额定转速运行时,保证水轮机发出额定出力所必需的最低水头。水轮机的最大水头是由转轮性能所决定的允许水轮机运行的最高工作水头。水轮机的最小水头是由转轮性能所决定的且能保证水轮机安全稳定运行的最低工作水头。

水轮机的工作水头表明水轮机利用水流单位机械能的多少,是水轮机最重要的基本工作参数,其大小直接影响着水电站的开发、机组类型以及电站的经济效益等技术经济指标。

莲花发电厂 1~4 号水轮机设计水头 47 m,最小水头 39 m。

二、流量

单位时间内,通过水轮机某一既定过流断面的水流体积,称为水轮机的流量。其代表符号 Q,单位为 m^3/s。水轮机的设计流量 Q 是在水轮机设计水头下发出额定出力 P 时,通过水轮机的流量。水轮机流量是仅次于工作水头的第二个重要基本工作参数。它从水量的角度反映水轮机利用水流的能力。水头和流量是水力发电的两要素,没有水头和流量就没有水力发电。

莲花发电厂 1~4 号水轮机额定流量 331 m^3/s。

三、出力

具有一定水头和流量的水通过水轮机时,随着水流能量转变为转轮旋转的机械能,水流便对水轮机做功,而单位时间内所做的功,称为水轮机的功率或出力。其代表符号为 P,单位为 kW。水流输入给水轮机的功率为

$$P = 9.81QH \quad (\text{kW})$$

式中:Q 为流量,m^3/s;H 为工作水头,m。

水轮机的额定出力(亦称设计出力或铭牌出力),是在设计水头、设计流量和额定转速下,水轮机所获得的输出的功率。出力表达式为

$$P = 9.81QH\eta \quad (kW)$$

式中:Q 为流量,m^3/s;H 为工作水头,m;η 为水轮机的效率。

莲花发电厂 1~4 号水轮机设计出力为 140 400 kW,最大出力为 154 340 kW。

四、效率

水轮机输出功率与水流输入给水轮机的功率之比,称为水轮机的效率。其代表符号为 η。由于水流流经水轮机时有水头损失、流量损失、摩擦损失等能量损失,故 $\eta<1$。

莲花发电厂 1~4 号水轮机最高效率为 95.02%,额定效率为 92%。

五、转速

水轮机主轴每分钟的旋转次数,称为水轮机的转速。其代表符号为 n,单位为 r/min。在设计水头和转轮直径等参数确定后,可计算出一个转速,而选取最接近的能满足电网频率要求的同步转速,该转速称为机组的额定转速。

莲花发电厂 1~4 号水轮机额定转速为 93.75 r/min,飞逸转速为 186 r/min。

六、转轮直径

对应转轮叶片某一个具有代表性的特征部位,国家所规定的直径称为水轮机的标称直径(亦称名义直径),习惯上也称为转轮直径。其代表符号为 D_1。我国转轮直径标准单位为 cm,对水轮机的标称直径规定为:混流式水轮机的标称直径是指转轮下环与叶片进口边缘交点相应的直径。

莲花发电厂 1~4 号水轮机转轮直径为 610 cm。

第二节　水轮机的基本类型及适用水头

水轮机是将水能转换为水轮机主轴旋转机械能的一种水力原动机。根据转轮转换水流能量的方式不同,现代水轮机分为反击型和冲击型两大类;反击型水轮机包括混流式、轴流式(定桨和转桨)、斜流式、贯流式和可逆式。冲击型水轮机按射流冲击叶片的方式不同,又分为水斗式、斜击式和双击式。表 2-1~表 2-3 列出了形式及代号说明。

反击型水轮机是利用叶片与水流的作用与反作用原理而工作的。它在工作时,是把水流的绝大部分能量转换成压能,在转轮叶片前后形成压差,使转轮旋转,把水流的能量转换成转轮旋转的机械能。莲花发电厂的水轮机都是混流式水轮机。

我国水轮机产品型号由三部分代号组成,各个部分之间以短横线"—"分开,除数字部分外,符号均用汉语拼音文字的字头表示。第一部分为水轮机形式和转轮型号(比速代号),型号采用阿拉伯数字,它代表该转轮的比速 n;第二部分代表水轮机主轴布置形式及引水室的特征;第三部分为水轮机转轮的标称直径 D_1(cm)以及其他必要数据。

表 2-1　水轮机的形式、代号及适用水头

类型	形式		适用水头/m
反击型	混流式（HL）		30～700
	轴流式（ZL）	转桨式（ZZ）	3～80
		定桨式（ZD）	3～70
	斜流式（XL）		40～120
	贯流式（GL）		<20
冲击型	水斗式（CJ）	切击式	300～1 700
	斜击式（XJ）		20～300
	双击式（SJ）		5～100

表 2-2　引水室代号

引水室特征	代号	引水室特征	代号
金属蜗壳	J	罐式	G
混凝土蜗壳	H	竖井式	S
灯泡式	P	虹吸式	X
明槽式	M	轴伸式	Z

表 2-3　主轴布置形式及代号

主轴布置形式	代号
立轴	L
卧轴	W

莲花发电厂 1～4 号水轮机型号为：HLA551-LJ-610。其中：HL 代表混流式，LJ 代表立轴、金属蜗壳，610 代表转轮直径。

第三节　混流式水轮机结构

一、结构概述

混流式水轮机，由于水流流经转轮时基本上是辐向流入、轴向流出，称为辐向轴流式水轮机，简称混流式水轮机，也叫作法兰西斯式水轮机。

相对于其他形式的水轮机而言，混流式水轮机结构简单，制造安装方便，运转可靠，效率较高，汽蚀较轻，适应的水头范围也最宽，因而应用广泛。

水轮机由引水、导水、工作和泄水四大部分组成。其主要部件有主轴、转轮、导轴承、

导水机构、座环、基础环、蜗壳、尾水管、止漏装置、减压装置、密封装置以及附属装置等。

各部件的位置及相互关系是：水流经引水进入蜗壳，再经蜗壳到达转轮，首先要经过座环。座环是一环形结构，它由上环、下环及一定数量具有流线型的固定导叶组成，安装在基础环上。座环的功能是将水轮机上部的负荷传递到水轮机的基础上。水流经过座环进入导水机构，导水机构由分布在径向圆周上一定数量的导叶组成，导叶的上端安放在导叶轴承内，轴承则固定在水轮机顶盖上，导叶的下端嵌入导水机构的底环中。底环安装在座环的下环上。导叶的转动是靠油压推动接力器推拉杆，使控制环转动而带动连接板和导叶拐臂来实现的。水轮机转轮由上冠、叶片、下环和泄水锥组成，转轮所得的机械能通过水轮机主轴和发电机主轴传递给发电机转子，使其一同旋转，从而在定子绕组中感应出交变电势而使发电机发电，当发电机所带负荷与水轮机所产生的出力不平衡时，调速系统将通过导水机构调节水轮机的流量，从而达到新的平衡。为防止轴的摆动，装有水轮机导轴承；为了减少转动部分和固定部分的间隙漏水，在顶盖、下环里侧、转轮上冠和下环装有固定和转动止漏装置。这样从转轮流出的水经尾水管流向下游。图2-1为莲花发电厂水轮机结构图。

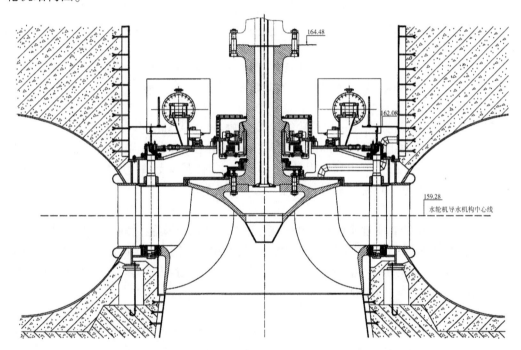

图2-1　莲花发电厂水轮机结构图　（单位：m）

二、水轮机的转轮

（一）转轮的作用和相对位置

转轮是实现水能转换的主要部件，它将大部分水能转换成转轮的旋转机械能，并通过水轮机传递给发电机主轴及其转子，所以它是水轮机的主体。

水轮机转轮的设计和制造水平，是水轮机质量的主要标志。转轮的上部是水轮机顶盖，顶盖的里面装有导轴承,导轴承的里面就是与转轮上部用螺栓相连的主轴,转轮的外围是活动导水叶、座环和基础环;转轮的下部是尾水管。莲花发电厂转轮名义直径6 100 mm,最大外径6 585 mm,高度3 810 mm,质量104 t。

（二）转轮的组成、各部件的作用及一般性能

混流式水轮机转轮主要由上冠、叶片、下环、泄水锥、止漏装置和减压装置等六部分组成。如图2-2所示为莲花发电厂水轮机转轮结构图。

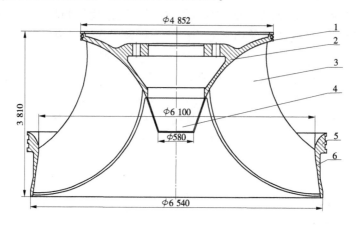

1、5—止漏环;2—上冠;3—叶片;4—泄水锥;6—下环。

图2-2 莲花发电厂水轮机转轮结构图 （单位:mm）

1. 上冠

转轮上冠位于转轮的上部,其外轮缘处装有由0Cr13Ni5Mo不锈钢材料热套而成的止漏装置的上部转动止漏环。中间的圆平面兼作转轮与水轮机主轴连接的法兰,法兰外围有几个均布的减压孔。其主要作用是:上部连接主轴,下部支撑叶片并与下环一起构成过流通道。莲花发电厂转轮上冠材料选用20SiMn铸钢。

2. 叶片

叶片是水轮机转轮实现水能转换的核心,它对水轮机转换能量的多少起着决定性的作用,因此叶片是决定转轮质量最关键的部件,其上端与上冠相接,下端与下环连成一体。叶片自上而下呈逐渐加强的扭曲状,其断面形状为翼形。莲花发电厂水轮机转轮叶片有13片,采用不锈钢06Cr13Ni5Mo铸造。

3. 下环

下环位于转轮叶片的下端,采用不锈钢06Cr13Ni5Mo铸造,通过它将转轮的叶片连成整体,以增加转轮的强度和刚度,并与上冠一起形成转轮的过流通道。在下环的轮缘上装有止漏装置的下部转动止漏环。

4. 泄水锥

泄水锥的外形为一圆锥形状,焊接在转轮上,其作用是引导经叶片流道出来的水流迅速而又顺利地变成轴向向下排泄,避免水流旋转和互相撞击所造成的水力损失,以提高水轮机的效率和减少振动。

5. 止漏装置

止漏装置的作用是形成阻力,减少水轮机的漏水损失。它由转动和固定两部分组成。

固定止漏环装在顶盖和底环上并与上冠和下环转动止漏环相对应处。止漏装置按其所构成的间隙形状分为缝隙式、迷宫式、梳齿式和阶梯式四种。莲花发电厂水轮机止漏装置为迷宫式。

6.减压装置

减压装置的作用是减少作用在转轮上冠上的轴向水推力,以减轻推力轴承的负荷。

三、混流式水轮机的主轴

主轴是水轮机的重要部件之一,其作用是承受水轮机转动部分的重量及轴向水推力所产生的拉力,同时传递转轮产生的扭矩。可概括地说成,水轮机主轴要同时承受拉力、扭矩及径向力的综合作用。

水轮机主轴主要由上法兰、下法兰及轴身三部分组成,轴身有中心孔(也有不开中心孔的特例),开中心孔的目的在于:空心轴比实心轴可以节省40%左右的钢材,减轻了水轮机重量,同时主轴中心孔还可通过补气管对转轮补气。莲花发电厂水轮机主轴为中空结构,轴身直径1 400 mm,长度为4 250 mm,材料采用20SiMn锻钢,转轮端联轴螺栓20-M150×6,螺杆材料采用34CrNi3Mo锻钢,螺母材料采用34CrMo1A锻钢;发电机端20-M140×6,螺杆、螺母材料采用34CrMo1A锻钢。图2-3所示为莲花发电厂水轮机主轴结构图。

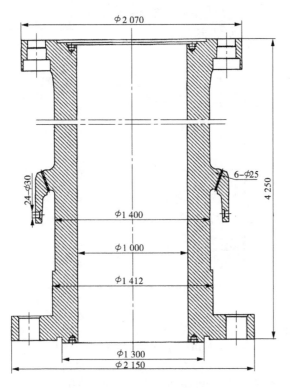

图2-3　莲花发电厂水轮机主轴结构图　(单位:mm)

四、混流式水轮机的导水机构

(一)作用与类型

导水机构的作用是使水流进入转轮之前形成旋转并改变水流的入射角度;当机组出力发生变化时,用来调节流量。正常与事故停机时,用来截断水流。

导水机构按导叶轴线与机组中心线的相互位置,可分为三个类型:①圆柱式导水机构;②圆锥式导水机构;③径向式导水机构。莲花发电厂水轮机的导水机构都是圆柱式,即导叶轴线布置在以机组中心线为中心的圆柱面上。

(二)组成与动作

这种圆柱式导水机构主要由操作机构(接力器及其锁锭装置、推拉杆等)、传动机构(控制环、连杆、连接板和键等)、执行机构(导叶)和支撑机构(顶盖、底环及轴承等)四部分组成。图 2-4、图 2-5 所示为莲花发电厂水轮机导水机构立面安装图和平面安装图。

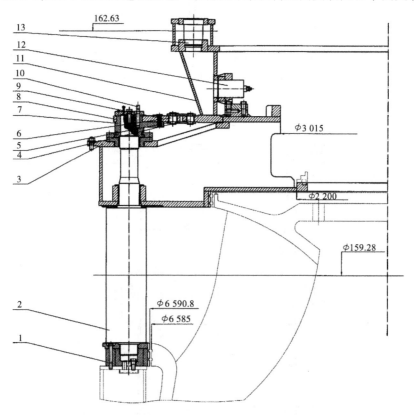

1—底环;2—导叶;3—顶盖;4—连杆销;5—连杆;6—偏心销;7—导叶臂;
8—连接板;9—剪断销;10—分瓣键;11—控制环;12—锁锭;13—大耳销。

图 2-4　莲花发电厂水轮机导水机构立面安装图　(单位:mm)

以导水叶开启为例,介绍导水机构的动作。当调速器的主配压阀下移时,压力油进入接力器的开腔,关腔排油,在接力器推拉杆的作用下,使控制环向逆时针旋转,同时带动铰接的连杆和连接板,使导水叶轴顺时针旋转,从而加大导水叶开口,进入转轮的水流量增加。值得注意的是,控制环与导水叶轴的相对旋转,犹如一对啮合的齿轮,方向正好相反。

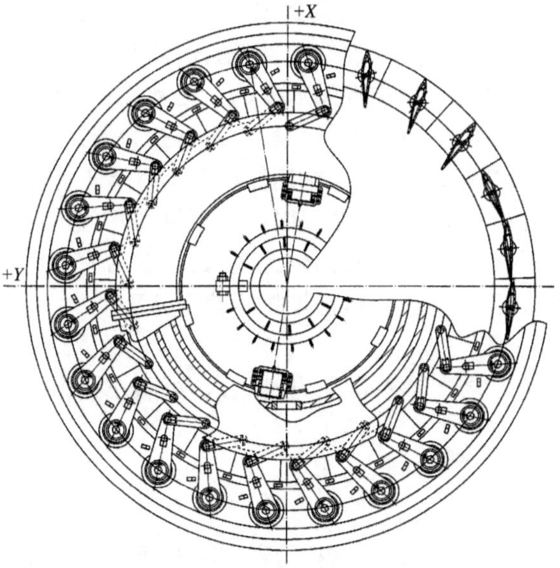

图 2-5　莲花发电厂水轮机导水机构平面安装图

(三) 操作机构

1. 作用与类型

操作机构的作用,是克服导水叶的水力矩以及传动机构的摩擦力矩,形成对导叶在各种开度下的操作力矩。导水机构的操作机构按接力器的外形分为直缸式接力器和环形式接力器两大类。直缸式接力器结构简单、制造方便、工作可靠。莲花发电厂采用直缸式接力器,每台水轮机包括两只直缸式导叶接力器,接力器缸内径 700 mm,行程 588 mm,其上设有手动锁锭装置。接力器分类见表 2-4。

表 2-4　接力器分类

类型	形式
直缸式	单导管直缸式
	双导管直缸式
	摇摆式
	双直缸式
	小直缸式
环形式	活塞移动式
	活塞缸移动式

2. 接力器的结构和工作原理

莲花发电厂采用直缸式接力器,结构如图 2-6 所示。它主要由接力器缸、活塞、活塞环、支撑环、密封环、压环、密封压盖、前缸盖、活塞杆、锁锭螺杆、指针、行程刻度杆等部件组成。该接力器活塞为直线运动,而控制环为圆弧运动,当活塞运动时,连接控制环与活塞杆的推拉杆就要产生一个较小的倾斜运动,以保证接力器活塞呈直线运动。当导水机构关闭、接力器活塞行程接近终了时,活塞遮住了缸体部分进油口位置对应处的一个三角形槽口,形成了节流,防止了压力油对活塞以及导水机构其他传动部件的冲击,起到了缓冲作用。当导水机构开启时,开侧压力油由此进入,推动活塞前行,完成开启动作。活塞杆与推拉杆之间用推拉杆销连接,以保证推拉杆动作灵活。

3. 锁锭装置

锁锭装置的作用是当导叶全关闭后,锁锭投入,可阻止接力器向开侧移动,防止导叶被水冲开。

(四) 传动机构

1. 作用与类型

导水机构的传动机构的作用是把由接力器传来的开、关导叶的动作传递给导叶,以达到开、关导叶,实现调节流量的目的。其形式主要有叉头式传动机构和耳柄式传动机构两种。莲花发电厂采用的是耳柄式传动机构。

2. 叉头式传动机构

叉头式传动机构主要由控制环下部外缘的小连接耳、叉头销、销轴瓦套、双连臂连杆、连接板、剪断销、导叶臂(俗称拐臂)、分瓣键、端盖以及调节螺钉等零部件组成。连接板与导叶臂用剪断销连为一体,借此传递导叶操作力矩。当导叶因故卡住不动时,即导叶轴和导叶臂都不动,而连接板在双连臂连杆的带动下转动,因而对剪断销产生剪切,当该剪切应力增加到正常操作应力的 1.5 倍时,剪断销首先被剪断而保护了其余传动零部件。调节螺钉拧在导叶上轴头,螺帽卡在端盖上,因此将导叶悬吊起来,通过拧动调节螺钉可以合理分配导叶上、下端面的水平间隙。

3. 耳柄式传动机构

如图 2-7 所示为耳柄式传动机构结构图。耳柄式传动机构没有连接板,把中部的连杆销与剪断销合二为一,用旋套将两个耳柄连起来,其余部分与双连臂式传动机构类似。其连杆的水平中心线与拐臂的水平中心线不相重合,使连杆销与剪断销均作用有附加弯矩,因而剪断销的剪断应力不稳定,容易受轴套配合间隙及装配质量的影响。

4. 控制环

控制环的作用是将接力器的作用力传递给导叶的传动机构。莲花发电厂都是圆筒形且带双耳环的薄壁结构。其特点是:两个大耳环用销轴与接力器推拉杆连接,下部凸缘上均布着小耳环,也用小销轴与连杆连接,底部的垂直凸缘为滑动环。在控制环的底面和侧面装有抗磨板,抗磨板采用自润滑聚甲醛复合板。控制环支承在顶盖或支持盖上的支持环上。

控制环有铸造和焊接两种结构,莲花发电厂水轮机的控制环为焊接结构。

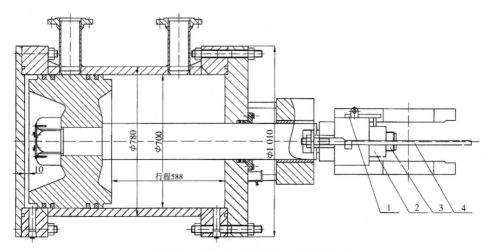

1—锁定板;2—圆螺母;3—锁定螺杆;4—行程刻度尺。

(a)

1—调整板;2—接力器缸;3—耐油橡皮条;4—螺母;5—活塞环;6—活塞;7—六角螺母;8—螺杆;
9—前缸盖;10—密封压盖;11—活塞杆;12—圆螺母;13—推拉杆接头;14—球阀;15—方头丝堵。

(b)

图 2-6 莲花发电厂直缸式接力器结构图 （单位:mm）

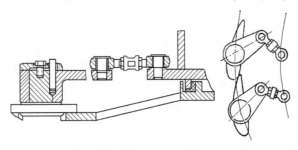

图 2-7 耳柄式传动机构结构图

(五) 执行机构

1. 导叶的结构

导叶是导水机构的主要组成部分,导叶体的断面为翼型,头部厚、尾部薄。导叶的组成包括导叶体和导叶轴两部分,其结构形式有三种:一种是整体铸造的导叶,为减轻重量,导叶体制成中空的。第二种是铸焊导叶,导叶体和轴分别铸造再焊成一体。第三种是全焊导叶,导叶体用钢板压制,然后焊接成型再与导叶轴焊成整体。

莲花发电厂水轮机单机有导叶数量 24 个,采用铸焊结构,相邻导叶之间的接触立面上设有不锈钢层。

2. 导叶的辅助装置

1) 导叶轴套

为了操作导叶使其转动灵活,即减少摩擦阻力又不摆动,在水轮机导叶轴上均装有三个滑动轴承。下轴套装在底环轴孔内,上、中轴套固定在导叶套筒内,套筒固定在顶盖的导叶轴孔内。莲花发电厂均采用聚甲醛钢背复合轴套。

2) 导叶轴颈密封

导叶轴颈密封的作用是减少压力水沿导叶轴颈和导叶套筒间漏进入顶盖及减轻泥沙对轴颈的磨损。目前主要采用 L 形密封圈和 U 形密封圈。密封圈的材料多为模压成型的中硬度耐油橡胶。中轴套的“L”形密封圈主要靠水压封水,上轴颈和下轴颈多用“U”形密封圈,靠压紧封水。如图 2-8 所示为莲花发电厂导叶结构图。

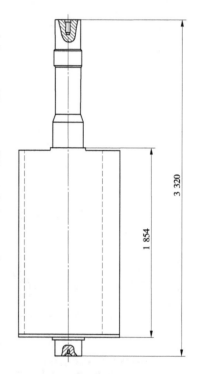

图 2-8　莲花发电厂导叶
结构图　(单位:mm)

(六) 导水机构的支撑机构

1. 顶盖

顶盖是水轮机的重要大部件之一,要求有足够的强度和刚度。其作用是:与底环一起构成过流通道,防止水流上溢,支撑导叶、传动机构以及机组的操纵机构,支撑导轴承以及其他附属装置,伞形机组的顶盖还要支撑、传递推力负荷。

如图 2-9 所示为莲花发电厂水轮机上盖结构图。莲花发电厂水轮机的顶盖为双层圆环状,纵槽筋板错落在内、外圆环其间,最大外径 8 270 mm,高度 1 380.5 mm,质量 74 t。外圆法兰与座环的上环组合面连接,自法兰往里是一圈为装导叶套筒用的均布孔洞。下部与导叶轴线布置圆为中心的圆环面上镶有抗磨板及导叶端面止水装置,下部内侧装有上部固定止漏环,采用1Cr18Ni9Ti 钢板材料。

2. 底环

底环位于导叶下方,安装在座环上。底环的作用是与顶盖一起形成过流通道,安装导叶下部轴套和导叶下轴颈,用螺栓将其把合在座环的下环上。对底环的重点要求是导叶

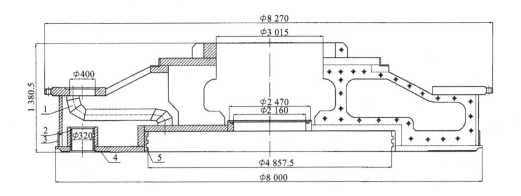

1—排水管;2—轴套;3—滤水网;4—上抗磨板;5—止漏环。

图 2-9 莲花发电厂水轮机上盖结构图 （单位:mm）

的下轴承孔与顶盖套筒应同心,且刚度合格。莲花发电厂底环为铸焊结构,底环上镶焊有固定止漏环,采用 1Cr18Ni9Ti 钢板材料。

五、埋设部件

(一) 蜗壳

蜗壳的作用是以较小的水力损失把水流均匀地、轴对称地引入导水部件,并且在进入导叶前形成一定的环量。

按构成材料分,蜗壳有混凝土蜗壳和金属蜗壳。混凝土蜗壳因强度低,适用于低水头电站,一般应用在轴流式水轮机中。金属蜗壳由于强度较高,适用于中高水头电站,一般应用在混流式水轮机中。莲花发电厂机组均采用金属焊接蜗壳。为了便于检修,在蜗壳上开有 650 mm 专门的进人孔,装有进人门,采用橡皮条密封和 ϕ800 mm 蜗壳排水阀。

(二) 座环和基础环

座环的作用:水轮机的基础部件,承受水压和其上部混凝土的重量以及水轮机的轴向水推力,以最小的水力损失将水流引入导水机构。机组安装时以它为基准件,所以座环既是承重件,又是过流件,也是基准件。因此,必须有足够的强度、刚度和良好的水力性能。莲花发电厂座环外径 9 330 mm,高度 3 410 mm,质量 125 t。

基础环的作用:基础环是混流式水轮机中座环与尾水管进口锥管段相连接的基础部件,埋设在混凝土内,转轮的下环在其内转动。在机组安装时放置座环,作为座环的基础,在水轮机安装及检修时,用来放置转轮。上法兰与座环下环相连,下法兰与尾水管的锥管里衬上口相连。

(三) 尾水管

尾水管安装在水轮机的下面,是最后一个过流部件,通过它把工作完的水流引到下游尾水渠。其主要作用是在转轮后形成真空,利用转轮出口到下游尾水位之间的位能和恢复转轮出口部分损失的动能,从而提高水轮机的功率。莲花发电厂采用弯肘形尾水管,为了便于安装尾水管检修平台,尾水锥管上设有一个宽 600 mm、高 800 mm 的进人门。

六、导轴承

(一)导轴承的作用与类型

水轮机导轴承的作用是:承受机组在各种工况下运行时通过主轴传来的径向力,维持已调好的轴线位置。导轴承按轴瓦的材料可分为橡胶导轴承和金属导轴承;按润滑剂的不同,导轴承又分为水润滑导轴承和油润滑导轴承;按油润滑又可分干油和稀油两类;稀油润滑又按照轴承形状可分为筒式和分块瓦式两种。莲花发电厂采用的是稀油润滑分块瓦式导轴承,共有 10 块水导瓦,轴瓦高 360 mm,轴瓦宽 380 mm,轴承直径 1 850 mm。

(二)导轴承的结构与工作原理

如图 2-10 所示为莲花发电厂水导轴承结构装配图。水导轴承主要由轴承体、水导瓦、轴承螺栓、冷却器、液位信号器、油混水变送器、端面铂热电阻组成。轴承体、水导瓦和冷却器浸在由内油箱、外油箱和上油箱组成的水导油槽内。水导轴承采用 30 号透平油润滑,充油至规定油位时[油槽盖至液位的距离(478±30)mm],充油量约 2 088 L。水导油槽安装在顶盖上,轴承体用螺栓与外油箱、上油箱一同固定在顶盖上,均布的 10 块水导瓦安放在与轴承体下部相连的底板上。在轴承体上均布着与水导瓦数相同的轴承螺栓。冷却器安放在底板的下部。

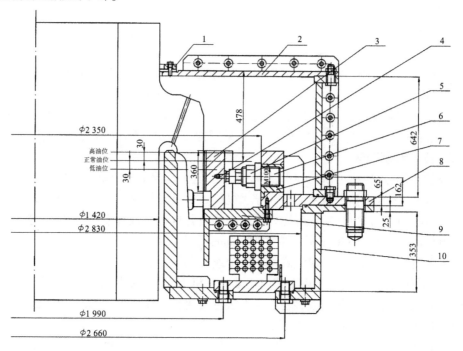

1—压环;2—油箱盖;3—水导瓦;4—轴承螺栓;5—螺母;
6—抗重螺杆;7—螺套;8—轴承体;9—底板;10—外油箱。

图 2-10 水导轴承结构装配图

当主轴旋转时,在离心力的作用下,润滑油从轴领上靠近底板处的径向小孔进入水导瓦与轴之间,润滑水导瓦并将水导瓦与主轴摩擦产生的热量带走,然后从上部排出,再经轴承体上的通孔到达冷却器,油经冷却器冷却后,开始进行下一次循环。为平衡轴领内外的压力,在轴领的上部斜上方处开有数个通气孔。如图 2-11 所示为莲花发电厂水导轴承冷却器装配图。

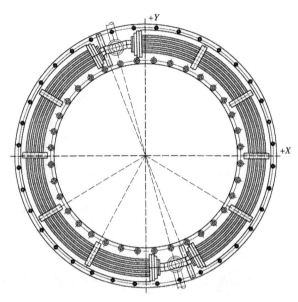

图 2-11　水导轴承冷却器装配图

七、密封装置

(一) 密封装置的类型与作用

水轮机主轴密封装置的类型,按其应用场合可分两种:一种是机组正常运行时所使用的密封,称为工作密封;另一种是机组检修时所使用的密封,称为检修密封,如表 2-5 所示。

工作密封的作用:防止水轮机运行过程中从水轮机顶盖和主轴之间漏出的水进入水轮机的导轴承内。检修密封的作用:在机组停机或检修状态下,下游尾水位的高程高于水轮机导轴承的安装高程时,为防止下游尾水返回而进入水轮机的导轴承内。

莲花发电厂工作密封采用的是端面水压自补偿式,密封圈为橡胶材料,采用水润滑和水冷却;检修密封采用空气围带式,充气围带工作压力 0.7 MPa。

(二) 端面水压密封的结构

端面水压密封分为机械式和水压式两种。莲花发电厂工作密封采用的是端面水压自补偿式,所以这里重点介绍端面水压自补偿式密封的结构。

如图 2-12 所示为端面水压自补偿式密封结构图。端面水压式密封主要由转动环、密封支架和 U 形密封橡胶组成。转动环固定在主轴上,随主轴一同旋转,U 形密封橡胶安装在密封支架的凹槽内,其底面均布着若干个小孔,清洁的压力水经过密封支架的进水管被引入 U 形密封橡胶的下方,压力水将 U 形密封橡胶顶起,压在转动环的密封面上,其中一部分水经 U 形密封橡胶底面的小孔进入密封面,一是润滑密封面,防止由于干摩擦生热而烧损 U 形密封橡胶,二是它可阻止水的渗漏,达到密封的作用。

表 2-5　主轴密封分类

分类	形式
工作密封	单层橡胶平板密封
	双层橡胶平板密封
	水压式端面密封
	机械式端面密封
	径向密封
	水泵密封
检修密封	围带式密封
	抬机式密封
	机械式密封

端面水压式密封的优点是:当 U 形密封橡胶磨损后,能自行补偿,仍保持原密封间隙。

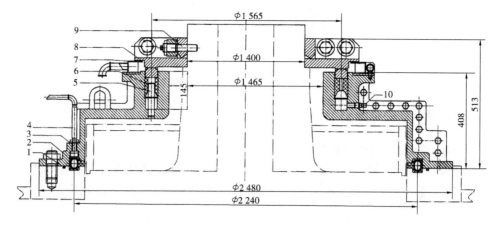

1—橡皮条;2—密封盖;3—空气围带;4—接管;5—导向棒;6—橡胶密封圈;
7—挡水罩;8—转动环;9—定位销;10—密封压力水管。

图 2-12　端面水压自补偿式与空气围带式密封结构图　(单位:mm)

(三)空气围带式密封的结构

如图 2-12 所示为空气围带式密封结构图。空气围带式密封安装在密封支架的底部,其围带采用 O 形密封橡胶,工作时内部通入压力气体使其膨胀,O 形密封橡胶的一侧面就紧贴在水轮机轴上,从而阻止下游尾水倒灌,达到密封的作用。

八、附属装置——空气阀

空气阀的作用是:当机组运行或导水机构紧急关闭时,由于水流的惯性作用,在导叶后转轮室内可能产生很大的真空,由于真空的存在,下游尾水又以一定的速度返回真空区向转轮反冲,对转轮产生很大的冲击力,使转轮和发电机转子顶起,给机组带来破坏,即出现所谓的"抬机"现象,为此在机组运行或导水机构突然关闭时,该阀能自行打开,向转轮室内补充空气,消除真空现象,同时用补气的方法来减轻振动和尾水管内的水流扰动,并可提高水轮机的水力效率,从而改善机组的运行条件。

　　如图 2-13 所示为空气阀结构图。莲花发电厂水轮机采用主轴中心孔补气方式,在发电机顶轴上装设一只空气阀作为轴中心补气用,轴中心补气管为 ϕ 377 mm×10 mm 的无缝钢管,补气罩上由 2 根 ϕ 273 mm×8 mm 无缝钢管通过上机架把进气口引到厂房外,补气罩上还设有 1 根 ϕ 108 mm×6 mm 排水管。

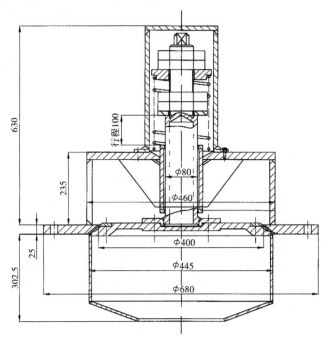

图 2-13　空气阀结构图　（单位:mm）

第四节　水轮机的运行与维护

　　水轮机是一种将水能转换为机械能的机器,这种能量转换过程的完成,是由水流和水轮机相互作用的结果,所以水轮机的工作条件相对来说较为恶劣和复杂,这样就对水轮机的运行带来了一定的影响。同时,加强对水轮机的运行维护工作,正确地进行操作和故障处理,是保证水轮机安全、稳定、高效运转的前提和基础。

一、汽蚀对水轮机的影响

(一)汽蚀的概念及破坏作用

　　所谓汽蚀,是指通过水轮机的水流因局部区域流速增高,使该部位局部压力降低,致使低压区的水产生汽化,并由此形成破坏现象。汽蚀对水轮机和过流表面产生的破坏主要体现在以下几个方面:

　　(1)机械破坏作用。由于水汽化所产生的气泡在运动过程中反复收缩和膨胀,其所产生的高频率的脉冲水击压力直接打击水轮机和过流部件的金属表面,使金属表面承受重复荷载,当疲劳应力超过材料的疲劳极限时,金属表面即遭破坏。

(2)化学作用。当气泡在高压区被压缩时要放出热量,同时又由于水击压力对金属表面的冲击也会产生局部高温,在这种高温和高压作用下,促进了气泡对金属表面的氧化作用。

(3)电化腐蚀作用。气泡在高温高压作用下,产生放电现象即产生电化作用,从而对金属表面产生电解作用。金属表面因电解作用而发暗变毛,加速了机械侵蚀。

(4)热力溶化作用。与机械破坏作用的出发点相同,当气泡溃灭时,冲击波的聚能使水的微粒形成高速的微射流,该射流会使金属产生塑性变形或引起材料的熔化。

(5)综合作用。汽蚀侵蚀的基本因素是由于气泡溃裂时产生的水动力学性质的作用,其他的侵蚀因素都依赖于这个基本因素起作用;某些情况下,不能完全否定电化作用和化学作用、汽蚀与泥沙磨损的联合作用,河流水质对汽蚀也有重要影响。

汽蚀对水轮机通流部件产生的破坏作用是由上述五种作用同时进行的,但一般认为机械破坏起主要作用。

(二)汽蚀的种类及影响

汽蚀按照在水轮机中的不同部位,一般可分为以下四种:

(1)翼型汽蚀。指发生在转轮上的汽蚀,一般都发生在叶片背面出水边且靠近下环的部位和叶片背面与上冠靠近处。翼型汽蚀主要使叶片形成蜂窝洞,最终造成叶片的破坏;当影响水流的连续性时,会使水轮机效率下降。

(2)空腔汽蚀。指发生在尾水管内的汽蚀,是由于尾水管内的水流旋转使中心空腔处形成真空而造成的汽蚀。空腔汽蚀会造成尾水管管壁的破坏,另外由于空腔汽蚀的压力波动会引起机组的强型振动,影响水轮机的稳定运行。

(3)间隙汽蚀。指发生在水轮机各间隙部位的汽蚀。一般主要发生在导叶端面、立面和转轮上、下止漏间隙处。

(4)局部汽蚀。过流部件表面的局部地方出现凸凹不平,使绕流的水流形成漩涡,当漩涡中心压力下降到汽化压力时产生的汽蚀。局部汽蚀与水轮机的制造质量有很大的关系,机件表面的粗糙度和光洁度对局部汽蚀有较大影响。

在上述四种汽蚀现象中,对水轮机运行稳定性影响最大的应属空腔汽蚀,特别是混流式水轮机在低水头或低负荷下运行,最容易产生空腔汽蚀,从而引起水轮机工作的不稳定。在尾水管内由于水流的旋转而产生涡流,涡流中心出现一个真空带,此真空带随水流的旋转而造成尾水管壁的汽蚀;另外,由于真空带周期性地与尾水管壁相碰而产生脉动压力,也会引起机组的基础、机架、轴承振动,产生强烈的噪声,严重时可使机组结构遭到破坏。

(三)降低汽蚀的方法

汽蚀现象对水轮机的影响较大,所以除在设备的设计、选型、制造等方面考虑外,对于运行多年的水轮机,更应从运行和检修方面来防止汽蚀的产生,减轻汽蚀时水轮机的破坏作用。

1. 在运行方面应注意的问题

(1)合理调整水轮机的运行方式,改善水轮机的运行工况。一般来说,应避免水轮机在振动区域、低负荷和超负荷情况下长期运行,因为该区域是产生空腔汽蚀的最可能的区域。在运行中应注意倾听尾水管内的声音,如果有周期性的水流脉动声,应对机组及时进行调整,以防止空腔汽蚀的产生。

(2)保证机组补气装置的工作正常。通过采用主轴中心补气和尾水管补气的方式,可以有效地破坏转轮室和尾水管内的真空,削减涡流,有效降低汽蚀产生的可能性。在运行中应注意观察水轮机补气的工作状态是否正常,应防止补气管阻塞、损坏现象。

2.在检修方面应注意的问题

对水轮机检修中发现的汽蚀破坏部位,应进行打磨清理,采用堆焊的方法进行填补,然后按原形打磨平整,应注意的问题是:

(1)对发生汽蚀的部位,打磨清理一定要全面、彻底,不留死角。

(2)补焊或堆焊时要采用抗汽蚀性能较强的不锈钢焊条,且堆焊的面积和厚度一定要足够。

(3)堆焊的打磨要保持部件原有的线型和几何形状,且表面应平整光滑。

二、泥沙磨损对水轮机的影响

泥沙对水轮机过流部件的磨损是水电站运行中经常发生的问题,主要以水为介质,泥沙颗粒借助水流的动能,对部件产生磨削和撞击作用,使金属表面造成破坏。对于混流式水轮机,磨损的部件通常发生在叶片、上冠、下环的内表面,座环、底环、止漏环、导叶和尾水管里衬等部件的过流表面。

泥沙磨损会造成水轮机过流部件金属表面出现划痕和麻点,严重的会形成沟槽、波纹或鱼鳞坑,甚至使水轮机部件穿孔。由于磨损,使金属表面不平整,伴随局部汽蚀的发生,更加速了材料的破坏。

防止泥沙磨损主要从以下方面采取措施:

(1)采取防沙、排沙措施。

(2)合理选择机型。

(3)采用抗磨材料和涂层。

(4)选择合理的运行工况。

(5)设计合理的抗磨结构。

由于莲花发电厂所处的牡丹江属于含沙量较低的河流,根据《牡丹江水力发电总厂志》中的记载:牡丹江流域为少沙河流,根据牡丹江站资料,多年平均含沙量为 $0.12kg/m^3$,多年平均输沙量为 63.9 万 t。莲花水电站入库沙量多年平均含沙量为 $0.14\ kg/m^3$,说明泥沙磨损对莲花发电厂水轮机的影响很小,经过多年的运行也证明了这一点。

三、水轮机的振动及其影响

水轮机振动是水轮机运行过程中存在的普遍问题,但只要其保持在规定的允许范围,对机组运行影响不大,如果超出了规定的范围就会影响机组的安全运行和机组的寿命,因此必须设法找出原因并将之消除。造成水轮机振动的原因很多,因素也比较复杂。

(一)振动的类型

机组的振动可根据不同的特征分为不同的类型:

(1)根据振动的起因可分为机械振动、水力振动和电磁振动。

(2)根据振动的方向可分为横向振动(摆动)和垂直振动。

(3)根据振动的部位可分为轴振动、支座(轴承、机架)振动和基础振动。

(二)振动的危害

振动会影响水轮机的正常工作,甚至会引起机组和厂房的损坏。因此,减少振动对提高机组运行的可靠性和延长机组的寿命具有重要的意义。归纳起来,机组振动的危害有以下几个方面:

(1)引起机组零部件金属和焊缝中疲劳破坏区的形成和扩大,从而发生裂纹甚至损坏。

(2)使机组各部紧密连接部件松动,导致这些紧固件本身断裂造成损坏。

(3)加速机组转动部分的相互磨损。

(4)尾水管中的水流脉动压力可使尾水管壁产生裂纹损坏。

(5)共振所引起的后果更严重,可能损坏厂房等建筑物。

(三)产生水轮机振动的原因

1. 机械振动

引起机械振动的因素主要包括转子质量不平衡、机组轴线不正、导轴承缺陷等。

对于新安装投产的机组,如果发生振动,可以考虑转子不平衡存在的可能性,而对于运行多年的机组,如果发生振动,应重点考虑机组的轴线问题和导轴承缺陷问题。特别是对于刚经过大修后的机组在启动过程中发生振动,应重点考虑轴线不正的可能性。

2. 水力振动

引起水力振动的因素有水力不平衡、尾水管中的水力不稳定、涡列等。

(1)水力不平衡。指当流入转轮的水流失去轴对称时,出现不平衡的横向力,造成转轮的振动。正常运行的水轮机产生水力振动的原因主要是导叶开度不均,引起转轮压力分布不均所产生的振动,如因导叶剪断销剪断后,造成导叶开度的变化不同步而产生的振动。另外,在水轮机过流通道上塞有异物而产生的振动,如导叶间或转轮叶片间被木头等异物卡塞,引起的振动。

引起水力不平衡的原因还有蜗壳形状不正确,不能保证轴对称;转轮止漏环偏心等,这些都是制造和安装上的原因,对于运行多年的水轮机可不考虑这些情况的影响。

(2)尾水管中水力不稳定现象。主要是指尾水管中的水压周期性变化,压力脉动作用于机组和基础上,所引起与振动、噪声和出力波动,同时它对尾水管的里衬有相当大的破坏作用。

出现这种情况的原因:机组处于振动区域运行,一般机组均存在这样的振动区,当机组运行在 30~80 MW 负荷区间时,振动现象比较严重,所以应尽量避免使机组在该负荷区域运行。

(3)造成水轮机振动的原因还有空腔汽蚀、涡列、间隙射流等现象,在此就不再赘述。

(四)振动原因的分析及消除

水轮机产生振动的原因比较多,问题也较复杂,有可能是几种原因交织在一起的,但是对于运行多年的水轮机,如果产生了振动,对其进行分析还是有条理的,有一定的规律性可循。

（1）机组是否运行在振动区，如果是则应进行调整，使机组避开振动区运行。

（2）水轮机导叶的剪断销是否有剪断的，如果有剪断销被剪断，则应按照规程上的要求进行处理，同时应防止扩大而引起其他剪断销的损坏。

（3）检查水轮机的补气装置是否正常，通过对吸气声的判断，确定补气是否正常，有无堵塞现象，并设法予以消除。

（4）分析是否为电气原因引起的振动，如三相电流不平衡、系统振荡等。

四、水轮机运行中其他方面的要求

在水轮机正常运行中，除上面提到的三个方面需加强外，还应加强对水轮机工作状况、工作环境及设备、部件工作情况的检查，水轮机的巡视检查项目及标准要求在现场运行规程中已有明确的规定，现就其规定的项目标准重点说明以下几项。

（1）加强对水导轴承瓦温和油温的监视，防止瓦温或油温的突然升高，一旦有突变则应立即检查和分析，若查不出原因则应按停机温度进行停机，防止烧瓦事故的发生。

对瓦温和油温升高的判断，应以平时连续记录值为参考依据，如果在某一时刻记录某一测点或几个测点的温度值与上一时刻记录值比较有明显的升高，则应进行分析：是运行方式的改变、工作条件与环境的变化，还是设备本身原因造成的？

①运行方式的改变。如机组由停机转为运行、由空载转为带负荷、刚带负荷与长期稳定带负荷。在这一过程中瓦温和油温都会逐渐升高或跳跃升高，只要与以往记录比较没有超过正常值范围，就是正常的。

②工作条件与环境的变化。如夏季早晚与午间外温和厂房内温度的升高、水温的升高、冬季与夏季温度的变化等，对冷却水系统进行调整前后温度的变化等，也会造成瓦温和油温的变化，只要在允许的变化范围内就是正常的。

③设备本身原因。这是分析与检查的重点，如润滑油油量的突然减少或油槽油量突然增加，冷却水的突然减少或中断，润滑油中进水造成油质的乳化劣化，水轮机振动突然增大，以及测温元件本身故障造成的误显示、误发信号等，对这些现象应综合分析，逐项排除，以便确定瓦温和油温是否正常。

（2）加强对导水机构工作状态的监视检查。

①应检查剪断销是否有剪断或上串现象，防止剪断销剪断造成机组的振动。

②拐臂及拉杆的状况，应无销钉松动、拐臂卡涩现象。

③导叶轴套处应无大量的漏水现象。

④接力器应无严重的渗漏油现象，各连接机构及部位工作正常。在正常无调节状态下，接力器应稳定无抽动现象，否则应查明是否为接力器及油系统进入空气所造成，或是调速器运行不稳定影响。

（3）加强文明生产工作，保持设备的清洁。在水轮机及周围应没有杂物，设备本体清洁无油污、灰尘，没有严重的漏油、漏水现象，否则应及时擦拭或通知检修人员处理。

（4）加强对各项运行参数的监视及调整，如供水压力和进出口温度，瓦温与油温、油位、尾水管真空度、水导润滑水压与动轮顶盖水压等，使其保证在规程规定的范围内，如有突变应查明原因予以消除。

第三章 水轮发电机结构及运行

第一节 水轮发电机的类型与型号

一、类型

按照水轮发电机组的布置方式,水轮发电机有立式装置、卧式装置和斜式装置三种。卧式装置的水轮发电机,大多用于小型水轮发电机组以及部分大、中型水斗式水轮发电机组;斜式装置的水轮发电机,主要用于明槽贯流式机组、虹吸贯流式机组以及十几米水头以下的其他形式的小型水轮发电机组;而中、低速大中型水轮发电机,绝大多数采用立式(竖轴)装置。

立式装置的水轮发电机,按其推力轴承的装设位置不同,分为悬式和伞式两大类。

悬式水轮发电机的推力轴承位于上部机架上,在转子的上方,通过推力头将机组整个旋转部分的重量悬挂起来,也由此得名。悬式水轮发电机组(包括水轮机导轴承在内)有三导悬式与二导悬式之分,二导悬式水轮发电机组少设一部发电机下导轴承,其余与三导悬式水轮发电机组完全一样。

悬式水轮发电机组的特点是:

(1)径向机械稳定性较好。

(2)推力轴承和导轴承的损耗较小。

(3)检修及日常维护比较方便。

(4)机组的总安装高度(与伞式机组相比)较高。

(5)转速大多在中速以上。

伞式水轮发电机组的推力轴承装置在转子下方的下部机架上或者装在位于水轮机顶盖上的推力机架上。伞式水轮发电机组(包括水轮机导轴承在内)有半伞式与全伞式之分。

所谓半伞式水轮发电机,它的主要特点是,装有上部导轴承而不装下部导轴承,可以简单地记成"有上无下";所谓全伞式水轮发电机,它的主要特点是,装有下部导轴承而不装上部导轴承,可以简单地记成"有下无上"。莲花发电厂水轮发电机组属于半伞式结构,如图3-1所示为莲花发电厂水轮发电机结构剖面图。

伞式水轮发电机组的主要特点是:

(1)由于上部机架不承受推力负荷,故可采用轻型结构。

(2)采用一根主轴,提高了加工精度,机组的轴线容易调整。

(3)全伞式水轮发电机推力轴承与下导轴承在一个油槽内,结构布置比较紧凑。

(4)降低了机组和厂房的高度,降低造价。

（5）推力轴承和导轴承的损耗较大,且检修维护工作不方便。

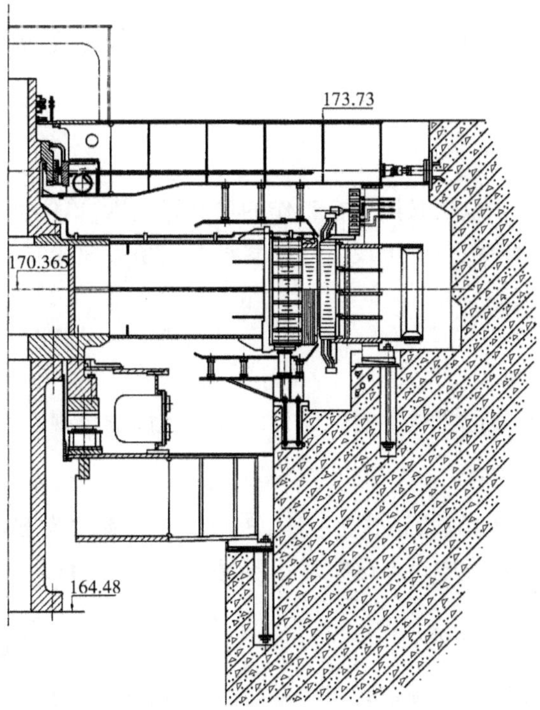

图 3-1　莲花发电厂水轮发电机结构剖面图

二、型号

水轮发电机的型号,是其类型和特点的简明标志。我国水轮发电机的型号采用汉语拼音标注法,莲花发电厂发电机型号为:SF137.5—64/12640。其中:SF 表示立式空冷水轮发电机;137.5 表示该机额定有功功率为 137.5 MW(习惯所说的 13.75 万 kW);64 表示该机转子磁极的个数为 64 个;12 640 表示该机定子铁芯的外径为 12 640 mm。

另外,几种常见的型号有:

（1）SFS 表示立式双水内冷水轮发电机。

（2）SFD 表示水轮发电电动机。

（3）SFW 表示卧式水轮发电机。

（4）SFG 表示贯流式水轮发电机。

第二节　水轮发电机的基本参数

水轮发电机是通过主轴法兰直接与水轮机主轴相连,由水轮机获得动能而使发电机转子转动,从而向外输出电能的装置。它的基本参数有额定电流、额定电压、额定容量、额定功率因数、额定转速、飞逸转速、转动惯量、效率、电抗及短路比等。

一、额定电流 I_n

额定电流是指水轮发电机正常连续运行的最大工作线电流,单位是 A 或 kA。莲花发电厂发电机额定电流是 6 574.4 A。

二、额定电压 U_n

额定电压是指水轮发电机长期安全工作的最高线电压,单位是 V 或 kV。它与水轮发电机的类型、容量、绝缘等级及配电设备等因素都有关系。莲花发电厂发电机额定电压是 13.8 kV。

三、额定容量 S_n

额定容量是指水轮发电机长期安全运行的最大允许输出视在功率,其表达式为:$S_n = \sqrt{3} I_n U_n$,单位是 kVA 或 MVA。

如果用有功功率表示,其表达式为:$P = \sqrt{3} I_n U_n \cos\varphi$,单位为 kW 或 MW,$\cos\varphi$ 为发电机的额定功率因数。莲花发电厂发电机额定容量是 157.14 MVA。

四、额定功率因数 $\cos\varphi$

发电机的额定功率因数是额定有功功率与额定视在功率的比值,即 $\cos\varphi = P_n/S_n$。莲花发电厂发电机额定功率因数为-0.875。

五、额定转速

由于绝大多数的水轮发电机与水轮机采取同轴连接形式,所以水轮发电机的额定转速即是水轮发电机组的主轴及其旋转部分的每分钟旋转次数。单位为转/分钟,代表符号为 r/min。计算公式为

$$n_n = 60f/p$$

式中:n_n 为水轮发电机的额定转速;f 为频率,我国交流电标准频率 $f = 50$ Hz;p 为水轮发电机的转子磁极对数。

莲花发电厂机组额定转速是 93.75 r/min。

六、飞逸转速 n_f

当某台水轮发电机组在最高水头下满负荷运行时突然甩去负荷,又逢调速系统失灵,导水机构位于最大开度下机组可能达到的最高转速,称为机组的飞逸转速。

混流式水轮发电机组的飞逸转速 $n_f = (1.6 \sim 2.2) n_n$,莲花发电厂机组飞逸转速是 186 r/min。

七、转动惯量 J

所谓水轮发电机组的转动惯量,是指转子刚体内各质点的质量与其到旋转轴距离平方

的乘积之总和。转动惯量是水轮发电机的综合经济参数之一,它影响到机组及电力系统的稳定性,也直接影响到机组转速的上升率。莲花发电厂发电机转动惯量≥48 000 Tm²。

八、效率

发电机的效率是和它的能量损耗联系在一起的,在水轮发电机的制造和运行当中,只有控制并减少能量的损耗,才能提高效率,增加出力。

水轮发电机的损耗可分为电磁损耗和机械损耗两大类,详见图3-2。水轮发电机的效率高,说明它的内部损耗少;水轮发电机的效率低,说明它的内部损耗多。水轮发电机的主要损耗通常由铜损耗、铁损耗、风摩损耗及推力轴承损耗构成。莲花发电厂发电机效率是98.4%。

铜损耗指发电机的负荷电流通过定子绕组时所产生的电阻损耗。

铁损耗指发电机定子铁芯在交变主磁通的作用下而产生的涡流损耗和磁分子阻力摩擦所引起的磁滞损耗。

风摩损耗指转子表面以及风扇克服空气阻力摩擦的能量损耗。

水轮发电机的轴承损耗,主要包括推力轴承的摩擦损耗和油槽中的油流扰动损耗,以及导轴承的摩擦损耗。

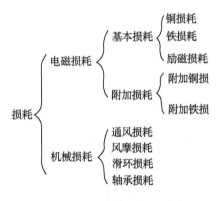

图3-2　水轮发电机损耗分类

第三节　水轮发电机的基本结构

一、定子

定子是水轮发电机的固定部件之一,它主要由机座、铁芯、绕组、上下齿压板、拉紧螺杆、端箍、端箍支架、基础板及引出线等部件组成,定子装配总质量约305 t。

(一)定子机座

定子机座也叫定子外壳,其主要作用是承受定子自重;承受上部机架及装置在上部机架上其他部件的重量;承受电磁扭矩和不平衡电磁拉力;承受绕组短路时的切向剪力;若是悬吊机组还要承受水轮机的轴向水推力,并将其传递给基础。所以要求定子机座必须有足够的强度和刚度。莲花发电厂定子机座外径 14 450 mm、高 3 100 mm(不包括基础板)。

(二)定子铁芯

定子铁芯是定子的一个重要部件,是发电机磁路的主要通道。由于在定子铁芯中存在着交变磁通,才能在定子绕组中感应出交变电流,因此说定子铁芯是磁电的交换元件,并在铁芯齿槽中固定定子绕组。而发电机的铁损耗也就产生在定子铁芯中。莲花发电厂定子铁芯是由 DW315-50 冷轧无取向硅钢片冲制成的定子扇形迭片,片的两面涂 F 级绝缘漆,外径 12 640 mm、内径为 12 000 mm、高 1 800 mm。

(三)定子绕组

定子绕组的作用是当交变磁场切割绕组时,便在绕组中产生交变电势和交变电流,从而完成了水能→机械能→电能的最终转换。定子绕组镶嵌在定子铁芯中,其布置形式有叠绕和波绕两种。莲花发电厂采用短节距双层叠绕形式。

二、转子

转子是水轮发电机的旋转部件,位于定子里面,与定子之间保持一定的空气间隙。转子通过主轴与下面的水轮机连接,其作用是产生磁场并通过与定子的相互作用,将水轮机产生的机械能转换成电能,由定子绕组输出。转子主要由主轴、转子支架、磁轭和磁极等部件组成,其总质量约 580 t。

(一)主轴作用

(1)起中间连接作用,即将发电机与水轮机相连接。

(2)承受机组在各种工况下的转矩。

(3)立式装置的机组,发电机主轴承受推力负荷所引起的拉应力。

(4)承受单边磁拉力和转动部分的机械不平衡力。

(5)如果发电机主轴与转子轮毂采用热套结构,还要承受径向配合力等。

主轴结构有一根轴和分段轴两种形式。莲花发电厂发电机主轴采用分段轴结构形式。如图 3-3 所示为莲花发电厂发电机顶轴结构图。

(二)转子支架

转子支架是连接主轴和磁轭的中间部件,并起到固定磁轭和传递转矩的作用。结构形式有与磁轭一体的转子支架、圆盘式、整体式、组合式四种。莲花发电厂转子支架由中心体和圆盘式支臂组成,其上端法兰面用螺栓与顶轴连接,下端法兰面用螺栓与发电机大轴连接,螺栓起销钉作用,以传递机组扭矩。

(三)磁轭

转子磁轭,俗称轮环。它的作用是形成发电机的部分磁路,固定磁极,产生飞轮力矩。在机组运行中,承受扭矩、离心力以及热打键所引起的配合力等。

(四)磁极

磁极是产生水轮发电机主磁场的电磁感应部件。它一般由铁芯、励磁绕组、阻尼绕组及极靴压板组成。磁极铁芯有实心磁极和迭片磁极两种。实心磁极由整体锻钢和铸钢制成,迭片磁极由 1.5 mm 薄钢板冲片迭压而成。励磁绕组由扁铜线绕成。阻尼绕组是当

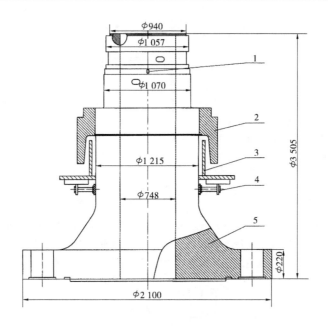

1—圆头平键;2—上导滑转子;3—挡油管;4—上抗磨板;5—顶轴。

图 3-3　莲花发电厂发电机顶轴结构图 （单位:mm）

水轮发电机发生振荡时起阻尼作用,使发电机运行稳定,在不对称运行时,它能提高担负不对称负载的能力。

三、机架

(一)类型

机架是水轮发电机不可缺少的重要组成部件之一,通常均由中心体、支臂和合缝板等部件组成。机架按照所安放的位置不同,一般分为装在发电机定子上部的上机架和装在定子下部的下机架;按照承载情况可分为负荷机架和非负荷机架;按照机架支臂的结构形式可分为辐射型、井字型和桥型等。莲花发电厂上机架为非负荷机架,采用辐射型结构。下机架为荷重机架,要承担机组转动部分的重量及轴向水推力。

(二)作用

1. 负荷机架

负荷机架亦称为荷重机架,即由装置推力轴承而得名。其作用是,承受机组的全部推力负荷和装在机架上的其他荷重以及机架的自重,对于全伞式水轮发电机,负荷机架还要承受径向负荷。悬式水轮发电机的上部机架和伞式水轮发电机的下部机架为负荷机架。如图 3-4、图 3-5 所示为莲花发电厂发电机上机架结构图。

莲花发电厂下机架为负荷机架,机架为辐射型焊接结构,由中心体及 8 个支臂组成。推力轴承放置在下机架上,它由旋转部分、支撑部分、冷却部分等组成。旋转部分由镜板、推力头和连接件组成。支撑部分由推力瓦、弹性油箱、轴承座组成。冷却部分由油冷却器、油槽、挡油管等组成。

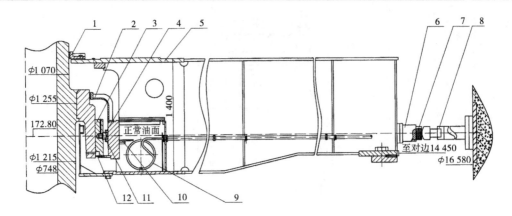

$\phi1\,070$
$\phi1\,255$
172.80
正常油面
1 400
$\phi1\,215$
$\phi748$
至对边14 450
$\phi16\,580$

12　11　　10　　　9

1、2—密封盖；3—上导瓦；4—垫块；5—上机架；6—剪断销；7—蝶形弹簧；
8—千斤顶；9—油冷却器；10—分油板；11—球面支柱；12—绝缘垫板。

图 3-4　莲花发电厂发电机上机架正视结构图　　（单位：mm）

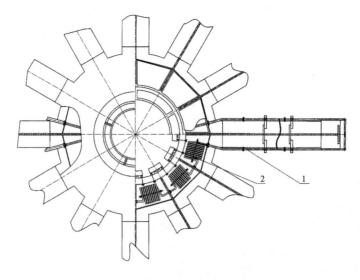

2　　1

1—水管；2—调整螺钉。

图 3-5　莲花发电厂发电机上机架俯视结构图

2. 非负荷机架

非负荷机架亦称为非荷重机架，是由不承受机组的主要轴向力而得名。其作用是，装置导轴承并承受水轮发电机的径向力及其自重，还要承受由于不同机组形式所决定的不同轴向力。悬式水轮发电机的非负荷机架，当顶转子时要承担机组转动部分的重量；伞式水轮发电机的非负荷机架要承担励磁机、受油器以及盖板等重量。莲花发电厂上机架为非负荷机架，由中心体和支臂组成，在中心体内装有 12 块导轴承瓦，12 个螺旋形导轴承油冷却器均布在风油箱内，每 6 个冷却器串联成一路，再将两路并联。

四、推力轴承

(一) 推力轴承的性能和技术要求

水轮发电机组的推力轴承是一种承受整个水轮发电机组转动部分的重量以及水轮机

的轴向水推力的滑动轴承,按液体润滑理论,在镜板与推力瓦之间由于镜板的旋转运动,会建立起厚度为 0.1 mm 左右的油膜,形成良好的润滑条件,同时经推力轴承将这些力传递给水轮发电机的荷重机架。它是水轮发电机组最重要的组成部件之一,其工作性能的好坏,将直接关系到机组的安全和稳定运行。

对推力轴承的基本技术要求是:

(1)在机组启动过程中,能迅速建立起油膜。

(2)在各种负荷工况下运行,能保持轴承的油膜厚度,以确保润滑良好。

(3)各块推力瓦受力均匀。

(4)各推力瓦的最大温升与平均温升满足设计要求,且各瓦之间的温差较小。

(5)循环油路畅通且气泡少。

(6)冷却效果均衡且效率高。

(7)密封装置合理且效果良好。

(8)推力瓦的变形量在允许的范围内。

(9)在满足上述技术条件下,推力损耗较低等。

(二)推力轴承的类型及适应条件

目前,推力轴承的结构形式种类较多,有 10 多种。其类型主要按推力轴承的支撑结构形式来分;但在推力轴承的循环冷却及推力瓦的冷却等方面也有多种方式。

按支撑结构划分,推力轴承主要有刚性支柱式、液压支柱式、平衡块式三种。此外,还有弹性垫式、弹簧式、支点弹簧式、活塞式以及弹性圆盘式等。这里主要结合莲花发电厂机组的实际介绍液压支柱式推力轴承的结构及特点。

液压支柱式推力轴承,也称弹性油箱支撑,主要特点是利用连通器原理,将各块瓦的弹性油箱用钢管连接在一起,因此各推力瓦的受力能自动调整,故承载能力较高。

(三)液压支柱式推力轴承的基本构造

莲花发电厂机组推力轴承的结构主要由以下几部分组成:推力头、镜板、推力瓦、弹性油箱、轴承座、油冷却器、油槽、挡油管等,如图 3-6 所示为发电机推力轴承结构装配图。

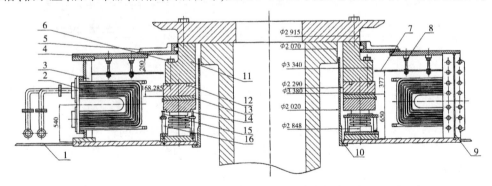

1—下机架;2—油冷却器;3—推力油槽;4—油槽盖;5—密封盖;6—螺栓;7—稳油板;
8—双头螺柱;9—耐油橡胶条;10—挡油管;11—推力头;12—镜板;
13—推力瓦;14—限位螺钉;15—限位块;16—推力轴承座。

图 3-6　发电机推力轴承结构装配图 (单位:mm)

1. 推力瓦

推力瓦是推力轴承中的静止部件,其种类主要有巴氏合金(乌金)瓦、弹性金属塑料瓦等。莲花发电厂推力瓦为弹性金属塑料瓦,共有 16 块。其俯视图为扇形,进油边 0.12~0.15 mm,出油边 0.08~0.10 mm,如图 3-7 和图 3-8 所示。

弹性金属塑料瓦的特点是:

(1)大修中不需要刮瓦及研瓦,减少了检修工序和劳动强度。

(2)盘车时不用抹猪油或羊油,只需滴上润滑油即可,且盘车时省力。

(3)瓦体温度低,由于塑料是绝缘体,瓦面的热量不易传到瓦体,可使瓦体的热变形量降低。

(4)提高了单位压力,单位压力可提高 10% ~ 76%。

(5)塑料瓦允许热启动,即对热启动时间没有限制。

(6)塑料瓦可以冷启动,即在 10 ℃ 以下允许启动。

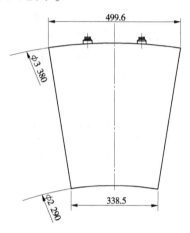

图 3-7　推力瓦结构正视图　(单位:mm)

(7)允许低速制动和惰性停机。

(8)塑料瓦能够耐高温,要比金属瓦的承受温度高出许多。

(9)具有很高的绝缘性能。

(10)塑料瓦的摩擦系数小,降低了机械损耗。

(11)机组启动前不需顶转子,可直接启动。

(12)塑料瓦的磨损率小,使用寿命长。

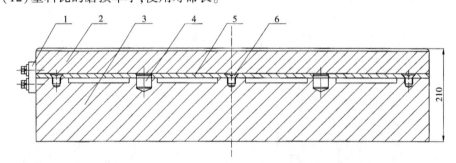

1—挡块;2—瓦体;3—瓦托;4—圆柱销;5—键;6—沉头螺钉。

图 3-8　发电机推力瓦结构剖面图

2. 镜板

莲花发电厂镜板由 55 号锻钢制成,直径 3 383 mm,质量 8.5 t。为固定在推力头下面的转动部件,通过螺栓将镜板和推力头把合在一起,它将推力负荷传递到推力瓦上,是推力轴承十分关键的部件。因此,镜板要有较高的精度和光洁度,决不允许镜板有伤痕、硬点和灰尘,否则容易造成推力瓦的磨损和烧瓦事故,同时镜板还应有很高的刚度,防止运行时产生有害的波浪变形。镜板加工要达到一定的厚度,如果镜板较薄,刚度较低,在机组运行中镜板所产生的波浪度变形,使推力头与镜板结合面间的油中气泡瞬间被压碎,同时产生很高的压力,引起结合面的汽蚀破坏,造成轴线易变。

3.推力头

推力头的作用是发电机承受并传递水轮发电机组的轴向负荷及其转矩。它的类型有:

L形:多用于推力轴承单独装置在一个油槽内的悬式机组。

靴形:多用于推力轴承与上导轴承合用一个油槽的悬式水轮发电机组。

轮毂形:适用于伞式机组,由于该型推力头与发电机转子轮毂铸成或焊成一体,因此而取名。

推力头应有足够的刚度和强度,以承受轴向力所引起的弯矩,而不致产生有害变形和损坏。莲花发电厂推力头的材质为ZG230-450,直径为3 340 mm,质量19 t,它借助于螺栓与转子中心体把合在一起。

4.弹性油箱

如图3-9所示为莲花发电厂弹性油箱结构图。弹性油箱也称为液压支柱,它是水轮发电机组的承重部件。弹性支柱推力轴承与其他形式的推力轴承相比,有以下优点:

(1)自调节能力强。自行调整推力瓦间的负荷,使各块推力瓦承载均匀。

(2)推力瓦的单位压力高。弹性支柱推力轴承推力瓦的单位压力比刚性支柱式推力瓦的单位压力平均高出40%。

(3)推力瓦温度较低。其运行温度比其他形式推力瓦温度平均低7~10 ℃。

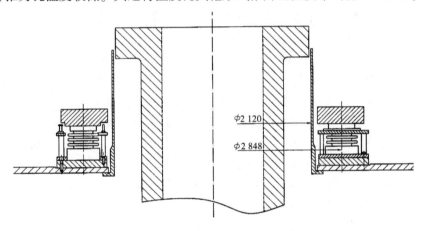

φ2 120

φ2 848

图3-9　弹性油箱结构图　(单位:mm)

5.油密封装置

如果推力油槽和挡油管密封不良或者密封不合理,往往容易造成甩油现象,既浪费了润滑油,又污染了发电机绕组而加速其绝缘老化,还会在油槽内产生气泡而降低推力轴承的性能。所以,对油槽应采用良好的密封装置,其结构主要包括:①油槽盖板密封;②阻旋装置;③气囱;④挡油管密封。

(四)推力油槽的循环和冷却

水轮发电机组在运转过程中,推力瓦与镜板直接摩擦,这种机械摩擦功转换成了热能,而这些热能如果不设法较快地转移,推力瓦温无疑将持续上升,以致上升到接近塑料的熔点而导致推力瓦的烧损,结果只能被迫停机。所以对推力轴承的散热作用和冷却至关重要。

转移推力轴承摩擦热能的主要办法是借助推力油槽中循环的润滑油,被升温的润滑油把热量传递给冷却器,再通过冷却器中的循环冷却水把热量带走,这样就完成了对推力轴承的散热作用和冷却作用。

由于机组不停地运转,推力瓦与镜板不停地摩擦发热,通过润滑油和冷却水不断地循环热交换,从而使推力瓦温维持在某一个比较稳定的、允许的温度范围之内,因此从推力轴承这个环节上才能保证机组的正常运行。

推力油槽内油的循环方式主要有两种:一种是内循环,另一种是外循环。所谓内循环,是指将推力轴承和油冷却器均浸于同一个油槽内,靠在油槽中旋转的镜板(当推力轴承与导轴承组装在同一个油槽内时,推力头的下部也在油中旋转)促使润滑油在冷却器与轴承之间循环。所谓外循环,是指在推力油槽外部的适当位置再专门装置一个油槽,油槽内同样放有冷却器,润滑油通过油泵强行循环,以及通过在镜板上钻径向孔或者镜板上装泵叶,即以轴承自身泵的方式迫使润滑油循环。莲花发电厂机组推力油槽油循环方式为内循环方式。

1. 内循环方式下油的循环动力

1)镜板泵效应

浸在润滑油中的镜板(包括推力轴承推力头的下部浸入油中部分),由于润滑油具有一定的黏度,镜板表面,尤其是镜板内、外侧表面与润滑油分子之间有较大的吸附力,随着镜板的旋转,润滑油在黏滞力和离心力的作用下被甩出形成油流,在温度一定的情况下,镜板的附着油量基本上保持不变。镜板内圈的润滑油,由于同样的原因,也有一定的油量被甩入瓦间区域而向外流动。这样由于镜板与推力头的旋转而使润滑油的压力沿推力瓦的径向非线性地逐步升高,起到了部分油泵作用,故被称为镜板的泵效应。

在镜板的旋转作用下,推力瓦摩擦面的大部分热油被甩出,形成压力,推动油流流动,同时在镜板的内侧与挡油环处形成负压,有助于油流不断循环流动。该油流与镜板黏滞泵作用而甩出的油流混合流向冷却器,经冷却器后由推力支架、内挡油管从推力瓦内侧返回。

2)由冷却器引起的冷、热油的对流

油槽中的润滑油通过冷却器之后,温度降低,体积缩小,密度增大,逐渐下沉,形成油的温差对流。这种对流作用,在整个油循环动力中所占的比例是较小的。

冷却器一般有 U 形和环形两种。莲花发电厂机组推力轴承冷却器为 16 个 U 形冷却器,在运行时推力轴承产生的热损耗借助于油冷却器的热交换,由冷却水带走。如图 3-10 所示为莲花发电厂所使用的 U 形冷却器结构图。

2. 内循环方式下油的循环阻力

对于一个稳定的油循环系统,动力和阻力在某一个数值上维持平衡。内循环方式,润滑油的循环阻力主要由以下几个方面组成:

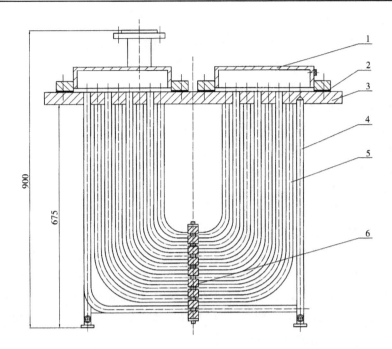

1—水箱盖;2—橡皮垫;3—承管板;4—支架;5—冷却水管;6—管夹。

图 3-10　U 形冷却器结构图　（单位:mm）

(1)冷却器的结构阻力。

(2)抛物油面与热油流短路阻力。

(3)冷却器的空间位置阻力。

(4)冷却器与旋转件间的距离阻力。

五、导轴承

(一) 导轴承的作用及类型

水轮发电机导轴承的作用是承受机组转动部分的径向机械不平衡力和电磁不平衡力,维持机组主轴在轴承间隙范围内稳定运行。

导轴承的布置方式和数目,与水轮发电机的容量、额定转速以及结构形式等因素有关。如莲花发电厂的伞式水轮发电机只采用一个导轴承,而悬式水轮发电机多采用两个导轴承。

导轴承的结构形式有浸油分块瓦式、筒式和楔子板式(调整块式)三种。目前,国内大多数电站的水轮发电机均采用分块瓦式导轴承;筒式导轴承已基本不用,只是在中、小型水轮机导轴承上应用;楔子板式导轴承在国内应用得也很少。

导轴承按油槽使用方式分为两种形式:一种是具有单独油槽的导轴承,它适用于大、中容量的悬式水轮发电机和半伞式水轮发电机的上部导轴承;另一种是与推力轴承合用一个油槽的导轴承,在这种结构中,推力头兼作导轴承的轴领,它适用于全伞式水轮发电机的下部导轴承,以及中、小容量的悬式水轮发电机的上部导轴承。按导轴承的结构归类,有稀油润滑分块瓦式导轴承、楔子板式导轴承两种类型。莲花发电厂发电机导轴承的结构形式为稀油润滑分块瓦式导轴承。

导轴承的位置对于悬式水轮发电机组,安装在机架中心体内圈;对于全伞式水轮发电机组,安装在下部机架中心体的上部。

导轴承性能良好的主要标志是:

(1)能形成足够的工作油膜厚度。

(2)瓦温应在允许范围之内,一般在50 ℃左右。

(3)循环油路畅通,冷却效果好。

(4)油槽油面和轴瓦间隙满足设计要求。

(5)密封结构合理、不甩油。

(6)结构简单、便于安装和检修等。

(二)稀油润滑分块瓦式导轴承结构

莲花发电厂稀油润滑分块瓦式导轴承结构主要由轴领、上导轴瓦、调整螺钉、轴承体、分油板、油槽、油槽盖板及冷却器等组成。上导轴瓦12块,均布在顶轴轴领周围,12个螺旋形导轴承油冷却器分别装在12个均布的分油箱内,当油流经冷却器时,经过热交换,冷却水带走上导轴承产生的损耗。如图3-11所示为莲花发电厂上导轴承装配图。图3-12所示为莲花发电厂上导轴承冷却器布置图。

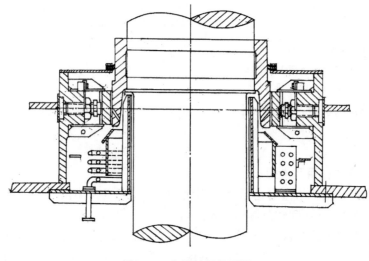

图3-11 上导轴承装配图

六、制动装置

(一)制动装置的作用

机组的制动装置(或称制动器)位于转子的下方,其作用一是对机组进行停机制动,二是用于顶转子。制动装置可分为机械制动和电气制动两种形式,莲花发电厂现采用机械制动装置。

1.制动作用

依靠制动器的制动块与转子磁轭下部制动环的摩擦力矩使机组停机。在停机过程

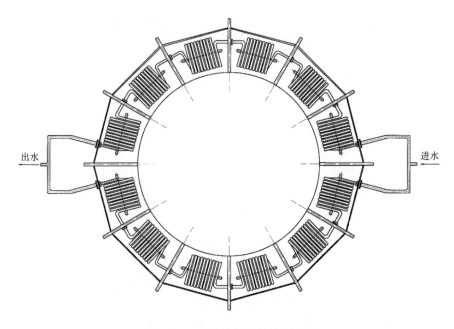

图 3-12　上导轴承冷却器布置图

中,当机组转速降低到额定转速的 30%～40% 时,制动器即对发电机转子进行连续制动,从而可以避免推力轴承因低速运转油膜被破坏而使瓦面烧损。莲花发电厂机组的制动转速为额定转速的 15%,约 14 r/min。

2. 在机组检修后启动前顶起转子

当机组停机时间过长(莲花发电厂≥10 d 时,才采用顶转子的方法,一般是接近 10 d 时,机组空载转动一次),留存在推力轴承镜板与瓦面间的剩余油膜可能消失,这时可利用制动器通入高压油,将转子略微顶起,使轴瓦面与镜板之间进入润滑油,建立起新的油膜。

对制动器的基本要求是:不漏气、不漏油、动作灵活、动作后能正确地恢复到下落位置。莲花发电厂每台机有 12 个制动器,制动气压为 0.7 MPa,制动器最大行程 40 mm。

(二) 立式油气分离气压复位制动器的结构与动作

1. 基本结构

如图 3-13 所示为莲花发电厂使用的立式油气分离气压复位制动器结构图,主要由缸体、小活塞、下活塞、上活塞、制动托盘、导向键、压环键、锁定螺母等组成。在缸体上设有一个进油口,一个制动进气口。一个复位进气口;活塞分为导向活塞和工作活塞,工作活塞为两个,一个为液压工作活塞,一个为气压工作活塞。缸体内设有气复位腔及最大行程 40 mm 的机械限位(在不受压状态时为 48 mm),在导向活塞上端设有一对导向键,保证活塞不发生偏斜,不会存在活塞憋卡现象;制动闸板采用角度自调式,以保证闸板摩擦均匀。

所谓的气压复位,就是当制动器动作对机组进行制动后,制动器的活塞下落复位是由气压作用完成的,而不像普通的制动器,活塞的复位是靠活塞自身的重量下落复位的。

2. 制动器的动作

1) 制动动作

在机组停机过程中,当转速下降至制动整定值时,制动装置的自动控制元件动作,将

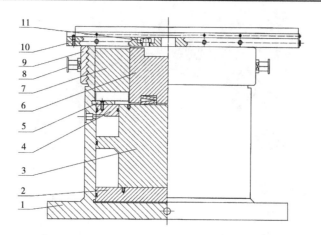

1—缸体;2—小活塞;3—下活塞;4—衬套;5—压环键;6—上活塞;
7—导向键;8—手柄;9—锁定螺母;10—制动托盘;11—定位螺栓。

图 3-13　立式油气分离气压复位制动器结构图

制动器的制动进气腔与高压空气接通,在气压的作用下,活塞及闸板同时向上,使闸板与转子磁轭下部的制动环接触摩擦,使机组迅速减速并停止转动。

2)复位动作

当机组转速降至零后,自动控制装置动作使制动器的制动进气腔排气,同时复位腔与高压空气接通,将活塞迅速压下,使活塞复位到落下位置,然后复位腔自动排气。在莲花发电厂的制动器上装有行程开关,用于监视活塞的位置,并通过信号光字牌使运行人员便于监视制动器活塞动作是否到位。

3)顶启动作

当需要顶转子时,使用专用油泵从进油管路上给制动器进油腔通压力油,直至将转子顶起,完成顶转子的工作。

七、发电机的冷却与通风

(一)通风系统概述

水轮发电机的冷却,直接关系到机组的经济技术指标、安全运行以及使用年限等问题。目前的大、中型水轮发电机大多采用全空冷方式冷却,该种冷却方式具有制作工艺简单、检修维护方便、运行稳定性可靠等优点。通风系统应满足以下基本要求:

(1)水轮发电机运行实际产生的风量应达到设计值并略有余量。

(2)各部位的冷却风量应分配合理,各部位温度分布均匀。

(3)风路简单,损耗较低。

(4)结构简单,加工容易,运行稳定及维修方便等。

(二)封闭式双路径向循环通风系统

莲花发电厂发电机的通风系统为封闭式双路径向循环通风系统,如图 3-14 所示。被空气冷却器冷却了的空气,从机座外围分上、下两路。上环路,空气经定子机座上部孔到定子机座上部,穿过上机架下部挡风板与磁轭上部水平挡风板所构成的风洞,进入转子支臂的空间;下环路,空气经机墩基础与挡风板所构成的下风洞,进入支臂的空间;在转子支架和磁轭的离心扇风效应下,经转子磁轭通风沟,进入磁极间隙及发电机空气隙,再穿过定子铁芯的通风沟到达定子背部,汇集后从定子机座通风窗口通过外壳均布的空气冷却器降温,接着再如上述途径上、下环路重复循环。莲花发电厂每台机装 12 个空气冷却器,空气冷却器的冷却水管采用轧制翼片式双层金属管。

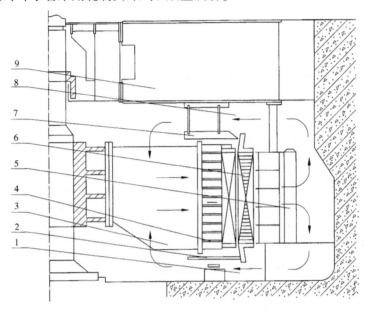

1—下风洞;2—挡风板;3—转子支臂;4—磁轭通风沟;5—空气冷却器;

6—定子绕组;7—挡风板;8—上风洞;9—上机架。

图 3-14　莲花发电厂发电机封闭式双路径向循环通风系统示意图

　　封闭式双路径向循环通风系统的主要特点是:通风阻力较小,通风路线不长,散热面积较大,以及转子、定子的轴向温度分布比较均匀。

　　应注意的问题是,在机组检修后的安装工作中,应将下挡板中部的盖板安装牢固和紧密,这样可以减少通风损耗以及降低噪声。

第四节　水轮发电机的运行

一、发电机的允许温度和温升

(一) 发电机热量的产生

　　任何机器在运转过程中都会产生损耗,发电机也不例外,运行时它内部的损耗也很多。一般来说,大致可以分为以下四类,即铜损耗、铁损耗、励磁损耗和机械损耗。

　　所谓铜损耗,是指发电机的负荷电流通过定子绕组时所产生的电阻损耗,即 I^2R。铜损耗在数值上主要取决于发电机负荷的平方,其次还与铁芯的尺寸以及额定电压等因素有关。

　　所谓铁损耗,是指在发电机定子铁芯在交变磁通的作用下所产生的损耗,它又有两种形式,一种是涡流损耗,另一种是磁滞损耗。涡流损耗是由于交变磁场产生的感应电动势在铁芯中引起涡流导致的发热;磁滞损耗是由于交变磁场使铁磁性材料克服交变阻力导致的发热。铁损耗的大小主要取决于磁通密度的平方和频率。

　　所谓励磁损耗,是指转子的励磁电流通过磁极绕组时的电阻损耗以及电刷与滑环的接触损耗。励磁损耗在数值上主要与励磁电流的平方有关。

　　机械损耗则包括发电机旋转需克服的各种阻力和摩擦力的损耗,包括通风损耗、风摩损耗、滑环损耗、轴承损耗等。

　　以上四种损耗都会使运转中的发电机的转子绕组、定子绕组和定子铁芯发热而使其温度升高,如果温度超过一定的限值,就会使各部位的绝缘老化,从而缩短它的使用寿命,甚至会引起发电机事故。

(二)发电机的允许温度和温升

　　发电机的连续工作容量主要取决于发电机转子绕组、定子绕组和定子铁芯的温度,这些部分允许的长期最高温度取决于所用的绝缘材料。一般来说,发电机温度若超过额定允许温度就会对发电机的绝缘材料产生影响,温度过高会使绝缘老化,缩短发电机的使用寿命,甚至导致发电机绝缘破坏,造成设备损坏事故发生。为使绝缘不致老化和破坏,所以在运行中必须严格监视发电机各部位的温度不得超过允许温度。同时,为了能真正反映发电机内部的实际温度,还要监视其允许温升。

　　所谓温升,是指发电机测量的实际温度减去环境温度所得到的温度值,单位为 K。例如,测量发电机定子绕组某点的温度为 60 ℃,此时厂房内的环境温度为 5 ℃,则发电机定子绕组该测点的温升为 55 K。计算公式如下:

$$\theta = T_2 - T_1$$

式中:θ 为温升;T_2 为发热状态下绕组温度;T_1 为实际冷却状态下的绕组温度(环境温度,室温不允许超过 40 ℃,环境温度规定为 35 ℃ 或 40 ℃ 以下,如果铭牌上未标出具体数值,则最高取 40 ℃)。

　　发电机的允许温度和温升,取决于发电机采用的绝缘材料的等级。由于各种类型的发电机采用不同的绝缘材料,因此发电机在实际运行中的最高允许温度和温升要根据制造厂家允许数值并经现场的温升试验来确定。在行业标准《水轮发电机运行规程》(DL/T 751—2001)中规定:转子绕组、定子绕组及定子铁芯的最大温度,为发电机在额定进风温度及额定功率因数下,带额定负荷连续运行时所发生的温度,这些温度根据温升试验的结果来确定,其值应在绝缘等级和制造厂所允许的限度以内。

　　莲花发电厂发电机的转子绕组、定子绕组、定子铁芯的绝缘等级均为 F 级绝缘,根据生产厂家和设计部门的有关资料,现场运行规程中明确规定发电机各部分的温升不应超过如下规定:定子绕组的温升 80 K,定子铁芯的温升 80 K,转子绕组的温升 90 K,集电环的温升 80 K。

(三)发电机对冷却入口风温的要求

　　发电机运行时的铜损耗和铁损耗均转变为热量,为了保证发电机能在定子绕组所用的绝缘材料的允许温度下长期运行,就必须经常把这些损耗所产生的热量排出去,其热量的排出是通过发电机的冷却系统来实现的。

1. 莲花发电厂发电机的散热

莲花发电厂发电机的通风系统为封闭式双路径向循环通风空气冷却,发电机所产生的热量通过强迫空气循环带给了设置在定子铁芯外侧的空气冷却器,再由空气冷却器内部的冷却水把热量带走。即分别通过空气的循环和冷却水的循环完成对发电机的冷却过程。现场规程规定:发电机空气冷却器冷风温度不超过 35 ℃,热风温度不超过 65 ℃;否则,上位机报警。

2. 入口风温对发电机运行的影响

国家标准规定的发电机额定入口风温不超过 40 ℃,但根据不同的地理位置条件和不同的机组类型,可以根据现场的具体条件和有关的试验来确定实际的入口风温。在额定入口风温下,发电机可以连续在额定容量下运行。当入口风温高于额定值时,冷却条件变坏,发电机的出力就要减少,否则发电机各部分的温度和温升就要超过其允许值;反之,当入口风温低于额定值时,冷却条件变好,发电机的出力允许适当增加。

虽然由于冷却空气温度的降低可以相应地提高发电机的出力,但是冷却空气的温度也不能过低。对于封闭式通风冷却的发电机,应以空气冷却器的管子表面不凝结水珠为标准,一般要求进口风温不低于 20 ℃。

二、发电机在电压、频率变动时的运行

电压和频率是电网运行的质量指标,也是供电质量的标准。电压、频率过高或过低不但对用户不利,而且对电力系统以及发电机本身也不利。因此,必须保证电网的电压和频率在一定范围内变化,才能有利于发电机的安全稳定运行。

(一) 在额定频率下,电压变动时的运行及影响

发电机电压在额定值的±5%范围内变化时,是允许长期运行的。当发电机的电压较其额定值增高 5%时,则定子电流应较其额定值降低 5%;反之,当发电机的电压较其额定值降低 5%时,则定子电流可较其额定值增高 5%。在正常运行中,如果电压变化超过额定值的±5%限度,将给发电机的运行带来很不利的影响。

发电机在高于额定电压运行时的危害:

(1)发电机电压升高而容量不变时,势必要增加发电机励磁电流,因此会造成发电机转子绕组的温度升高。

(2)电压的提高使定子铁芯中的磁通密度增大,铁损耗增大,使铁芯发热增加。

(3)在较高电压下运行时,定子绕组的绝缘有击穿的危险。

(4)定子的结构部件可能出现局部高温。

发电机在低于额定电压运行时的危害:

(1)当发电机电压低于额定电压的 90%运行时,发电机定子铁芯可能处于不饱和部分运行,使电压不能稳定,如果励磁稍有变化,电压变化就会较大,甚至破坏发电机并列运行的稳定性,严重时会引起振荡或失步。

(2)当发电机电压低于额定值较多运行时,发电机的出力要受到限制,因为发电机的定子电流不得超过额定值的 105%,否则定子绕组的温度就会升高,超过允许值。

(二)在额定电压下,频率变动时的运行及影响

频率是电能的重要质量指标之一,频率变化较大时不但直接影响用户的产品质量,也会影响发电机的安全稳定运行。我国规定,发电机的额定频率为 50 Hz,但是根据电力系统大小的不同,对电网频率的变化要求也有所不同。对于较大容量的电网,一般允许频率的变化范围为±0.2 Hz;对于较小容量的电网,一般允许频率的变化范围为±0.5 Hz。在上述允许的频率变化范围内,发电机可以按额定容量长期连续运行。

(1)发电机在高于额定频率运行时的危害:发电机频率过高,会使发电机转速增加,转子离心力增大,对发电机的机械部件的寿命有影响。

(2)发电机在低于额定频率运行时的危害:

①频率降低引起发电机转速下降,使转子两端风扇鼓进的风量减少,后果是使发电机的冷却条件变坏,各部分的温度升高。

②由于发电机的电势(或端电压)与频率及磁通成正比的关系,当频率降低时,必须增大励磁电流才能保持端电压不变,而增大励磁电流就会使发电机转子绕组的温度升高;否则就得降低发电机的出力。

③频率降低时,为了保持发电机端电压不变,需增加励磁即增加磁通,这就容易使定子铁芯饱和,磁通逸出,使机座的某些结构部件产生局部高温。

三、发电机不对称运行

所谓发电机不对称运行,是指发电机三相电动势不对称或三相负荷电流不对称的运行情况,称为发电机的不对称运行状态。在实际运行中,由于各种原因可能引起发电机的不对称运行。发电机不对称运行属于非正常运行方式,但也是一种可能的运行方式。

(一)负荷不对称对发电机的影响

1. 负序电流引起的转子过热

发电机在三相电流不平衡(不对称)的情况下运行时,可以把不对称的三相电流分解成三组对称的电流,即正序、负序、零序三组分量。正序电流在空气隙中产生一个正序旋转磁场,它的旋转方向与转子同向旋转。零序电流因没有中性点回路而不能流通。负序电流在空气隙中产生一个负序旋转磁场,且该磁场与转子反向旋转,其转速是转子同步转速的两倍。

当负序磁场扫过转子表面时,会在转子铁芯的表面、槽楔、转子绕组、阻尼绕组及转子其他金属结构部件中感应出两倍于工频的电势,造成转子铁芯的附加涡流损耗和转子绕组的附加铜损耗。这些附加损耗最终转化为热能,使转子铁芯表面发热。

2. 磁场不均而引起的机组振动

发电机在不对称情况下运行时,不对称电流产生的磁场也不对称。负序磁场的作用,使发电机转子产生脉动的力矩,由于脉动力矩的存在,造成转子的振动。对于水轮发电机,由于转子是凸极式的,磁极的纵轴方向和横轴方向的气隙大小不一样,磁阻不等,造成磁场不均匀,因此振动更为严重。

(二)负荷不平衡的限制

发电机不平衡负荷的允许值应遵守制造厂的规定,若无厂家规定,一般按照下列规定

执行：

(1) 水轮发电机三相电流中任意两相电流之差不得超过额定电流的 20%。

(2) 任意一相的定子电流不得超过额定值。

在上述规定条件下,允许发电机在满负荷下带不平衡电流长期运行。莲花发电厂对此在现场运行规程中也做出了明确的规定:发电机在正常连续运行时,三相电流的差值不得超过额定值的 15%,即 986.16 A,同时任一相电流不得超过额定值的 10%。

四、发电机的短时过负荷

在正常运行时,发电机是不允许过负荷的,但当电力系统发生事故时,为了维持电力系统稳定运行和保证对重要用户供电的可靠性,允许发电机在短时间内过负荷运行。

短时间过负荷对绝缘寿命的影响不大,这是因为发电机在额定工况下运行时的温度较其所用绝缘材料的最高允许温度要低得多,有一定的备用量可作为过负荷时使用。同时,绝缘的老化需要一定时间的变化过程,介质损失的增大、击穿电压的降低等也都要有一个高温作用的时间。因此,发电机在短时间内过负荷运行还是允许的。

在实际运行中,发电机短时过负荷有两种情况:一种是电流超过额定值很多,但过负荷的时间很短,通常不超过 2 min;另一种是过负荷电流不大,而时间较长,通常大于 10 min。这两种过负荷的性质不同,因此允许的过负荷电流及时间也不相同。长期过负荷的危害主要是因定子电流增加,由此产生的温升对定子绕组的绝缘产生影响。只有在系统事故或特殊情况下,才允许发电机短时间过负荷运行。

发电机短时间过负荷的允许值,应遵守制造厂的规定,或按照国家行业标准有关要求执行。当发电机过负荷时,可首先降低励磁电流,即减少发电机的无功负荷,但是在降低励磁电流时,应注意发电机不得进相运行,同时还应注意发电机母线电压不应过低。如果还是不能解决问题,则应在系统调度员同意的情况下,降低发电机的有功负荷。

五、发电机绕组的绝缘电阻

发电机在长期的运行中,由于要经常受到热、电、机械等各方面的作用,可能会产生局部缺陷,特别是发电机由于长时间备用停机或检修时,其定子绕组和转子绕组因温度的变化会吸收厂房内的潮气而导致绝缘强度降低。为此,在发电机停机后和启动前应测量定子绕组和转子绕组的绝缘电阻,以检验其绝缘状况是否良好,是否能够满足发电机安全运行的需要。

(一) 定子绕组绝缘电阻的测量及允许值

按照国家行业标准和现场运行规程中的规定,发电机定子绕组绝缘电阻应使用 1 000~2 500 V、读数范围最好在 0~10 000 MΩ 及以上的兆欧表进行测量。测量的范围除发电机定子绕组外,还应包括与其直接相连的母线引出线或电缆等。

发电机定子绕组的安全绝缘电阻值,在规程中未做具体的规定,而判断绝缘电阻是否合格,可与上次测量的记录值相比较作为依据。如果所测得的数值与上次测量值比较降低了 1/5~1/3,则认为绝缘不良,应查明原因并设法消除;否则,即认为合格,可以投入运行。

发电机定子绕组绝缘如受潮气、油污等的浸入,不仅绝缘下降,而且会使其吸收特性改变。为此,在测量绝缘电阻的同时,还应测量发电机绝缘的吸收比,即测量 60 s 与 15 s 绝缘电阻的比值 R_{60}/R_{15}。由于吸收比对受潮反应特别灵敏,所以一般以它作为判断绝缘是否良好的重要指标之一。国家行业标准规定:$R_{60}/R_{15} \geq 1.3$,即认为发电机定子绕组的绝缘没有严重受潮;若低于 1.3 则说明发电机绝缘已受潮,应进行烘干处理。

(二)转子绕组及励磁回路绝缘电阻的测量及允许值

按照国家行业标准和现场运行规程中的规定,测量发电机转子绕组和励磁回路的绝缘电阻,应使用 500~1 000 V 的兆欧表进行。在一般情况下,转子绕组和励磁回路的绝缘电阻应一起测量,只有当发现问题时才分开测量。

在正常情况下,转子绕组和励磁回路的绝缘电阻值应不小于 0.5 MΩ。如果测量结果小于 0.5 MΩ,则应分别测量转子绕组和励磁回路的绝缘电阻,以便确定绝缘降低的具体部位,采取措施查明原因并予以消除,否则不允许发电机运行。

(三)测量发电机绝缘时的注意事项

(1)测量前应全面检查发电机出口开关、刀闸以及有关的熔断器均应在断开位置,发电机母线上的接地线已经拆除,发电机没有明显的接地点。

(2)测量不同部位的绝缘电阻,应使用相应量程等级的兆欧表,否则会造成测量结果的误差或影响设备的绝缘寿命。

(3)测量前应对被测绕组和回路进行充分放电,否则会严重影响测量结果的准确性,同时应注意在测量时应尽量避免外界的影响。

(4)在测量工作中要严格执行安全工作规程中的有关要求,做好各项安全措施,特别是加强对被测设备的监视,防止无关人员进入而发生感电事故,以确保人身安全。

(5)测量后要对所测得的数据进行认真记录和分析,以确认所测结果的准确性和正确性,并以此确认发电机是否可以投入运行。

六、发电机的启动、升压和并列运行

发电机经检修后在投入运行启动前,应按照现场运行规程中的有关规定进行各项检查和验收,收回各种工作票,拆除临时安全措施并恢复常设遮栏,检修人员详细交待清楚检修的有关数据,绝缘电阻测试合格。然后,运行人员应对检修后的设备按照规程的要求进行全面、详细的检查。如果机组正常处于备用状态,则在启动前按照规程的要求进行重点检查。只有在这些工作完成后,才能进行机组的启动操作。

(一)发电机的启动和升压

发电机组的启动,正常情况下采用自动启动方式,只有在极特殊的情况下采用手动启动。发电机组一经启动运转,就应认为发电机和有关的电气装置都已经带电,此时任何人不准在这些回路上做任何工作,以免发生触电事故。

发电机转速上升的速度不做规定,按照水轮机调节系统的特性执行。正常运行中,发电机的升压由励磁调节装置自动采样升压,即当机组启动转速达到额定转速的 95% 以上时,发电机自动建立电压到额定值,在此过程中不需要人员的干预。但是对于经过大修后的发电机,或与发电机出口母线相连的电气设备有变动或更新改造后,则一般在发电机启动后采取零起升压(也叫递升加压)的方法,其目的就是要通过逐渐提升电压来检验相应设备的绝缘水平,当发现设备的绝缘薄弱点时可以立即将电压降低到零,以减小设备损坏的可能性。零起升压工作一般由专业人员来操作,运行人员予以适当的配合。

在机组启动过程中,运行人员应监视机组的启动程序和有关参数、仪表的指示、变化是否正常,监视机组有无异常的振动声音,发电机的冷却通风系统是否正常,各部轴承的油位、轴瓦温度、技术供水是否正常。

(二)发电机的并列运行

当发电机电压升到额定值后,就可以进行并列工作。发电机的并列操作是非常重要的操作,在一定程度上关系到电厂和电网的安全稳定。如果发生非同期并列,将会产生强烈的冲击和振荡,使发电机绕组端部和铁芯遭到破坏。因此,要高度重视发电机的并列操作工作。

1. 发电机并列的条件

同步发电机要并列运行时,必须满足一定的条件才允许合闸,否则可能造成严重的后果。发电机的并列有两种方式,即准同期并列和自同期并列,两种方式均可以手动操作和自动控制,目前广泛采用的是准同期并列方式。

在发电机与电网并列合闸前,为了避免电流的冲击和转轴受到扭转力矩,需要满足下列的并列条件:

(1)待并发电机的电压有效值与电网的电压有效值相等或接近相等,但允许相差 5% 的额定电压差。

如果两者的电压不等,则会产生无功冲击电流,可能使发电机定子绕组过热,导致绕组端部损坏。因此,必须调整发电机的电压与系统电压接近后才可并列。

(2)待并发电机的频率与系统频率应接近相等,误差不应超过 0.1 Hz。

如果两者的频率不等,则会产生有功冲击电流,发电机从电网吸收有功功率或向电网输出有功功率,其结果是使发电机转速升高或降低,严重时造成机组的严重振动乃至失去同步。

(3)待并发电机电压与电网电压的相位相同、相角相等。

在发电机并列时,如果两者相位不一致,则会产生很大的电压差,该压差所产生的冲击电流可达到额定电流的 20~30 倍,冲击电流的有功分量不仅会加重原动机的负担,还可能使原动机受到很大的机械应力,使发电机大轴产生弯曲,并且可能使发电机失去同步。

(4)待并发电机电压与电网电压的相序相同。

如果相序不同即进行并列,不但会产生强大的冲击电流,而且会严重损坏发电机的定子绕组。即使合闸,发电机也永远不能进入同步运行。

2. 手动准同期并列及要求

发电机并列一般都采用自动方式进行,即通过投入自动准同期装置实现自动并网合闸。但在某些特殊情况下,也需要由人员操作手动并列合闸。

当采用手动并列时,应投入同期组合表,这时在该表上就指示出系统和待并发电机的电压和频率。此时发电机的频率和电压需要人员手动调节,以便满足并列条件的需要。调节待并发电机的转速,使其频率与电网频率相近;调节待并发电机的电压,使其电压与系统电压相等。此时观察同期表的指针旋转速度均匀,当指针缓慢旋转时,在指针接近同期点前 10°左右时,立即操作合上发电机出口断路器,即完成了发电机的手动并列操作。

当同期表的指针顺时针方向旋转时,表示待并发电机的频率比电网频率高;反之,当同期表的指针逆时针方向旋转时,表示待并发电机频率比电网频率低。

在并列操作中,要严格掌握并列条件,尽量减小并列的冲击;并列合闸时应迅速、果断,并保持一定的合闸时间。

3. 禁止并列的情况

(1)当同期表指针旋转过快时,不准合闸。因为此时待并发电机与系统频率相差较多,不好掌握断路器合闸的适当时间,往往会使断路器不在同期点上合闸。

(2)如果同期表指针旋转时有跳动现象,不准合闸。这是因为同期表内部有卡住的情况。

(3)如果同期表的指针停在同期点上不动,也不准合闸。尽管在这种情况下合闸是最理想的,但在断路器合闸的过程中,如果系统或待并发电机的频率突然波动,就可能使断路器偏离同期点合闸。

七、发电机接带负荷与负荷调整

(一)发电机接带负荷

发电机并入电网后,即可按调度的指令接带负荷。莲花发电厂运行规程中明确规定,机组正常加减负荷尽量分阶段进行,避免突加减负荷且机组运行必须躲过振动区。如果增减负荷的速度过快,就会在压力管道内产生较大的水锤,对引水隧洞和机组具有较大的破坏作用。因此,在增加有功负荷时应缓慢、均匀地进行。

(二)有功负荷的调整

莲花发电厂有功负荷的调整主要是通过上位机 PQF 界面,直接输入数据进行,或通过返回屏上有功负荷调整把手进行。机旁微机调速器接到指令后,自动控制机械调速器,通过操作调速器来控制进入水轮机的流量来进行的。当需要增加发电机有功功率时,调速器动作使导叶开度加大,增加水轮机的进水流量,即完成了增加发电机有功负荷的调整过程;反之,其调节过程相反,完成减少发电机有功负荷的调整过程。必要时也可以在机旁 LCU 操作或直接操作调速器,完成有功负荷调整。

(三)无功负荷的调整

莲花发电厂无功负荷的调整主要是通过上位机 PQF 界面,直接输入数据进行,或通过返回屏上无功负荷调整把手进行。机旁微机励磁调节器接到指令后,自动控制可控硅导通角,进而改变励磁电流来实现无功负荷的调整。为了保证发电机和电网的稳定运行,应注意防止发电机进相运行。

八、发电机的解列与停机

发电机的解列操作比较简单,一般的方法是:解列操作前在上位机 PQF 界面上将发电机的有功负荷和无功负荷减到接近零后发出机组停机指令,即完成了发电机的解列操作。若未将发电机有功负荷降到零或降到允许解列的范围内而发出机组停机指令,则会出现甩负荷情况。此时,停机过程中可能会出现机组过速现象,运行人员应到现场监视整个停机过程,如果机组转速降低到加闸转速而未能自动加闸,运行人员应手动操作对机组进行制动。

发电机组停止后,应按照现场规程的要求进行重点检查,并可根据需要使机组处于热备用、冷备用或检修状态。若发电机长时间停机备用,应注意监视发电机绕组或风洞的温度,以防止因温度太低使发电机定子绕组受潮。现场运行规程规定:发电机长期处于备用状态时,应及时投入风洞内的保温电热,保持发电机线圈温度在 5 ℃以上。

九、发电机推力轴承和导轴承的运行

前面已简要介绍了发电机推力轴承和导轴承的作用及基本结构等有关内容。推力轴承和导轴承是发电机的重要组成部分,其工作的好坏、安全稳定性如何直接关系到机组的运行状况,因此加强对推力轴承和导轴承的运行维护是十分重要的一项工作。

(一)加强对各部轴承油槽油位的监视

正常运行中,各轴承油槽的油位应在设定的标准线位置,不能过高或过低。如果油位过高,在机组运行中会出现甩油现象,不但污染了设备,也影响文明生产;如果油位过低,会直接影响各轴承的润滑效果,严重时会发生烧瓦事故。在机组运行过程中,如果发现油槽油位突然升高或降低,应及时进行原因查找并予以消除。在查找分析原因的过程中,要时刻监视轴瓦的温度变化情况。

造成油槽油位严重降低的原因是油槽因某种原因裂纹或损坏而使油槽泄漏。

产生油槽油位严重升高的主要原因是安装在油槽内的冷却器管泄漏,使冷却水进入油槽内,造成油槽油位不断上升,甚至溢出。

(二)加强对各轴承油槽冷却器技术供水的监视

发电机各部轴承因摩擦产生的热量,通过润滑油而散发出来,再传导给油槽中的冷却器,最终是通过冷却水把热量带走。因此,保证技术供水的可靠性,是维持各部轴承安全稳定运行的重要保证,机组运行中严禁技术供水中断。

对于各部轴承油槽中的冷却器的供水压力,应按照现场运行规程的要求严格执行。如果压力过低,会影响技术供水的循环速度,也就影响了冷却器的散热效果;如果压力过高,会使冷却器的铜管产生疲劳,易发生水管破裂,造成油槽油位严重升高,引发瓦温升高。

(三)注意监视各部轴承的瓦温和油温

发电机各部轴承的瓦温和油温是反映轴承工作状态的重要数据,必须随时掌握和监视。机组若停机时间较长,其瓦温和油温基本接近厂房内的温度。机组从开始运转达到额定转速、进行并列到带上固定的有功负荷这段时间,各部瓦温和油温上升较快,这属于正常现象。对于运行稳定的发电机组,当带负荷运行一段时间而稳定后,各部的瓦温和油温也会稳定在某一数值区间,不会有太大的变化。但是由于受环境温度的影响,轴瓦温度和油温在冬季和夏季也会有一定的区别,这些变化都是有规律性的,便于我们掌握。

在运行中,重点是要监视瓦温和油温有无突然的变化,即突然升高的现象。如果出现这种现象,应立即进行全面的检查和分析,并按照现场运行规程的规定按事故停机温度掌握,严禁烧瓦事故的发生。

出现轴瓦温度突然升高或持续升高现象,说明轴承的润滑和冷却效果已经严重变差,产生的原因主要有以下几种：

（1）油槽中的油位过低或缺油。应仔细检查有无严重的漏油部位，如确系此原因，应联系停机进行处理；如果未发现严重漏油现象，若条件允许能维持继续运行，应通知检修人员及时补油。

（2）冷却水中断。应进行全面的检查，查看阀门是否误关闭，若阀门误关闭应及时恢复；调整供水压力和流量到正常值范围；还可以直接投入备用技术供水水源。

（3）油槽中进水，造成油质的严重劣化。产生的原因就是冷却器铜管破裂，使油槽内进水，此时应立即联系停机处理。

（4）机组严重振动并超过了允许值。不论是什么原因引起的振动，都应立即进行有功负荷的调整，使机组脱离振动，并注意监视轴瓦温度的变化情况。

第四章　高压电气设备及运行

第一节　电力变压器及运行

电力变压器是电力系统中的主要电气设备之一,用以传递电能,并用以改变电压的大小,使之适合电力系统和用户的要求。变压器的运行、维护及检修水平将直接影响供用电的可靠性和供电的质量及用电设备的安全。

一、变压器的作用与分类

(一) 变压器的作用

变压器是一种改变电压、传输交流电能的静止感应电器,它利用电磁感应原理,把某一数值的交流电压变成频率相同的另一种或几种数值不同的交流电压的设备。

变压器的主要作用是变换电压,以利于功率的传输和使用。电压经升压变压器升高后,可以减少线路损耗,增大输送功率,提高输电的经济性,达到远距离大功率送电的目的;而降压变压器则能把高压变成用户所需要的多级使用电压,以满足用户的要求。

(二) 变压器的分类

1. 按用途分类

电力变压器:主要用在输配电系统中,分为升压变压器、降压变压器、配电变压器、联络变压器和厂用变压器等。

调压变压器:用来调节电压的高低,小容量调压变压器多用于实验室中。

仪用互感器:有电压互感器和电流互感器两种,主要用于高电压和大电流的测量。

矿用变压器:用于矿坑井下变电所。

试验变压器:用于高压试验,输出电压很高,而输出电流很小。

特殊用途变压器:如整流变压器、电炉变压器、电焊变压器等。

2. 按绕组数目分类

自耦变压器:每相只有一个绕组,高压、低压绕组之间有电的联系。

双绕组变压器:每一相有高压、低压两个绕组。

三绕组变压器:每一相有高压、中压、低压三个绕组。

多绕组变压器:每一相绕组数多于三个。

3. 按相数分类

变压器按相数可分为单相变压器、三相变压器、多相变压器。

4. 按冷却方式分类

油浸自冷变压器:变压器绕组和铁芯全部浸在变压器油中,借助于油的自然循环进行冷却,变压器油还起到绝缘作用。

油浸自循环风冷却变压器:在散热器上装电风扇进行吹风冷却。

强迫油循环变压器:用油泵强迫变压器油进行外循环,采用水冷却或风冷却以提高散热能力。

干式变压器:变压器的铁芯和绕组用空气直接冷却。

充气变压器:变压器密封在铁箱内,充以某种气体以加强冷却。

5. 按调压方式分类

变压器按调压方式可分为无励磁调压变压器、有载调压变压器。

6. 按中性点绝缘水平分类

变压器按中性点绝缘水平可分为全绝缘变压器、半绝缘(分级绝缘)变压器。

7. 按铁芯形式分类

变压器按铁芯形式可分为有芯式变压器、壳式变压器及辐射式变压器等。

二、变压器的型号及主要技术参数

(一) 变压器的铭牌与型号

变压器的铭牌实际上就是它的简易技术说明书。在变压器的铭牌上注明了变压器的型号、绕组接线方式图、重量、一些重要的技术指标参数、绝缘水平、产品代号、出厂序号、标准代号、生产日期和厂家等。

变压器铭牌中有一个电压组合的参数。它所表示的是变压器的高压、低压侧电压等级和变压器分接位置的个数。莲花发电厂主变压器的电压组合是$(242±2)×2.5\%/13.8$,它的意义是主变压器总共有 5 个分接位置:第 1 个分接位置电压 $242×95\% = 230(kV)$;第 2 个分接位置电压 $242×97.5\% = 236(kV)$;第 3 个分接位置电压 242 kV(额定电压);第 4 个分接位置电压 $242×102.5\% = 248(kV)$;第 5 个分接位置电压 $242×105\% = 254(kV)$。低压侧电压 13.8 kV。

变压器的型号中体现了变压器的一些技术指标,如变压器的容量、额定电压、冷却方式等。例如:莲花发电厂主变压器的型号是 SFP9-160000/220。具体含义是:S 代表三相变压器;F 代表冷却方式为风冷式;P 代表变压器油的循环方式为强迫油循环;9 代表设计序号;变压器的额定容量为 160 000 kVA;变压器高压侧额定电压为 220 kV。

莲花发电厂高厂变型号是 SFZ8-CY-20 000/220,具体含义是:S 代表三相变压器;F 代表冷却方式为风冷式;Z 代表有载调压;设计序号为 8;CY 代表厂用变压器;变压器额定容量为 20 000 kVA;高压侧额定电压为 220 kV。

(二) 变压器的主要参数

(1)额定容量 S_n。指变压器在铭牌规定的额定电压、额定电流下连续运行时,能输出的容量,单位为 kVA 或 MVA。双绕组变压器即为绕组本身的额定容量。

(2)额定电压 U_n。指其长期运行时所能承受的电压(铭牌上的额定电压是指中间分接头的额定电压值),单位为 kV。

(3)额定电流 I_n。指变压器长期运行时所能承受的工作电流,单位为 A 或 kA。

(4)阻抗电压 U_d。也称为短路电压,常用额定电压的百分数来表示。即将变压器二次侧绕组短路,在一次绕组上慢慢升压,当二次绕组的短路电流等于额定值时,此时一次侧所施加的电压叫短路电压。它反映了变压器在通过额定电流时的阻抗压降。

（5）短路损耗 P_t（铜损耗）。也称为负载损耗。将变压器二次绕组短路，在一次绕组额定分接头上通入额定电流时所消耗的功率即为短路损耗。铜损耗包括基本损耗和附加损耗两部分。基本损耗指绕组本身的电阻损耗，附加损耗即漏磁沿绕组截面和长度分布不均而产生的杂散损耗。

（6）空载损耗 P_o（铁损耗）。变压器在额定电压下空载运行时的有功损耗，即为空载损耗。它包含铁芯的激磁损耗和涡流损耗两个部分。

（7）空载电流 I_o。变压器在额定电压下，二次侧空载时，一次绕组中所通过的电流。空载电流仅起激磁作用，所以也称为激磁电流。它常用额定电流的百分数表示。

（8）调压范围。分为无励磁调压和有载调压。无励磁调压范围为 $U_n \pm 2 \times 2.5\%$，5 级；有载调压范围为 $U_n \pm 8 \times (1.25\% \sim 1.5\%)$，17 级。

（9）联结组标号。三相变压器或单相变压器组成的三相变压器可以连接成星形、三角形和曲折形接线，是变压器重要特性之一。高压绕组用大写的字母 Y、D 或 Z 表示，中压绕组或低压绕组用 y、d、z 表示。中性点引出的 Y 联结或 Z 联结用 YN(yn) 或 ZN(zn) 表示。

（10）变压器油温升。指变压器顶部油温度与外部冷却介质温度之差。

（11）变压器绕组温升。指绕组以电阻法确定的平均温度与外部冷却介质温度之差。

三、变压器的基本工作原理

变压器是利用电磁感应原理将一种交流电压、电流的电能转换成相同频率的另一种交流电压、电流的电能。换句话说，变压器就是实现交流电能在不同电压等级之间进行转换。

双绕组变压器是最基本的也是最常用的变压器，而三相变压器和单相变压器的原理是相同的，故以单相变压器为例阐述其基本工作原理。

变压器是一种按电磁感应原理工作的电气设备。一个单相变压器的两个互相绝缘着的绕组，绕在一个铁芯上，如图 4-1 所示。

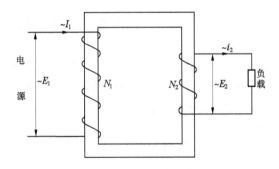

图 4-1　变压器原理图

二次开路，一次施加交流电压 $\dot{U}_1$，则一次绕组中流过电流 $\dot{I}_1$，在铁芯中产生磁通 Φ。磁通 Φ 穿过二次绕组在铁芯中闭合，因而在二次绕组将感应一个电动势 E_2，按照电磁感应基本定律，这一感应电动势的大小与磁通所链接的绕组匝数及磁通最大值成正比，即

$$E = 4.44 f N \Phi_{max} \times 10^{-8}$$

式中:E 为感应电动势,V;f 为频率,Hz;N 为线圈匝数;Φ_{max} 为磁通最大值,Wb。

由于一、二次绕组由同一磁通 Φ 交链,所以由:

$$E_1 = 4.44fN_1\Phi_{max}\times10^{-8}$$

$$E_2 = 4.44fN_2\Phi_{max}\times10^{-8}$$

可以得出:$E_1/E_2 = N_1/N_2 = K$,如果忽略变压器的压降,则有:

$$U_1/U_2 \approx E_1/E_2 = N_1/N_2 = K$$

式中的 U_1、U_2 为一、二次绕组的端电压的有效值,K 为变压器的变比。

由上式可以看出,由于变压器一、二次绕组的匝数不同,起到了变换电压的作用。而当二次接上负载后,电压比与电流比正好相反,因此总的一、二次绕组的功率不变,变压器起到了功率传送的作用。

四、变压器的结构

变压器的结构组成如图 4-2 所示。

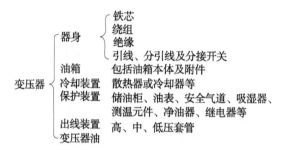

图 4-2　变压器的结构组成

(一)器身

器身包括铁芯、绕组、绝缘、引线及分接开关等部分。

1. 铁芯

铁芯是变压器最基本的组成部件之一,是变压器中主要的磁路部分。铁芯是用导磁性能很好的硅钢片叠放组成的闭合磁路,变压器的一、二次绕组绕在铁芯上。

为了降低铁芯的发热损耗,大型电力变压器的铁芯主要采用冷轧取向硅钢片,其厚度为 0.27~0.35 mm,这种硅钢片具有导磁率高、磁滞损耗和涡流损耗小的特点。

铁芯分为铁芯柱和铁轭两部分。铁芯柱套有绕组;铁轭构成闭合磁路。铁芯结构的基本形式有芯式和壳式两种;若按铁芯柱数量划分,芯式结构又可以分为单相二柱式、单相单柱旁轭式、单相二柱旁轭式、三相三柱式、三相三柱旁轭式等几种。莲花发电厂主变压器和高厂变都是属于三相三柱芯式结构,如图 4-3 所示。

为了防止变压器在运行或试验时,由于静

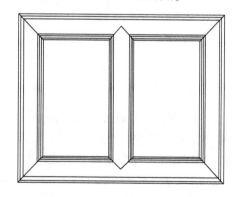

图 4-3　三相三柱芯式结构图

电感应而在铁芯和其他金属构件上产生悬浮电位,造成对地放电,铁芯及其所有金属构件(除穿心螺杆外)都必须可靠接地。由于铁芯叠片间的绝缘电阻很小,铁芯叠片有一处接地即可认为所有叠片均已接地。

铁芯叠片只允许有一点接地。如果有两点或两点以上接地,则接地点之间可能形成闭合回路。当主磁通穿过此闭合回路时,就会产生电流,造成铁芯局部过热事故。大型变压器一般从上部采用套管引出接地线的接地方式。

2. 绕组

绕组是变压器的电路部分,分为一次绕组和二次绕组。电力变压器均采用同心圆筒形绕组,一般高压绕组在外层,低压绕组在内层,这主要是从对绝缘要求容易满足和便于引出高压分接开关来考虑的。它的优点是在冲击电压的作用下,匝间和层间电压分布比较均匀。外层接到线端是始端;内层的一端接成绕组的中性点。这样绕组就具有从中性点到线端的逐层增加的主绝缘,于是高压绕组对相邻绕组和对铁轭的平均绝缘距离可以大为缩短,从而获得较大的效益。

发生短路事故时,变压器的绕组将受到很大的辐向力和轴向力,所以必须紧固,否则会引起绕组导线沿垂直面弯曲,有时短路电流不大,但多次冲击的积累,也能使绕组变形,甚至引起匝间短路。

常利用变压器绕组的绕向(有左绕和右绕两种)配合内部的连接方式,以达到方便接线和减少绝缘配置的目的。如图 4-4 所示为三相变压器绕组中部有引出线,上部和下部分别左绕和右绕(两分支关联绕组)的情况。

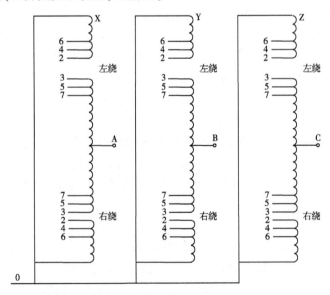

图 4-4　三相变压器绕组中部有引出线接线

3. 绝缘

变压器的绝缘包括外绝缘与内绝缘。外绝缘主要包括套管瓷套外绝缘和瓷套间的绝缘;内绝缘包括绕组绝缘、引线绝缘、分接开关绝缘、套管主绝缘、油箱中套管部位的外绝缘。

内绝缘又分为主绝缘和纵绝缘。主绝缘是指同芯柱各绕组间的绝缘、绕组对地的绝缘、各相绕组间的绝缘、引线对地和对其他绕组的绝缘、分接开关对地和对其他绕组及异相触头间的绝缘。纵绝缘是指绕组中的不同部位之间和绕组与静电环之间的绝缘、同一绕组的各分接引线间的绝缘、同相分接开关的触头及不同部位间的绝缘。油浸变压器的绕组均用 A 级绝缘。

4.引线及分接开关

(1)引线。变压器引线的作用是将经变压器绕组抽头输入、输出的电压经套管引出到变压器体外,以便与输电线路等连接。

(2)分接开关(调压装置)。电力系统正常运行时必须控制电压的波动范围,保证电能的质量。为了保证这一要求,通常采用改变变压器绕组匝数的调压方法。双绕组变压器中只在高压侧装设改变绕组有效匝数的分接开关。分接开关分为无励磁调压和有载调压。莲花发电厂主变压器的分接开关为无励磁调压,高厂变的分接开关为有载调压。

①无励磁调压分接开关:

无励磁调压分接开关必须在变压器不施加电压的条件下变换变压器的分接头,用来改变变压器的电压比,以达到调整变压器输出或者输入电压的目的。

无励磁调压分接开关按相数可分为单相和三相两类;按调压部位可分为中性点调压、中部调压和线端调压三种。莲花发电厂的主变压器的分接开关为手动中部单相无励磁调压,额定通过电流 1 200 A,额定电压等级 220 kV,6 个分接头 5 个分接位置。

②有载调压分接开关:

有载调压分接开关能在变压器励磁或负载状态下进行操作,用来调整一次绕组的分接头位置,其调压范围可达到额定电压的±15%。

有载调压分接开关在变换分接头的过程中,采用电抗或电阻过渡,以限制其过渡时的循环电流。在有载分接开关的操作过程中,首先要保证负载电流的连续性,同时要保证在切换分接开关的动作中具有良好的断弧性能。

有载调压分接开关的基本原理,就是从变压器线圈中引出若干分接头,通过有载分接开关,在保证不切断负载电流的情况下,由一分接头"切换"到另一分接头,以变换有效匝数,即变换了变压器的变压比,从而达到有载调压的目的。

莲花发电厂高厂变采用有载调压分接开关,三相最大通过电流 500 A,额定电压 63 kV,有载调压开关 C 级绝缘,选择器运行一个循环的触电数是 10,运行一个循环的最大运行位置数是 19,中点位置数是 3。

(二)油箱

油浸式变压器的油箱是保护变压器的外壳和盛油的容器,又是装配变压器外部结构件的骨架。内装铁芯和绕组并充满变压器油,使铁芯和绕组浸在油内,通过变压器油将器身损耗所产生的热量以对流和辐射方式散至大气中。油箱用钢板焊接成,其结构要求具有一定的机械强度,除应满足变压器在运行时的一些要求外,还应满足变压器在检修和运输时的一些要求。

变压器油箱的结构一般分为钟罩式和上顶盖法兰密封式等。钟罩式油箱一般都应用在大型变压器上,因为随着变压器单台容量的不断增大,它的体积和重量也随之增加,当器身要进行检修时,只需吊起较轻的箱壳,即可对变压器器身进行检修工作。如图 4-5 所示为钟罩式油箱外形图,钟罩式又分为盆底钟罩式、平底钟罩式和槽底钟罩式,莲花发电厂主变压器和高厂变的油箱都属于槽底钟罩式油箱。

中、小型变压器由于铁芯和绕组的重量相对较轻,一般都采用上顶盖法兰密封式油箱。如图4-6所示为中、小型变压器的外形图,这种变压器油箱上部箱盖可以打开,箱壳是用钢板焊接成的,其顶部开口,器身就放在箱壳内。当变压器的器身需要进行检修时,将箱盖打开,吊出器身,即可进行。莲花发电厂保流机组变压器的油箱就属于此种结构。

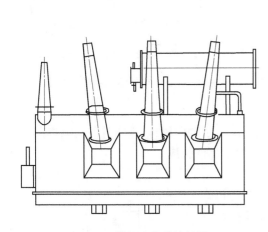

图4-5 钟罩式油箱外形图

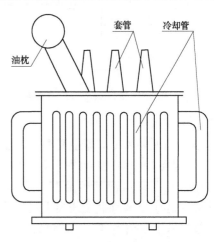

图4-6 中、小型变压器的外形图

(三)冷却装置

变压器在运行时,电流通过绕组以及铁芯中的涡流损耗和磁滞损耗都要产生热量,这些热量通过变压器油不间断的循环而散发出来,使变压器各部位的温升不超过规定限值。而变压器产生的热量均是以传导、对流和辐射的方式传递到冷却介质中去的。

油浸式变压器的冷却方式按冷却介质可分为自冷式、油浸风冷式和油浸水冷式三种;按油的循环方式又可分为自循环和强迫油循环两种。莲花发电厂1~4号主变压器采用的是强迫油循环风冷却器;高厂变和龙华主变为自循环风冷式;保流机变压器为自冷式。

1. 自冷式

油浸自冷式变压器油箱内部的变压器油被器身加热,密度降低,在油箱内部油流上升,通过散热装置和油箱壁的传热,将热量传出,温度下降,密度增加,在散热装置或油箱内变压器油流下降,然后又被器身加热,如此循环。在循环过程中,油的流动完全由密度变化引起的浮力形成。如图4-7所示为油浸自冷工作原理,在图中的 A 点,油进入绕组并被加热后向上流动,在 B 点从绕组流出,从 B 点到 C 点,油被油箱盖和箱壁轻微冷却,从 C 点进入散热器中,从 C 点到 D 点油被冷却并下降,从 D 点流出的油进入油箱,再到 A 点进入绕组,从而完成一次油流的自循环过程。

2. 自循环风冷却器

油浸自循环风冷是变压器油在油箱内自然循环,而冷却空气是通过风扇吹向散热器的,如图4-8所示为油浸自循环风冷示意图。由于空气流动的速率比较高,空气侧的传热增加。与自冷式相比,如果传出相同的热量,在空气侧只需较低的温度降,而油的冷却较快。

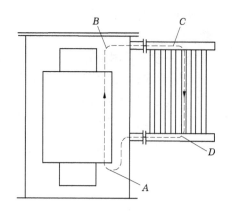

图 4-7　油浸自冷工作原理图

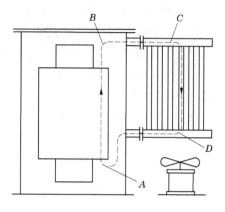

图 4-8　油浸自循环风冷工作原理图

3. 强迫油循环风冷却器

强迫油循环风冷却器主要由冷却器本体、导风筒及轴向风机、上下连管、潜油泵、油流继电器、电源控制箱、控制阀门及冷却器支撑构架等部件组成。

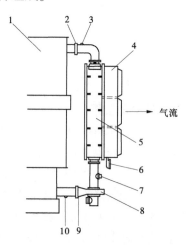

强迫油循环风冷却器及其原理如图 4-9 所示。工作原理是：用潜油泵将变压器上层的热油抽出，经过上连管进入上集油室，经冷却管散热后经过油流指示器到达下集油室，热油在经过冷却管时靠风扇箱内的风扇进行冷却后，由潜油泵打入变压器油箱底部，从而使铁芯和绕组得到冷却。油温又升高后，通过油泵的抽力热油再次上升到变压器上部，从而形成油循环。

冷却装置油泵的作用是使变压器油在油泵的驱动下在冷却器和本体之间流动，以达到通过散热器散热的目的。变压器油流动的方向是从冷却器上部流入冷却器，再从冷却器下部流入变压器本体。

油流继电器是显示变压器强迫油循环冷却系统内油流量变化的装置。监测油泵运行情况，如油泵转向是否正确、阀门是否开启、管路是否有堵塞等情况。当油流量达到动作流量或减少到返回流量时，均能发出报警信号。

1—变压器；2、9—蝶阀；3—上连管；
4—风扇箱；5—冷却管；6—端子箱；
7—油流指示器；8—油泵；10—下连管。

图 4-9　强迫油循环风冷却器原理

主变冷却器的控制和运行都是由主变户外控制箱来完成的。它控制主变冷却器的油泵和风扇的运行方式，有手动和自动控制两种方式供选择。莲花发电厂主变冷却器按主从顺序分组启动 1、3 或 2、4 两组，每 15 日主从模式自动轮流切换；当常用组有问题时，备用组自动启动；潜油泵和风扇单独控制，以方便潜油泵冬季独立运行；主变油温低于 10 ℃时，可只启动潜油泵；油温低于 30 ℃时，可只启动一组冷却器；油温高于 55 ℃时，启动备用冷却器并告警；油温高于 65 ℃时，发温度过高报警信号；当变压器油温升超 55 K 时，启动备用冷却器并发温升超标告警信号。主变冷却器可以实现冬夏季不同季节的不同方式运行。

(四)保护装置

变压器的保护装置主要包括储油柜、压力释放阀(安全气道)、气体继电器、吸湿器(呼吸器)和测温元件等。

1.储油柜

大型变压器的油箱上部一般都装有容积为变压器油量8%～10%的储油柜(也称油枕)。其作用是:当变压器油的体积随着油的温度变化而膨胀或缩小时,储油柜起到储油和补油的作用,以保证油箱内充满油;同时限制油与空气的接触面,减少油受潮和氧化的程度,延缓油的劣化速度;运行中通过储油柜注油,防止气泡进入变压器。

变压器储油柜按结构形式可分为敞开式和密封式,按密封形式又可以分为隔膜式和胶囊式两种。莲花发电厂主变压器和高厂变都是属于隔膜式;而敞开式主要应用于厂区10 kV配电变压器和保流机组变压器上。

如图4-10所示为胶囊密封式油枕结构图,即在油枕中放置一个耐油尼龙橡胶薄膜囊,囊外是油,囊内是空气,借气囊膜将油和空气隔离开,减缓油的劣化。

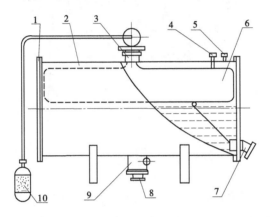

1—端盖;2—柜体;3—罩;4—胶囊吊装器;5—塞子;
6—胶囊;7—油位计;8—蝶阀;9—集气室;10—吸湿器。

图4-10　胶囊密封式油枕结构图

如图4-11所示为隔膜密封式油枕,油枕的隔膜为橡胶隔膜,通过隔膜将油枕分为上、下两个半部,上部与空气相通,下部为变压器油。油枕通过隔膜将变压器油与空气隔绝,从而防止空气中的水分和氧气的浸入。

如图4-12所示为敞开式油枕,油枕内的油通过吸湿器与大气相通。在中、小型变压器中,油枕与空气的接触面积相对较小,所以直接通过吸湿器将空气中的水分吸收,也能起到保护油的作用。

2.压力释放阀(安全气道)

压力释放阀和安全气道(也叫防爆管)是变压器的一种压力保护装置(见图4-13),由于变压器箱体是密闭的,连通油枕的连管直径较小,当变压器内部有严重故障时,油分解产生大量气体,仅靠油枕与箱体之间的连管不能有效迅速地降低压力,将造成油箱内压力急剧升高,会导致变压器油箱破裂。此时压力释放阀及时打开或安全气道的隔膜及时破

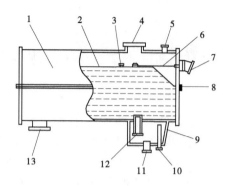

1—柜体;2—橡胶隔膜;3—放气塞;4—视察窗;5—管接头;6—油位计拉杆;7—油位计;
8—放水塞;9—集气盒;10—放气管接头;11—管接头;12—注放油管;13—集污盒。

图 4-11　隔膜密封式油枕

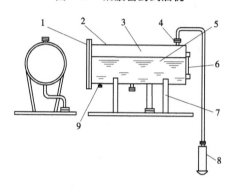

1—油枕盖;2—柜体;3—空气;4—塞子;5—变压器油;
6—油位计;7—柜脚;8—吸湿器;9—放油塞。

图 4-12　敞开式油枕

裂,排除部分变压器油,降低油箱内的压力。待油箱内的压力降低后,压力释放阀将自动闭合,保持油箱的密封。对于大中型变压器,一般安装压力释放阀;对于小型变压器都安装安全气道。

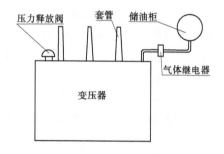

图 4-13　压力释放阀及气体继电器安装位置图

对于中、小型变压器都安装有防爆管,装于变压器顶盖上,喇叭形的管子与油枕或大气相通,管口用薄膜封住。当变压器内部有故障时,油温升高,油剧烈分解产生大量气体,使油箱内压力剧增,这时防爆管薄膜破碎,油及气体由管口喷出,防止变压器的油箱爆炸或变形。

3. 气体继电器

气体继电器也称瓦斯继电器,是变压器的一种保护用组件,当变压器内部有故障,而使油分解产生气体造成油流冲击时,继电器的接点动作,发出信号或自动切除变压器。按标准《三相油浸式电力变压器技术参数和要求》(GB/T 6451—1999),容量为 800 kVA 及以上的变压器应装有气体继电器。莲花发电厂主变压器的气体继电器的型号为 QJ4-80,高厂变的气体继电器的型号为 QJ2-80。

在变压器内部有严重故障,引起油的大量分解,产生的气体在储油柜连管内产生很高的流速,油流推动气体继电器内的挡板,下浮子动作,气体继电器发出变压器分闸信号。以上两种也称为重瓦斯动作。

4. 吸湿器(呼吸器)

吸湿器也称呼吸器,是变压器重要的附件,由铁管和玻璃容器组成,玻璃容器内装有 4/5 的硅胶(干燥剂),当变压器油枕内的空气随变压器油的膨胀或缩小时,排出或吸入的空气都经过呼吸器,呼吸器内的干燥剂吸收空气中的水分,对空气起到过滤干燥作用,从而保持油的清洁。呼吸器是变压器气室与外界进行气体交换的通道,当呼吸器发生堵塞或内装硅胶发生较大程度的潮解时,对变压器的安全运行带来威胁。因此,应加强对呼吸器的运行情况进行巡视、观察、精心维护。

呼吸器中填充的硅胶有蓝色的或白色的。蓝色硅胶干燥时的外观为蓝色或浅蓝色玻璃状颗粒,当受潮时逐渐变成浅红色;白色硅胶在受潮时逐渐变成粉红色或褐色,当干燥剂变色接近 1/5 时,应及时更换,并注意清洗呼吸器下部的油封,更换清洁油。

5. 测温元件

变压器用温度计用来测量变压器油顶层温度和变压器绕组温度,因为变压器的安全运行和使用寿命是和运行温度密切相关的。在变压器的标准中相应地规定了变压器运行时油顶层的温度。

(五)套管

变压器套管的作用是,将变压器内部高、低压引线引到油箱外部,不但作为引线对地绝缘,而且担负着固定引线的作用。变压器套管是变压器载流元件之一,在变压器运行中,长期通过负载电流,当变压器外部发生短路时通过短路电流。因此,对变压器套管有以下要求:①必须具有规定的电气强度和足够的机械强度。②必须具有良好的热稳定性,并能承受短路时的瞬间过热。③外形小、质量小、密封性能好、通用性强和便于维修。

高压套管按绝缘结构分为电容式和非电容式。电容式有胶粘纸、胶浸纸、油浸纸、浇注树脂和其他的绝缘气体或液体。非电容式有气体绝缘、液体绝缘、浇注树脂和复合绝缘。电容式变压器套管的主绝缘为电容芯子,套管的电容芯子是由以高质量的变压器油浸渍的电缆纸和铝箔均压极板包绕在导电管外组成的多层同心圆柱形电容器作电极。电容芯子的外部有瓷套作为外绝缘,瓷套和芯子之间充有优质的变压器油。在高压套管升高座内安装有电流互感器,用于保护和测量之用。

五、变压器的运行

(一) 允许温度和温升

1. 允许温度

变压器运行中要产生铜损耗和铁损耗,这两部分损耗最后全部转变为热能,使变压器的铁芯和绕组发热,变压器的温度升高。对于油浸自冷式变压器来说,铁芯和绕组产生的热量一部分使自身温度升高,其余部分则传递给变压器油,再由油传递给油箱和散热器。当变压器温度高于周围介质(空气或油)温度时,就会向外散热。变压器的温度与周围介质温度的差别愈大,向外散热愈快。当单位时间内变压器内部产生的热量等于散发出去的热量时,变压器温度就不再升高,达到了热的稳定状态。若变压器的温度长时间超过允许值,则变压器的绝缘容易损坏,因为绝缘长期受热后要老化,温度愈高,绝缘老化得愈快,当绝缘老化到一定程度时,由于在运行中受到振动便会使绝缘层破坏;另外,即使绝缘还没有损坏,但是温度愈高,在电动力的作用下,绝缘愈容易破裂,绝缘的性能愈差,便很容易被高压击穿而造成故障。因此,变压器正常运行时,不允许超过绝缘的允许温度。

我国电力变压器大部分采用 A 级绝缘,在变压器运行时的热量传播过程中,各部分的温度差别很大,绕组的温度最高,其次是铁芯的温度,绝缘油的温度低于绕组和铁芯的温度,而且上部油温高于下部油温。变压器运行中的允许温度是按上层油温检查的,上层油温的允许值应遵守制造厂的规定。采用 A 级绝缘的变压器,在正常运行中,当最高周围空气温度为 40 ℃ 时,变压器绕组的极限工作温度为 105 ℃。由于绕组的平均温度比油温高 10 ℃,同时为了防止油质劣化,所以规定变压器上层油温最高不超过 95 ℃,而在正常情况下,为保护绝缘油不致过度氧化,上层油温应以不超过 85 ℃ 为宜。对于采用强迫油循环风冷的变压器,上层油温最高不超过 80 ℃,而正常运行时,上层油温不宜经常超过 75 ℃。

当变压器绝缘的工作温度超过允许值后,每升高 6 ℃,其使用期限便减少一半。例如,绝缘的温度经常保持在 95 ℃ 时,其使用年限为 20 年;绝缘的温度为 105 ℃ 时,其使用年限约为 7 年;绝缘的温度为 120 ℃ 时,其使用年限约为 2 年。可见变压器的使用年限主要取决于绕组绝缘的运行温度,绕组温度越高,绝缘损坏得越快。因此,对变压器绕组的允许温度做出上述规定,以保证变压器具有经济上合理的使用期限。

2. 允许温升

变压器温度与周围介质温度的差值叫作变压器的温升,由于变压器内部热量的传播不均匀,故变压器各部位的温度差别很大,这对变压器的绝缘强度有很大影响。其次,当变压器温度升高时,绕组的电阻就会增大,还会使铜损耗增加。因此,需要对变压器在额定负荷时各部分的温升做出规定,就是变压器的允许温升。对于 A 级绝缘的变压器,当最高周围空气温度为 40 ℃ 时,绕组的温度等于 95 ℃(最热点温度)- 20 ℃(年平均气温)- 10 ℃(差值)= 65 ℃,其差值为绕组最热点温度高于绕组平均温度 10 ℃。当周围空气温度超过了允许值后,就不允许变压器带满负荷运行,因为此时散热困难,会使变压器绕组过热。当周围空气温度低于允许值时,虽然变压器外壳的散热能力大大增加,在同样的负荷下,变压器外壳的温度很低,但仍不允许变压器过负荷运行,这是因为变压器内部的散热能力不与周围空气温度的变化成正比例,即当变压器外壳的散热能力大大增加,使外壳温度降低很多时,而变压器内部本体的散热能力却提高很少,不能相应提高的缘故。例如,当周围空气温度在 0 ℃以下时,若变压器过负荷运行让上层油温维持在很高温度,如 70~80 ℃,这时变压器外壳温度虽然很低,但由于绕组的散热能力不能相应提高,结果绕组的温度升得很高,使绕组过热。由此可见,虽然变压器上层油温没有超过允许值,但绕组的温度却超过了允许值,因此仅监视变压器上层油温不超过允许值是不能保证变压器安全运行的,故为了便于检查和正确反映出绕组的温度,不但要规定上层油温的允许值,而且还必须规定绕组的温升。

将变压器绕组的温升限制在允许值内,是十分必要的。因绕组各部位的温度差别很大,这对变压器绝缘老化有很大影响,而影响绝缘老化的最热点温度处于绕组内部,因此不仅要监视绕组的平均温升,还要监视绕组中的最热点温度。要找出绕组中最热点温度是困难的,一般以绕组平均温升和上层油温来控制绕组的最热点温度。绕组平均温升极限是为了保证变压器的正常使用寿命,为了使绕组的平均温升不超过极限值,上层油温升必须控制在某一数值,如表 4-1 所示。

表 4-1　变压器绕组及上层油的平均温升极限(环境温度 40 ℃)

变压器部分	冷却方式	绕组平均温升/℃	上层油平均温升/℃
绕组	自然油循环	65	55
	强迫油循环风冷	65	40
	强迫油循环导向风冷	70	45

(二)变压器电压变化的允许范围及电压调整

1. 变压器电压变化的允许范围

变压器在电力系统中运行时,由于电力系统运行方式的改变、昼夜负荷的变动及发生事故等,电网的电压总有一定的波动,所以使加在变压器原绕组的电压也是变动的。当电网电压小于变压器所用分接头电压时,对于变压器本身无损害,只是可能降低一些出力。但是当电网电压高于变压器所用分接头额定电压较多时,则对变压器的运行会产生不良的影响。当变压器的电源电压增高时,使变压器的激磁电流增加,磁通密度增大,造成变压器铁芯因损耗增加而过热。同时,由于激磁电流的增加,变压器所消耗的无功功率也随之增加,会使变压器的实际出力降低。另外,由于激磁电流的增加,磁通密度增大,使磁通饱和,引起副绕组电势的波形发生畸变,由原来的正弦波变为尖顶波,这对变压器的绝缘有一定的危害,尤其对 110 kV 及以上的变压器的匝间绝缘危害最大。

变压器的电源电压可以较额定值为高,但一般不得超过额定值的 5%。不论电压分接头在什么位置,如果电源电压不超过其相应的 105%,则变压器的副绕组可带额定电流。

2. 电压调整

变压器在运行中,随着原边电源电压的变化,以及负载变动,副边电压便有较大的变化。为了保证电压波动在一定范围内,就必须进行调压。

变压器调压的方法,是用改变变压器的绕组匝数进行调压。为了改变绕组匝数,常在变压器高压侧的绕组上,引出若干抽头(分接头),并把这些抽头接在分接开关上,当分接开关切换到不同的抽头时,就改变了绕组的匝数比,改变绕组匝数的调压方式又分为无载调压和有载调压两种。

1)无载调压

无载调压必须在变压器一次侧和二次侧均无电压(变压器停电)的情况下,切换分接开关,改变绕组的分接头位置,达到调压的目的。中、小型变压器的分接开关,一般均直接安装在变压器的油箱盖上,打开手柄罩,即可扭动转轴操动开关。大型变压器的分接开关在油箱盖上或钟罩升高座上加焊法兰盘,安装固定转轴操动机构。

当分接头位置改变后,必须用欧姆表或测量用电桥检查回路的完整性和三相电阻的一致性。因为分接开关的接触部分在运行中可能被烧伤,长期未用的分接头也可能产生氧化膜等,这都会造成切换分接头后接触不良的现象,所以无载调压的变压器切换分接头后,必须测量直流电阻。从测量结果中可以判断三相电阻是否平衡,若不平衡,其差值不得超过三相平均值的 2%,并参考历次测量数据。若经多次切换后,三相电阻仍不平衡,一般可能是以下几种原因造成的:

(1)分接开关接触不良,如接点烧伤、不清洁、电镀层脱落、弹簧压力不够等。

(2)分接开关引出线焊接不良或多股导线有部分未焊好或断股。

(3)三角形接线一相断线,这样,未断线的两相电阻值为正常值的 1.5 倍,断线相的电阻值为正常值的 3 倍。

(4)变压器套管的导杆与引线接触不良。

在具有无载调压的大、中型变压器的高压绕组中,每相有五个抽头,从一个分接头切换到邻近的另一个分接头时,相当于电压改变 2.5%,其中第Ⅲ个抽头为额定电压,称为主接头。调压范围为±2×2.5%。

2)有载调压

有载调压变压器装有带负载调压装置,根据电网电压的变化,可以在带负载情况下逐级改变分接头位置,以达到调整电压的目的。

有载调压变压器的调压速度快,调压范围大,其调压范围可以达到额定电压的±15%,而调压级数和每级电压是根据负载对供电电压质量的要求来决定的,一般每级电压定为不大于 2.5%就可满足要求。我国规定有载调压变压器的每级调压不超过 3 000 V,例如 220 kV 级调压范围为±4×2%,共 9 级,每级电压为 2 800 V。

有载调压的基本原理是从变压器绕组中引出若干个分接头,通过有载分接开关在保证不切断负载电流的情况下,由一个分接头切换到另一个分接头,以变换变压器绕组的有效匝数,即变换变压器的变比 K,因此有载调压变压器中的关键部件是有载调压分接开关。有载调压变压器在运行中,调整电压的操作方法可以手动操作,也可以自动操作。

例如,莲花发电厂高厂变可以实现在中控室远方自动调压,也可以在现地分别实现自动和手动操作调压。一般情况下,应在中控室进行调压操作,在返回屏的高厂变调压处,按红色按钮"升",即将分接开关上调一挡,这时变压器电压下降一挡;反之按绿色按钮"降"则升压一挡。

(三)变压器绕组绝缘电阻的允许值

变压器安装或检修后,在投入运行前(通常在干燥后),以及长期停用后,均应测量绕组的绝缘电阻。测量绝缘电阻是检查变压器绕组绝缘状态的最基本和最简单的方法。测量时,一般采用电压为 1 000~2 500 V 的摇表,且将它放平,当转速达 120 r/min 时,读取绝缘电阻值。

在运行中判断变压器绕组绝缘状态的基本方法,是把运行过程中所测量的绝缘电阻值与运行前在同一上层油温下所测量的数值相比较。为了使测量结果便于比较,应当在绕组温度相同、摇表电压相同及加压试验时间相同的情况下测量。测量结果应与历次情况或原始数据相比较,如认为合格,便可将变压器投入运行。如绝缘电阻不合格,应查明原因并用吸收比法或电容比法判明变压器绕组的受潮程度。

(四)变压器的过负荷

绝缘材料的热性能决定了变压器的负荷受其本身温升的限制,变压器发热的根源是变压器本身的铁损耗和铜损耗。铁损耗不随负荷电流变化而变化,铜损耗则随着负荷电流的平方成正比变化,这两部分损耗全部转变为热量,使变压器铁芯和绕组的温升升高。因此,变压器绕组温升与变压器的负荷有着密切的关系,也就是说,温升决定了负荷,负荷受温升的限制。对运行中的变压器,只能监视油温,监视油温实质上是控制变压器的内部温度。变压器在规定的极限油温下,带额定负荷连续长期运行,绝缘将有正常的老化速度,不会在正常使用年限内破坏。

变压器的过负荷,可分为在正常情况下的过负荷和事故情况下的过负荷两种。变压器的正常过负荷可以经常使用,而事故过负荷只允许在事故情况下使用。如冷却系统不正常、严重漏油、色谱分析异常等,则不准过负荷运行。全天满负荷运行的变压器不宜过负荷运行。

1. 变压器的正常过负荷

变压器运行中负荷是经常变化的,即负荷有高峰和低谷,在低谷期间,负荷小于额定容量时,则在高峰时可过负荷。当变压器过负荷运行时,绝缘寿命将降低;而在轻负荷运行时,绝缘寿命将延长,因而可以互相补偿。

变压器在运行中冷却介质的温度也是变化的。夏季油温高,变压器带额定负荷时的绝缘寿命将降低;而冬季油温降低,变压器带额定负荷时的绝缘寿命将延长,因而可以互相补偿。

上述两项过负荷可以相加,但总过负荷数值,对油浸自冷式变压器和油浸风冷变压器不应超过变压器额定容量的30%,对强油循环风冷变压器不应超过20%,以不降低变压器的正常使用寿命为限。

变压器正常过负荷运行时,为保证变压器的正常使用寿命,除应综合考虑绕组最热点温度不超过允许值140 ℃外,还应考虑套管、引接线、焊接点及分接开关等附件的过负荷能力,以及与变压器所连接的断路器、隔离开关、电流互感器及电缆等的允许过负荷能力。根据上述要求,推荐正常过负荷的最大值是油浸自冷式变压器和油浸风冷变压器为额定负荷的1.3 倍,强油循环风冷变压器为额定负荷的1.2 倍,同时,绕组最热点温度不超过140 ℃。

2. 变压器的事故过负荷

电力系统发生事故时,为了保证对重要用户的连续供电,故允许变压器在短时间(消除事故所必需的时间)内过负荷运行,称为事故过负荷。事故过负荷的最大值为额定负荷的 2 倍,但以绕组最热点温度不超过 140 ℃为限,以适应变压器的附件和有关电气设备的过负荷能力。

事故过负荷引起绝缘老化比正常工作条件下快得多,但变压器通常不完全处于满负荷下运行,且事故发生的机会较少,故事故过负荷不会产生严重后果。变压器事故过负荷的倍数和时间,应按现场运行规程中的规定执行,但应投入备用冷却器。

(五)变压器的冷却方式

变压器运行中的有功功率损耗化为热能使其温度升高,由变压器油将热量带入冷却装置散发出去,以达到降温的目的。为了保证变压器安全、经济地运行,必须保证冷却器正常的冷却方式,以降低变压器的温升。

1. 油浸式自然空气冷却式

这种冷却方式的变压器,容量一般为 7 500 kVA 及以下,它将变压器的铁芯和绕组直接浸入变压器油中。由于变压器运行中内部产生的热量使油温度升高、体积膨胀、密度减小,因此油就向上流动。而变压器的上层油,经过散热器冷却后,密度增大而下降,这种冷却油的交换,称为对流。由于冷、热油的不断对流,便将变压器铁芯和绕组的热量带走而传给了油箱散热器,依靠油箱壁的辐射和散热器周围空气的自然对流,把热量散发到空气中去。对于这种变压器,运行时只要保证油箱散热器连接处的阀门在敞开位置即可。

2. 油浸风冷式

对容量较大的变压器,一般为 10 000 kVA 以上,为了加强油的冷却,在散热器上加装风扇,即用风扇将风吹于散热器上,使热油能迅速冷却,以加速热量的散出,降低变压器的油温,这种方式称为风冷式,如图 4-8 所示。为了节约厂用电,当周围空气温度在额定值以下,变压器上层油温不超过 55 ℃时,可停用风扇。若油温超过 55 ℃,则应起用风扇。风扇的起、停可以自动控制,也可以人工操作。对于风吹冷却的变压器特别要注意,不要将风扇扇叶装反,或将风扇的旋转方向弄反,否则便会失去风扇的作用。

3. 强迫油循环风冷却式

强迫油循环风冷却变压器油的冷却过程:用潜油泵将变压器上层热油抽出,经过上蝶阀进入上油室,然后经散热器到下油室。热油靠导风筒上的风扇吹风冷却后,由潜油泵打入变压器油箱底部,从而使变压器的铁芯和绕组得到冷却。这时油的温度又升高,加上潜油泵的抽力,热油再次上升到变压器的上部,从而形成变压器油的循环。

这类变压器在正常运行时,上层油温不得超过 80 ℃,正常监视温度不宜经常超过 75 ℃,所以在变压器带负荷情况下,不允许冷却系统停用,以避免绕组过热而烧坏。同时还应注意,进入潜油泵的油平均温度不得超过 80 ℃,短时(在 24 h 内运行 2 h)运转下的最高油温应不超过 95 ℃。

强迫油循环风冷却变压器在运行中,不论其带多少负荷,均应与冷却系统同时运行,因其油箱散热面积很小,甚至于不能将大型变压器空载损耗的热量散发出去,为此,这类变压器应装设潜油泵故障或风扇故障的信号装置,以便发生事故时运行人员能及时处理。

当冷却系统故障(风扇、潜油泵等)停止运行时,应按照现场运行规程的规定掌握变压器运行时间。但停用冷却系统的最长运行时间不得超过 1 h,否则应将变压器从电网中解列。

第二节　高压断路器及运行

一、高压断路器的类型及作用

(一) 高压断路器的作用

断路器是指能开断、关合和承载运行线路的正常电流,并能在规定时间内承载、关合和开断规定的异常电流(如短路电流)的电器设备,通常也简称为开关。

高压断路器是电力系统最重要的控制和保护设备,它在电网中起两方面的作用。在正常运行时,用来接通或断开电路的负荷电流;故障时,用来迅速断开短路电流,切除故障。

(1)控制作用。在正常运行时,根据电网的运行需要,接通或断开电路的空载电流和负荷电流,将部分或全部电气设备,以及部分或全部线路投入或退出运行。

(2)保护作用。当电网发生故障时,高压断路器和保护装置、自动装置相配合,迅速、自动地切断故障电流,将故障部分从电网中断开,保证电网无故障部分的安全运行,以减少停电范围,防止事故扩大,保护系统中各类电气设备不受损坏。

(二) 高压断路器的类型

为了实现正常及故障情况下电路的开断和关合,断路器必须具有熄灭电弧的能力,否则长时间燃烧的电弧不但烧毁断路器本身,还会给系统运行带来不堪设想的严重后果。而高压断路器之所以能熄灭电弧在于其结构中有灭弧室。适用于电力系统运行的高压断路器种类较多,其相应灭弧介质、灭弧结构及灭弧原理也各不相同,根据断路器安装地点,可分为户内和户外两种。根据断路器使用的灭弧介质,可分为以下几种类型。

1. 油断路器

油断路器是以绝缘油为灭弧介质,可分为多油断路器和少油断路器。在多油断路器中,油不仅作为灭弧介质,而且还作为绝缘介质,因此用油量多,体积大。在少油断路器中,油只作为灭弧介质,因此用油量少,体积小,耗用钢材少。

2. 空气断路器

空气断路器是以压缩空气作为灭弧介质,此种介质防火、防爆、无毒、无腐蚀性,取用方便。空气断路器靠压缩空气吹动电弧使之冷却,在电弧达到零值时,迅速将弧道中的离子吹走或使之复合而实现灭弧。空气断路器开断能力强,开断时间短,但结构复杂,工艺要求高,有色金属消耗多,因此空气断路器一般应用在 110 kV 及以上的电力系统中。

3. 六氟化硫(SF$_6$)断路器

SF$_6$断路器采用具有优良灭弧能力和绝缘能力的 SF$_6$气体作为灭弧介质,具有开断能力强、动作快、体积小等优点,但金属消耗多,价格较贵。近年来,SF$_6$断路器发展很快,在高压和超高压系统中得到广泛应用。尤其以 SF$_6$断路器为主体的封闭式组合电器,是高压和超高压电器的重要发展方向。

4. 真空断路器

真空断路器是在高度真空中灭弧。真空中的电弧是在触头分离时电极蒸发出来的金属蒸汽中形成的。电弧中的离子和电子迅速向周围空间扩散。当电弧电流到达零值时，触头间的粒子因扩散而消失的数量超过产生的数量时，电弧即不能维持而熄灭。

真空断路器开断能力强、开断时间短、体积小、占用面积小、无噪声、无污染、寿命长，可以频繁操作，但检修周期长。真空断路器目前在我国的配电系统中已逐渐得到广泛应用。

此外，还有磁吹断路器和自产气断路器，它们具有防火防爆、使用方便等优点。但是一般额定电压不高，开断能力不大，主要用作配电用断路器。

二、主要技术参数、型号及要求

高压断路器主要技术参数有额定电压、最高工作电压、额定电流、额定开断电流、动稳定电流、热稳定电流、关合电流、合闸时间、分闸时间、触头行程、触头超程、刚分速度、刚合速度、操作循环、型号等。

（一）高压断路器的主要技术参数

（1）额定电压。指断路器所能承受的正常工作电压，它是断路器长期工作的标准电压。额定电压指的是线电压，它不仅决定了断路器的绝缘距离，而且在相当程度上决定了断路器的外形尺寸。

（2）最高工作电压。因为在输电线路上有电压损耗，那么线路供电端的电压就要高于线路受端的额定电压，这样断路器就在高于额定电压的情况下长期工作。最高工作电压是指断路器在运行中应能长期承受的最高工作电压。

按照国家标准规定，对于额定电压在 220 kV 及以下的断路器，其最高工作电压为额定电压的 1.1~1.15 倍；对于 330 kV 以上的断路器，最高工作电压为额定电压的 1.1 倍。

（3）额定电流。指断路器在规定的条件下允许连续长期通过的最大工作电流。它是表征断路器通过长期电流能力的参数，断路器长期通过额定电流时，其导电回路各部件温升不得超过允许值。

（4）额定开断电流。指在额定电压下，断路器能保证可靠开断的最大电流称为额定开断电流。其单位用断路器触头分离瞬间短路电流周期分量有效值的千安数表示。当断路器工作在低于额定电压时，其开断电流有所增大，但受灭弧室机械强度的限制，开断电流有一最大限值，称为极限开断电流。断路器的额定开断电流表明了它的断流能力，它是由断路器的灭弧能力和承受内部气体的机械强度所决定的。

（5）动稳定电流。指断路器在合闸状态下，允许通过的最大短路电流，又称为极限通过电流。断路器通过这一电流时，不会因为电动力作用而发生任何的机械损坏。它是表征断路器通过短时电流能力的参数，反映断路器承受短路电流电动力效应的能力，大小由导电部分的机械强度来决定。

（6）热稳定电流。指断路器处于合闸状态下，在一定的持续时间内，所允许通过电流的最大周期分量有效值，此时断路器不应因短时发热而损坏。热稳定电流也是表征断路器通过短时电流能力的参数，但它反映断路器承受短路电流热效应的能力。国家标准规定:断路器的额定热稳定电流等于额定开断电流。额定热稳定电流的持续时间为 2 s,需要大于 2 s 时,推荐 4 s。

(7)关合电流。断路器能够可靠关合的电流最大峰值,称为额定关合电流。关闭电流是表征断路器关合电流能力的参数。因为断路器在接通电路时,电路中可能预伏有短路故障,此时断路器将关合很大的短路电流。这样,一方面由于短路电流的电动力减弱了合闸的操作力,另一方面由于触头尚未接触前发生击穿而产生电弧,可能使触头熔焊,从而使断路器造成损伤。额定关合电流和动稳定电流在数值上是相等的,两者都等于额定开断电流的 2.55 倍。

(8)合闸时间。指断路器从发出合闸信号起到断路器的主触头刚刚接通为止这段时间,叫断路器的合闸时间。

(9)分闸时间。指从操动机构分闸线圈通电到三相电弧完全熄灭为止的一段时间。断路器的分闸时间包括固有分闸时间和熄弧时间两部分。固有分闸时间是指从操动机构分闸线圈接通电到三相触头刚刚分离的这段时间。而熄弧时间是指从主触头分离到各相电弧熄灭为止的这段时间。所以,分闸时间也称为全分闸时间。从切断短路电流的要求出发,分闸时间越短越好。

(10)触头行程。指断路器在操作过程中触头从起始位置到终止位置所经过的距离,通俗的说也指触头所走的总距离。

(11)触头超程。指断路器在合闸过程中动触头、静触头接触后,动触头继续前行的距离。它等于行程与开距。

(12)刚分速度。指断路器分闸过程中,触头刚刚分离时的速度。

(13)刚合速度。指断路器合闸过程中,触头刚刚接触时动触头的移动速度。

(14)操作循环。这也是表征断路器操作性能的指标。架空线路的短路故障大多是暂时性的,短路电流切断后,故障即迅速消失。因此,为了提高供电的可靠性和系统运行的稳定性,断路器应能承受一次或两次以上的关合、开断或关合后立即开断的动作能力。此种按一定时间间隔进行多次分、合的操作称为操作循环。我国规定断路器的额定操作循环分为以下两种:

自动重合闸操作循环:分—t'—合分—t—合分

非自动重合闸操作循环:分—t—合分—t—合分

其中,分表示分闸动作;合分表示合闸后立即分闸的动作;t' 表示无电流间隔时间,即断路器断开故障电路,从电弧熄灭起到电路重新自动接通的时间,标准时间为 0.3 s 或 0.5 s,也即重合闸动作时间;t 表示运行人员强送电时间,标准时间为 180 s。

(二)型号及含义

目前我国断路器型号根据国家技术标准的规定,一般由文字符号和数字按以下方式组成,其代表意义为:

①—产品字母代号,用下列字母表示:S 为少油断路器,D 为多油断路器,K 为空气断路器,L 为六氟化硫断路器,Z 为真空断路器,Q 为产气断路器,C 为磁吹断路器;

②—装置地点代号:N 为户内,W 为户外;

③—设计系列顺序号:以数字 1、2、3…表示;

④—额定电压:kV;

⑤—其他补充工作特性标志:G 为改进型,F 为分相操作;

⑥—额定电流:A;

⑦—额定开断电流:kA;

⑧—特殊环境代号。

莲花发电厂高压断路器的技术参数和型号请参阅《莲花发电厂设备技术参数手册》。由于所使用的高压断路器为引进产品,其型号代码与国标不同。220 kV 高压断路器的型号为 HPL245B1 型,为 ABB 公司产品,相当于国产 LW6-220 型产品。

(三)对高压断路器的要求

(1)绝缘部分能长期承受最大工作电压,还能承受过电压。

(2)长期通过额定电流时,各部分温度不超过允许值。

(3)断路器的跳闸时间要短,灭弧速度要快。

(4)能满足快速重合闸。

(5)断路器遮断容量大于系统的短路容量。

(6)在通过短路电流时,有足够的动稳定性和热稳定性。

三、断路器的基本结构

高压断路器的基本结构组成主要包括通断元件、传动机构、操动机构、绝缘支撑以及基座。如图 4-14 所示为断路器结构示意图。

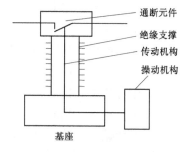

图 4-14 断路器结构示意图

通断元件:是断路器的核心部分,关合和切断输电线路和被保护的设备。通断元件包括有触头(静触头和动触头)、导电回路、灭弧室和灭弧介质等。

操动机构:为断路器关合和切断提供操作能源,一般有电磁铁、弹簧、液压、气动等各种操动机构。莲花发电厂 220 kV 断路器和 10 kV 厂用电断路器的操动机构均为弹簧储能式。

传动机构:用以传递能量分、合断路器,由连杆、拐臂、液压管道或压缩空气管道、变直机构、绝缘杆等部件组成。

绝缘支撑:外绝缘由绝缘瓷柱、瓷套管、拉紧瓷棒等组成,内绝缘由绝缘筒、绝缘介质等组成,使断路器有可靠的对地绝缘和断口绝缘,并能承受操作时的各种冲击力和外力。

基座:断路器的底架、底座等附件。安装在基础台上,承受断路器的整体重量和操作时的冲击力。

四、SF_6 断路器的结构及工作原理

SF_6 是一种性能优良的气体介质,在电力系统中应用日益广泛。SF_6 断路器的性能参数超过了传统的油断路器和空气断路器,其最高单元工作电压达 274 kV,最高开断能力达 80 kA。使它在超高压的领域内几乎完全取代了油断路器和空气断路器。

（一）SF$_6$ 气体的主要性质

1. 物理性质

SF$_6$ 气体是一种无色、无臭、无毒、不可燃的惰性气体,化学性能稳定,有优良的灭弧和绝缘性能。SF$_6$ 气体是一种分子量很大的重气体,容易液化。

2. 绝缘性能

SF$_6$ 气体具有优良的绝缘性能,0.3 MPa 压力的 SF$_6$ 气体的绝缘强度就可达到变压器油的绝缘水平,而压缩空气同样的绝缘强度要 0.6~0.7 MPa。

SF$_6$ 气体的绝缘性能还受杂质和电极表面状况的影响,气体中如混杂了金属细屑,绝缘击穿电压将显著下降,所以在实际加工装配或检修工作中应注意清洁度。

电极表面如粗糙不平、局部电场增强,对绝缘强度下降的影响也很大,部件加工光洁度高的表面要比粗糙表面绝缘强度高。

金属屑末和电极表面突起造成的绝缘弱点可以通过老练加以改善。老练就是对气体间隙进行多次的重复放电,通过放电烧掉缺陷(杂质、凸起),使间隙的击穿电压提高。此外,亦可采用在电极表面覆盖绝缘薄层的方法来提高绝缘强度。

3. 导热性能

SF$_6$ 气体的导热率不如空气,比空气低 1/3。但是,实际气体的传热过程主要是对流传热,即由于分子的流动,携带热量转移,SF$_6$ 分子质量大,比热也大,对流传热能力优于空气。

4. 化学性能

常温下 SF$_6$ 十分稳定,不易分解变质。在大气压下,在 500 ℃ 以下保持高度的化学稳定性,与金属材料、绝缘材料反应极微,只是在 600 ℃ 以上才有较强烈的分解,产生低氟化合物,有强烈的腐蚀性。高温下,在电弧或电晕放电作用下,SF$_6$ 将分解成 S 和 F 的原子,这些原子在温度下降时大部分可以复合成 SF$_6$ 分子,但在其他成分参与下,如 H$_2$O、Cu、W 等,产生金属氟化物和硫的低氟化物,在水分参与下,还会产生有严重腐蚀性的 HF。这些分解物中,HF、SO$_2$、SF$_2$、SF$_4$ 等对绝缘材料及金属材料均有很大腐蚀作用。

控制 SF$_6$ 气体中的含水量是气体质量控制的主要指标。由于电弧分解反应产物有毒甚至剧毒,因此对 SF$_6$ 使用中的安全问题应予以充分重视。

5. 灭弧性能

在 SF$_6$ 气体中,电弧的熄灭具有以下特点:

(1)由于 SF$_6$ 气体在 2 000 K 时,热分解现象已十分强烈,导热系数高,弧芯表面具有很高的温度梯度,所以电弧直径比较细。SF$_6$ 断路器的喷口直径可比空气断路器取得小一些。

(2)电弧电压梯度较小,约为氮气中电弧的 1/3。在额定电压相同、开断电流相近时,SF$_6$ 灭弧室的电弧压降,只有压缩空气灭弧室的 1/3 左右,少油断路器的 1/10 左右。由于 SF$_6$ 断路器的电弧电压梯度较低,在相同的工作电压及开断电流条件下,电弧能量小,所以易于灭弧,对灭弧室有关部件烧损也较少。

(3)电弧电流过零时,弧芯直径是随电流减小而连续变细,并不突然消失,这样就不会因截流而引起过电压。电弧能量少和残余弧心截面小,电弧时间常数小。在简单开断条件下,约为空气的 1/100,因此 SF$_6$ 断路器弧隙的介质绝缘强度恢复速度很快,除能开断数值很大的短路故障电流外,还特别适用于开断恢复电压起始陡度很高的近区故障等。

(4)SF$_6$ 气体的负电性也是形成优异灭弧性能的另一个因素。在弧焰区和过零后恢复阶段,负电性起重要作用,它使弧隙自由电子减少,电导率下降,介质强度提高。因此,在灭弧室中应提供新鲜的气体,尽可能增加 SF$_6$ 气体与弧柱的接触,以增强吸附的过程。

(二)SF$_6$ 断路器的结构类型

1. 按总体布置分类

(1)瓷瓶支柱式。这种布置形式与其他户外高压断路器相似,灭弧装置置于顶部,由绝缘杆进行操动。优点是系列性好,用不同个数的标准灭弧单元与支柱瓷套即可组装成不同电压等级的产品。国产 LW6、LW7、LW15 等系列 SF$_6$ 断路器均属这种布置。

(2)落地罐式。类似于箱式多油断路器,灭弧系统绝缘件支撑在接地金属罐的中心,借助套管引线,基本上可以不改装就用于全封闭组合电器中。这种结构便于加装电流互感器,抗震性好,但系列性较差。国产 LW12、LW13 等系列 SF$_6$ 断路器均属这种布置。

2. 按灭弧室结构分类

(1)双压式灭弧室。在断路器内设置两种压力的 SF$_6$ 系统(高压和低压),只是在分断过程中,通过控制吹风阀门使高压区气体流向低压区,在触头喷口形成气流吹弧,分断完毕,气吹也就停止。双压式 SF$_6$ 断路器开断电流大,动作快,但结构复杂,辅助设备多,造价高,已趋于淘汰。

(2)单压式(压气室)。这种灭弧室在常态时只有单一的 SF$_6$ 气体压力,分闸时压气缸与动触头间同时运动将压气室内的气体压缩。当触头分离后,电弧即受到高速气流纵吹。单压式灭弧室有变开距(LW6)和定开距(LW7)两种。变开距又称外喷式,它为单向吹弧,为提高开断能力,可将动触杆作为空心喷口,即双向吹弧方式。定开距灭弧室两个喷嘴固定不动,动触头与压气缸一起运动。

单压式 SF$_6$ 断路器结构较简单,造价较低,维护方便,但开断电流较小,行程大固有分闸时间较长,且操动机构的功率要求大。近年来,单压式 SF$_6$ 断路器由于采用了大功率液压机构和双向吹弧的灭弧室,各项技术参数已接近双压式水平,故在大多数场合可取代双压式。

(三)HPL245B1 型断路器的结构

莲花发电厂使用的断路器型号为 HPL245B1 型瓷瓶支柱式单压式 SF$_6$ 断路器,其结构如图 4-15 所示。断路器由三个独立的柱(相)组成,在底部的合金外壳中是机械操作部分(操动机构),机构上部连接的是在中空的绝缘瓷套中运动的绝缘拉杆(传动装置),上部是开断装置(灭弧室)。每个灭弧室瓷瓶中的灭弧单元是由上、下出线法兰和在其中间的上下电流通道及触头系统组成(导电装置)的。喷吹室在下电流通道上,安装在上下电流通道中的触头是集成式结构。每相断路器安装在单独的热镀锌支架上,支架由撑铁连接在一起的两片焊接的桁架组成。

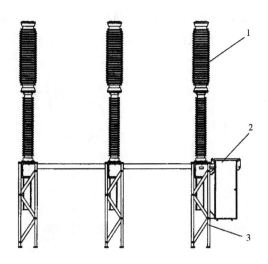

1—断路器柱(相);2—操作机构;3—支架。

图 4-15　HPL245B1 型断路器结构图

(四) HPL245B1 型 SF₆ 断路器的灭弧原理

如图 4-16 所示为 HPL245B1 断路器灭弧室结构图。分闸时,压气缸 1 沿固定活塞向下移动,因此密闭在压气缸中的 SF₆ 气体被压缩和迫使气体经过喷口 2 和弧触头 3 高速喷出。

当弧触头分开时产生电弧,强大的电弧被阻塞在喷口 2。当电流接近过零时,气体开始经压气缸喷出。喷嘴保证气流被引导吹响电弧。气体经过下面的动弧触头和上面的静弧触头。当电弧被冷却时电弧熄灭,电流被开断。有一组在弧触头打开前打开和在弧触头闭合后闭合的截流触头。截流触头在开断时不受电弧影响。合闸时,压气缸 1 向上滑动,触头互相闭合,压气缸重新被充气。

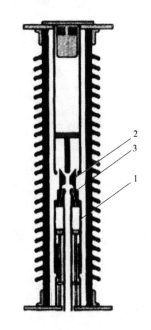

1—压气缸;2—喷口;3—弧触头。

图 4-16　HPL245B1 断路器
灭弧室结构图

(五) 操动机构动作原理

莲花发电厂 220 kV 断路器配置的操动机构为 BLG1002A 型弹簧储能操动机构。分闸弹簧在断路器合闸时由机构自动储能,由此获得分闸所需要的能量。操动机构由装有一个蜗轮的电动机储能弹簧组和启动分闸和合闸动作的机构组成,弹簧组要每次合闸操作后自动储能。

1. 正常操作位置

如图 4-17(a)所示为断路器在正常操作位置,此时断路器 B 处于合闸状态,合闸弹簧 5 和分闸弹簧 A 皆已储能。由分闸挚子 1 把断路器保持在合闸位置,分闸挚子 1 的保持力来自分闸弹簧的储能。此时操作机构已为随时执行分闸操作做好了准备,而且能够执行一个完整的重合闸循环(O—0.3 s—CO)。即在正常操作位置,断路器已合闸,合闸弹簧已储能,分闸弹簧已储能,操作机构已为 O—0.3 s—CO 的操作循环做好准备。

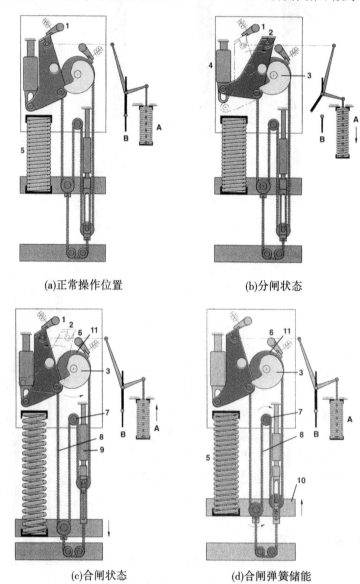

(a)正常操作位置　　　　　　　　　(b)分闸状态

(c)合闸状态　　　　　　　　　(d)合闸弹簧储能

1—分闸挚子;2—操动杠杆;3—凸轮盘;4—油缓冲装置;5—合闸弹簧;
6—合闸挚子;7—链轮;8—链条;9—缓冲装置;10—强簧横担;11—链轮。

图 4-17　BLG1002A 型操动机构原理图

2. 分闸操作

如图 4-17(b)所示,当断路器分闸,分闸挚子 1 被其电磁铁释放。分闸弹簧 A 拉着断路器 B 朝着分闸位置运动。操动杠杆 2 朝右方运动并最终停靠在凸轮盘 3 上。触头系统的运动当接近行程末端时,由一个油缓冲装置 4 对其进行缓冲。即分闸时,分闸弹簧拉着断路器朝分闸位置运动,合闸弹簧已储能。

3. 合闸操作

如图 4-17(c)所示,当断路器合闸,合闸挚子 6 被其电磁铁释放,链轮 7 被锁住以防止其转动,从而合闸弹簧的能量通过环形链条 8 传递给自身具有凸轮盘 3 的链轮 11。凸轮盘进而把杠杆 2 向左推,到达此杠杆尾端被分闸挚子 1 锁住的位置,凸轮盘余下的一部分转动被缓冲装置 9 所缓冲,而在链轮 11 上的一个锁定挚子逐渐恢复其原先的位置,顶住合闸挚子 6。即合闸时,合闸弹簧执行操动,并同时使分闸弹簧储能。

4. 合闸弹簧的储能

如图 4-17(d)所示,断路器完成合闸,电机启动驱动链轮 7,链轮 11 带着它的凸轮盘 3 转至被合闸挚子 6 锁定位置。于是链条 8 把弹簧横担 10 拉起,合闸弹簧 5 因此而储能,操作机构再次处于正常操作位置。即合闸弹簧储能,断路器已合闸,分闸弹簧已储能。

(六) 防误操作的联锁

防误操作联锁一部分采用电气,一部分采用机械。电气联锁依靠把操作线圈通过本机构辅助触点进行连接的电气回路来实现。此外,合闸线圈还串接一个限位开关,此限位开关则由弹簧横担的位置所控制。因此,只有当断路器处于分闸位置而合闸弹簧又已完全储能的时候,合闸回路才被接通。

由于机械联锁取决于操作连杆(断路器)所处的位置,以及部分地取决于弹簧横担的位置,因此合闸只可能在下列情形下进行:

(1)断路器处于分闸位置。

(2)合闸弹簧已完全储能。

因此在运行中,下列操作是不可能进行的:

(1)当断路器已处于合闸位置,还要进行合闸操作。

(2)在分闸操作期间进行合闸操作。

(3)用弹簧横担进行缓慢的合闸操作。

五、高压断路器的运行与维护

做好高压断路器的运行维护工作是保证断路器能够安全、可靠运行的基础。虽然目前莲花发电厂所使用的断路器都是性能可靠、免维护的断路器,但也要按照有关规定做好巡视检查等工作。在能源部 1991 年颁发的《高压断路器运行规程》中和《莲花发电厂运行规程》中,对断路器在运行中巡视检查进行了明确的规定,运行人员必须严格遵守和执行。

(一) 对断路器的一般要求

(1)断路器的技术参数应满足安装地点的工况要求。

(2)断路器应附有制造厂的铭牌,其上列出断路器的有关参数。

(3)每台断路器应有名称和运行编号,书写位置要统一,并明显可见。

(4)断路器应有分、合位置指示装置,并易于观察。

(5)断路器构架应有良好的接地装置。

(6)断路器应有相位标志。

（7）SF_6 断路器应装有气体密度继电器和压力表，并附有压力—温度关系曲线，有 SF_6 气体补气接口。

（8）操动机构：①直流系统应采用环状供电，电压变动不超过 ±5%；②机构箱应具有防尘、防潮、防小动物和通风功能，应有加热装置和恒温控制措施，不因昼夜温差和太阳直射而造成机构箱内结露。

（二）断路器的投运

新装或大修后的断路器，应先经检查验收，合格后投运，检查验收内容包括：

（1）提交相应资料和文件，有制造厂的产品安装使用说明书、试验记录、随机备品备件、专用工具、设计资料、安装调试记录、交接和预防性试验数据。

（2）断路器本体和操动机构安装牢固、完整、外表清洁。

（3）电气连接良好，不同金属的接触有防氧化措施。

（4）进行分、合闸和继电保护联动试验，动作正确，辅助开关切换正确无卡滞。分、合位置指示正确。

（5）机构箱和电缆进线孔密封良好。

（6）SF_6 断路器气体纯度符合规定，含水量和渗漏率均符合规定。

（7）大修后的断路器则应提出大修报告，经审查验收合格后投入运行。

（三）断路器的操作

断路器操作的一般要求如下：

（1）断路器经检修恢复运行，操作前应检查检修中为保证人身安全所设置的措施（如接地线等）是否全部拆除，防误闭锁装置是否正常。

（2）长期停运的断路器在正式执行操作前应通过远方控制方式进行试操作 2~3 次，无异常后方能按操作拟订的方式操作。

（3）操作前应检查控制回路、辅助回路、控制电源正常、储能机构已储能，即具备运行操作条件。

（4）操作中应同时监视有关电压、电流、功率等表计的指示及红绿灯的变化，操作把手不宜返回太快。

（四）断路器故障状态下的操作规定

（1）断路器运行中，由于某种原因造成 SF_6 断路器气体压力异常（如突然降至零等），严禁对断路器进行停电、送电操作，应立即断开故障断路器的控制电源，应及时采取措施，断开上一级断路器，将故障断路器退出运行。

（2）断路器的实际短路开断容量接近于运行地点的短路容量时，在短路故障开断后禁止强送，并应停用自动重合闸。

（3）分相操作的断路器操作时，发生非全相合闸，应立即将已合上相拉开，重新操作合闸一次，如仍不正常，则应拉开合上相并切断该断路器的控制电源，查明原因。

（4）分相操作的断路器操作时发生非全相分闸时，应立即切断控制电源，手动操作将拒动相分闸，查明原因。

第三节　高压隔离开关及运行

一、隔离开关的作用、基本要求及类型

(一)隔离开关的作用

隔离开关主要用来将高压配电装置中需要停电的部分与带电部分可靠地隔离,以保证检修工作的安全。隔离开关的触头全部敞露在空气中,具有明显的断开点。隔离开关没有灭弧装置,因此不能用来切断负荷电流或短路电流,否则在高电压作用下,断开点将产生强烈电弧,并很难自行熄灭,甚至可能造成飞弧(相对地或相间短路),烧损设备,危及人身安全,这就是所谓"带负荷拉隔离开关"的严重事故。隔离开关只允许切合空载短线和电压互感器以及有限容量的空载变压器,还可以用来进行某些电路的切换操作,以改变系统的运行方式。

在高压电网中,隔离开关的主要功能是:当断路器断开电路后,隔离开关的断开,使有电部分与无电部分能得到明显的隔离,起辅助开关的作用。由于断路器触头位置的外部指示器既缺乏直观,又在有些情况下不能保证它的指示与触头的位置相一致,所以用隔离开关把有电部分与无电部分明显的隔开是必要的。此外,隔离开关具有一定的自然灭弧能力,常用在电压互感器和避雷器等电流很小的设备投入和断开上,以及一个断路器与几个设备的连接处,使断路器经过隔离开关的倒换更为灵活方便。

综上所述,隔离开关的作用主要是:

(1)检修设备或输电线路时,可以有明显的断开点。

(2)改变运行方式时,可以倒换母线。

(3)切断小电容电流的母线或互感器、变压器等。

(4)接地开关可与断路器相互配合,能迅速切断故障点。

(二)隔离开关的基本要求

按照隔离开关在电网中担负的任务和使用条件,对其基本要求是:

(1)隔离开关分开后应有明显的断开点,易于鉴别设备是否与电网隔开。

(2)隔离开关断点间应有足够的安全距离,以保证在过电压情况下,不至引起击穿而危及工作人员的安全。

(3)在短路情况下,隔离开关应有足够的热稳定性和动稳定性,尤其是不能因电动力的作用而自动分开,否则将引起严重事故。

(4)具有开断一定的电容电流和电感电流的能力以及开断环流的能力。

(5)分、合闸时的同期性要好,有最佳的分、合闸速度,以尽可能降低操作时的过电压、燃弧次数和无线电干扰。

(6)隔离开关的结构应简单,动作要可靠,有一定的机械强度,金属制件应能承受氧化而不腐蚀。在冰冻的环境里能可靠地分、合闸。

(7)带有接地刀闸的隔离开关,必须装设联锁机构,以保证停电时先断开隔离开关,后闭合接地刀闸,送电时先断开接地刀闸,后闭合隔离开关的操作顺序。

（8）通过辅助触点，隔离开关与断路器之间应有电气闭锁，以防止带负荷误拉、合隔离开关。

（三）隔离开关的类型

（1）按相数可分为单相、三相式。

（2）按使用地点可分为户内、户外式。

（3）按有无接地刀闸可分为带接地刀闸和不带接地刀闸两种。

（4）按结构形式分为双柱和三柱水平开启式、单柱垂直伸缩和水平伸缩式。

（5）按操动机构可分为手动、电动、气动、液压式。

莲花发电厂所使用的隔离开关主要有以下几种类型：

10 kV（含 13.8 kV）隔离开关主要有：户内式小车隔离开关，应用于厂用电系统和保流机组上；户内型三相式垂直电动操作的隔离开关，应用于发电机出口上。户内型三相式垂直手动操作的隔离开关，应用于保流发电机出口上。

220 kV 隔离开关主要有：户外型三相水平开启的隔离开关，有带接地刀闸和不带接地刀闸两种，均为电动操作机构；还有户外型三相垂直折叠开启的隔离开关。

另外，主变和高厂变中性点刀闸为户外型单相手动操作的垂直开启式隔离开关。

二、隔离开关的主要技术参数

（一）主要技术参数

（1）额定电压。指隔离开关正常工作时，允许施加的电压等级。

（2）最高工作电压。由于输电线路存在电压损失，电源端的实际电压总是高于额定电压，因此要求隔离开关能够在高于额定电压的情况下长期工作，在设计制造时就给隔离开关确定了一个最高工作电压。

（3）额定电流。指隔离开关可以长期通过的最大工作电流。隔离开关长期通过额定电流时，其各部分的发热温度不超过允许值。

（4）动稳定电流。指隔离开关承受冲击短路电流所产生电动力的能力。是生产厂家在设计制造时确定的，一般以额定电流幅值的倍数表示。

（5）热稳定电流。指隔离开关承受短路电流热效应的能力。是在制造厂家给定的某规定时间（1 s 或 4 s）内，使隔离开关各部件的温度不超过短时最高允许温度的最大短路电流。

（6）接线端子额定静拉力。指绝缘子承受机械载荷的能力，分为纵向和横向。

（二）型号及含义

国产隔离开关的型号，采用统一的字母（汉语拼音字母）和数字混合编制，例如：GW7-220D 型隔离开关，型号含义如下：G 为隔离开关，W 为户外型，7 为设计序号，220 为额定电压为 220 kV，D 为带接地刀闸。

GN10-20 型隔离开关，型号含义如下：G 为隔离开关，N 为户内型，10 为设计序号，20 为额定电压为 20 kV。

GN6-10T 型隔离开关，型号含义如下：G 为隔离开关，N 为户内型，6 为设计序号，10 为额定电压为 10 kV，T 为统一设计。

三、隔离开关的基本结构及动作原理

(一)220 kV 及以上的隔离开关的基本结构

结构形式如图 4-18 所示,可以分为以下四种:

(1)双柱水平转动式,如 GW4 型。

(2)折叠式,如 GW6 型,莲花发电厂使用的有 GW6-220G 和 GW6-220GD 两种。

(3)三柱水平转动式,如 GW7 型,莲花发电厂使用的为 GW7-220D 型。

(4)闸刀式,如 JW 型,莲花发电厂在主变中性点使用的为 W13-110 型。

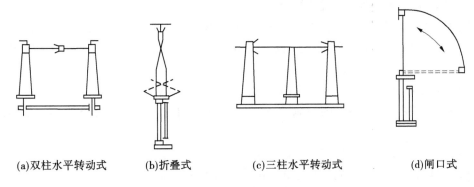

(a)双柱水平转动式　　　(b)折叠式　　　(c)三柱水平转动式　　　(d)闸口式

图 4-18　220 kV 及以上的隔离开关结构形式

(二)GW6-220 型隔离开关的结构

GW6 型隔离开关是单柱式结构,又称为剪刀式结构,分闸后形成垂直方向的绝缘断口,分、合闸状态清晰,软、硬母线均适用,占地面积小,操动机构采用三相联动方式。

莲花发电厂使用的隔离开关包括 GW6-220G 型隔离开关和 GW6-220GD 型隔离开关,主要应用在 220 kV 系统乙刀闸。其结构主要由动触头、静触头、导电折架、传动装置、操动瓷柱、支持瓷柱、接地开关和底座组成。

(1)绝缘部件。包括支持瓷柱和操作瓷柱。采用户外棒式瓷柱为支撑绝缘,由两节瓷柱组成一极。

(2)导电部分。主要包括动触头和静触头、导电折架和出线座等。

(3)操动机构。用以分断或关合隔离开关,莲花发电厂采用电动操动机构。

(4)传动装置。包括传动连杆和操作瓷柱。利用机械原理,以较小的力矩而得到较大的作用力,一般利用操作连杆进行力的传递。

(三)GW7-220D 型隔离开关的结构

隔离开关每组由三个独立的单极组成(一个主极和两个边极)。每个单极由底座、绝缘支柱、导电部分、传动系统及接地开关(当需要时)组成。

(1)底座。由槽钢和钢板焊接而成。底座两端安装有固定轴承座,中间有转动轴承座,槽钢内腔装有传动连杆。

(2)绝缘支柱。每极开关有三个绝缘支柱,每柱由两个实心棒形支柱绝缘子选装而成。绝缘支柱的下端固定在底座的轴承座上,两端的绝缘支柱上端固定着静触头,中间的绝缘支柱上端固定着导电刀闸。

（3）导电部分。由静触头和闸刀组成。静触头由静触座、触指、弹簧、接线板及防雨罩组成。闸刀由导电杆、动触头、屏蔽罩组成。

（4）传动系统。由轴承、传动轴、连臂及连杆等组成。

（5）接地开关。由接地闸刀（包括动触头、静触头、导电管）、传动部件及平衡弹簧等组成。静触头安装在隔离开关静触座的底板上，动触头、导电管及传动部件附装在隔离开关底座上。接地开关与隔离开关之间的机械联锁，设在主极中间的轴承上。

四、隔离开关的运行

（一）使用隔离开关可以进行的操作

隔离开关的主要作业是使检修设备与系统的隔离，原则上不能用于开断负荷电流，但是在电流很小和容量很低的情况下，也可以用于一些设备的直接操作，一般规定应用隔离开关可以进行以下操作：

（1）可以拉、合闭路断路器的旁路电流。

（2）拉、合变压器中性点的接地线，但当有消弧线圈时，只有在系统无故障时拉、合。

（3）拉、合电压互感器和避雷器。

（4）拉、合母线及直接接在母线上设备的电容电流。

（5）可以拉、合励磁电流不超过 2 A 的空载变压器。

（6）拉、合电容电流不超过 5 A 的空载线路，但在 20 kV 及以下者应使用三联隔离开关。

（7）用户外三联隔离开关，可以拉、合电压在 10 kV 以下及电流在 15 A 以下的负荷。

（8）拉、合 10 kV 以下、70 A 以下的环路均衡电流。

（二）巡视检查的要求

隔离开关设备是变电所中运行数量最多的设备，在正常运行中和检修后应加强对其的巡视检查工作，防止由于巡视不到位出现的缺陷而影响主系统的安全稳定运行。

运行中的隔离开关重点巡视检查项目在现场运行规程中已经明确列出，应按照执行，并重点加强以下各项、各部位的检查监视工作。

1. 隔离开关的触头接触及发热情况

（1）在巡视检查中应重点检查隔离开关动触头、静触头的接触情况是否正常。所谓的接触正常，就是在正常情况下，动触头、静触头和刀闸导电管应在一条水平的直线上，动触头完全插入静触头的触指内，无歪斜和串位现象，这样可以保证隔离开关触头间的最大接触面积，保证其额定载流能力，防止因接触不良导致的触头接触部位"过热—氧化—过热—烧损"恶性循环现象的发生。

（2）检查触头是否过热，可以通过观察触头部位金属物的颜色变化，借助观察触头周围空气气流的变化，或者借助红外线测温仪等，来判断是否出现了过热现象。如果发现此现象应及时安排处理，防止缺陷的扩大而造成设备烧损事故的发生。

2. 绝缘瓷瓶和操作瓷柱的完整情况

因瓷柱原因而引起的故障主要表现在以下几个方面：

（1）外绝缘闪络。主要发生在棒式绝缘子上。由于外绝缘闪络会引起发电厂或变电所对外全停电事故。造成外绝缘闪络的原因主要是瓷柱的爬电距离和对地绝缘距离不够,如绝缘子瓷裙严重损坏、外表严重脏污或有杂物挂落在绝缘子上,遇有雨、雪、雾天气时,使绝缘子泄漏电流增大,当泄漏电流增大到临界值时,会造成外绝缘的击穿而发生闪络故障。

(2)瓷柱断裂。引起瓷柱断裂的原因大致有各种应力的作用,如温度差引起的应力、操作引起的应力、上下法兰与瓷柱间水泥胶装剂膨胀产生的应力、内部进水冰冻热胀应力等;另外由于产品质量不良引起瓷柱断裂:法兰和瓷柱间胶装质量不良、瓷质致密度差、瓷柱中有夹层夹渣等。如果发生瓷柱断裂,会引起母线或连接导线接地短路事故,因此在巡视检查中应加强对瓷柱完好情况的检查。

3. 锈蚀情况

由于隔离开关长期暴露在大气中,各转动部位和传动部位会产生不同情况的锈蚀现象,如果锈蚀情况比较严重,会直接影响到隔离开关的操作,甚至发生无法操作现象。检查的重点部位是:操作机构手柄与传动机构、导电管与触头部位、底座及轴承部位等。

4. 其他情况

其他情况包括检查隔离开关构架外观应完好,基础螺栓无松动现象;大风天各支持瓷柱无明显的摆动和晃动现象;操作机构箱关闭良好并加锁;二次回路电缆完好,电缆埋线管封堵良好;设备标志牌完好并且字迹清楚完整等。

第四节　互感器及运行

互感器包括电流互感器和电压互感器,是一次系统和二次系统之间的联络元件,将一次侧的高电压、大电流变成二次侧标准的低电压和小电流,用以分别向测量仪表、继电器的电压线圈和电流线圈供电,使二次电路正确反映一次系统的正常运行和故障情况。目前,互感器常用的有电磁式和电容式。

一、互感器的作用及工作特性

(一)互感器与系统的连接

互感器是一种特殊的变压器,其基本结构与变压器相同并按变压器原理工作。其一、二次绕组与系统的连接方式如图 4-19 所示。

电压互感器(简称 TV)一次绕组并接于电网,二次绕组与测量仪表或继电器电压线圈并联。A_1 与 a_2 同名,X_1 与 x_2 同名。

电流互感器(简称 TA)一次绕组串接于电网(与支路负载串联),二次绕组与测量仪表或继电器的电流线圈相串联。L_1 与 K_1 同名,L_2 与 K_2 同名。功率型测量仪表与保护继电器及自动调节励磁装置的工作与输入电压电流相位有关。

(二)互感器的作用

(1)将一次回路的高电压和大电流变为二次回路标准的低电压和小电流值,使测量仪表和保护装置小型化、标准化、结构轻巧、造价低和便于屏内安装。

通常,电压互感器二次绕组额定电压为 100 V 或 $100/\sqrt{3}$ V。电流互感器二次绕组额

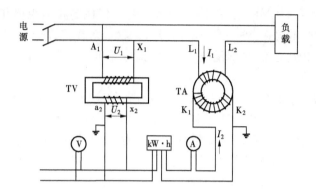

图 4-19　互感器与系统的连接方式

定电流一般为 5 A 或 1 A。

（2）使低电压的二次系统与高电压的一次系统实施电气隔离,且互感器二次侧均接地,保证了人身和设备的安全。

互感器二次绕组接地的目的在于当发生一、二次绕组击穿时降低二次系统的对地电位,接地电阻愈小,对低电位愈低,从而保证人身安全,因此将其称为保护接地。

三相电压互感器一次绕组接成星形后中性点接地,其目的在于使一、二绕组的每一相均反映电网各相的对地电压从而反映接地短路故障,因此将该接地称为工作接地。

（3）取得零序电流、电压分量供反映接地故障的继电保护装置使用。

（三）互感器的工作特性

电流互感器与电压互感器由于接入电网的方式、匝数比（$K_N = N_1/N_2$）及二次负载阻抗的不同,而具有不同的工作特性。

1. 电流互感器的工作特性

（1）二次绕组所接仪表的电流线圈阻抗很小,所以在正常运行时,二次绕组近似于短路工作状态。

（2）一次绕组串联在电路中,并且匝数很少,故一次绕组中电流的大小完全取决于一次负载电流,与二次电流大小无关。

（3）运行中的电流互感器二次回路不允许开路。否则会在开路的两端产生高电压危及人身及设备安全,或使电流互感器发热损坏。

正常运行时,由于二次绕组的阻抗很小,一次电流所产生的磁动势大部分被二次电流产生的磁动势所补偿,总磁通密度不大,二次绕组感应的电动势也不大,一般不会超过几十伏。当二次回路开路时,二次电流变为零,二次绕组磁动势也变为零,而一次绕组电流又不随二次开路而变小,失去了二次绕组磁动势的补偿作用,一次磁动势很大,全部用于励磁,合成磁通突然增大很多倍,使铁芯的磁路高度饱和,此时一次电流全部变成了励磁电流,在二次绕组中产生很高的电动势,其峰值可达几千伏甚至上万伏,威胁人身安全或造成仪表、保护装置、互感器二次绝缘损坏。

另外,由于磁路的高度饱和,使磁感应强度骤然增大,铁芯中磁滞损耗和涡流损耗急剧上升,会引起铁芯过热甚至烧毁电流互感器。所以运行中当需要检修、校验二次仪表时,必须先将电流互感器二次绕组或回路短接,再进行拆卸操作。

(4)电流互感器的一次电流变化范围很大。

(5)电流互感器的结构应满足热稳定和电动稳定的要求。

2.电压互感器的工作特性

(1)正常运行时,二次侧并联接入测量仪表和继电保护装置等的电压绕组,其阻抗都非常大,故电压互感器二次绕组近似工作在开路状态。

(2)电压互感器一次侧电压取决于一次电力网的电压,不受二次负载的影响。

(3)运行中的电压互感器二次侧绕组不允许短路。

电压互感器二次侧所通过的电流由二次回路阻抗的大小来决定,当二次侧短路时,将产生很大的短路电流损坏电压互感器。为了保护电压互感器,一般在二次侧出口处安装些熔断器或快速自动空气开关,用于过载和短路保护。在可能的情况下,原边也应装设熔断器以保护高压电网不因互感器高压绕组或引线故障危及一次系统的安全。

二、电流互感器

(一)电流互感器的类型及结构

1.电流互感器的类型

(1)按安装地点可分为屋内式和屋外式。

(2)按安装方式可分为穿墙式、支持式和装入式。

(3)按绝缘可分为干式、浇注式、油浸式等。

(4)按一次绕组匝数可分为单匝式和多匝式。单匝式分为贯穿型和母线型两种。

(5)按电流互感器的工作原理可分为电磁式、电容式、光电式和无线电式。

(6)按结构类型可以分为套管式、充油式、电容式、SF6 气体绝缘式、穿墙式环氧。

2.电流互感器的结构

电流互感器的结构原理如图 4-20 所示。基本组成部分包括一次绕组、二次绕组、铁芯、绝缘物和外壳。在同一回路中,要满足测量、继电保护的要求,一个回路往往需要很多的电流互感器,为了节约材料和降低投资,一台高压电流互感器常安装有相互间没有磁联系的独立铁芯环和二次绕组,并共用一次绕组。这样可以形成变比相同、准确度等级不同的多台电流互感器。

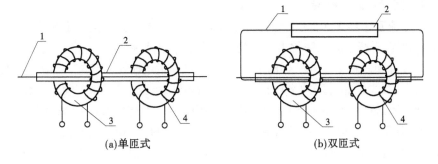

(a)单匝式 (b)双匝式

1——次绕组;2—绝缘套管;3—铁芯;4—二次绕组。

图 4-20 电流互感器的结构原理图

电气测量对电流互感器的准确度要求较高,且要求在短路时仪表受的冲击小,因此测量用电流互感器的铁芯在一次电路短路时应易于饱和,以限制二次电流的增长倍数。而继电保护用电流互感器的铁芯则在一次电流短路时不应饱和,使二次电流能与一次短路电流成比例的增长,以适应保护灵敏度的要求。为了适应一次电流的变化和减少产品规格,常将一次绕组分成几组,通过切换接线改变一次绕组的串并联,可以获得多种电流比。

单匝式的贯穿型互感器本身装有单根铜管或铜杆作为一次绕组;母线型互感器则本身未装一次绕组,而是在铁芯中留出一次绕组穿越的空隙,施工时以母线穿过空隙作为一次绕组。

(二)电流互感器的工作原理

如图 4-21 所示为电流互感器的工作原理图。电流互感器由闭合的铁芯和绕组组成,一次绕组的匝数较少,串接在需要测量电流的回路中,因此它经常有回路的全部电流流过。二次绕组的匝数较多,串接在测量仪表或继电保护回路里。电流互感器在工作时,它的二次回路始终是闭合的,正常工作时接近短路,并且它的一次电流与二次回路阻抗无关。

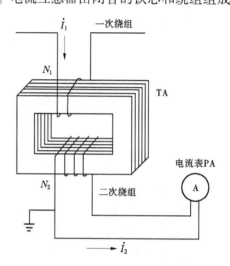

当一次绕组中通过一次电流 I_1 时,产生的磁动势 $I_1 N_1$ 大部分被二次电流 I_2 所产生的磁动势 $I_2 N_2$ 所平衡,只有小部分磁动势 $I_0 N_1$(叫总磁动势)产生的磁通 Φ_0 在二次绕组内产生感应电动势,以负担阻抗很小的二次回路内的有功损耗和无功损耗。在理想的电流互感器中,如果假定空载电流 $I_0 = 0$,则总磁动势 $I_0 N_1 = 0$。根据能量守恒定律,一次绕组磁动势等于二次绕

图 4-21　电流互感器的工作原理图

组磁动势,即 $I_1 N_1 = I_2 N_2$,也可写为 $I_1 / I_2 = N_2 / N_1 = K_i$。电流互感器的电流与它的匝数成反比,一次电流对二次电流的比值 I_1 / I_2 称为电流互感器的电流比,用 K_i 表示。当已知二次电流时,乘以电流比就可以求出一次电流,这时二次电流的相量与一次电流的相量相差 $180°$。

(三)电流互感器测量误差及影响因素

实际上电流互感器工作时,要消耗一定能量(铁芯励磁、铁芯发热和磁滞损耗),因此空载电流 I_0 和它所产生的总磁化力不能忽略,即 $I_1 N_1 = I_2 N_2 + I_0 N_1$。

然而在设计和制造电流互感器时采取了一些减少能量损耗的措施,如增加一次安匝,增大铁芯截面,减少铁芯磁路的平均长度和采用高导磁系数的材料等,使总磁化力所占比重大大降低。不过电流互感器所产生的能量损耗仍会在工作中反映出来,使电流互感器出现了误差,降低了准确度。这两种误差就是电流误差和角(相位)误差。

电流互感器误差与一次磁势、励磁磁势 $I_0 N_1$、二次阻抗角 α 及铁芯损耗角 ψ 有关。影响电流互感器误差的因素除此外还有以下因素:

(1)一次电流的影响。当一次电流数倍于额定电流(发生短路)时,误差随一次电流

增加而加大。

（2）二次负荷阻抗及功率因数对误差的影响。电流互感器二次线圈开路，电流互感器由正常短路工作状态变为开路状态，二次电流为零，一次电流对铁芯励磁磁势骤增，二次侧感应出很高的电势，对人身和设备都是极有害的，电流互感器在工作状态下不允许二次侧开路。由于磁感应强度骤增，铁芯损耗大增，此外，在铁芯中还会产生剩磁使互感器误差增大，引起铁芯和绕组过热。

（四）电流互感器的准确级和额定容量

1. 电流互感器的准确级

电流互感器的测量误差，可以用其准确度等级来表示。准确度等级是指在规定的二次负荷变化范围内，一次电流为额定值时的最大电流误差。

莲花水电站规定测量用的电流互感器的测量精度有 0.1、0.2、0.5、1、3、5 六个准确度等级。保护用电流互感器按用途可分为稳态保护用（P）和暂态保护用（TP）两类，稳态保护用电流互感器常用的有 5P 和 10P。电流互感器的电流误差，能引起所有仪表和继电器产生误差；而角误差过大，会对功率型测量仪表和继电保护装置产生不良影响。

一般 0.1、0.2 级的主要用于实验室精密测量和供电容量超过一定值的线路或用户；0.5 级的可用于收费用的电能表；0.5~1 级的用于发电厂、变电所的盘式仪表和技术上用的电能表；3 级、5 级的电流互感器用于一般的测量和某些继电保护上；5P、10P 级的电流互感器用于继电保护。为了继电保护整定，需要制造厂提供这类保护级电流互感器 10%的误差曲线。

2. 电流互感器的额定容量

电流互感器的额定容量 S_{N2} 是指电流互感器在额定二次电流 I_{N2} 和额定二次阻抗 Z_{N2} 下运行时，二次绕组输出的容量 $S_{N2} = I_{N2}^2 Z_{N2}$。由于电流互感器的额定二次电流为标准值（5 A 或 1 A），故其容量也常用额定二次阻抗来表示，有的厂家提供电流互感器的 Z_{N2} 值。

（五）电流互感器的接线方式

1. 电流互感器的极性

电流互感器在连接时要注意其端子的极性，按照规定，我国互感器和变压器的绕组端子均采用"减极性"标号法。当同时从一、二次绕组的同极性端子（同名端）通入相同方向的电流时，它们在铁芯中产生磁通的方向相同。当从一次绕组" * "标端通入交流电时，则在二次侧感应电流从" * "标端流出。从两侧同极性端观察时，I_1、I_2 反方向，称为减极性。此时，铁芯中的合成磁势为 $N_1 I_1 - N_2 I_2 = 0$，则 $I_2 = (N_1/N_2) I_1 = I_1'$，这表明 I_1、I_2 同相位。

2. 电流互感器的接线方式

电流互感器的二次侧接测量仪表、继电器及各种自动装置的电流线圈。用于测量表计回路的电流互感器接线应视测量表计回路的具体要求及电流互感器的配置情况确定；用于继电保护的电流互感器接线则应按保护所要求的有关故障类型及保护灵敏系数的条件来确定。当测量仪表与保护装置共用同一组电流互感器时，应分别接在不同的二次绕组，受条件限制需共用一个二次绕组时，保护装置应接在仪表之前，以避免校验仪表时影响保护装置的工作。电流互感器常用的几种接线方式如下：

（1）三相完全星形接线。如图 4-22 所示，可以准确反映三相中每一相的电流。该接线方式应用在大电流接地系统中,用以保护线路的三相短路、两相短路和单相接地短路故障。

(2)两相不完全星形接线。如图 4-23 所示,可以准确反映两相的真实电流。该接线方式应用在 35 kV 以下的小电流接地系统中,用以保护线路的三相短路、两相短路故障。

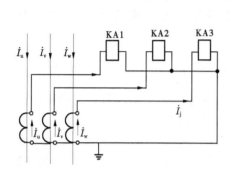

图 4-22 三相完全星形接线

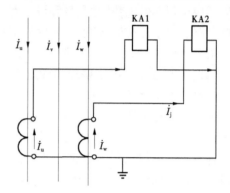

图 4-23 两相不完全星形接线

(3)两相差动式接线。如图 4-24 所示,反映两相差电流。该接线方式应用在 35 kV 以下的小电流接地系统中,保护线路的三相短路、两相短路、小容量电动机和变压器保护等。

(4)单相接线。如图 4-25 所示,在三相负荷平衡时,可以用单相电流反映三相电流值,主要用于测量电路。

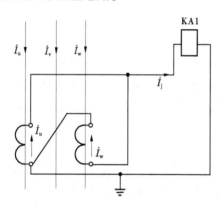

图 4-24 两相差动式接线

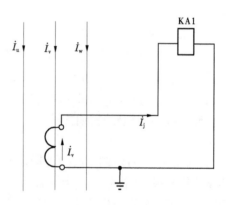

图 4-25 单相接线

(5)两相完全星形接线。如图 4-26 所示,该接线方式应用在大电流接地系统中,保护线路的三相短路、两相短路故障。

(六)电流互感器的配置原则

(1)每条支路的电源侧均装设足够数量的电流互感器,供该支路测量、保护使用。此原则与开关电器的配置原则相同,因此有断路器与电流互感器紧邻布置。配置的电流互感器应满足下列要求:

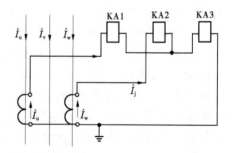

图 4-26 两相完全星形接线

①一般应将保护与测量用的电流互感器分开。

②尽可能将电能计量仪表互感器与一般测量用互感器分开,前者必须使用 0.5 级互感器,并应使正常工作电流在电流互感器额定电流的 2/3 左右。

③保护用互感器的安装位置应尽量扩大保护范围,尽量消除主保护的死区。

④大电流接地系统一般三相配置以反映单相接地故障;小电流接地系统的发电机、变压器支路也应三相配置以便监视不对称程度,其余支路一般配置于 A、C 相。

(2)为了减轻内部故障时发电机的损伤,用于自动调节励磁装置的电流互感器应布置在发电机定子绕组的出线侧。为了便于分析和在发电机并入系统前发现内部故障,用于测量仪表的电流互感器宜装在发电机中性点侧。

(3)配备差动保护的元件,应在元件各端口配置电流互感器,当各端口属于同一电压级时,互感器变比应相同,接线方式相同。Y/△-11 接线组别变压器的差动保护互感器接线应分别为△与 Y,以实现两侧二次电流的相位校正。同时低压侧(△侧)变流比 K_D 与高压侧(Y 侧)变流比 K_G 的关系为 $K_D = K_B K_G / \sqrt{3}$,其中 K_B 为变压器的变比。

(4)为了防止支持式电流互感器套管闪络造成母线故障,电流互感器通常布置在断路器的出线侧或变压器侧。

三、电压互感器

(一)电压互感器的工作特点

电压互感器也是一种特殊的变压器,电压互感器的一次绕组匝数很多且并联接入电网,而二次绕组匝数很少且并联接入测量仪表和继电器等的电压绕组,相当于降压变压器。二次侧额定电压一般为 100 V;容量小只有几十伏安或几百伏安;负荷阻抗大,工作时其二次侧接近于空载状态,且多数情况下它的负荷是恒定的。

与普通变压器一样,电压互感器的二次侧负载不允许短路,否则就有被烧毁的危险,故一般在其二次侧装设熔断器或自动开关做保护。为了防止互感器本身出现故障而影响电网的正常运行,其一次侧一般也需装设熔断器或隔离开关。

电压互感器的额定变比为一次绕组与二次绕组的额定电压比,即 $K_u = U_1 / U_2$,其值近似等于匝数比,其中 U_1 等于电网额定电压,U_2 已统一为 100(或 $100/\sqrt{3}$)V,所以 K_u 也已经标准化。

(二)电压互感器的测量误差及影响因素

由于电压互感器存在励磁电流和内阻抗,测量时结果都出现误差,通常用电压误差(又称比值差)和角误差(又称相角差)表示。

1. 电压误差

电压误差为二次电压的测量值乘额定互感比所得一次电压的近似值($U_2 K_n$)与实际一次电压 U_1 之差,而以后者的百分数表示

$$f_u = \frac{U_2 K_n - U_1}{U_1} \times 100\%$$

2. 角误差

角误差为旋转 180° 的二次电压向量 $-U_2$ 与一次电压相量 U_1 之间的夹角 δ_u,并规

定$-U_2$超前于U_1时,角误差为正值;反之,则为负值。

3. 电压互感器的准确度等级

电压互感器的测量误差,以其准确度等级来表示。电压互感器的准确度等级,是指在规定的一次电压和二次负荷变化范围内,负荷的功率因数为额定值时,电压误差的最大值。

电压互感器的测量精度有 0.2、0.5、1、3、3P、6P 六个准确度等级,同电流互感器一样,误差过大,影响测量的准确性或对继电保护产生不良影响。0.2、0.5、1 级的适用范围同电流互感器,3 级的用于某些测量仪表和继电保护装置。保护用电压互感器用 P 表示,常用的有 3P 和 6P。

4. 电压互感器的额定容量

电压互感器的误差与二次负荷有关,因此对应于每个准确度等级,都对应着一个额定容量,但一般说电压互感器的额定容量是指最高准确度等级下的额定容量。同时,电压互感器按最高电压下长期工作允许的发热条件,还规定最大容量。

与电流互感器一样,要求在某些准确度等级下测量时,二次负载不应超过该准确度等级规定的容量;否则准确度等级下降,测量误差是满足不了要求的。

(三)电压互感器(TV)的接线

在三相电力系统中,通常需要测量的电压有线电压、相电压和发生单相接地故障时的零序电压。为了测量这些电压,图 4-27～图 4-31 中示出了几种常见的电压互感器接线。

(1)如图 4-27 所示为单台单相电压互感器的接线,可测量某一相间电压或相对地电压。

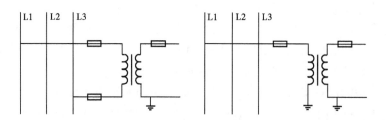

图 4-27　单台单相 TV 的接线

(2)如图 4-28 所示为两台单相电压互感器接成不完全星形(也称 V-V 接线),用来测量各相间电压,但不能测量相对地电压。广泛用于 35 kV 及以下中性点不接地或经消弧线圈接地的电网中。

(3)如图 4-29 所示为一台三相三柱式电压互感器接成 $Y-Y_0$ 形接线,只能用来测量线电压,不许用来测量相对地电压,因为它的一次侧绕组中性点不能引出,故不能用来监视电网对地绝缘。其原

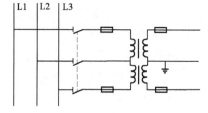

图 4-28　两台单相 TV 接成不完全星形

因是中性点非直接接地电网中发生单相接地时,非故障相对地电压升高$\sqrt{3}$倍,三相对地

电压失去平衡,在三个铁芯柱将出现零序磁通。由于零序磁通是同相位的,不能通过三个铁芯柱形成闭合回路,而只能通过空气间隙和互感器外壳构成通路。因此磁路磁阻很大,零序励磁电流很大,引起电压互感器铁芯过热甚至烧坏。

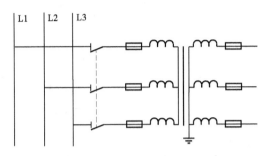

图 4-29　一台三相三柱 TV 接成 $Y-Y_0$ 形接线

(4)如图 4-30 所示为一台三相五柱式电压互感器接成 Y_0-Y_0-【形接线。其一次侧绕组、基本二次侧绕组接成星形,且中性点均接地,辅助二次侧绕组接成开口三角形。这种接线可用来测量线电压和相电压,还可用作绝缘监察,故广泛用于小接地电流电网中。

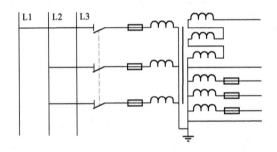

图 4-30　一台三相五柱 TV 接成 Y_0-Y_0-【形接线

(5)如图 4-31 所示为三台单相三绕组电压互感器接成 Y_0-Y_0-【形接线,广泛应用于35 kV 及以上电网中,可测量线电压、相对地电压和零序电压。这种接线方式发生单相接地时,各相零序磁通以各自的电压互感器铁芯构成回路,因此对电压互感器无影响。该种接线方式的辅助二次绕组接成开口三角形,对于 35~60 kV 中性点非直接接地电网,其相电压为 $100\sqrt{3}$ V,对中性点直接接地电网,其相电压为 100 V。

在 380 V 的装置中,电压互感器一般只经过熔断器接入电网。在高压电网中,电压互感器经过隔离开关和熔断器与电网相连。一次侧熔断器的作用是当电压互感器及其以内出线上短路时,自动熔断切除故障,但不能作为二次侧过负荷保护。因为熔断器熔件的截面是根据机械强度选择的,其额定电流比电压互感器的工作电流大很多倍,二次侧过负荷时可能不熔断。所以,电压互感器二次侧应装设低压熔断器,来保护电压互感器的二次侧过负荷或短路。

在 110 kV 及以上的电网中,考虑到电压互感器及其配电装置的可靠性较高,加之高压熔断器的灭弧问题较大,制造较困难,价格较贵,故不装设高压熔断器,只用隔离开关与母线连接。

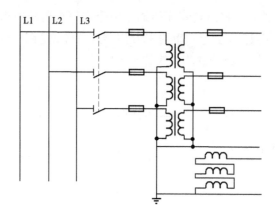

图 4-31　三台单相三绕组 TV 接成 Y_0-Y_0-【形接线

(四) 电磁式电压互感器

1. 分类

电压互感器按其特征分类如下:按安装地点不同可分为户内式和户外式;按相数不同可以分为单相式和三相式;按每相绕组数不同分为双绕组式和三绕组式;按绝缘方式不同分为干式、浇注式、油浸式、SF_6 气体绝缘等。

2. 结构

1) 浇注绝缘电压互感器

该类型一般做成单相户内式,广泛应用于 3~20 kV 户内配电装置。其铁芯用优质硅钢片叠成方形,一次绕组和两个二次绕组绕制成同芯柱体,连同一次绕组的引出线一起用环氧树脂浇注成型,然后装上铁芯。因铁芯外露,称为半浇注式。浇注体下面涂有半导体漆,并与金属底板和铁芯相连,还在一次绕组的两端设置屏蔽层,以改善电场的不均匀性,防止在冲击电压作用下发生局部放电。

2) 油浸式电压互感器

油浸式 TV 的绝缘性能高,使用电压范围广。可分为 35 kV 及以下的普通型油浸式、110 kV 及以上的串激式等。互感器采用全密封结构,顶部装有不锈钢制成的膨胀器,以补偿变压器油随温度变化的体积变化,并使变压器油与大气隔离,防止变压器油的老化与受潮,膨胀器的外壳装有油位观察窗,可以直接观察膨胀器伸展的高度。

(五) 电容式电压互感器

1. 工作原理

电容式电压互感器实质上是一个电容分压器,在被测装置的相和地之间接有电容 C_1 和 C_2,按反比分压,C_2 上的电压为

$$U_2 = \frac{U_1 C_1}{C_1 + C_2} = K U_1$$

式中,K 为分压比,$K = C_1/(C_1 + C_2)$。

电容式电压互感器原理接线如图 4-32 所示。

2. 电容式电压互感器结构

莲花发电厂使用的 220 kV TV 为电容式电压互感器(简称 TVC),其结构总体上可分

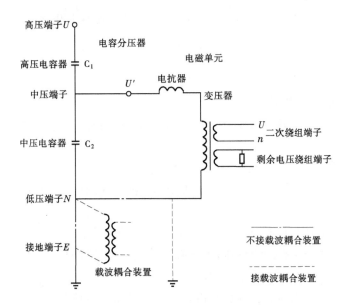

图 4-32　电容式电压互感器原理接线图

为电容分压器和电磁单元两大部分。电容分压器由高压电容 C_1 及中压电容 C_2 组成,电磁单元则由中间变压器、补偿电抗器及限压装置、阻尼器等组成。电容分压器 C_1 和 C_2 都装在瓷套内,从外形上来看是一个单节或多节带瓷套的耦合电容器。电磁单元目前将中间变压器、补偿电抗及所有附件都装在一个铁壳内,外形有圆形的也有方形的。

根据电容分压器和电磁单元的组装方式,可分为叠装式(一体式)和分体式两大类。

叠装式是将电容分压器叠装在电磁单元油箱之上,电容分压器的下节底盖上有一个中压出线套管和一个电压端子出线套管,伸入电磁单元内部将电容分压器中压端与电磁单元相连。

分装式产品的特点是电容分压器中压端与电磁单元的连接是在外部进行的,这类产品的分压电容器下节电容必须在瓷套上开孔将中压端引出,电磁单元也对应将高压端用套管引出,以便相互连接。目前,国内常见的大都采用叠装式结构。

(六)电压互感器的配置原则

电压互感器的配置原则是:满足测量、保护、同期和自动装置的要求;保证在运行方式改变时,保护装置不失压、同期点两侧都能方便地取压。通常如下配置:

(1)母线。6~220 kV 电压级的每组主母线的三相上应装设电压互感器,旁路母线则视回路出线外侧装设电压互感器的需要而确定。

(2)线路。当需要监视和检测线路断路器外侧有无电压,供同期和自动重合闸使用,该侧装一台单相电压互感器。

(3)发电机。一般在出口处装两组。一组(三只单相、双绕组 △/Y 接线)用于自动调节励磁装置。一组供测量仪表、同期和继电保护使用,该组电压互感器采用三相五柱式或三只单相接地专用互感器,接成 Y_0-Y_0-[形接线,辅助绕组接成开口三角形,供绝缘监察用。当互感器负荷太大时,可增设一组不完全星形连接的互感器,专供测量仪表使用。50 MW 及以上发电机中性点常还设一单相电压互感器,用于 100% 定子接地保护。

(4)变压器。变压器低压侧有时为了满足同步或继电保护的要求,设有一组电压互感器。

四、互感器的运行

(一)对互感器的一般要求

(1)互感器应有标明基本技术参数的铭牌标志,互感器技术参数必须满足装设地点运行工况的要求。

(2)电压互感器的各个二次绕组(包括备用)均必须有可靠的保护接地,且只允许有一个接地点。电流互感器备有的二次绕组应短路接地。接地点的布置应满足有关二次回路设计的规定。

(3)互感器应有明显的接地符号标志,接地端子应与设备底座可靠连接,并从底座接地螺栓用两根接地引下线与地网不同点可靠连接。接地螺栓直径应不小于 12 mm,引下线截面应满足安装地点短路电流的要求。

(4)互感器二次绕组所接负荷应在准确等级所规定的负荷范围内。

(5)互感器的引线安装,应保证运行中一次端子承受的机械负载不超过制造厂规定的允许值。

(6)互感器安装位置应在变电站(所)直击雷保护范围之内。

(7)停运半年及以上的互感器应按有关规定试验检查合格后方可投运。

(8)电压互感器二次侧严禁短路。电流互感器二次侧严禁开路,备用的二次绕组也应短接接地。

(9)电压互感器允许在 1.2 倍额定电压下连续运行。中性点有效接地系统中的电压互感器,允许在 1.5 倍额定电压下运行 30 s;中性点非有效接地系统中的电压互感器,在系统无自动切除对地故障保护时,允许在 1.9 倍额定电压下运行 8 h。

(10)电磁式电压互感器一次绕组 N(X)端必须可靠接地,电容式电压互感器的电容分压器低压端子(N、J)必须通过载波回路线圈接地或直接接地。

(11)中性点非有效接地系统中,作单相接地监视用的电压互感器,一次中性点应接地,为防止谐振过电压,应在一次中性点或二次回路装设消谐装置。

(12)电压互感器二次回路,除剩余电压绕组和另有专门规定者外,应装设快速开关或熔断器;主回路熔断电流一般为最大负荷电流的 1.5 倍,各级熔断器熔断电流应逐级配合,自动开关应经整定试验合格后方可投入运行。

(13)电容式电压互感器的电容分压器单元、电磁装置、阻尼器等在出厂时,均经过调整误差后配套使用,安装时不得互换,运行中如发生电容分压器单元损坏,更换时应注意重新调整互感器误差,互感器的外接阻尼器必须接入,否则不得投入运行。

(14)电流互感器允许在设备最高电流下和额定连续热电流下长期运行。

(15)电容型电流互感器一次绕组的末(地)屏必须可靠接地。倒立式电流互感器二次绕组屏蔽罩的接地端子必须可靠接地。

(16)三相电流互感器一相在运行中损坏,更换时要选用电流等级、电流比、二次绕组、二次额定输出、准确级、准确限值系数等技术参数相同,保护绕组伏安特性无明显差别的互感器,并进行试验合格,以满足运行要求。

(17)66 kV及以上电磁式油浸互感器应装设膨胀器或隔膜密封,应有便于观察的油位或油温压力指示器,并有最低限值标志和最高限值标志。运行中全密封互感器应保持微正压,充氮密封互感器的压力应正常。互感器应标明绝缘油牌号。

(二)TV正常运行时应注意的问题

(1)TV二次侧禁止短路和接地,禁止用隔离开关拉、合异常TV。

(2)TV允许在最高工作电压(比额定电压高10%)下连续运行。

(3)绝缘电阻的测量,6 kV及以上TV一次侧用1 000~2 500 V摇表测量,绝缘电阻不低于50 MΩ;二次侧用1 000 V摇表测量,绝缘电阻不低于1 MΩ。

(4)TV停电时,应注意对继电保护、自动装置的影响,防止误动、拒动。

(5)两组TV二次并列操作,必须在一次并列情况下进行。

(6)新投入或大修后可能变动的TV必须核相。

(7)TV的操作应按以下顺序进行:停电操作时,先断开二次侧回路,再拉开一次侧隔离开关;送电时,先合一次侧隔离开关,再合二次侧回路。

(三)TA正常运行时应注意的问题

(1)工作中严禁将TA二次开路。若需在回路上工作,应根据需要在适当地点将TA二次侧短路。

(2)短路TA二次回路,应使用短路片或专用短路线,禁止使用熔丝或用导线缠绕。

(3)TA运行中不得超过额定容量长期运行,因为过负荷运行会使误差增大、表计指示不准,使铁芯和二次绕组过热,造成绝缘老化甚至损坏导线。

(4)更换电流互感器要选用电流等级、电流比、二次绕组、二次额定输出、准确级、准确限值系数等技术参数相同,保护绕组伏安特性无明显差别的互感器,并进行试验合格,以满足运行要求。

(5)在TA二次回路上工作,应使用绝缘工具并站在绝缘垫上。

第五节　母线、避雷器与绝缘子

一、母线

(一)母线的用途

母线也称为汇流排,是汇集和分配电流的裸导体,指发电机、变压器和配电装置等大电流回路的导体,也泛指用于各种电气设备连接的导线。

母线处于配电装置的中心环节,作用非常重要。由于母线在正常运行中通过的功率大,在发生短路故障时承受很大的热效应和电动力效应,因此必须合理选择母线,以保证母线的安全可靠和经济运行。

(二)母线的类型及特点

1. 类型

母线按软硬程度可分为软母线和硬母线。

母线按使用材质可分为铜质母线、铝质母线和钢质母线。

母线按断面形状可分为矩形母线、槽形母线、管形母线和多股圆形母线。

2. 特点

(1)软母线。一般为多股圆形母线,采用钢芯铝绞线,用悬式绝缘子将其两端拉紧固定。软母线在拉紧时存在适当的驰度,工作时会产生横向摆动,故软母线的线间距离要大,常用于户外配电装置。

(2)硬母线。一般采用矩形、槽形或管形截面的导体,用支柱绝缘子固定,多数只做横向约束,而沿纵向则可以伸缩,主要承受弯曲和剪切应力。硬母线的相间距离小,广泛用于户内、外配电装置。

(3)铜质母线。铜的电阻率很低,机械强度高,防腐性能好,便于接触连接,是优良的导电材料。因此一般用于重要的、有大电流接触连接的或含有腐蚀性气体的场所。

(4)铝质母线。铝的比重只有铜的30%,导电率为铜的62%。按重量计算,同长度具有相同长度传送相同电流的铝质母线的重量只有铜质母线的1/2。同时由于铝质母线截面较大,其散热面积增大,同长度传送相同电流的铝质母线的用量大约只有铜质母线的44%。而铝的价格低廉,故经济意义重大。但铝的机械强度和耐腐蚀性较低,接触连接性能较差,焊接技术也较复杂。

(5)钢质母线。钢质母线价廉,机械强度好,焊接简便,但电阻率为铜的7倍,且趋肤效应严重,常用于电压互感器、避雷器回路引接以及接地网的连接线等。

(三)母线的排列方式

(1)垂直布置。交流:A、B、C 相的排列由上向下;直流:正、负的排列由上向下。

(2)水平布置。交流:A、B、C 相的排列由左向右(面对母线);直流:正、负的排列由内向外。

(3)引下线排列。交流:A、B、C 相的排列由左向右(面对母线);直流:正、负的排列由左向右。

(4)各种不同电压配电装置的母线,其相应的配置应相互一致。

(四)母线的定相与着色

母线刷漆着色的目的是便于识别相序、防止腐蚀及提高母线表面散热系数。母线着色原则如下。

(1)三相交流母线:A 相刷黄色,B 相刷绿色,C 相刷红色,由三相交流母线引出的单相母线,应与引出相的颜色相同。

(2)直流母线:正极刷赭色,负极刷蓝色。

(3)交流中性线汇流母线和直流均压汇流母线,不接地者刷白色,接地者刷紫色带黑色横条。

(4)软母线的各股绞线常有相对扭动,故不宜着相色漆。

二、避雷器

(一) 作用

避雷器是用以限制沿线路侵入的雷电过电压或操作过电压的一种过电压保护装置。避雷器实质上是一个放电器,与被保护的电气设备并联连接,当作用在避雷器上的电压超过避雷器的放电电压时,避雷器先放电,从而限制过电压的幅值,使与之并联的电气设备得到保护。

当避雷器动作放电将强大的雷电流引入大地后,由于系统还有工频电压的作用,避雷器中将流过工频短路电流,此电流称为工频续流,通常以电弧放电的形式存在。若工频电弧不能很快熄灭,继电保护装置就会动作,使供电中断。所以,避雷器应在过电压作用过后,能迅速切断工频续流,使电力系统恢复正常运行,避免供电中断。

(二) 避雷器的类型

避雷器的类型主要有管型避雷器、阀型避雷器和氧化锌避雷器等几种。

1. 阀型避雷器

阀型避雷器由多个火花间隙和非线性电阻盘(阀片)串联构成,装在瓷套里密封起来。其工作原理是:当系统正常工作时,间隙将阀片电阻与工作母线隔离,以免工作电压在阀片电阻中产生的电流使阀片烧坏。当系统中出现雷电过电压且其峰值超过间隙的放电电压时,火花间隙迅速击穿,雷电流通过阀片流入大地,从而使作用于设备上的电压幅值受到限制。当过电压消失后,间隙中将流过工频续流,由于受到阀片电阻的非线性特性的限制,工频续流比冲击电流小得多,使间隙能在工频续流第一次过零值时将电流切断,使系统恢复正常工作。阀型避雷器分普通型和磁吹型两类。

1) 普通型避雷器

普通型避雷器的火花间隙由很多个短间隙串联而成。避雷器的熄弧完全依靠间隙的自然熄弧能力,没有采取强迫熄弧的措施;其阀片的热容量有限,不能承受较长持续时间的内部过电压冲击电流的作用,因此此类避雷器通常不容许在内部过电压下动作,目前只用于 220 kV 及以下系统作为限制大气过电压用。

2) 磁吹型避雷器

磁吹型避雷器是在普通型避雷器的基础上发展的带磁吹间隙的阀型避雷器。其原理是利用磁吹电弧来强迫熄弧,即采用灭弧能力较强的磁吹火花间隙和通流能力较大的高温阀片电阻。

磁吹型避雷器的火花间隙是利用磁场对电弧的电动力作用,使电弧拉长或旋转,以增强弧柱中的去游离作用,从而极大地提高间隙的灭弧能力。

2. 氧化锌(ZnO)避雷器

氧化锌避雷器其实就是阀型避雷器的一种。由于阀片以氧化锌为主要材料,特此称谓。氧化锌阀片具有很理想的非线性伏安特性。与传统避雷器相比,其主要优点是:

(1) 无间隙。在工作电压作用下,ZnO 实际上相当于一绝缘体,一次工作电压不会使 ZnO 阀片烧坏,所以可不用串联间隙来隔离工作电压。

(2)无续流。当作用在 ZnO 阀片上的电压超过某一值(起始动作电压)时,将发生"导通",其后,ZnO 阀片上的残压受其良好的非线性特征所控制,当系统电压降至起始动作电压以下时,ZnO 的"导通"状态终止,又相当于一绝缘体。因此,其在大电流长时间重复动作的冲击作用下,特性稳定,所以具有耐受多重雷和重复动作的操作冲击过电压的能力。

(3)通流容量大。ZnO 避雷器的通流容量较大,可以用来限制操作过电压。也可以耐受一定持续时间的暂时过电压。

(4)耐污性能好。由于没有串联间隙,因而可避免因瓷套表面不均匀污染使串联火花间隙放电电压不稳定的问题,所以易于制造防污型避雷器和带电清洗型避雷器。

(5)适于大批量生产,造价低廉。

(三)避雷器的运行

1.一般要求

避雷器是用来限制过电压幅值的保护电器,并联在被保护电器与地之间。当雷电波沿线路侵入时,过电压的作用使避雷器动作(放电),即导线通过电阻或直接与大地相连接,雷电流经避雷器泄入大地,从而限制了雷电过电压的幅值。为了保证电力系统的安全运行,避雷器应满足的基本要求如下:

(1)当过电压超过一定值时,避雷器应动作(放电),使导线与地直接或经电阻相连接,以限制过电压。

(2)在过电压作用之后,能够迅速截断工频续流所产生的电弧,使电力系统恢复正常运行。

(3)避雷器灭弧电压不得低于安装地点可能出现的最大对地工频电压。

(4)仅用于保护大气过电压的普通阀型避雷器的工频放电电压下限,应高于安装地点预期操作过电压;既保护大气过电压,又保护操作电压的磁吹型避雷器的工频放电电压上限,在适当增加裕度后,不得大于电网内过电压水平。

(5)避雷器冲击过电压和残压在增加适当裕度后,应低于电网冲击电压水平。

(6)保护操作过电压的避雷器的额定通断容量,不得小于系统操作时通过的冲击电流。

2.避雷器巡视检查的要求

避雷器在运行中应与配电装置同时进行巡视检查,雷电活动后,应增加特殊巡视。巡视检查应注意以下几个方面:

(1)避雷器外部瓷套的完整性,如有破损和裂纹者不能使用,瓷表面应无闪络痕迹。

(2)检查引线有无松动、断线或断股现象。

(3)避雷器应无异常响声,如有响声表明内部固定不好,应予检修。

(4)对有放电计数器的避雷器,应检查它们是否完整,并记录动作数值。

(5)避雷器各节的组合及导线与端子的连接应紧固,对避雷器不应产生附加应力。

(6)雷雨天气时严禁接近避雷器,以防止跨步电压对巡视人员造成危害。

三、绝缘子

(一)作用

绝缘子又叫瓷瓶,广泛应用于户内外配电装置、变压器、开关电器及输配电线路中,用来支持和固定带电导体,并与地绝缘,或作为带电导体之间的绝缘。绝缘子必须具有足够的机械强度和电气强度,并能够在恶劣环境如高温、潮湿、多尘埃、污秽严重等情况下安全运行。

(二)分类及特性

1.分类

绝缘子按安装地点可分为户内绝缘子和户外绝缘子。

绝缘子按用途可分为电站绝缘子、电器绝缘子和线路绝缘子等。

2.特性

(1)户外绝缘子:有较大的伞裙,用以增长表面爬电距离,并阻断雨水,使绝缘子能在恶劣的户外气候环境中可靠地工作。在多尘埃和化学腐蚀性气体的污秽环境中,还需使用防污型户外绝缘子。

(2)户内绝缘子:无伞裙结构,也无防污型。

(3)电站绝缘子:主要是支持和固定户内外配电装置的硬母线,并使母线与地绝缘。电站绝缘子又分为支柱绝缘子和套管绝缘子。套管绝缘子用于母线穿过墙壁等处以及从户内向户外引出时使用。

(4)电器绝缘子:主要是固定电器的载流部分,分支柱绝缘子和套管绝缘子两种。支柱绝缘子用于固定没有封闭外壳的电器载流部分,如隔离开关的动触头、静触头等。套管绝缘子用于有封闭外壳的电器,如断路器、变压器等的载流部分引出外壳。

(5)线路绝缘子:用来固定架空线路和户外配电装置的软母线,并使它们与接地部分绝缘。线路绝缘子可分为针式绝缘子和悬式绝缘子两种。

(二)绝缘子的运行

绝缘子是带电导体与地之间的形成良好绝缘的重要电气设备。因此,必须保证其运行的可靠性和安全性。在正常运行中应注意对各类绝缘子的巡视检查,主要是要检查其外观的完好性。一般要求是:表面应清洁,无明显的闪络放电痕迹;瓷质部分无损坏和裂纹等明显缺陷;绝缘子的基础紧固良好,没有严重的松动现象。

为了防止绝缘子发生闪络故障,一般要求做好以下工作:定期进行清扫工作,清扫周期一般每年一次,或根据地区污秽程度适当增加清扫次数;提高绝缘水平,增加爬电距离;在污秽严重地区,采用防污型绝缘子。

第五章　电气一次系统及运行

第一节　电气主接线概述

一、水电厂电气系统的组成

水电厂电气系统分为电气一次系统和电气二次系统。电气一次系统的设备用于电能的交换和分配,主要由发电机组、电力变压器、断路器、隔离开关、避雷器、互感器、消弧线圈、补偿电容器等组成。这些都是电压高、电流大的强电设备。电气二次系统的设备是对电气一次设备和电力系统进行监视、控制、保护、调节并与上级有关部门和用户进行联络通信的有关设备,主要包括各种继电保护和自动装置、测量与监控设备、直流电源和远动通信设备等,这些都是电压较低、电流较小的弱电设备。

二、水电厂电气主接线

水电厂电气主接线是电力系统接线的重要组成部分。它取决于水电厂的规模及其在电力系统中的地位、电压等级和出线回数、电气设备的特点,以及负荷的性质等条件,同时要满足可靠性、灵活性和经济性等基本要求。

在水电厂中,由各种一次电气设备如发电机、变压器、断路器等及其连接线所组成的输送和分配电能的电路,称为水电厂的电气一次回路。电气一次回路中各电气设备根据它们的作用,按照连接顺序,用规定的文字和符号绘成的图形称为电气主接线图,或称为电气一次系统接线图。电气主接线图能够说明电能的输送和分配关系,反映水电厂电气设备的运行方式和工作状态。

三、电气主接线的基本要求

发电厂电气主接线是根据其在电力系统中的地位和作用、进出线回路数、设备特点及负荷性质等条件确定的。但应满足以下基本要求。

(一) 可靠性

可靠性原则应体现在以下方面:

(1)采用可靠性高的电气设备,以便简化电气接线。

(2)断路器检修时,不宜影响对系统的供电。

(3)设备或母线故障以及母线检修时,尽量减小停运的回路数和停运时间,并保证系统的稳定性和对重要用户的供电。

(4)尽量避免全停电的可能性。

(二)灵活性

灵活性应体现在以下方面：

(1)可以灵活调度,投入或切除某些发电机、主变压器或线路。

(2)断路器和母线检修方便。

(3)能够容易地从初期接线过渡到最终接线。

(三)操作方便性

电气主接线的布局要求,在各种运行方式时操作工作量少、简便,不易引起误操作。

(四)经济性

在满足可靠性、灵活性的前提下做到基建投资少、占地面积小及电能损失少。

四、水电厂电气主接线特点

(1)水电厂大都建设在水力资源丰富的大江河流上,远离负荷中心,因此发电机发出的电能,除自用外,一般均采用升高电压由高压输电线路送入电力系统,而由发电机电压母线直接向用户供电的情况很少。

(2)如果水电厂主要担任峰荷和腰荷,在运行中开、停机操作频繁,机组利用小时数较低,要求主接线应具有适应各种运行情况的灵活性,以充分发挥水电厂在电力系统中的作用。

(3)水电厂机组能迅速启动,投入系统并带上负荷,容易实现自动化和远动化。

(4)水电厂的总装机数和最终容量,是根据河流水文情况和综合利用条件来确定的,因此可以不再考虑机组扩建的可能性。为考虑系统发展情况,在水电厂电气主接线中可以预留扩建输电线路的出线位置。

(5)水电厂一般建设在狭窄的山区,升压变电所和其他配电装置的布置往往受到区域的限制,因此应尽可能简化接线,节省占地面积,减少土石方开挖量。

(6)水电厂的厂用电相对容量较小,重要性也低,因此水电厂的厂用电接线比较简单。

第二节　电气主接线基本形式

水电厂电气一次系统主接线中的母线是整个主接线的中心环节,起着汇集和分配电能的作用,因此直接线的形式通常按母线的形式划分,一般具有四回以上进、出线就可以设置母线。其优点是进、出线回路数可以增加;缺点是扩大了配电装置的结构,并增加了故障机会。下面简要介绍几种简单的电气主接线形式。

一、单母线接线

单母线接线是一种最原始、最简单的接线,如图5-1所示。所有电源及出线均接在同一母线上。其优点是简单明显,采用的设备少,操作方便,便于扩建,造价低;缺点是供电可靠性低,母线及母线隔离开关等任一元件故障或检修时,均需使整个配电装置停电。因此,单母线方式一般只在变电所建设初期或出线回路不多的单电源、小容量的厂(所)中使用。

　　单母线接线也可以用隔离开关分段,如图 5-2 所示。当母线故障时,虽然全部配电装置仍需要停电,但可以用隔离开关将故障点隔离后,很快恢复非故障母线段的供电。所以单母线和用隔离开关分段的单母线只适用于出线回路较少的配电装置,并且电压等级越高,所连接的回路数越少。

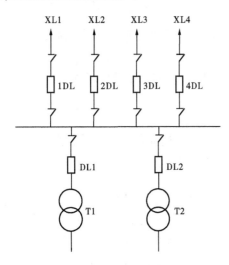

图 5-1　单母线接线

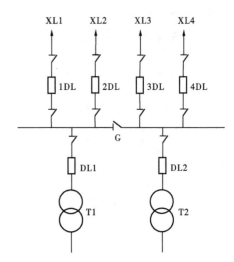

图 5-2　单母线用隔离开关分段

二、单母线分段接线

　　单母线分段接线是采用断路器将母线分段,通常是分成两段,如图 5-3 所示。母线分段后可以进行分段检修,当一段母线发生故障时,通过继电保护装置动作将分段断路器切开,从而切除故障点,保证非故障母线继续运行。

　　单母线分段接线既具有单母线接线简单清晰、方便经济的优点,又在一定程度上提高了供电可靠性。但它的缺点是当一段母线故障或检修时,该母线上所有回路都要停电。

三、双母线及双母线分段接线

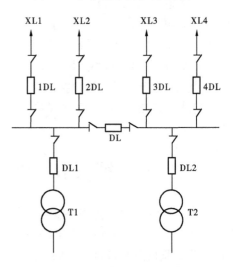

图 5-3　单母线分段接线

　　单母线接线自身存在着固有的缺点,但双母线接线可以克服这样的弊端。如图5-4所示,这种接线的每一个回路都通过一台断路器和两组隔离开关连接到两组母线上。母线甲和母线乙都是工作母线,两组母线可同时工作,并通过母线联络断路器并联运行,电源和引出线适当地分配在两组母线上。

　　双母线接线与单母线接线比较有以下优点:

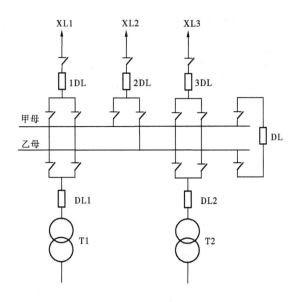

图 5-4　双母线接线

(1)可轮换检修母线或母线隔离开关时而不致中断供电。

(2)检修任一回路的母线或母线隔离开关时,只停该回路。

(3)母线故障后,能迅速恢复供电。

(4)各电源和回路的负荷可任意分配到某一母线上,可灵活调度以适应系统各种运行方式和潮流变化。

(5)便于向母线左右任意一个方向顺延扩建。

虽然双母线具有以上的各种优点,但也相应的存在自身的缺点:

(1)造价高。因为增加了一组母线和隔离开关,进而增加了配电装置构架及占地面积。

(2)母线故障或检修时,隔离开关作为倒换操作电器,容易误操作。但可以加装断路器的连锁装置或防误闭锁装置加以克服。

四、旁路母线接线方式

为了保证采用单母线分段或双母线接线在断路器检修或调试保护装置时,不中断对用户的供电,需增设旁路母线。特别是对于 110 kV 以上的线路,由于输送距离远,输送功率大,停电影响面比较大的,一般应设置旁路母线。带旁路母线的接线方式具有以下特点:

(1)供电可靠性高,可以实现向电网和用户的不间断供电。

(2)运行方式灵活,可以满足系统对发电厂、变电所不同运行方式的需要。

(3)投资有所增加,经济性稍差。

(4)操作较为复杂,特别是进行旁路带送操作时,增加了误操作的机会。

(5)由于增加旁路断路器的缘故,继电保护和自动化系统复杂化。

带旁路母线的接线方式常见的有以下几种形式。

（一）带旁路母线的单母线分段接线

带旁路母线的单母线分段接线方式如图 5-5 所示。单母线 I 段和 II 段由母线分段断路器 DL 连接并列运行,设置了专用的旁路母线 PM 和旁路断路器 3DL,正常运行中旁路母线和旁路断路器均不带电。当任一出线断路器需要检修时,即可通过倒闸操作,用旁路断路器代替该出线断路器工作,从而保证了对系统的连续供电。镜泊湖发电厂 220 kV 地面开关站就属于此种接线方式。

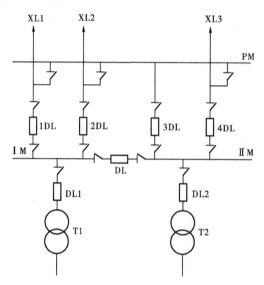

图 5-5　带旁路母线的单母线分段接线

（二）有专用旁路断路器的双母线带旁路母线接线

如图 5-6 所示为有专用旁路断路器的双母线带旁路母线接线方式。PDL 为专用旁路断路器,当需要检修任一 DL 时,经过倒闸操作即可由 PDL 带送任一 DL 工作。例如当需要检修 1DL 时,应先合 PDL 两侧隔离开关及 PDL 对旁路母线充电,正常后再合上 1DL 的旁路隔离开关 1GP,然后断开 1DL 及其两侧隔离开关 1G1（或 1G2）和 1G3,于是线路 XL1 由工作母线经旁路断路器 PDL、旁路隔离开关 PG3、旁路母线 PM 和线路 XL1 的旁路隔离开关 1GP 而送电。断路器 1DL 在做好安全措施后即可进行检修工作。

（三）母联断路器兼作旁路断路器的旁路母线接线

如图 5-7 所示为母联断路器兼作旁路断路器的旁路母线接线形式。正常工作时断路器 PDL 做母线联络开关使用,使甲母线、乙母线并联运行。当某一出线断路器需要检修时,该断路器只单独作为旁路断路器使用。这种接线方式的接线及布置均较简单,故应用非常广泛。

五、发电机-变压器组单元及扩大单元接线

在水电厂中,发电机与变压器直接连成一个单元,称为发电机-变压器单元接线,简称为单元接线,如图 5-8 所示。这种接线的特点是:

（1）发电机与变压器直接连接,发电机电压侧不设母线,也不装设断路器,用变压器

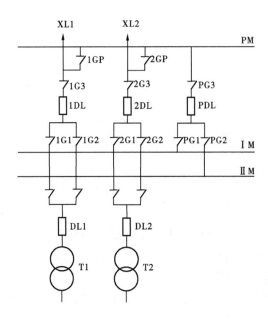

图 5-6　有专用旁路断路器的双母线带旁路母线接线

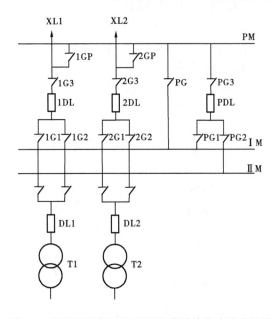

图 5-7　母联断路器兼作旁路断路器的旁路母线接线

高压侧断路器与电网并列。

（2）可在发电机与变压器之间装设一组隔离开关，便于发电机试验。

采用两台（或三台）发电机与一台变压器连接的接线称为扩大单元接线，如图 5-9 所示。在这种接线中，为了适应机组开、停机的需要，每一台发电机回路都装设断路器，并在每台断路器和变压器之间装设隔离开关以保证检修安全。装设发电机出口断路器的目的是保证每台机组方便灵活的运行要求，同时当任一台机组发生故障时，可以通过断路器使

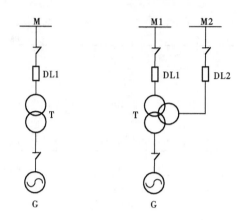

图 5-8　发电机-变压器单元接线

其退出运行,而不影响另一台机组和变压器的运行。

这种接线与单元接线比较,其特点是:

(1)减少了主变压器和主变压器高压侧断路器的数量,减少了高压侧连线回路数,从而简化了高压侧接线。

(2)任一机组停机都不影响自用电的供给。

(3)当变压器发生故障或检修时,该扩大单元的所有发电机都不能送出。

(4)要求每组发电机的容量不宜太大,应与电力系统和备用容量相适应,以便一个单元发生故障时,不致影响系统的正常供电。

这种接线由于其固有的特点,所以在水电厂中得到广泛的应用。镜泊湖电站就是采用此种接线方式。

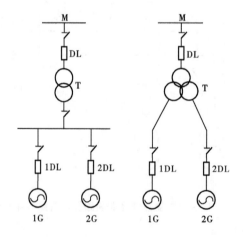

图 5-9　发电机-变压器扩大单元接线

六、莲花水电站电气主接线

莲花发电厂总装机容量为 550 MW,安装四台水轮发电机组,单机容量为 137.5 MW,额定电压为 13.8 kV,额定功率因数-0.875。电站最大负荷利用小时数为 1 449 h,年平均发电量为 7.97 亿 kW·h,保证出力 55.8 MW。

按照莲花发电厂设计报告和黑龙江电力系统的要求,莲花发电厂在系统中主要担任电网的调峰任务,并兼作事故备用。莲花发电厂按照设计要求,以 2 回 220 kV 线路直接接入到相距 80 km 处的 500 kV 方正变电所,与黑龙江中部电网连接。图 5-10 为莲花发电厂电气一次系统主接线图。

(一)发电机-主变压器组接线

莲花发电厂发电机-变压器组采用单元式接线形式,发电机出口侧未装设断路器,只装设了隔离开关作为发电机与变压器隔离使用。在主变压器 220 kV 高压侧装设了断路器,作为发电机-变压器组的并列点。这种接线方式运行灵活,当发电机任一单元因故障退出运行时,不会影响其他运行设备,退出系统的容量小,不会对主系统产生大的影响或冲击。

主变压器高压侧的断路器采用三相联动的 HPL245B1 型 SF_6 断路器,其操动机构为弹簧储能方式。

(二)220 kV 侧接线

220 kV 侧采用双母线带旁路母线的接线方式,母联断路器兼作旁路断路器。在 220 kV 母线上接有四回进线即发变组回路,接有两回出线即 220 kV 莲方甲、乙线,还预留了一个间隔的送出线位置。

线路断路器采用具有分相操作功能的 HPL245B1 型断路器,其操动机构为弹簧储能方式。

第三节　莲花发电厂电气主接线运行方式

所谓电气主接线运行方式,是指在电气主接线中各电气设备实际所处的工作状态,即运行、备用、检修,以及其相连接的方式。

一、运行方式制订的原则

电气主接线运行方式直接影响发电厂、变电所以及电力系统的安全和经济运行。在制订运行方式时,应遵守以下原则:

(1)合理安排电源和负荷。

(2)变压器中性点接地运行方式满足要求。

(3)厂用电安全可靠。

(4)运行方式接线便于记忆。

二、运行方式的分类

电气主接线的运行方式分为正常运行方式和非正常运行方式。

(一)正常运行方式

正常运行方式是指正常情况下全部设备投入运行时电气主接线经常采用的运行方式。

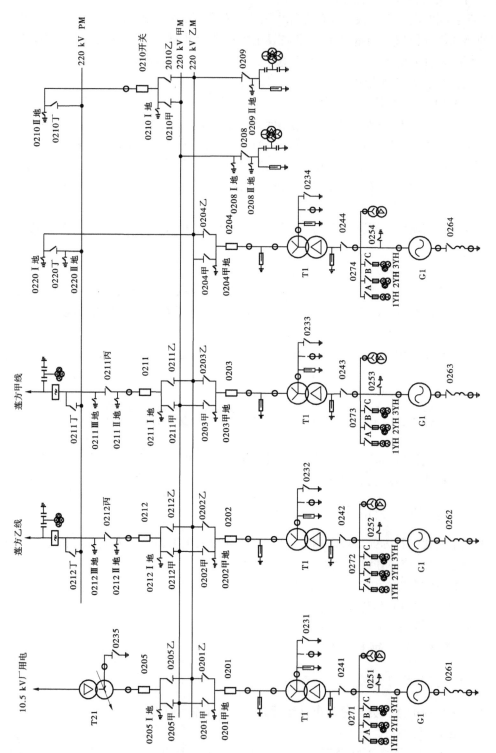

图 5-10 莲花发电厂电气一次系统主接线图

主接线的正常运行方式包含母线及其接线的运行方式以及系统中性点的运行方式。主接线的正常运行方式一经确定,其母线运行方式、变压器中性点的运行方式也随之确定;相应的继电保护和自动装置的投入也随之确定。电气主接线的正常运行方式只有一种,发电厂主接线正常运行方式一经确定,一般不得随意改变。

(二)非正常运行方式

非正常运行方式是指在事故处理、设备故障检修或检修时电气主接线所采用的运行方式。由于事故处理和设备故障以及检修的随机性,电气主接线的非正常运行方式一般有多种。

三、莲花发电厂电气主接线的运行方式

在黑龙江省电力调度中心(简称省调)下发的年度运行方式中,对莲花发电厂主系统及相关设备的运行方式做出了明确的规定。

在现场运行规程中也对莲花发电厂主系统的运行方式有明确的规定。在正常情况下,现场运行值班人员必须按照调度命令和现场运行规程中的规定严格执行。

(一)正常运行方式

(1)220 kV 莲方甲线、高厂变、1 号和 3 号机组在甲母线上运行。

(2)220 kV 莲方乙线、2 号和 4 号机组在乙母线上运行。

(3)220 kV 甲、乙母线经母联兼旁路 0210 断路器合环运行。

(4)正常运行方式时,从 220 kV 线路送电到主母线,由发变组断路器与系统进行并列、解列。

(5)220 kV 高厂变带厂用电。

(二)非正常运行方式

非正常运行方式按省调值班调度员给定的方式运行,一般有以下几种情况:

(1)当用 220 kV 母联兼旁路断路器带送 220 kV 莲方甲线断路器运行时,220 kV 甲母线单独运行,乙母线退出。220 kV 莲方乙线、1~4 号机组及高厂变切换到甲母线运行。

(2)当用 220 kV 母联兼旁路断路器带送 220 kV 莲方乙线断路器运行时,220 kV 乙母线单独运行,甲母线退出。220 kV 莲方甲线、1~4 号机组及高厂变切换到乙母线运行。

(3)当 220 kV 甲母线检修或因故退出运行时,220 kV 乙母线单独运行。220 kV 莲方甲乙母线、1~4 号机组及高厂变切换到乙母线运行。

(4)当 220 kV 乙母线检修或因故退出运行时,220 kV 甲母线单独运行。220 kV 莲方甲乙母线、1~4 号机组及高厂变切换到甲母线运行。

(三)变压器中性点接地方式

(1)从 220 kV 母线切除或投入变压器时,变压器中性点必须接地。

(2)甲母线或乙母线上只允许有一台主变压器中性点直接接地。

(3)主变中性点进行倒换时,应先将不接地变压器的中性点接地,再断开直接接地变压器的中性点。

(4)高厂变运行时,其中性点直接接地。

（四）主变分接开关的运行方式

（1）主变分接开关的位置由省调值班调度员根据系统情况决定。

（2）正常运行时，莲花发电厂主变分接开关在"3"位置，对应的高压侧电压值是242 kV。

（3）高厂变分接开关在"7"位置，对应的高压侧电压值是235.75 kV。

四、莲花发电厂电气主接线的运行要求

（一）省调管辖设备范围

（1）220 kV 莲方甲线、乙线断路器的投入与退出运行。

（2）220 kV 甲、乙母线的投入与退出运行。

（3）220 kV 母联兼旁路断路器的投入与退出运行。

（4）1~4 号主变中性点的投入与退出运行。

（5）220 kV 高厂变及中性点的投入与退出运行。

（6）1~4 号发变组的并列与解列及负荷调整。

（7）220 kV 系统其他设备的投入与退出运行。

（8）220 kV 线路保护与安全自动装置的投入与退出运行。

（9）220 kV 母线保护装置的投入与退出运行。

（10）1~4 号主变中性点保护的投入与退出运行。

（二）运行操作的规定

（1）凡省调所管辖设备的操作均应按照省调值班调度员的命令执行，并做好详细的记录。

（2）在事故情况下，现场运行值班长应及时向值班调度员汇报事故情况及保护与自动装置的动作情况，并按照调度命令进行恢复运行的操作。

（3）正常操作应尽量避免在交接班或高峰负荷时进行。

（4）如果在交接班时操作没有结束，应在操作完毕或操作到某一段落后再进行交接班。必要时，接班人员应协助操作。

（5）对主系统进行的所有操作，必须交代和记录清楚。

第六章　厂用电系统及运行

第一节　概　述

一、厂用电系统的组成

在水电厂的发电生产过程中,需要许多机械为主要设备(如水轮发电机组、主变压器等)和辅助系统的正常运行服务,这些机械称为厂用机械,它们一般都是由电动机拖动的。水电厂内的厂用机械用电、照明用电、防寒保温用电及交直流配电装置的电源用电等,称为水电厂的厂用电。供给厂用电的配电系统叫作厂用电系统。

水电厂厂用电系统是水电厂的重要负荷,厂用电源一旦消失,将造成机组设备的不正常运行(如事故停机),甚至发生全厂停电事故,更严重时则可能影响人身或设备的安全,造成严重的经济损失和政治影响。因此,在任何情况下,都应保证厂用电系统的安全可靠性和供电的连续性,同时还要求具有灵活性、经济性、检修和操作方便等特点。

根据发电厂内厂用设备对电厂运行所起的作用,以及供电对人身、设备产生的影响,厂用负荷的重要性可以分为以下三类:

(1)第一类负荷。在短时间(包括手动切换恢复供电所需的时间)内停止供电,可能影响人身或设备安全、引起机组出力降低甚至被迫停机,称为第一类负荷。

在莲花发电厂,该类负荷主要包括:油压装置油泵电动机、主变冷却器循环油泵电动机及冷却风扇、励磁风机、厂内渗漏排水泵、检修排水泵(大修期间)、中央控制室交流操作电源、计算机服务器、通讯室电源、调压井快速门电源等。对这类厂用负荷,应有两个独立电源供电,当一个电源消失后,另一个电源能立即自动投入。

(2)第二类负荷。短时间停止此类负荷供电不会影响水电厂的正常运行,应尽量保证其供电可靠性,其允许中断的时间为人工切换操作或紧急修复的时间。

在莲花发电厂,该类负荷主要包括:水轮机顶盖排水泵、漏油泵、压缩空气系统空压机、消防排水泵、溢洪道泄洪闸门启闭机、隔离开关操作机构电源、机组检修排水泵(非大修期间)、厂内桥式起重机电源、厂内照明电源、浮充电装置、电热电源(冬季)等。对这类负荷,允许短时间停电,但必须及时予以恢复。

(3)第三类负荷。允许较长时间停电而不会影响水电厂正常运行,称为第三类负荷。

在莲花发电厂,该类负荷主要包括:副厂房各室通风机电源、检修电源、机加车间电源、尾水闸门起闭机电源、进水口启闭门机电源、透平油库、绝缘油库等不在一类、二类负荷的统称为第三类负荷。

在任何情况下,厂用电都是水电厂最重要的负荷,因此应保证厂用电系统高度的供电可靠性和连续性。在事故时要保证一、二类负荷的供电,以满足莲花发电厂安全、经济、稳定运行的需求。

二、厂用电主接线的基本要求

厂用电是水电厂中最重要的负荷,因此除保证其具有高度的供电可靠性和连续性,使水电厂能安全满发外,还要满足正常运行中的安全、可靠、灵活、经济和检修维修方便的一般要求。为了保证厂用电的连续、可靠供电,厂用电应满足下列要求:

(1)安全可靠、运行灵活。厂用电接线方式和电源容量能满足正常供电、事故时备用等方面的要求,同时还应满足切换操作的方便。一旦发生事故时,应尽量缩小事故范围,并能将备用电源及设备及时地投入,发生全厂停电时,应能尽快地从系统中取得供电电源。

(2)投资少、运行费用低,接线简单、清晰。

(3)分段设置、互为备用。

三、厂用电的电压与供电方式

由于水电厂的厂用机械设备较少,且都是低压设备,一般均采用 380 V/220 V 的电压等级,其接线采用动力和照明共用的三相四线制接地系统,其中 380 V 供给电动机、厂房保温电热等动力用电,220 V 供给厂内照明、设备的保温电热及其他单相负荷用电。

厂用电工作的可靠性,在很大程度上取决于电源的连接方式。为了保证厂用电源的可靠,一般都将厂用电低压母线进行分段,当某一段厂用母线发生故障而不能恢复时,只影响部分机组或辅助机械设备的运行,不致造成全厂停机事故的发生。

四、厂用电备用电源的取得

为了保证厂用电供电的可靠性和连续性,一般的厂用电系统都设有备用电源。厂用电备用电源的取得,应尽量保证其独立性,以起到应有的备用作用。其备用方式主要有两种,即暗备用和明备用。

所谓暗备用,是指在正常的运行中,所有厂用电源(变压器)都投入工作,没有明显断开的备用电源。在这种备用方式中,每个电源的容量必须大于它正常时运行所供给负荷的功率,即有足够备用容量的裕度。

所谓明备用,是指在正常运行中,全厂专设备用电源作为专用备用电源,当正常工作电压因检修或故障而退出时,可将备用电源投入,以保持厂用设备的正常工作。其备用电源的容量与工作电源的容量相同即可。莲花发电厂厂用电的备用方式采用了明备用与暗备用相结合的方式。

五、厂用电系统中的术语和定义

(1)机组自用电。与机组运行直接有关的厂用电负荷用电,如各机组油压装置油泵电源、机组漏油泵电源、励磁装置冷却风机电源、主变压器冷却装置电源、水轮机顶盖排水泵电源等,称为机组自用电。如莲花发电厂 1D、2D 母线上的负荷即为机组自用电负荷。

(2)单机自用电。每一台机组的自用电,称为单机自用电(机旁动力电源)。

(3)全厂公用电。指全厂公共设备的厂用电负荷,如渗漏排水泵电源、检修排水泵电源、空气压缩机电源、直流系统整流装置电源、消防水泵电源等。如莲花发电厂 3D、4D 母线上的负荷即为全厂公用电负荷。

(4)主配电屏。与厂用变压器低压侧直接连接的一组低压配电屏,有接受厂用变压器供电并将电源分配到各个负荷点的功能,此配电屏称为主配电屏。如莲花发电厂 D 盘即为厂用电的主配电屏。

(5)分配电屏。接受主配电屏某回路供电的一面或一组低压配电屏(动力柜),有接受主配电屏供电并将其分配给附近各负荷的功能,一般为双层辐射式供电的第二级,此配电屏称为分配电屏。如莲花发电厂的机旁动力屏(P 盘)即为厂用电的分配电屏。

(6)双层辐射式供电。主配电屏以辐射式供电给分配电屏,分配电屏再以辐射式供电给负荷,称为双层辐射式供电。

(7)单层辐射式供电。主配电屏以辐射式直接供给负荷称为单层辐射式供电。

莲花发电厂厂用电负荷侧接线为单、双层混合辐射式供电相结合的供电方式。

第二节　厂用电系统接线及运行

一、莲花发电厂厂用电的接线方式

莲花发电厂厂用电系统接线如图 6-1 所示。莲花发电厂厂用电系统由 10.5 kV 高压系统和 400 V 低压系统两部分组成。

(一)10.5 kV 高压厂用电系统接线

10.5 kV 高压厂用电系统为第一级电压系统。其正常工作电源从 220 kV 母线上引接,经 SFZ8-CY-20000/220 型有载调压高厂变降压至 10.5 kV 后,经分支电缆分别接至 10.5 kV Ⅰ、Ⅱ段母线上。每段母线进线回路装有断路器及保护测量用 TV。备用电源由莲花变电所引出的主坝线和厂内两台 1 600 kW 保流机组构成,两路备用电源接到 10.5 kV Ⅲ段母线。备用电源母线Ⅲ段与Ⅰ、Ⅱ段工作母线间分别经断路器联络,10.5 kV 母线之间采用明备用与暗备用相结合的备用方式,即Ⅰ、Ⅱ段母线之间为暗备用方式,Ⅰ、Ⅲ段母线之间和Ⅱ、Ⅲ段母线之间为明备用方式。当正常工作母线Ⅰ、Ⅱ段任一失去电源时,能实现备用电源自动投入。高厂变能够在正常运行中手动调整分接头保持 10.5 kV 厂用电系统电压符合使用要求。

(二)10.5 kV 母线负荷分配

莲花发电厂厂用负荷系统,主要包括自用电、公用电、照明、电热、调压井、溢洪道、进水口、左坝区和检修分厂等负荷。

(1)10.5 kV Ⅰ段厂用母线所接设备有:1 号厂用变、3 号厂用变、5 号厂用变、1 号电制动变,以及 10.5 kV Ⅰ段进线电源开关、Ⅰ—Ⅱ段联络小车刀闸、Ⅰ—Ⅲ段联络开关,还有本段母线上所接 TV 等设备。

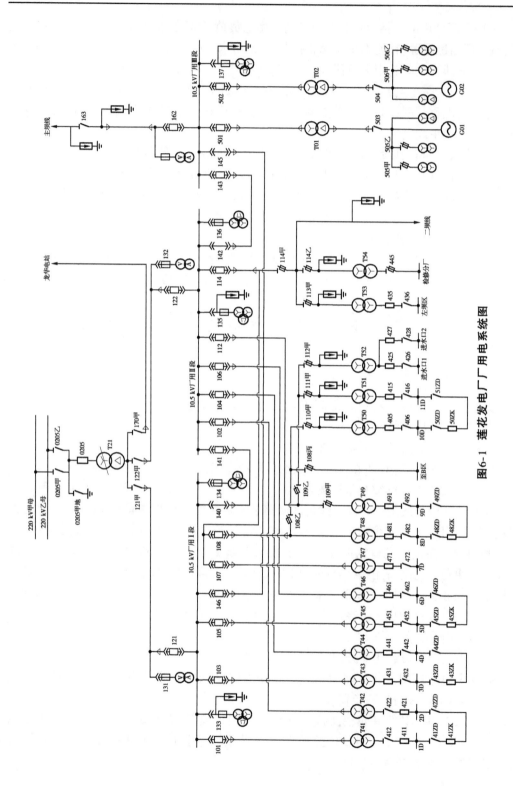

图6-1 莲花发电厂厂用电系统图

（2）10.5 kVⅡ段厂用母线所接设备有：2 号厂用变、4 号厂用变、6 号厂用变、2 号电制动变、调压井乙线、二坝线电源，以及Ⅰ—Ⅱ段联络开关、Ⅱ—Ⅲ段联络小车刀闸，还有本段母线上所接 TV 等设备。

（3）10.5 kV Ⅲ段厂用备用母线所接设备有：10.5 kV 主坝线电源开关、1 号保流机组、2 号保流机组、Ⅱ—Ⅲ段联络开关、Ⅰ—Ⅲ段联络小车刀闸以及Ⅲ段母线 TV 设备。

二、运行方式制订的原则

厂用电主接线的运行方式，是运行人员在厂用电主接线系统正常运行、操作及事故状态下分析和处理各种事故的基本依据。因此，运行人员必须熟悉和掌握厂用电主接线的各种运行方式。在改变运行方式时，应最大限度地满足安全和可靠性的要求。安排厂用电主接线系统的运行方式应遵循以下基本原则。

（一）保证厂用电的可靠性及经济性

厂用电是发电厂的重要负荷，为了保证其供电的可靠性和连续性，使发电厂能安全满发，必须考虑发电厂在正常、事故及检修等各种情况下厂用电系统的运行方式，并应考虑切换操作的简便。

（二）保证对用电设备供电的可靠性

对重要用电设备要保证连续供电，此类设备应有两个相对独立的供电电源，当一个电源因故停止供电时，不会影响另一个电源的正常工作。其电源应布置在不同的母线上，如果发电厂与厂外系统有电源连接时，应尽量取得外部系统的电源作为厂用备用电源。因此，当发生全厂停电事故时，可以从电力系统直接取得厂用电源，提高供电的可靠性。

（三）潮流分布要均匀

要保证电源进线和负荷出线的功率均匀地分布在不同的母线上，避免因负荷分配不均匀造成供电变压器超过负荷而影响厂用电的供电可靠性。

（四）便于事故处理

当发生厂内或系统事故时，应尽量保证厂用电系统能够独立运行或减少对厂用设备的供电，从而提高发电和供电的可靠性和灵活性。

（五）要满足继电保护的要求

当厂用电主接线运行方式改变时，必须保证继电保护在各种方式下能正常投入，以防止因保护误动或拒动而使厂用电事故扩大。

（六）在满足安全运行的同时，应考虑到运行的经济性

主要是考虑实际接线位置的远近，在满足运行要求的前提下，应尽量使电能的输送距离缩短，以减少电能在导线上的损耗，保证经济运行。

三、莲花发电厂 10.5 kV 厂用电系统运行方式

（一）正常运行方式

（1）由 220 kV 高厂变给 10.5 kV Ⅰ、Ⅱ段厂用高压母线供电，作为正常运行使用方式。

（2）10.5 kV Ⅰ、Ⅱ段母线分段运行，分别带厂用负荷。

（3）10.5 kVⅠ、Ⅱ段母线互为备用，Ⅲ段为Ⅰ、Ⅱ段的后备电源。

（二）备用运行方式

（1）地方电源"莲花变电所"通过 10.5 kV 主坝线供给厂用Ⅲ段母线电源，作为莲花发电厂厂用电的备用电源，保流 1 号、2 号机组并列在该母线上运行。

（2）当高厂变因故停运时，厂用电由主坝线通过Ⅲ段母线给 10.5 kVⅠ、Ⅱ段母线供电。

（3）当 10.5 kVⅠ、Ⅱ段母线某一段进线电源因故停电时，可以通过Ⅰ、Ⅱ段间联络开关 141 代送另一段母线运行。

（4）当 10.5 kVⅠ段母线进线电源因故停电时，也可由Ⅲ段母线通过联络开关 146 代送供电。

（5）当 10.5 kVⅡ段母线进线电源因故停电时，也可由Ⅲ段母线通过联络开关 143 代送供电。

（三）特殊运行方式

当高厂变与莲花变电所均停电的情况下，可以启动一台保流机组并列在 10.5 kVⅢ段母线上运行，通过 146 开关和 143 开关分别带 10.5 kVⅠ、Ⅱ段母线供给厂用电电源。此种方式，即为厂内"黑启动"运行方式。

在此种运行方式下，应将另一台保流机组启动空载运行（不并列），以保证当运行机组因故退出时能够立即投入备用保流机组，不致造成厂用电的长时间中断。

四、莲花发电厂 400 V 厂用电系统运行方式

（一）机组自用电的运行方式

（1）1 号自用变接自 10.5 kVⅠ段母线上，给 400 V 厂用Ⅰ段低压母线（1D）供电，带 1 号、3 号机组自用电负荷运行。

（2）2 号自用变接自 10.5 kVⅡ段母线上，给 400 V 厂用Ⅱ段低压母线（2D）供电，带 2 号、4 号机组自用电负荷运行。

（3）当 1 号自用变及其 101 开关因故停用时，可以由 2D 母线通过 41ZK 联络开关带 1D 母线运行。

（4）当 2 号自用变及其 102 开关因故停用时，可以由 1D 母线通过 41ZK 联络开关带 2D 母线运行。

（5）当 400 V1D 母线或 2D 母线因故停用时，也可以在机旁盘（P 盘）上进行电源自动切换，由另一 D 盘母线代送运行。

（二）全厂公用电的运行方式

（1）3 号公用变接自 10.5 kVⅠ段母线上，给 400 V 厂用Ⅲ段低压母线（3D）供电，带相应的公用电负荷运行。

（2）4 号公用变接自 10.5 kVⅡ段母线上，给 400 V 厂用Ⅳ段低压母线（4D）供电，带相应的公用电负荷运行。

（3）当 3 号公用变及其 103 开关因故停用时，可以由 4D 母线通过 43ZK 联络开关带 3D 母线运行。

（4）当4号公用变及其104开关因故停用时，可以由3D母线通过43ZK联络开关带4D母线运行。

（5）当400 V3D母线或4D母线因故停用时，也可以在机旁盘（P盘）上进行手动切换电源，由另一D盘母线代送运行。

（三）全厂照明电的运行方式

（1）5号照明变接自10.5 kVⅠ段母线上，给400 V厂用Ⅴ段低压母线（5D）供电，带相应的照明用电负荷运行。

（2）6号照明变接自10.5 kVⅡ段母线上，给400 V厂用Ⅵ段低压母线（6D）供电，带相应的照明用电负荷运行。

（3）当5号照明变及其105开关因故停用时，可以由6D母线通过45ZK联络开关带5D母线运行。

（4）当6号照明变及其106开关因故停用时，可以由5D母线通过45ZK联络开关带6D母线运行。

（四）电热变的运行方式

（1）7号电热变经107开关接于10.5 kV二坝线上由莲花变电所供电，通过400 VⅦ段低压母线（7D）带电热负荷。

（2）当二坝线因故停用时，可以通过10.5 kVⅡ段母线114开关供电运行。

（五）调压井电源运行方式

（1）调压井8号变压器经108开关接于10.5 kV二坝线上由莲花变电所供电，通过400 V低压母线8D带相应负荷。

（2）调压井9号变压器接自于10.5 kVⅡ段母线上由112开关供电，通过400 V低压母线9D带相应负荷。

（3）400 V低压母线8D与9D可以通过48ZK进行联络，起到互相备用的作用。

（六）溢洪道电源运行方式

（1）溢洪道10号变压器经108开关接于10.5 kV二坝线上由莲花变电所供电，通过400 V低压母线10D带相应负荷。

（2）溢洪道11号变压器接自于10.5 kVⅡ段母线上由112开关供电，通过400 V低压母线11D带相应负荷。

（3）400 V低压母线10D与11D可以通过50ZK进行联络，起到互相备用的作用。

（七）进水口电源运行方式

进水口12号变压器接自于10.5 kVⅡ段母线上由112开关供电，低压侧分两段运行分别带1号进水口负荷和2号进水口负荷。

（八）其他用电电源运行方式

（1）检修分厂和坝区用电接自二坝线由莲花变电所供电，当莲花变电所停电时可以切换到由10.5 kVⅡ段母线经114开关供电。

（2）B区用电经108开关接自于二坝线由莲花变电所供电，当莲花变电所停电时可以切换到由10.5 kVⅡ段母线经114开关供电。

第三节　莲花发电厂厂用负荷系统接线及运行

一、机组 400 V 自用电系统

机组自用电是为机组—变压器单元附属设备用电负荷供电的系统。

(一)机组 400 V 自用电负荷结线

莲花发电厂机组 400 V 自用电系统电源分别引自 10.5 kV Ⅰ、Ⅱ段母线,经过两台 SG3-315/10 干式变压器降至 400 V 给自用电 1D、2D 母线供电。每段 400 V 母线进线回路装有空气断路器,两段母线间经 41ZK 空气断路器联络,可以通过手动进行切换,保证负荷供电的可靠性。每段母线又分别由 6 面低压电源屏组成,4 台机组自用电负荷按机组均匀分布在 400 V 自用电 1D、2D 母线上。

每台机组机旁动力屏有两组电源,分别引自 400 V 自用电 1D、2D 母线,通过 HSQ1 智能型自动转换开关设置一组为常用电源、另一组为备用。每台机组机旁动力屏又分为上游机旁动力屏和下游机旁动力屏,上游机旁动力屏由 4 面低压抽出式开关柜组成,下游机旁动力屏由 1 面低压抽出式开关柜组成。

(二)机组自用电常备用电源的切换

如图 6-1 所示,411 为 1 号厂用变低压侧自动开关,421 为 2 号厂用变低压侧自动开关,这两个开关正常运行时应在合闸位置,分别通过 1 号、2 号厂用变为 400 V 自用电 1D、2D 母线供电,作为常用电源运行。41ZK 开关是 400 V 自用电 1D、2D 母线的联络开关,在正常运行中应在分闸位置,作为备用电源运行。当 1 号(或 2 号)厂用变因故停用时,可以手动将联络开关 41ZK 投入运行,用 2D(或 1D)母线代送另一段运行。400 V 自用电 1D、2D 为自动空气开关,可以实现在开关本体上用按钮分合闸和手柄分合闸操作。

(三)自用电负荷的分配

按照厂用电各段母线负荷分配应均匀、各机组和主要辅机设备电源相互对应、重要辅机设备电源应分布在不同电源上的原则,莲花电站自用电负荷采取交叉分布在 400 V 自用电 1D、2D 母线上。

(1)400 V 自用电 1D 负荷:1 号和 3 号机常用动力电源、2 号和 4 号机备用动力电源。

(2)400 V 自用电 2D 负荷:2 号和 4 号机常用动力电源、1 号和 3 号机备用动力电源。

(3)1~4 号机机旁动力电源屏负荷分配相同:主要是油压装置油泵电源、漏油泵电源、水轮机顶盖排水泵电源、主变冷却器控制箱电源、机组起励电源、电制动电源、出口刀闸动力电源、主变中性点刀闸动力电源、集油箱电热电源、励磁功率柜风机电源、电子开关柜风机电源等。

二、全厂 400 V 公用电系统

(一)400 V 公用电负荷结线

莲花发电厂 400 V 公用电系统电源分别引自 10.5 kV Ⅰ、Ⅱ段母线,经过两台 SG3-1000/10 干式变压器降至 400 V 给公用电 3D、4D 母线供电,每段母线进线回路装有空气断路器,两段母线间经空气断路器 43ZK 联络,可以通过手动进行切换,保证负荷供电的可靠性,每段母线又分别由 13 面低压电源屏组成,供给电站公用电负荷。公用电负荷均匀分布在 400 V 公用电 3D、4D 母线上。

(二)公用电电源的切换

400 V 公用电 3D、4D 母线的电源切换与 400 V 自用电 1D、2D 母线相同。

400 V 公用电负荷中消防水泵动力盘 3P、渗漏排水动力盘 4P、检修空压机动力盘 5P、高压空压机动力盘 6P、制动空压机动力盘 9P、生产副厂房动力盘 18P、开关站动力盘 21P、龙华 400 V 电源等重要负荷电源分别由 400 V 公用电 3D、4D 母线引接两个电源。电源进线回路装有空气断路器,两电源间经空气断路器联络,可以通过手动进行切换,保证负荷供电的可靠性。龙华 400 V 电源可通过可编程序控制器 PLC 实现自动备投功能。

400 V 公用电负荷中检修排水动力盘 2P、保流机机旁动力盘等为双电源负荷,电源分别引自 400 V 公用电 3D、4D 母线。电源进线回路和两电源间的联络均为刀闸控制,可以通过联络刀闸实现手动切换。

400 V 公用电负荷中尾水副厂房动力盘 1P、透平油处理室动力盘 7P、绝缘油处理室动力盘 8P、安装间上游检修动力盘 10P、安装间下游检修动力盘 11P、上游母线层动力盘 12P、一号机组检修动力盘 13P、二号机组检修动力盘 14P、厂房机修间动力盘 15P、一二号主变检修动力盘 16P、三四号主变检修动力盘 17P、三号机组检修动力盘 19P、四号机组检修动力盘 20P 等均为单电源。

(三)公用电负荷的分配

按照厂用电各段母线负荷分配应均匀、各机组和主要辅机设备电源相互对应、重要辅机设备电源应分布在不同电源上的原则,莲花水电站公用电负荷采取交叉分布在 400 V 公用电 3D、4D 母线上。

1. 公用电 3D 母线负荷

公用电 3D 母线负荷有 220 V 直流充电电源 1 套、尾水副厂房动力电源、1 号保流机机旁电源、一号机组检修电源、龙华 400 V 电源、24 V 直流充电电源 1 套、检修排水泵电源、二号机组检修电源、消防水泵电源、一二号主变检修电源、调相空压机电源、生产副厂房动力电源、机加车间电源、高压空压机电源、渗漏排水泵电源、220 V 直流充电电源 3 套、制动空压机电源、开关站动力电源。

2. 公用电 4D 母线负荷

公用电 4D 母线负荷有检修排水泵电源、消防水泵电源、渗漏排水泵电源、高压空压机电源、透平油室电源、生产副厂房动力电源、三号机组检修电源、调相空压机电源、绝缘油室电源、220 V 直流充电电源 2 套、四号机组检修电源、二号保流机机旁电源、24 V 直流充电电源 3 套、制动空压机电源、安装间上游检修电源、24 V 直流充电 2 套电源、龙华 400 V 电源、开关站动力电源、安装间下游检修电源、桥机电源、母线层电源。

三、照明系统

莲花水电站照明系统分为工作照明和事故照明两部分。

(一)工作照明系统

莲花发电厂 400 V 工作照明系统电源分别引自 10.5 kV Ⅰ、Ⅱ 段母线,经过两台 SCZ—500/10 干式变压器降至 400 V 给照明 5D、6D 母线供电,每段母线进线回路装有空气断路器,两段母线间经空气断路器 45ZK 联络,可以通过手动进行切换,以保证负荷供电的可靠性。每段母线又分别由 5 面低压电源屏组成,供给全厂照明负荷。5 号、6 号厂用变压器均为有载调压变,可以运行中调整电压,以保持厂内照明电压的稳定。

(二)事故照明系统

如图 6-2 所示,为莲花发电厂事故照明电源接线图。事故照明采用的是 PBD-2/30 kA-220 V 不间断电源,从电站的直流屏上取电,从而避免蓄电池组的重复投资,减少系统的维护,降低系统运行成本。另外,由于电力系统操作电源中的直流屏容量大、寿命长,因此采用"直流动力+逆变电源",其供电可靠性大大提高,电网断电后不间断供电时间也大大延长。

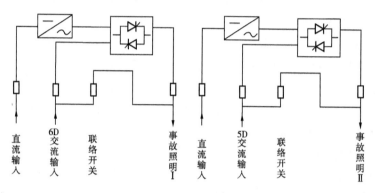

图 6-2　事故照明电源接线图

PBD-2/30 kA-220 V 事故照明系统由事故照明 Ⅰ 屏和事故照明 Ⅱ 屏组成,事故照明 Ⅰ 屏(SGM1)交流电源引自 6D3,直流电源引自直流室 ZL7-1。事故照明 Ⅱ 屏(SGM2)交流电源引自 5D4,直流电源引自直流室 ZL7-1。

四、电热负荷结线

莲花发电厂 400 V 电热变直接引自 10.5 kV 二坝线由莲花变电所供电。在莲花变电所停电时,确认莲花变电所与二坝线主开关、刀闸已断开,再合上 10.5 kV Ⅱ 段母线上的二坝线 114 开关,给电热变送电。电热变 7D 母线由 4 面低压电源屏组成,供给电站电热负荷。

莲花发电厂生产副厂房食堂厨房工作电源取自生产副厂房电热 30P,备用电源取自生产副厂房照明 40P,通过 30P2 屏内一双向刀闸进行切换。

五、调压井负荷结线

莲花发电厂调压井电源:调压井甲线 8D 接引自二坝线由莲花变电所供电,在莲花变电所停电时,可以切换到厂内 10.5 kV Ⅱ 段母线由 114 开关供电。调压井乙线 9D 引自 10.5 kV Ⅱ 段母线。调压井 8D、9D 之间经空气断路器联络,可以通过手动进行切换,以保证负荷供电的可靠性。

六、溢洪道负荷结线

莲花发电厂溢洪道电源:溢洪道 10D 接引自二坝线由莲花变电所供电,在莲花变电所停电时,可以切换到 10.5 kV Ⅱ 段母线上由 114 开关供电。溢洪道 11D 引自 10.5 kV Ⅱ 段母线。溢洪道 10D、11D 之间经空气断路器联络,可以通过手动进行切换,以保证负荷供电的可靠性。

七、进水口负荷结线

莲花发电厂进水口电源:12 号厂用变高压引自厂用 10.5 kV Ⅱ 段母线,低压侧的 12D 和 13D 并联,分别供给 1 号和 2 号进水口卷扬机等负荷电源。

第四节　备用电源自动投入装置

由于厂用电的重要性,为了提高厂用电工作的可靠性,就需要装设备用电源自动投入装置(简称备投装置或 BZT 装置)。其作用就是当工作电源发生故障时,工作电源的断路器自动跳闸,通过"备投"装置或回路的自动检测动作将备用电源的断路器自动合闸,使备用电源自动投入工作,以迅速恢复厂用电的运行,保证常用设备和机械的连续工作。

一、备投装置的作用

所谓备用电源自动投入装置,就是当工作电源因故障断开后,自动而迅速地将备用电源投入工作或将用户负荷切换到备用电源上去使用户不致于被停电的一种装置。

莲花发电厂的备投装置主要是用于自动投入备用电源。采用 BZT 装置的一次接线原理,示意如图 6-3 所示。

正常情况下 10.5 kV Ⅰ、Ⅱ 段母线由高厂变供电并分别带 400 V 厂用低压母线运行,Ⅰ、Ⅱ 段母线间的联络开关 141 均在断开位置;Ⅲ 段母线由莲花变供电作为全厂的备用厂用电源,Ⅰ、Ⅲ 段之间联络开关 146 和 Ⅱ、Ⅲ 段之间联络开关 143 均在断开位置。莲花发电厂备投装置分为以下两个层次。

(一)Ⅰ、Ⅱ 段母线之间 BZT

10.5 kV Ⅰ、Ⅱ 段母线互为备用作为第一层次,由 141 开关实现联络。当 141 开关合闸方式投入"PLC"位置时,若 Ⅰ、Ⅱ 段母线任一进线开关(121 或 122)因故跳闸,BZT 装置启动,经检测条件确认后自动将 141 开关合闸,由带电母线联络停电母线运行,以保证厂用电系统的供电正常。若 141 开关合闸方式投入其他位置,则此"备投"功能退出。

(二)Ⅰ、Ⅲ 段母线与 Ⅱ、Ⅲ 段母线之间 BZT

10.5 kV Ⅰ、Ⅲ 段母线互为备用由 146 开关实现联络,Ⅱ、Ⅲ 段母线互为备用由 143 开关实现联络,作为第二层次,当 146 开关合闸和 143 开关方式投入"PLC"位置,若 10.5 kV Ⅰ 段母线进线开关 121 和 Ⅱ 段母线进线开关 122 因故同时跳闸时,BZT 装置启动,经检测条件确认后自动将 146 和 143 开关合闸,由 Ⅲ 段母线带 Ⅰ 段母线和 Ⅱ 段母线运行,以保证

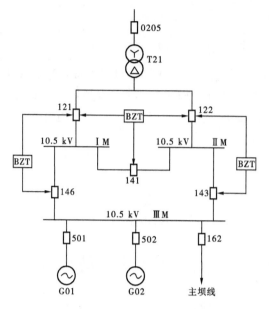

图 6-3　莲花电站 BZT 装置示意图

厂用电系统的供电正常。若 146 和 143 开关合闸方式投入其他位置,则此"备投"功能退出。

二、对备投装置的基本要求

为了保证备用电源投入的可靠性,备投装置应满足以下基本要求:

(1)在备用电源正常的情况下,由工作电源供电的母线因任何原因失去电压时(除正常操作外),BZT 装置均应动作。

(2)备投装置应保证停电时间最短。

(3)备投装置只应保证动作一次,以免在母线或引出线上发生永久性故障时,备用电源多次投入到故障点上,造成多次冲击以至严重损坏设备。

(4)备投装置应在工作电源确已断开后,再将备用电源投入。

(5)当备用电源无电压时,备投装置不应动作,因动作是没效果的。

(6)当 PT 一次侧或二次侧断线时,备投装置不应动作。

由于 BZT 装置的结构简单、容易实现等特点,在电力系统中被广泛采用,特别是在发电厂厂用电系统中,由于采用 BZT 装置,极大提高了厂用电系统供电的可靠性。在莲花水电站中 BZT 装置功能由计算机监控系统来完成,具有其自身的特点,如检测及闭锁条件容易实现、实现无触点动作、程序修改更简单和方便等。

三、备投装置的组成

BZT 装置根据要求和作用,它是由两部分组成的:

(1)低电压启动部分。在备用电源正常的情况下,当工作电源供电的母线失去电源时(正常操作除外),BZT 装置启动,准备投入备用电源。

（2）自动合闸部分。在工作电源断路器断开之后或失压时，由低压启动部分的启动合闸部分自动切除已工作电源断路器后投入备用电源的断路器。

第五节　厂用电系统运行的要求

发电厂厂用电系统是水电厂最重要的负荷，其工作的可靠性，在很大程度上决定着水电厂的安全运行。如果厂用电源消失，有可能引起水电厂的出力下降、机组停运，甚至使水电厂全部停电，这是电力系统中决不允许出现的情况。因此，对厂用电而言，应保证高度的供电可靠性和连续性。因此在正常运行中，值班人员应经常检查、巡视厂用电系统的运行情况，调整不合理的运行方式，保证对厂用电系统的可靠供电，并应做好事故预想。

一、厂用电系统运行及操作要求

由于发电厂的厂用电系统主要是为辅助设备供电，在配合机械检修工作中，电气设备的停、送电操作比较频繁，所以在操作过程中对以下几个问题应引起重视：

（1）厂用电倒闸操作前，必须掌握运行方式和设备状态，并考虑继电保护及自动装置的更改情况，对电源部分应考虑负荷的合理分配，防止设备过负荷现象的发生。

（2）对厂用电系统和设备送电前，必须收回有关工作票，拆除安全措施，对厂用电设备进行详细检查。确认断路器在断开时，方可进行送电操作。

（3）集中控制的厂用负荷的程控开关、连锁开关，应同设备的停电、送电一并进行操作。

（4）厂用电系统和设备送电前，应了解或测试电气设备的绝缘情况，在无根据的情况下，按规定进行必要的测绝缘工作。

二、10.5 kV 高压开关柜的“五防”闭锁功能简介

（1）10.5 kV Ⅰ段母线由 13 面 KYN-10 型金属铠装高压开关柜组成。手车分为断路器手车、计量手车、电压互感器手车、避雷器手车和隔离刀手车。手车断路器分、合闸前必须要先储能。为了安全和便于操作，KYN-10 型金属铠装高压开关柜柜内装有以简单机械闭锁为主的联锁装置，并达到“五防”的要求：

手车面板上的手轮锁定装置具有断路器机械闭锁功能，只有断路器处于分闸时才可以解除闭锁，移动手车，防止带负荷分、合手车刀闸。

手车在“工作”位置时一次回路和二次回路都接通，手车在“试验”位置时一次回路断开，二次回路仍然接通，断路器可做分、合闸试验，手车与柜体仍保持机械联系。

柜后下门装有机械锁，只有当断路器分闸、手车退出后才能打开，手车在“工作”位置时，柜后下门不能打开，防止带电挂地线。柜后下门打开后，手车不能推进，能有效地防止带地线合闸。

（2）10.5 kV Ⅲ段由 6 面 KYN28A-12 型铠装移开式交流金属封闭开关设备组成，同样满足“五防”要求。其中，Ⅲ—Ⅱ段联络 143 开关、一号保流机 501 开关、二号保流机 502 开关、10.5 kV 主坝线 162 开关使用的是施耐德（陕西）宝光电气有限公司生产的

VBG-12 型户内高压真空断路器。

（3）10.5 kV Ⅱ段由 13 面 KYN28A-12 型铠装移开式交流金属封闭开关设备组成,与Ⅲ段设备性能相同。

VBG-12 型户内高压真空断路器的防误联锁:

断路器合闸操作完成后,断路器将机械闭锁在断路器未分闸时将不能再次合闸。

断路器在合闸结束后,如合闸电信号未及时去除,断路器内部防跳控制回路将切断合闸回路,防止多次重合闸。

手车式断路器未到"试验"位置或"工作"位置时,断路器将机械闭锁切断合闸回路,防止断路器处于合闸状态进入负荷区。

手车式断路器在"工作"位置或"试验"位置合闸后,断路器将机械闭锁,防止在合闸状态推进或拉出负荷区。

在二次未提供电源或提供的电源不能满足闭锁电磁铁正常工作时,断路器将机械闭锁不能合闸。

第七章　水系统及运行

第一节　技术供水的作用及组成

一、作用

水电厂中技术供水的主要作用是给运行设备进行冷却和润滑,有时也用作操作的能源。莲花发电厂技术供水的作用和用水设备主要有以下几个部分。

(一)发电机空气冷却器用水

发电机工作过程中要产生大量的损耗,这些损耗主要包括铜损耗(绕组损耗)、铁损耗(定子、转子铁芯中的涡流损耗)、励磁损耗、通风损耗、机械损耗等。这些损耗最终都转化为热量,如果不及时将这些热量散去,不但会影响发电机的出力,而且还会造成发电机局部过热而损坏绝缘,严重时会引起发电机的事故,因此必须对运行中的发电机进行冷却。

莲花发电厂发电机采用了密闭自循环通风水冷却,这种通风水冷却方式的特点是将发电机周围的空间加以封闭,利用发电机转子的风扇强迫空气循环,由这些循环空气将发电机各部分的热量带走,并通过设置在定子机座外的水冷却器对热空气进行冷却,这样就达到了冷却发电机的目的。发电机空气冷却器是一个热交换器,冷却水由一端进入空气冷却器,吸收热空气的热量变成了温水,又从另一端排出,这样不断地循环起到了冷却的作用。莲花发电厂每台机有12组冷却器,均匀布置在定子机座外围。为了保证机组的有效出力,必须保证冷却器有良好的冷却效果。

现场运行规程规定:莲花发电厂发电机入口风温不高于35 ℃,出口风温不高于65 ℃。

(二)发电机推力轴承和导轴承冷却器用水

发电机在运行时的摩擦损失主要以热能的形式聚集在轴承中,而轴承是浸在透平油中的,所以热量就从轴承传入到油中,若此部分热量不及时排出,就会使油温升高。油在高温下易分解和氧化,破坏了机组轴承的润滑条件,最终将影响轴承的寿命且危及机组的安全运行。

为此,在用油润滑的机组各部轴承中,在储油槽中都设有冷却器。莲花发电厂机组的冷却方式属于内冷式,即冷却器浸在油槽中,其中通以冷却水,由水流把油中的热量带走,冷却了润滑油,使轴承不至过热。轴承温度及润滑油的温度控制是由冷却器中的冷却水量的大小来确定的。

(三)水轮机导轴承冷却用水

莲花发电厂水轮机导轴承的冷却方式也属于内冷式,与推力轴承和导轴承冷却方式相同。

(四)附属设备冷却和润滑用水

莲花发电厂检修排水系统中的三台检修排水泵在启动前由润滑水进行预先供水润滑,而润滑水的水源都取自技术供水系统。两台调相空压机为水冷式冷却方式,在启动前需要首先投入冷却水进行冷却,其供水水源也是取自技术供水系统。

(五)消防用水

消防用水指主要供厂内消防灭火和发电机消火的用水。因为在水电厂生产区域内有很多易燃物品,例如各种油类、电器设备、各类电缆及用于清洁的油麻布等,若厂房内发生火灾其后果不堪设想,所以灭火在水电厂中是非常重要的。另外运行中的发电机、变压器也可能因各种原因引起火灾,如线圈的匝间短路或接头开焊、绝缘老化等。莲花发电厂消防用水的主要设备有:厂房消防、发电机灭火装置、主变及高厂变灭火装置、绝缘油室消防、透平油室及生活副厂房消防等。

(六)厂房生活用水

厂房生活用水也是从技术系统中取得的。生活用水主要包括饮用、清洗设备和地面、卫生间冲洗、厂区等的用水。莲花发电厂生活用水的水源有独立的取水系统,技术供水为备用取水源。

二、系统的组成

技术供水系统的组成主要包括以下几个部分:

(1)供水水源。即技术供水的取水位置。

(2)常备用供排水管道。包括技术供水的主、备用管道,各类阀门,水过滤装置等。

(3)各类控制监视元件。包括温度、压力、流量监视仪器仪表和监控元件,各类控制用的电磁阀、液压阀等。

(4)用水设备。即具体的用水装置,包括各类冷却器和其他设备等。

第二节　用水设备对水的要求

技术供水系统和其他辅助设备及系统一样,是保证水电厂安全、经济运行不可缺少的组成部分,为此用水设备对技术供水有严格的要求。

一、对水量的要求

机组技术供水系统必须保证全部用水设备同时用水时对水量的要求,由于季节温度的变化,冷却用水量的大小也有所不同,所以要满足夏季高温时最大用水量的要求。

二、对水压的要求

进入冷却器内的冷却水应有一定的压力,以保证所需的水量和必要的流速。对冷却器进水压力一般规定不应超过 0.2 MPa,莲花发电厂对冷却器的进水压力规定为最大不超过 0.2 MPa。

该压力的限值是针对冷却器强度要求提出的,因为冷却器是放置在润滑油中的,技术规范规定冷却系统的整体耐压试验压力为 0.5 MPa。

压力下限值是根据冷却器及管路的阻力损失来确定的,只要冷却器入口水压足以克服冷却器内部损失压降及排水管的水头损失即可。

三、对水质的要求

因技术供水的水源取自水库,所以水中必然要含有一定量的杂质,特别是在洪水季节更为严重。为了保证用水设备的正常工作,对冷却水水质提出了一定的要求,一般应满足以下几个方面的要求:

(1)水中不应含有悬浮物,如杂草、碎木等,因为悬浮物会堵塞水系统的管道,影响供水水量和水压。

(2)含砂量。一般要求含砂量应保持在 50 g/L 以下,因含砂量过多会在输水管道内沉积而堵塞管道。

(3)为了避免形成水垢,要求水的硬度在 8°~12°。

(4)为了防止管道与用水设备被腐蚀,要求水的 pH 为中性,即不含酸碱性。

(5)要求水中不含有有机物、水生物及油分等。

四、对水温的要求

水温是技术供水的一个重要条件,一般要求供水的水温不应高于 25 ℃,以保证设备的冷却效果。但冷却水的温度也不应过低,因水温过低会使冷却器水管外壁凝结水珠以及沿管长方向因温度变化太大造成裂缝而漏水。所以一般要求进出水温度不应低于 4 ℃。

莲花发电厂运行规程规定冷却器入口水温不高于 25 ℃,出水温度不低于 5 ℃。

第三节　技术供水系统的水源及供水方式

一、供水水源

技术供水水源的选择是非常重要的,对其一般要求是:应满足用水设备所需的水量、水压、水质和水温的要求,保证机组的安全运行,且应使整个供水系统设备的操作、维护简便,运行方式可靠。

一般情况下,技术供水水源主要有以下几种:

(1)上游水库取水。包括从引水隧洞、压力钢管、蜗壳取水或从水库大坝前取水等。

(2)下游尾水取水。即从机组的尾水或下游江道中取水。

(3)地下水源取水。当地面水源无法满足机组技术供水的技术要求时,可以采用地下水源取水的办法解决。

技术供水水源的取得,主要是按照经济合理、安全可靠的原则选取。

莲花发电厂机组为隧洞引水式电厂,水库水质好,完全能满足运行方式的要求,所以常用工作水源采用蜗壳取水,备用工作水源在调压井取水。这种取水水源的特点是:技术供水的引水管道短,水力损失小,管道布置集中且便于操作、控制和日常维护。取水口设在蜗壳的侧面,目的是防止蜗壳顶部易被悬浮物堵塞,而设置在钢管底部存在易于沉积泥沙的缺点。

二、供水方式

根据水电站的水头和布置形式的不同、机组的结构形式和布置特点的不同,供水方式也有所不同,一般的供水方式主要有以下三种类型:

(1)自流供水。当水电站水头在 15~130 m,都可采用自流供水系统。

所谓自流供水,就是利用电站上、下游的水位差所形成的水压力来满足用水设备对水的四项指标要求。这种供水方式的优点是供水可靠,设备简单,投资少,运行维护及操作都方便且易于检修。

(2)水泵供水。当电站的水头高于 130 m 或小于 15 m 时,为了保证技术供水的可靠性,采用水泵供水的方式。水泵供水系统的水压和水量,是由水泵来保证的。

水泵供水的水源可以取自上游水库、下游江道或地下水,这需要根据电站的具体情况来确定。

(3)混合供水。即采用自流供水和水泵供水的混合系统。这种方式一般是在水头为 12~15 m 的电站采用。

莲花水电站机组的最大水头是 57.2 m,设计水头是 47.0 m,最小水头是 39.0 m,完全可以满足自流供水方式的需要,所以技术供水采用了自流供水的方式,消防供水采用混合供水方式。

第四节　技术供水综合系统

一、技术供水系统的组成

如图 7-1 所示为莲花发电厂 1 号机组综合技术供水系统图(其他三台机组与此相同,本节主要以 1 号机组为例进行说明),它共包括以下几个部分:

(1)机组常用工作水源与备用工作水源。

(2)发电机推力轴承冷却器供水。

(3)发电机上导轴承冷却器供水。

(4)水轮机水导轴承冷却器供水。

(5)发电机空气冷却器供水。

(6)水轮机主轴密封的供水。

(7)厂内消防供水。

(8)检修排水泵的润滑供水(图中未标示)。

(9)调相空压机冷却供水(图中未标示)。

(10)清扫保洁用水。

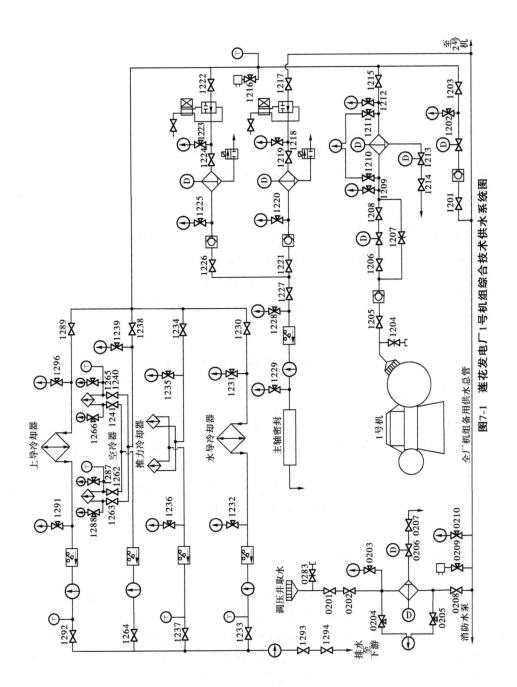

图7-1　莲花发电厂1号机组综合技术供水系统图

二、机组工作水源的取得

机组技术供水的工作水源分为常用工作水源和备用工作水源两部分,它们分别取自蜗壳和调压井。

(一) 机组常用工作水源

每台机组的常用工作水源都取自其蜗壳,分别通过 1205、2205、3205、4205 阀门向 1 号机组、2 号机组、3 号机组、4 号机组的各用水设备供水。为了保证水质要求,设有自动滤水器进行过滤清污。

为了实现自动控制机组冷却水投入和退出,在常用工作水源的过滤器前设置有水力控制阀作为总水源的自动控制阀,并有压力表监视其供水压力,正常应指示在 0.4~0.5 MPa 间。

(二) 机组备用工作水源

机组备用工作水源分别取自 1 号调压井和 2 号调压井,供水总水源分别安装在 1 号机组和 4 号机组段,连接成为全厂机组备用供水总干管。4 台机组的备用水源分别经过 1201、2201、3201、4201 阀门后连接在全厂机组备用供水总管上。为了保证水质要求,在供水管路上设有自动滤水器,且有压力表来监视备用水源的水压。由备用供水水控阀实现备用供水的投入与退出。

两个备用水源连通在一起形成全厂总备用供水干管的优点是可以起到互为备用的作用,不至于因为技术供水中断而停机或影响机组的正常运行。

三、机组各部冷却器供水

机组冷却器主要包括发电机空气冷却器、推力轴承冷却器、上导轴承冷却器、水轮机水导轴承冷却器。它们的用水有两种供水方式:一是作为常用工作水源的蜗壳供水;二是全厂机组备用供水总干管供水。

取自蜗壳供水的为常用工作水源,经阀门、水力控制阀、滤水器进入各部冷却器,在冷却器的出水侧安装有监视供水指标的示流计、流量计等,工作后的冷却水经排水总管排放到下游尾水。

四、机组主轴密封供水

机组主轴密封供水有两套供水水源,常用水源是取自由蜗壳供水的水源,由液压阀自动控制其投入或停用,经滤水器再次过滤后送至主轴密封;为了提高主轴密封供水的可靠性,在全厂备用供水干管上单独接有主轴密封备用技术供水管路,同样由液压阀自动控制其投退,经备用滤水器再次过滤后与主供水管并接送至主轴密封。其供水情况由设置在进水侧的示流信号器来监视,当常用水源中断时,备用水自动投入,以防止主轴密封因断水而发生干摩擦烧损故障。工作后的水直接排至渗漏集水井。

五、厂内消防供水

厂内消防供水取自全厂机组备用供水总管,也就是取自调压井。1 号调压井取水经

8001、8002 阀门引出至消防水泵,再经消防水泵给消防供水双环管供水;2 号调压井取水经 8011、8112 阀门引出至消防水泵,再经消防水泵给消防供水双环管供水。四台发电机的消防供水、四台主变的消防供水,以及高厂变、绝缘油室、透平油室的消防供水均取自消防供水双环管。消火采用喷淋方式。如图 7-2 所示为莲花发电厂消防供水系统图。

六、厂房内的其他供水

厂内其他供水主要包括检修排水泵的润滑供水、调相空压机冷却供水,它们均接引自全厂机组备用供水总管上。

第五节　厂内排水系统

一、排水系统的任务

由于机组及其他设备在运行中需要冷却水对各冷却器等进行冷却和对轴承密封进行润滑,这些工作后的冷却水有一部分靠自流直接排放到下游尾水,另外还有部分设备和厂房的渗漏水和其他用水,以及机组检修时蜗壳和尾水积水、进口闸门和尾水闸门漏水排至集水井中。排水系统的任务就是利用水泵等设备将上述排至集水井中的水及时地排出厂房,以保证集水井中的水位高度不超出要求,确保厂房内机电设备及其他设备、装置能够安全可靠地运行。

二、排水内容和方式

水电站需要排除的水,一般包括以下三大类。

(一) 生产用水的排水

生产用水的排水主要有:

(1)发电机空气冷却器的冷却水。

(2)发电机推力轴承冷却器的冷却水。

(3)发电机上导轴承冷却器的冷却水。

(4)水轮机水导轴承冷却器的冷却水。

这类排水对象的特点是排水量较大,排水设备高程较高,能够靠自压直接将水排至下游。所以,一般都将它们列入技术供水系统的组成部分,不再列入排水系统范围。

(二) 机组和厂房水下部分的检修排水

每当进行机组的检修或水工建筑物水下部分检修、检查时,必须将水轮机蜗壳、尾水管和压力引水管道内的积水排除。检修排水的特点是排水量大,高程很低,所以只能采用水泵排水。为了保证机组的快速检修,排水时间应短,特别要注意尾水闸门和压力管道闸门的漏水量,选择足够容量的水泵,以避免由于水泵容量过小,造成排水时间过长的不良后果,并保证排水方式应可靠。

(三) 渗漏排水

渗漏排水主要包括:

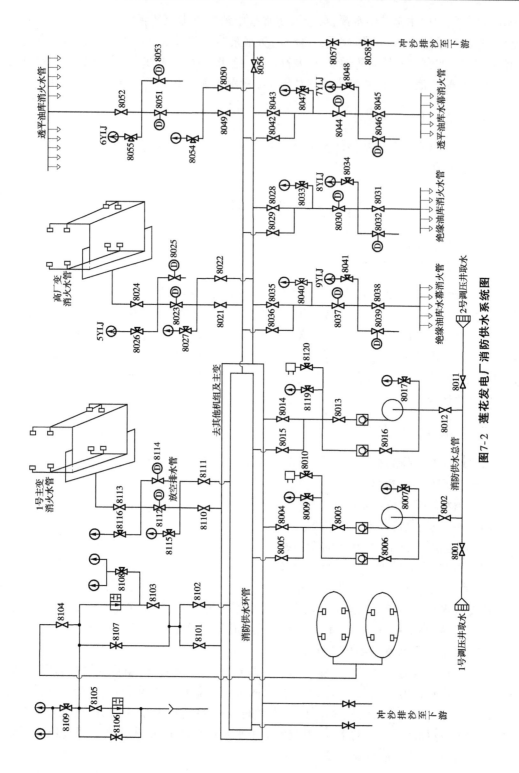

图7-2 莲花发电厂消防供水系统图

(1)水轮机顶盖及主轴密封排水。

(2)冲洗滤水器的污水。

(3)气水分离器及储气罐的排水。

(4)空气冷却器管外的冷凝水。

(5)水冷式空压机的冷却水。

(6)电站生活用水的排水。

(7)蜗壳、尾水管进人孔及厂房其他处的渗漏水。

(8)压力管道、技术供水管道等的渗漏水。

(9)厂房水下建筑物的部分渗漏水。

渗漏排水的特点是排水量小,并很难计算确切的水量,高程较低,不能靠自压排除。

三、莲花水电站集水井中水的来源

莲花水电站排水系统包括渗漏排水和检修排水两个部分。

(一)渗漏集水井中水的来源

(1)水工建筑物的渗漏水。

(2)水轮机顶盖排水。

(3)水轮机主轴中心孔排水。

(4)蜗壳及尾水进人门的渗漏水。

(5)滤水器排污水。

(6)调相空压机冷却水。

(7)储气罐及气水分离器排污水。

(8)生活用水的排水。

(二)检修集水井中水的来源

(1)机组检修时蜗壳和尾水积水。

(2)进水口闸门、调压井快速门和尾水闸门漏水。

四、排水设备的配置

(一)检修排水设备的配置

在检修集水井配备三台深井式排水泵。1号检修排水泵型号为400RJC550-27型,流量为550 m^3/h,扬程为51 m;2号、3号检修排水泵型号均为500RJC1000-29型,流量为1 000 m^3/h,扬程为46 m。这三台水泵主要作为地下室检修集水井的集中排水设备,将集水井的水直接排放到尾水渠内。如图7-3所示为莲花水电站检修排水系统图。

三台深井式排水泵有两种运行方式,即轮流运行和手动运行。

(1)轮流运行。即水泵为自动控制,由液位信号器通过程序控制水泵的自动启动和停止,在每台泵的控制屏上将切换把手切至自动位置即可。轮流启动由 PLC 控制。如要将哪一台泵退出运行,将相关控制屏上的切换把手切至停用位置即可。

(2)手动运行。在要手动启动水泵的控制屏上将切换把手切至手动位,由运行人员手动控制启动相应的水泵进行工作。

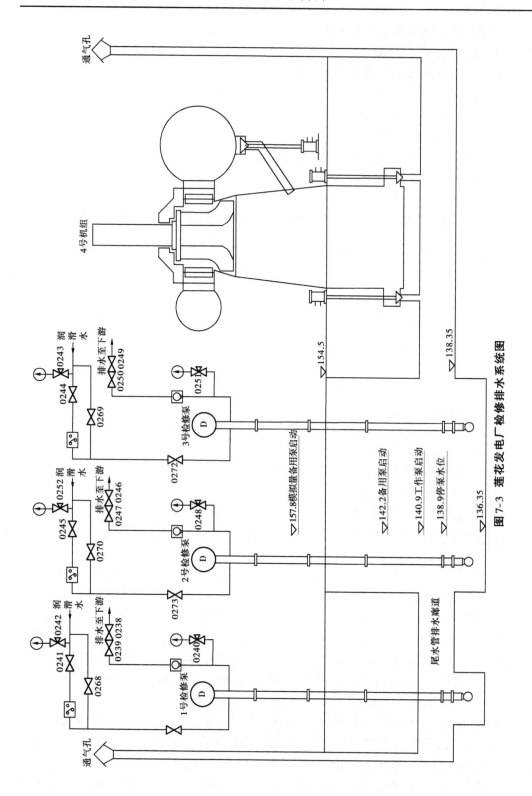

图 7-3　莲花发电厂检修排水系统图

(二)渗漏排水设备的配置

渗漏集水井配备两台潜水清水泵,均为德国威乐山姆逊水泵系统有限公司生产的型号为 K146-1 型的潜水清水泵,流量 94.44 L/s,扬程 37.3 m。如图 7-4 所示为莲花发电厂渗漏排水系统图。

两台电动排水泵作为排水设备,有三种运行方式,即轮流运行、自动运行和手动运行。其控制方式及操作要求在现场运行规程中有明确的规定,运行中应遵照执行。

两台水泵主要作为地下室渗漏集水井的集中排水设备,将集水井的水直接排放到下游。

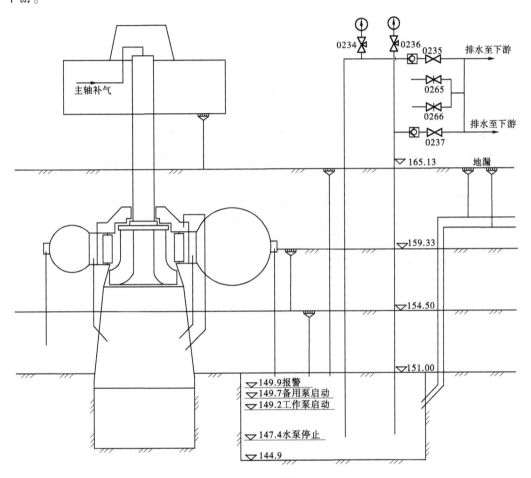

图 7-4　莲花发电厂渗漏排水系统图

五、集水井水位的确定

如图 7-5 所示为集水井示意图,共设置四个水位,即水泵停止水位、常用泵启动水位、备用泵启动水位(同时发报警信号)和水位过高报警水位。

莲花水电站检修排水泵常用泵启动水位▽140.9 m,备用泵启动水位▽142.2 m(发信号),停泵水位▽138.9 m,模拟量备用泵启动水位▽142.8 m(发信号)。渗漏排水泵常用泵启动水位▽149.2 m,备用泵启动水位▽149.7 m(发信号),停泵水位▽147.4 m。

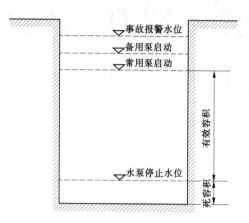

图 7-5　集水井示意图

　　水泵停止水位以下的容积为集水井的死容积,此部分积水水泵无法全部排出。常用泵启动水位与水泵停止水位之间的容积称为集水井的有效容积,这个容积的大小确定了水泵起停的时间,即水泵工作时间的长短。除此之外,水泵的起停时间还与来水量的大小有关。

　　备用泵启动水位是根据常用泵的启动水位来确定的,二者之间的距离主要考虑液位信号装置的两个发信液位不宜过近,以免当水位波动时造成自动控制回路的误动作。

　　为了保证当集水井水位过高而常备用水泵均不启动时,不至造成集水井满水而水淹地下室的后果,除备用泵工作时要求发出报警信号外,还设有一个水位过高的报警水位,以便提示运行值班人员及时检查处理,防止发生水淹厂房事故。

第八章　压缩空气系统及运行

第一节　压缩空气系统的作用及组成

一、压缩空气系统的作用

由于空气具有良好的弹性,即可压缩,是储存压力能的良好介质,因此用它来储备能量作为操作能源是很合适的;加之压缩空气使用方便,易于储存和输送,在水电厂中得到了广泛的应用。

压缩空气系统是保证水电厂安全运行不可缺少的重要组成部分,在莲花发电厂中主要有以下几方面的作用:

(1)油压装置的压力油罐充气。在压力油罐内有 1/3 是油、2/3 是压缩空气,由二者相互作用对油产生压力,是水轮机调节系统的操作能源。莲花发电厂工作压力为 3.6~3.95 MPa;1 号、2 号保流机为 2.3~2.5 MPa,龙华机组为 3.6~3.95 MPa。

(2)机组停机时制动装置用气,工作压力均为 0.6~0.7 MPa。

(3)莲花发电厂检修止水围带充气,工作压力为 0.6~0.7 MPa。

(4)机组调相,检修维护临时用气、风动工具和吹扫用气,工作压力为 0.6~0.7 MPa。

二、压缩空气系统的组成

压缩空气系统的组成主要包括空气压缩机、传输管道、控制阀门、集气装置、自动控制系统和用气设备等,它们共分成四大部分,即空气压缩装置、管道系统、测量控制元件、用气设备。它们的作用是:

(1)空气压缩装置。主要包括空气压缩机和储气罐,它们是产生和储存压缩空气的装置。

(2)管道系统。是将用气设备和空气压缩装置联系起来,其中包括管道、各种控制阀门等,作用是将气源和用气设备联系起来,输送分配压缩空气。

(3)测量控制元件。它是控制空气压缩机的启动时间、停止时间、运行时间长短及气压高低、输送分配给气时间。包括各种自动化元件,如压力表、压力变送器、压力继电器、温度信号器、油位信号器、电磁空气阀等。

(4)用气设备。如油压装置压力油罐、制动闸、调相压水、止水围带、风动工具等。

压缩空气系统的任务就是满足用气设备对气量的需要,并且应满足对压缩空气的质量要求,主要是气压、清洁和干燥的要求。

三、莲花发电厂压缩空气系统的分类

莲花发电厂压缩空气系统主要分为三类：
(1)高压气系统：给油压装置压力油罐供气。
(2)制动气系统：给机组制动器及空气围带供气。
(3)调相气系统：机组调相、检修维护临时用气，风动工具和吹扫用气。

第二节　高压气系统

一、系统的组成

高压气系统主要设备有 2 台空压机、2 台空气储气罐、供气管路及各类控制阀门、低压电源屏及自动控制屏等。系统组成如图 8-1 所示。

两台高压空压机(1 号、2 号)是由英格索兰压缩机有限公司生产的型号为 15T2 型空压机，排气压力为 6.894 78 MPa。两台高压空气储气罐由北京丰台区万泉压力容器厂生产，设计压力 6.4 MPa，公称容积 3 m³，质量 3 523 kg。

二、空压机的运行

两台空压机的控制部分采用可编程控制器。空压机分别可以实现轮流、自动和手动三种控制方式运行。正常为轮流启动，正常启动值为 4.15 MPa，备用空压机启动值为 4.05 MPa(同时发信号)，停止压力为 4.5 MPa。

(一)轮流运行方式(正常方式)

将两台高压空压机的"方式选择"开关都切至"自动"位置时，则高压空压机即实现了轮流运行的工作方式。

所谓的轮流运行，即当 1 号高压空压机启动完成空气压缩任务后停止了运行，当高压储气罐压力降低需再次启动空压机时，则按照自动控制程序的设计自动启动 2 号高压空压机工作，这样循环往复，实现了两台高压空压机的自动轮流工作。

实现轮流运行的特点是保证了空压机的平均工作时间，不需要由运行人员进行定期切换工作，降低了电动机因长期停用而容易受潮的可能性，提高空压机及电动机的使用寿命。

(二)自动运行方式(备用方式)

将一台高压空压机"方式选择"开关切至"自动"位置，另一台切至"停止"位置时，则在"自动"位置的空压机实现自动运行控制。

(三)手动方式

将"方式选择"开关切至"手动"位置，空压机则立即启动运行。将空压机置于"停止"状态，空压机则停止运行。

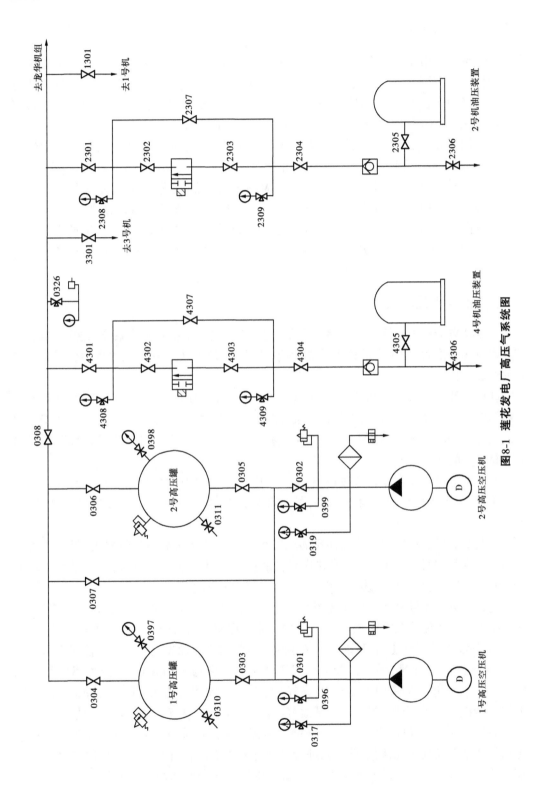

图8-1 莲花发电厂高压气系统图

三、储气罐的运行

储气罐的作用就是将空压机生产出的高压气体储存起来,以备随时向油压装置的压力油罐供气。高压储气罐的运行压力为 4.15~4.5 MPa。空压机启动后经气水分离器将压缩空气经输气管道、0303 阀门和 0305 阀门后分别送入 1 号储气罐和 2 号储气罐进行储存,再经 0304 阀门和 0306 阀门及输气管道分别送往各用气设备。

两台储气罐正常为并列运行,当其中的一台储气罐因检修等需要退出时,另一台储气罐可以单独运行,以保证高压空气系统的正常供气。

当储气罐压力 $P \geq 4.55$ MPa 或 $P \leq 4.0$ MPa 时发故障报警信号,提示运行值班人员进行故障排查处理;当储气罐压力 $P > 5.6$ MPa 时,储气罐上的安全阀动作进行排气泄压,以保障罐内压力不至过载,保证设备的安全。在每个罐上装设有压力表,用来监视气罐内的压力值,便于运行维护,另外储气罐的底部还装有放水阀门 0310 和 0311 用于定期放水。

四、油压装置供气

油压装置的压力油罐是一个储能容器,是水轮机调节系统和操作系统的能源,当要改变导水机构开度时,用压力油来推动导叶接力器的活塞运动,或用来操作压力管道入口蝶阀的开启、关闭等。

在压力油罐中,透平油的容积占 30%~40%,其余的 60%~70% 是压缩空气,其目的就是用压缩空气对油产生压力,以保证和维持调节系统所需要的工作压力。同时,由于压缩空气具有良好的弹性,且贮存一定量的机械能,当压油罐中的压力因调节作用而降低时仍能维持一定的压力。

水轮发电机组在自动调节过程中,从油罐中消耗的油由油泵自动补充。而压缩空气的损失很小,主要是有部分溶于油中,另一部分漏掉,损耗的这部分压缩空气由储气罐补充。

莲花发电厂的油压装置压力油罐的充气和放气有自动和手动两种方式(目前自动方式因自动空气阀而不好用)。手动方式需要由值班人员手动操作进行,下面以莲花水电站 4 号机油压装置为例,简述油压装置充气、放气的操作过程。

莲花发电厂 4 号机油压装置如图 8-1 所示。压力油罐为手动充气,在正常状态下,压力油罐内的压力保持在额定 3.6~3.95 MPa,油位在 990~1 230 mm 内而不需要充气,充气阀门 4305 在关闭状态,将从总气源来的压缩空气与压力油罐隔离开。当油罐内压力降低,需要向罐内补气时,手动打开 4 号机压油罐供气旁通阀门 4307 和压油罐供气阀门 4305,压缩空气进入油罐内提高压力,充气结束后手动关闭上述两个阀门即完成油罐充气工作;如果需要排气降压,则手动打开放气阀门 4306 进行放气。如果需要调整压力油罐内的油位,油位过高可以手动打开 4 号机压油罐放油阀门 4103,缓慢将压油罐内透平油排到集油箱内,油位过低则启动油泵进行打油补充油面。在补气过程中要时刻注意压油罐内的压力和油位。通过上述调整,以保证罐内油气的合理体积比和压力值。

第三节　制动气系统

一、系统的组成

制动气系统主要设备有 2 台空压机、2 台空气储气罐、供气管路及各类控制阀门、低压电源屏及自动控制屏等。莲花发电厂制动气系统如图 8-2 所示。

两台制动空压机(1 号、2 号)的型号为 SA-230A,排气量为 3.6 m^3/min。两台制动储气罐设计压力 0.86 MPa,公称容积 8 m^3,质量 2 594.92 kg。

二、制动空压机的运行

两台制动空压机的控制方式与高压空压机不同,正常运行时为主辅方式启动,一台空压机为主机,0.6 MPa 启动,0.7 MPa 停止;另一台空压机为辅机,当主机压力在 0.6 MPa 不启动时,压力继续下降到 0.5 MPa 时辅机启动,也是 0.7 MPa 停止。主辅机可以人为在控制屏上切换,当空压机本体上的"ON"指示灯亮时,才能在控制屏上实现主辅自动控制和手段控制。

如一台空压机检修或出现故障,可用切换把手将其切除,另一台为自动运行。也可以将切换把手切至手动位置,将"A/B"开关切至其中之一位置,按下"ON"键,从而手动启动空压机。如果要停止运行,手动按下"OFF"键即可。在空压机本体上按"ON"和"OFF"按钮,也可以实现手动停止。

三、制动储气罐的运行

制动储气罐的工作压力为 0.6~0.7 MPa,空压机运行后通过 0335 阀门和 0337 阀门将压缩空气分别打入两台储气罐内进行储存,再经 0336 和 0338 两个阀门及输气管道分别送往各用气设备。

两台制动储气罐正常为并列运行,当其中的一台储气罐因检修等需要退出时,另一台储气罐可以单独运行,以保证制动气系统的正常供气。

当储气罐压力 $P \geqslant 0.75$ MPa 或压力 $\leqslant 0.5$ MPa 时发故障报警信号,提示运行值班人员进行故障检查处理。储气罐上都装设有安全阀,当罐内压力超出安全阀整定值时安全阀自行开启泄压,以保障罐内压力不至过载,保证设备的安全;在每个罐上装设有压力表,用来监视气罐内的压力值,便于运行维护。另外,每台储气罐的底部还装有放水阀门 0343 和 0345 用于定期放水。

四、机组制动用气

(一) 机组停机制动的目的

所谓机组制动,就是当水轮发电机组在停机过程中,为使机组在短时间内停止转动,而对其进行加制动闸停机。

由于水轮发电机组在运转过程中具有很大的动能,当机组与电网解列停机时,在水轮

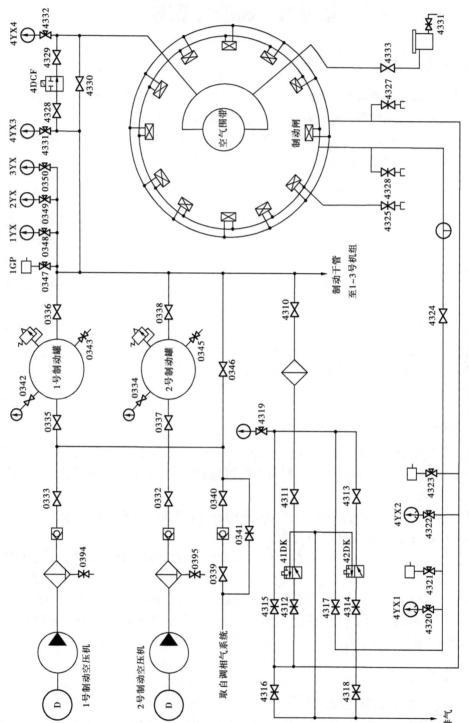

图8-2 莲花发电厂制动气系统图

机导叶关闭后,机组转动部分的动能仅消耗在克服各部分摩擦力上,因这种摩擦所消耗的能量很小,机组转速下降速度是随时间而变化的。转速高时制动力矩大,机组转速下降速度快;而当转速低时制动力矩小,机组转速下降速度慢,即低转速运转时间较长。当导叶因关闭不严有漏水时,将在动轮上产生一个与制动力矩相等的转动力矩,这时机组在自由制动情况下将不能停止,机组将长期处于低转速下运转,为此将产生严重的不良后果:使推力轴承的润滑条件恶化,有发生干摩擦和半干摩擦的危险,最终将因过热而烧损轴瓦,因此必须在停机过程中进行加闸制动。

(二) 机组停机加闸制动的条件

机组在停机过程中,并不是立即就加闸制动的,加闸需具备一定的条件。因为当机组转速过高时加闸制动,在制动闸的摩擦面会产生过热和严重的磨损,若摩擦严重,由于高温过热将烧结制动闸面,同时也提高了制动功率,且易使机组转动部件产生严重的振动。

通过大量的试验及运行经验,一般规定待机组转速降低到额定转速的 30% ~ 40% 时加闸制动最经济、有效、合理。因为当机组转速下降至额定转速的 30% ~ 40% 时,转动部分的能量已大部分被消耗掉,制动系统仅需抵偿很小一部分能量,这就避免了制动闸摩擦面上产生过热和严重磨损的问题,又减少了制动功率。

近十几年来,在我国水电机组中,大量地采用弹性金属塑料瓦推力轴承,与原来使用钨金瓦相比具有很多优点,例如弹性金属塑料瓦具有不需要大修时进行刮瓦和研瓦、盘车时不需要抹猪油、单位压力提高且摩擦系数小、瓦体温度较低、允许热启动、允许低速制动和惰性停机、瓦面耐高温、允许冷却器短时间断水运行、瓦面有较高的绝缘电阻值等优越的特性。特别是在停机制动方面更放宽了低转速的限制,制动转速最低可以降到额定转速的 15% 左右,改善了机组的运行条件。

莲花发电厂四台机组均为弹性金属塑料瓦推力轴承结构,制动装置的设计参数是每台机组有 12 个制动闸,均匀布置在发电机转子下面的基础上,制动闸的工作气压为 0.6~0.7 MPa,制动转速为额定转速的 15% 即 14.06 r/min,周波为 7.5 Hz。

(三) 用制动闸顶起发电机转子

发电机组的制动闸装置在正常时,除用于机组制动外,还用来顶起转子。当机组在长时间停机后,其推力轴瓦面上的油膜可能已被破坏,如这时直接启机将因润滑条件不好而烧损推力瓦。为此要在启机前利用制动闸作油千斤顶,用高压油泵向制动闸内充入高压油来顶起转子,使推力瓦润滑面重新建立油膜。莲花发电厂运行规程规定:机组停机时间超 240 h 或机组大修后启机前要顶起转子。

(四) 制动装置的工作

1. 制动装置的组成

机组制动装置是由制动闸、供气管路、阀门、电磁空气阀、压力表等组成的。制动用气的气源取自压缩空气系统的制动气罐,除制动闸外,其他的主要阀门、电磁空气阀、压力表等均布置在 173 层地面的制动柜内,这样便于运行人员的监视、控制和操作。

2. 工作过程

机组停机制动正常为自动控制,即当机组转速下降到额定转速的 15% 时由转速测量装置控制实现自动加闸。当自动控制失灵或需要手动操作时也可以手动操作控制加闸。

如图 8-2 所示为 4 号机制动装置原理图。

1) 自动操作

机组自动加闸时,下腔手动充气阀门 4315、下腔手动放气阀门 4316、上腔手动充气阀门 4317 和上腔手动放气阀门 4318 均在关闭状态,其他阀门均在打开状态。当机组转速降至额定转速的 15% 时,由转速测量装置(齿盘测速)发出动作信号控制电磁铁 1DK 动作开启,压缩空气经由 4311 阀门、1DK 电磁空气阀的连通腔、4312 阀门进入制动闸制动腔(下腔)执行制动,而制动闸复归腔(上腔)经 4324 阀门、4314 阀门、2DK 电磁空气阀排气腔相通排气,机组加闸制动。

当机组停下来后,停机完成程序给 1DK 电磁空气阀发出信号,1DK 电磁空气阀复归,此时压缩空气经 1DK 电磁空气阀的排气腔和制动闸下腔相通,下腔排气。2DK 电磁空气阀动作,压缩空气经由 4313 阀门、2DK 电磁空气阀的连通腔、4314 阀门进入制动闸上腔,制动闸板落下。完毕后 2DK 电磁空气阀自动复归,制动闸上腔排气,机组制动过程完成。

2) 手动操作

当自动回路故障等原因而不能实现自动加闸时,可实现手动操作加闸制动。首先打开制动闸手动加闸阀门 4315、接通气源,并观察下腔气压表的指示在 0.6~0.7 MPa 即实现了手动加闸,机组停止后,还应保持 30 s 后再解除制动。解除操作应先关闭下腔手动供气阀门 4315,然后打开制动闸手动排气阀门 4316,待制动闸下腔排气完毕后,打开制动闸上腔供气阀门 4317,并观察上腔压力表指示为 0.6~0.7 MPa,上位机显示制动闸全部复归,保持 30 s 后,关闭制动闸上腔供气阀门 4317,然后打开制动闸上腔排气阀门 4318,待制动闸上腔排气完毕后,关闭风闸手动排气阀门 4318,手动操作结束。在停机加闸制动时,不论是自动操作还是手动操作都必须严格遵守《水轮机运行规程》,并认真执行。

第四节　调相与检修气系统

一、系统组成及运行

调相气系统主要由 2 台空压机和 6 台空气罐及其他设备组成。调相空压机型号为 SA-5175W 的水冷空压机,排气量为 2 305 m³/h。两台空压机(1 号、2 号)正常为"手动"启动。6 台调相储气罐设计压力 0.8 MPa,公称容积 30 m³,质量 8 219.88 kg。

储气罐压力 ≥ 0.75 MPa 或压力 ≤ 0.5 MPa 时发信号。储气罐上部装设有安全阀,以保障罐内压力不致过载,保证设备的安全。在每个罐上装设有压力表,用来监视气罐内的压力值,便于运行维护,另外每台储气罐的底部还装有放水阀门用于定期放水。如图 8-3 所示为莲花发电厂调相与检修用气系统图。

二、电厂调相及调相用气的作用

电力系统的负载主要是感性负载(异步电动机和变压器),它们从电网中吸收感性无功功率,使电网的功率因数降低,线路压降和损耗增大,发电设备的利用率和效率降低。为了提高电力系统的功率因数和保持电压水平,常常装置调相机,作为无功功率电源,提

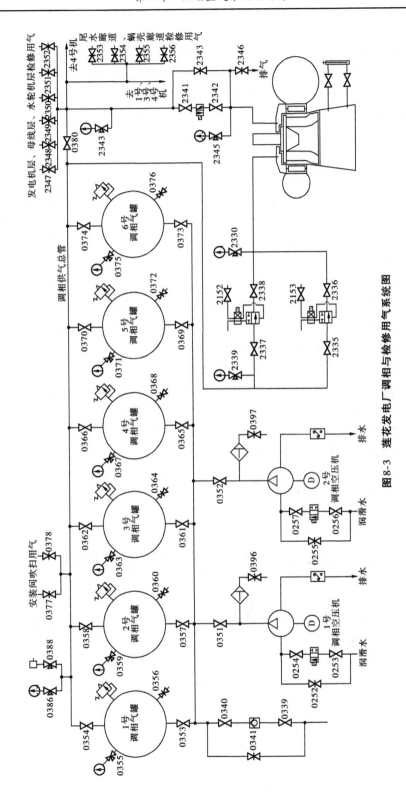

图 8-3 莲花发电厂调相与检修用气系统图

供感性无功。

发电机的调相运行,是指发电机不发出有功功率,只用来向电网输送感性无功功率的运行状态,从而起到调节系统无功、维持系统电压水平的作用。调相运行是使发电机工作在电动机状态(空转的同步电动机),发电机进相运行时消耗的有功功率可来自原动机也可来自系统。发电机做调相运行时,既可过励磁运行也可欠励磁运行。过励磁运行时,发电机发出感性无功功率;欠励磁运行时,发电机发出容性无功功率。一般做调相运行时均是指发电机工作在过励磁即发出感性无功功率的状态。

利用水轮发电机组做同期调相机有许多优点,比装置专门的调相机经济,不需一次投资,运行切换灵活简便,一般调相运行转发电运行只需要十几秒,故承担电力系统的事故备用很灵活。缺点是消耗电能比其他静电容器大,因此要设法减小调相耗能(如压水调相并自动化)。水轮发电机组在吸出高度为负值时,一般都采用高压气体压水调相。所谓压水调相,是利用压缩空气强制压低转轮室水位,使转轮在空气中旋转。调相压水的目的是减小阻力,减少电能消耗,同时减轻机组振动。压缩空气通常是从专用的调相储气罐引来的,强制压低转轮室中的水位,压缩空气的最小压力需等于要求压低的水位与下游水位之差,一般将水位压到尾水管进口边以下,设置上限水位时应躲开转轮室"风扇效应",设置下限水位时应考虑"封水效应"防止一次性逸气。

可以承担调相任务的水电机组有三类情况:

(1)枯水期间不能发电且距离负荷中心不远的某些径流式水电站机组。

(2)电力系统负荷低谷期间不用发电的调峰水力发电机组。

(3)电力系统正常运行期间不用发电的事故备用水电机组。

水轮发电机远离负荷中心的,一般不考虑做调相运行。莲花发电厂2号、4号机组在设计上考虑了机组作为调相运行的方式,并安装了相应的调相压水供气系统,但自投产运行后一直未进行调相运行的相关试验。

三、风动工具及其他用气

在水电厂中,机组及其他设备检修时,需经常使用风动工具,如风动扳手、风铲、风钻、风砂轮等。此外,机组在检修或正常维护时,常用压缩空气进行除尘吹污。

根据这些设备的工作特点,它们的工作压力一般均在 0.5~0.7 MPa,为了简化设备配置,莲花水电站分别在发电机层、水轮机层和变电站等均有检修用气管路和阀门,供这些用气设备随时接用。

第九章　油系统及运行

第一节　水电厂用油种类及作用

一、用油的种类

在水电厂中,机组调节系统工作时能量的传递,机组及辅助设备转动部分的润滑与散热,变压器及断路器等电气设备的绝缘等,一般都是由作为介质的油来完成的,因设备的特性、要求和工作条件的不同,需要油的种类也不同,大致可分为润滑油和绝缘油两大类。

(一)润滑油类

透平油:供机组各部轴承的润滑及液压操作用,莲花发电厂使用的透平油的型号为HU-30。

机械油:供电动机、水泵轴承等的润滑用。

压缩机油:供空压机润滑用。

润滑脂:黄干油,供滚动轴承润滑用,如水轮机各导叶、拐臂轴承的润滑。

(二)绝缘油类

变压用油:供变压器及电流互感器、电压互感器用,主要型号包括 DB-25、DB-45两种。

在莲花发电厂所使用的各种油中,用量很大的为透平油和变压用油,下面重点介绍这两种油的作用。以上各种油类在莲花发电厂中的主要使用情况见表9-1。

表 9-1　现场主要设备用油情况

序号	用油设备	油的型号	用油量/t
1	1~4 号主变压器	DB-45	4×28.5
2	高压套管	DB-25	—
3	高压厂用变压器	DB-45	24.4
4	220 kV 线路电流互感器	DV-45	3×0.65
5	1~4 号主变电流互感器	DB-45	4×0.365
6	1~4 号机推力油槽	HU-30	4×18
7	1~4 号机上导油槽	HU-30	4×3
8	1~4 号机水导油槽	HU-30	4×3
9	1~4 号机压油装置	HU-30	4×16.47

二、透平油的作用

透平油在水电厂中的主要作用是润滑、散热和液压操作。

(一)润滑

机组在运行中轴与轴承、轴瓦与镜板接触的两个表面间因摩擦会使轴承发热,甚至造成损坏而不能运行。为了减少这种因固体摩擦而造成的不良后果,就在轴承间或滑动部分之间形成油膜,因油有相当大的附着力,能够附在固体表面上,以润滑油内部摩擦来代替固体的干摩擦从而减少了设备的发热和磨损,延长了设备寿命,保证了设备的功能和安全,提高了设备的工作能力,有利于安全运行。

(二)散热

设备转动部件因摩擦所消耗的功转变为热量,对于设备及油本身的寿命功能有很大的影响,因此必须设法将热量散发出去,润滑油正起到了这一作用。油在转动部件与固定部件之间不但减少了金属间的摩擦,同时还减少了由于摩擦而产生的热量,润滑油在对流的作用下,通过油的循环,把因摩擦产生的的热量带给了冷却器,由冷却器传给冷却水并带走,从而使油和设备的温度不致升高超过允许值,保证了设备的安全稳定运行。

(三)液压操作

由于油的压缩性极小,操作稳定可靠,在传递能量的过程中压力损失小,因此在水电厂中用来作为传力的介质,例如在莲花发电厂的调速系统、蝶阀等的液压操作,都是用高压油来操作的。

三、绝缘油的作用

绝缘油是水电厂中常用的一种主要油类,它在设备中的作用主要是绝缘、散热和消弧。

(一)绝缘

因绝缘油的绝缘强度比空气大得多,用油作为绝缘介质可以大大地提高电器设备的运行可靠性,缩小设备尺寸。

(二)散热

变压器在运行中,因线圈通过强大的电流而产生大量的热量,此热量如不及时散出,温度上升过高会破坏线圈的绝缘,更严重者甚至烧毁变压器,而绝缘油则吸收了这部分热量。在温差的作用下油产生对流运行,通过冷却器或散热片将热量向外散发,保证了变压器的功能和安全运行。

(三)消弧

消弧即在油开关中装有开关油,利用油使开关在切断电力负荷时所产生的电弧进行冷却以达到灭弧的作用,从而保证油开关的工作安全。

第二节　　油的性质及其对运行的影响

为了正确地使用和选择油,就必须了解油的基本性质、油在设备中工作时可能发生的变化及对设备运行的影响。下面就此做简要的介绍。

一、黏度

当液体的质点受外力作用而相对运动时,在液体分子之间产生的阻力称为黏度,即液体的内摩擦力。

油的黏度分为动力黏度、运动黏度和相对黏度。动力黏度和运动黏度也称为绝对黏度。

油的黏度不是一个常数值,它是随着温度的变化而变化的。所以表示黏度数值时,就是说在某温度下的黏度。一般油品的黏度都是随着该油品当时温度的上升或所受压力的下降而降低、温度的降低或压力的升高而增高。

油的黏度是油的重要特征之一,对于变压器中的绝缘油,要求黏度尽可能地小一些,这样有利于靠油的对流进行散热。黏度愈小,流动性愈大,则冷却效果愈好,开关油也有同样的要求,否则在切断电路时电弧形成的高温不易散出,降低了消弧能力而易损坏开关。

对于透平油,黏度大时,易附着金属,表面不易被压出而保持摩擦状态,但阻力也大,增加了摩擦损失,此外散热能力也减小;当黏度小时则性质相反。一般地,在大压力或转速低的设备中用黏度大的油,相反则用黏度小的油,而油的黏度在正常运行中又随使用时间的延长而增大。

二、闪点

闪点是在一定条件下加热油品时,油的蒸气和空气所形成的混合气,在接触火源时,即呈现蓝色火焰并瞬间自行熄灭(闪光现象)时的最低温度,它是保证油品在规定的温度范围内储存和使用的安全指标。

对于运行中的绝缘油和透平油,在正常情况下,一般闪点是升高的,但是若有局部过热或电弧作用等潜伏故障存在,油因高温而分解,导致油的闪点显著降低。新透平油的闪点一般不小于 180 ℃,新绝缘油的闪点一般不小于 135 ℃。

三、凝固点

凝固点分为两种情况:一种是对于不含蜡的油,当温度降低时,其黏度很快上升,待黏度增加到一定程度时,而失去流动性时的温度称为凝固点;另一种是含蜡油,由于温度的降低使含蜡油受冷,蜡从油中结晶而出,当结晶量达到一定程度时,使油失去了流动性,称为构造凝固,此时的温度称为凝固点。

一般润滑油在凝固前 5~7 ℃时,黏度显著增大,因此要求润滑油的使用温度必须比凝固点高 5~7 ℃;否则启动时必然产生干摩擦现象。对于绝缘油,其型号后面的数字即表示该油品的凝固点,例如绝缘油 DB-45,其凝固点为-45 ℃。

四、酸性

油中游离的有机酸含量称为油的酸值。油品在使用过程中,一般情况下酸值是逐渐升高的,常用酸值来衡量或表示油的氧化程度。油的酸值过高,会对金属表面有腐蚀作用,酸和有色金属接触会形成一种皂化物,它在循环式润滑油系统中妨碍油在管道内的正常流动,并降低油的润滑性能。

一般规定,新透平油和绝缘油的酸值不超过 0.05KOH mg/g 油;运行中的绝缘油不超过 0.1KOH mg/g 油;运行中的透平油不超过 0.2KOH mg/g 油。

五、抗氧化性

使用过程中的油在较高温度下,抵抗和氧发生化学反应的性能称为抗氧化性。因为油氧化后,沉淀物增加,酸价提高使油质劣化,并引起腐蚀和润滑性能变坏,不能保证安全运行。因此,要求油的抗氧化性能要高。

六、抗乳化度

水轮机使用的透平油难免与水直接接触,故易形成乳化液,油一旦乳化则它的润滑性能降低,摩擦增大。为了保证设备润滑良好与正常运行,必须要求油品在循环系统中的油箱里,乳化液能很快地自动地破坏,使油水完全分离,定期将水排除,以利循环使用,所以要求透平油具有良好的抗乳化能力。

七、水分

油中水分的来源,一是外界侵入,二是油被氧化而形成。对于游离的水,容易除去且危害性不大;而溶解水能急剧降低油的耐压;结合水是油初期劣化的象征,由于油氧化生成;乳化状水很难从油中除掉,其危害很大。油中含有水分,会助长有机酸的腐蚀能力,加速油的劣化,使油的耐压降低。

八、油的灰分

油中矿物性杂质,燃烧时剩下的不能燃烧的无机矿物质的氧化物,即油的灰分。若油中含灰分过多,则润滑油膜不均匀,润滑作用不好。

九、油中的机械杂质

油中的机械杂质指在油中以悬浮状态及沉淀状态而存在的各种固体,如灰尘、金属屑、纤维物、泥、砂等固体物质。若机械杂质超过规定值,润滑油在摩擦表面的流动便会受阻,破坏油膜,使润滑系统的油管或滤网堵塞、摩擦部件过热,加大了零件的摩擦率。同时,还会促使油劣化,降低油的抗氧化性能。

十、绝缘强度

绝缘强度是评定绝缘油电气性能的主要标志之一。在绝缘油容器内放一对电极,并施加电压。当电压升到一定数值时,电流突然增大而发生火花,这便是绝缘油的"击穿"。这个开始击穿的电压称为击穿电压。绝缘强度是以在标准电极下的击穿电压表示的,即以平均击穿电压(kV)或绝缘强度(kV/cm)表示。用击穿电压的大小可以判断绝缘油电气性能的好坏。

绝缘油的电气绝缘强度是保证设备安全运行的重要条件,运行中很多因素都会降低其绝缘强度,严重时会发生电气设备击穿现象,因此对绝缘油来说,其电气绝缘强度一定要合格。

十一、油的介质损失角正切 tanδ

当绝缘油受到交流电作用时,就要消耗一些电能,转变成热能,单位时间内这种消耗的电能(功率)称为介质损失。这种介质损失是由穿过绝缘油的吸收电流和传导电流造成的。如没有上述的介质损失,则加于绝缘油的电压 U 和通过绝缘油的电流 I 的相角将准确地等于 $90°$。但由于绝缘油有介质损失,电流和电压的相角总小于 $90°$。$90°$ 和实际相角之差称为介质损失角,用 $δ$ 表示。

介质损失角的大小,是绝缘油电气性能中的一个重要指标,通常以 tanδ 表示。介质损失角 tanδ 越大,电能损失即介质损失越大。tanδ 对判断绝缘油的绝缘特性是一个很灵敏的数值,它可以很灵敏地显示出油的污染程度。

第三节　油劣化的原因及防护

一、油劣化的原因

油在运行、储存的过程中,经过一段时间之后,油会因潮气浸入而产生水分,或因运行中的种种原因而出现杂质,酸价增高,沉淀物增加,使油的化学性质发生变化,改变了油的物理、化学性质,以致不能保证设备的安全经济运行,这种变化称为油劣化。

导致油劣化的根本原因是油和空气中的氧起了作用,油被氧化了,其氧化的后果是酸价增高,闪点降低,颜色加深,黏度增大,并有胶质状和油泥沉淀物析出,将影响正常的润滑和散热作用。促使油劣化的原因有以下几个方面。

(一)水分的影响

水分进入透平油内后,使油乳化,促进油的氧化,增加油的酸价和腐蚀性。油中水分的来源:

(1)放置在空气中吸收大气中的水分。

(2)空气在低温油的表面冷却而凝结出水分。

(3)油中的水冷却器因破裂或联结不严密漏水进入油中。

(4)油系统或操作系统进水。

(5)被劣化的油也会分解出水来。

为了避免和预防油中混入水分,除在机组运行中润滑油要尽可能与空气隔绝外,运行人员应注意监视各部轴承冷却器水压,使其保持在规定的范围内运行,并注意油面和油色变化。

(二)温度的影响

当油的温度很高时,会造成油的蒸发、分解、碳化,并降低油的闪点,同时吸收氧的速度加快,即加快了氧化速度,因此油劣化得快。

一般油温在 30 ℃时可以说是不氧化的,而在 50~60 ℃时开始氧化,所以一般规定透平油油温不得高于 45 ℃,绝缘油油温不得高于 60 ℃。油温升高的原因,是由设备运行不良所造成的,如过负荷、冷却水终断,设备中油膜被破坏产生局部干摩擦等。

(三)空气的影响

空气中含有氧气和水分,所以其影响同上所述,空气会引起油的氧化,空气中的灰尘增加了油中的机械杂质。所以要求运行中的油应尽量与空气隔绝或减小与空气的接触面积。

(四)其他方面的影响

天然光线对油的劣化起触媒作用,促使油的劣化;电流会使油分解而劣化;还有金属的氧化作用等。

在正常运行条件下,变压器油和固体绝缘材料由于受到电场、热、水分、氧的作用,随时间而发生速度缓慢的老化现象,产生少量的氢、低分子烃类气体和碳的氧化物等。

当变压器在故障状态下运行时,故障点周围的变压器油温度升高,其化学键断裂,会形成多种特征气体。因不同键能的化学键在高温下有不同的稳定性,根据热力动力学原理,油裂解时生成的任何一种气体,其产气速率都随温度而变化,在一特定温度下达到最大值。随着温度的上升,最大值出现的顺序是:甲烷(CH_4)、乙烷(C_2H_6)、乙烯(C_2H_4)、乙炔(C_2H_2)。在温度高于 1 000 ℃时,还有可能形成碳的固体颗粒及碳氢聚合物。故障下产生的气体通过运动、扩散、溶解和交换,将热解气体分子传递到变压器油的各部分。

二、防止油劣化的措施

(1)消除水分浸入。如将设备密封,防止漏水。

(2)保持设备的正常工作情况:不过负荷,冷却水供应正常,保持正常的润滑油膜,主要目的是使油和设备不过热。

(3)减少油与空气的接触,防止泡沫的形成。

(4)避免阳光直接照射,将油储存在阴凉处。

(5)防止轴电流作用,轴承中采用绝缘垫,防止轴电流。

(6)其他方面,设备检修后采取正确的清洗方法。

三、油质的净化

(一)压力滤油主要去除机械杂质

压力滤油机是通过齿轮油泵旋转,对油液产生挤压作用形成压力,压力油流进滤床,经过滤油纸渗透出将油中杂质滤净。由于滤油纸的毛细管作用,也可以吸收油中残留水分。然后将滤油液从油管排出。安全阀的作用是控制管道系统的压力,当油压超过规定值时,安全阀就立即启动,使滤油液在泵中自行循环,油压不再上升,以确保设备安全运转。回油阀借助齿轮泵进油口的真空作用,将油盘内的油吸入滤清器。放液嘴供取油样进行性能试验。

(二)真空滤油主要去除水分

真空滤油机包括初滤器、真空蒸发罐、油泵、过滤装置、冷凝器、凝汽器和真空泵等。不纯净油在大气压力作用下,经初滤器进入真空蒸发罐。油被加热至100 ℃以上后喷入真空室,成为细小的油滴。油中的水分快速蒸发为水蒸汽,进入冷凝器冷凝后排出。未冷凝的水蒸汽则由真空泵排至大气中。汇集在真空蒸发罐底部、已经蒸发脱水的油被油泵送入过滤装置,滤去油中的固体杂质,进一步吸收掉微量水分。真空滤油机能显著地提高排除油中水分的效果,适用于高压电器用油的提纯。新出现的分子净油滤油机还采用了静电分离和树脂吸附技术,可除去变质的油分子,使绝缘油高度净化,提高绝缘性能。

第四节　油系统的作用、组成和系统图

一、油系统的任务和组成

(一)油系统的任务

油在设备中使用较长时间后油质将逐渐劣化,不能保证设备的安全经济运行。为了避免油很快的劣化和因劣化发生设备事故所造成的损失,必须设法使运行中的油类在合格的情况下,延长使用时间,并及时发现运行的油类将发生的问题,加以研究解决;油库中应经常备有一定数量和质量合格的各种备用油,这样才能保证设备的安全经济运行,为此必须做好油的监督与维护工作。油务系统设置的任务如下:

(1)接受新油。包括接受和取样试验。新到的油,一律按绝缘油和透平油的标准进行全部试验。

(2)储备净油。在油处理室(或油库)随时储存有合格的、足够的备用油,以防设备发生事故需要全部更换净油及设备正常运行的补充耗用。

(3)给设备充油。对新装机组、设备大修后或设备排出劣化油后,需要充油。

(4)向运行设备添油。油系统在运行中由于下列原因油量不断地损耗而需要添油:①油的蒸发和飞溅;②油系统中油槽和管件不严密处的漏油;③定期从设备中清除沉淀物和水分;④从设备中取油样。

(5)检修时从设备排出污油。设备检修时,应将设备中的污油通过排油管,用油泵或自流至油库的运行油槽中。

(6)污油的净化处理。储存在运行油槽中的污油通过滤油机除去油中的水分和机械杂质。

(7)油的监督与维护。其主要任务是对新油进行分析,鉴定是否符合国家规定的标准;对运行中油进行定期取样化验,观察其变化情况,判断运行设备是否安全;对油系统进行技术管理,提高运行水平。

(二)油系统的组成

水电站油系统对安全、经济运行有着重要的意义。油系统是用管网将用油设备与储油设备、油处理设备连接成一个油务系统。它不仅能提高电站运行的可靠性、经济性和缩短检修期,而且对运行的灵活性,以及管理方便等提供良好条件。油系统由以下部分组成：

（1）油库。放置各种油槽及油池。

（2）油处理室。设有净油及输送设备：油泵、滤油机、烘箱等。

（3）油化验室。设有化验仪器、设备药物等。

（4）油再生设备。水电站通常只设置吸附器。

（5）管网。把各部分连接起来组成油务系统。

（6）测量及控制元件。用以监视和控制用油设备的运行情况。如示流信号器、温度计、液位信号器、油混水信号器等。

二、油系统图

油系统图的一般要求：将用油设备与油库、油处理室连接起来的管网系统，在油务管理中是十分重要的。它直接影响到设备的安全运行和操作维护方便与否。应根据机组和变压器等设备的技术条件，满足其各项操作流程的要求。

系统的连接要明了，操作程序要清楚，管道和阀门要精炼，全部操作要简便，不容易出差错。油处理时，油泵、真空滤油机、压力滤油机和吸附器均可单独运行或串联、并联运行。污油和净油应各自有独立的管道和设备（如油泵、油槽），以减少不必要的冲洗工作。所有的设备布置在比较固定的范围，尽量减少搬动。油系统管网阀门通常采用手动操作。

三、透平油系统图

如图9-1所示为莲花发电厂透平油系统图。莲花发电厂透平油主要供给机组轴承润滑和调速器液压系统。其中，上导轴承和推力轴承以及集油箱由管网直接供油，水导轴承没有永久管路连接。

（一）系统组成

（1）净油桶。主要用来储备净油，以便机组或电气设备换油时使用。容积为一台最大机组（或变压器）充油量的110%，加上运行设备45 d的补充备用油量。

（2）运行油桶。当机组（或变压器）检修时排油与净油用。容积为最大机组（或变压器）油量的100%，但考虑到兼作接受新油，并与净油槽互用，容积与净油槽相同，为了提高污油净化效果，通常至少设置两个。

（3）事故排油池。用于事故的排油同时接受废油。在油库底层，容积为油槽容积之和。

（二）管网功能介绍

透平油系统图上面第一排干管为机组至油槽排油总管，第二排干管为油槽至机组充油总管，第三排干管为油槽至管网排油总管。在干管上设有阀门和活接头，便于管路分段、油罐独立运行，以实现不同的功能。

四、绝缘油系统图

如图9-2所示为莲花发电厂绝缘油系统图。莲花发电厂绝缘油主要供给4台主变及高厂变。在用油设备附近均已敷设管路，充、放油时临时连接好软管即可。

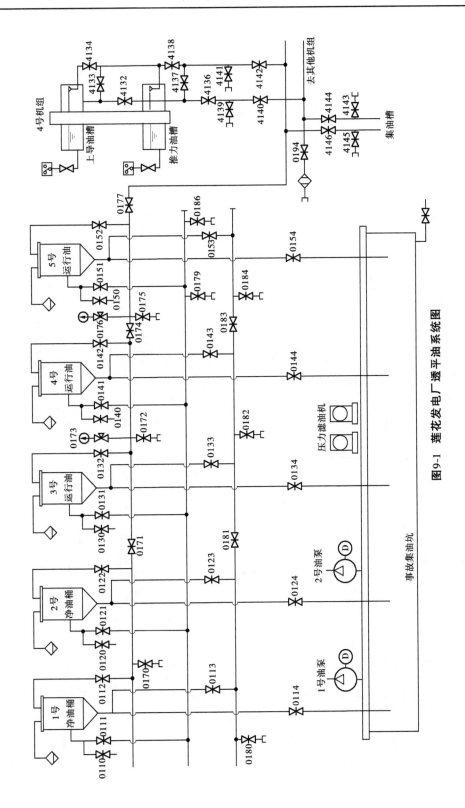

图9-1 莲花发电厂透平油系统图

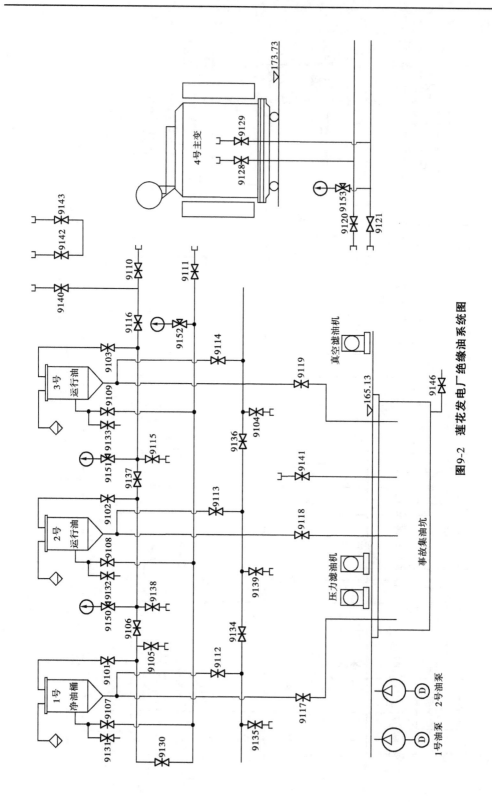

图9-2　莲花发电厂绝缘油系统图

第五节　油压装置及运行

一、油压装置的作用及组成

(一)作用

在水电厂中有许多设备都需要用压力油来进行操作和控制,例如水轮机导叶的开闭,接力器行程的改变,蝶阀、配压阀开闭的操作。综上所述,油压装置就是一种以液体油为介质的供调速器及有关设备压力能源的液压装置。

(二)对油压装置的要求

因油压装置是水轮机的主要辅助设备之一,主要是供给机组调速器及有关设备以液压能源进行操作和控制,所以应满足以下三项最基本的要求:

(1)压力油源必须有足够的能量,以满足对所需操作力的要求。

(2)必须保证油源十分可靠,应保证在最不利的情况下满足对停机操作的要求。

(3)必须使油源非常清洁,否则造成油路堵塞、部件卡涩及锈蚀。

另外还要保证工作安全,运行经济,使环境的噪声最小。

莲花发电厂1~4号机组及龙华电站油压装置的额定工作压力为4.0 MPa;保流1号、2号机油压装置的额定工作压力为2.5 MPa。

(三)油压装置的组成

(1)动力部分。是将原动机的机械能转换成液体介质的压能,即用油泵将电动机的旋转机械能转换成了压力油的压能。

(2)控制部分。用来控制油压系统的流量和压力,如安全阀、逆止阀、压力控制器、压力变送器、电接点压力表等。

(3)辅助部分。如压力油罐、集油箱、压力表、输油管路、阀门、油面计、温度计等。

(4)工作介质。即液压油,莲花发电厂油压装置用油为HU-30透平油。

(四)主要部件的作用

(1)集油箱,也叫回油箱。是用钢板焊成的矩形油箱,里面有滤网,将集油箱分成两个区域:一侧为污油区,是由各用油设备排回的油;一侧为净油区,是经滤油网过滤后的洁净油。集油箱在油压装置中的作用是汇集该系统工作后的回油及漏油为油压系统提供清洁的油源。

(2)压力油罐。是一个圆筒形的蓄能器,其作用是储存能量并减小工作时油压力的波动,有了油压罐可以使油泵间断运行,从而节约了电能和减小油泵的磨损。

(3)油泵。其作用是进行能量的交换,输送液体油。

(4)安全阀。其作用是用以保证压油罐内的压力不超出允许的压力值,防止油泵和压油罐过载,保证设备和人身的安全。

(5)电接点压力表(压力控制器或压力变送器等)。用于自动控制油泵的启动和停止,并在故障时能发出信号或给自动控制系统传递信号量。

另外,还有一些辅助元件,如油位计、油位信号器等。

二、压力油的产生及油压装置的工作原理

(一) 油压装置中压力的产生

前文已讲过油有传递能量的作用,虽然油能被压缩,但其膨胀性很小,如果只用油操作机械设备,当体积改变少许时,压力就会突然降低甚至立即消失,难以保证操作过程的平稳可靠。

空气易压缩和膨胀,弹性好,经压缩后可储存能量,所以利用这一特点,在压力油罐内充入 1/3 的透平油、2/3 的空气,使油形成了压力,就像在油面上放置了弹簧一样,再使用这样的压力油操作传递能量时,则油压既平稳而又可靠。

(二) 油压装置的工作原理

莲花发电厂共有油压装置 10 套。其中,大机组 4 套供调速器及液压系统用油,保流 1 号、2 号机蝶阀液压操作公用一套,保流 1 号、2 号及龙华保流 3 号、4 号、5 号机调速器各有一套独立的油压装置。如图 9-3 所示为莲花发电厂 4 号机组油压装置的工作原理图。

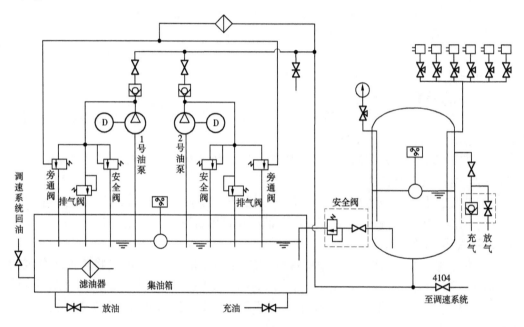

图 9-3　莲花发电厂机组油压装置的工作原理图

在压力油罐和集油箱上还设有磁翻柱式油面计,用来监视油面高度,并可以发出油位异常的报警信号。在压力油罐上装有 5 个压力开关和 1 个压力变送器,压力开关提供的开关量用于控制油泵的自动启停和油压报警、事故停机;压力变送器提供模拟量送至监控系统,能实时显示油罐压力,也可通过在软件上设定数值,作为越限报警信号。同时,通过设置好的压油罐油位和压力值,去控制自动补气阀,实现自动补气功能。

莲花发电厂 1 号、3 号机油压装置进行了改造,油泵改成立式螺杆泵,分立的功能阀集成为组合阀。组合阀的工作原理如图 9-4 所示。组合阀是采用 2 个插装单元及 3 个先

导控制阀构成的,同时具备单向阀、卸荷阀、安全阀及低压启动阀的功能。整个阀组的主阀在先导控制阀 YV1、YV2、YV3 的控制下动作。组合阀设有 3 个油口,出油口 P 和油泵出口相接,出油口 P1 与压力油罐进口相接,回油口 T 与回油箱相接。

图 9-4 中,CV1:安全阀。油压未到额定时打开,油压额定时关闭。

CV2:单向阀。油压额定时打开。

YV1:安全先导控制阀。油压过高时打开,使 CV1 控制腔排油而打开主阀。

YV2:卸荷先导控制阀。油压额定时打开,使 CV1 控制腔充油而关闭主阀。

YV3:低压启动阀。油压未达额定时打开。

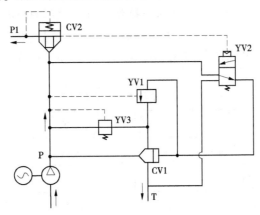

图 9-4　组合阀的工作原理图

三、调速器对油压装置的要求

(1)压力油源必须有足够的能量,水轮机调节的特点之一是需要大的操作力,因此压力油源的能量必须满足这个要求。

(2)压力油源必须十分可靠。即在最不利情况下,压力油源也必须能保证机组停机,否则将会发生非常严重的后果。

(3)压力油源必须非常清洁。油中的灰粉杂质容易在调速器中堵塞油路而酿成事故。

(4)还有如安全、经济、噪声小等要求。

四、液压传动的特点

(1)响应速度较快,液压油又便于散热,而且能起润滑作用,所以液压传动可使其结构紧凑并能延长元件的寿命。

(2)液压执行器产生的力矩是与压差成正比的,其大小只受安全应力的限制,因而能在较小体积的情况下产生较大的力矩。

(3)液压传动工作平稳,并能无损伤地在连续、间歇、正反向等各种状态下工作。

(4)液压油的黏度随温度而变,在流动中压力损失较大,因此在高温或低温以及远距离传动的情况下不宜采用液压装置。

（5）液压装置的零件加工质量要求较高，所以制造费用较高，此外液压控制计算较复杂，液压油有漏损、脏污环境等问题。

五、油压装置的运行与维护

因为压力油罐是储存压力油的，所以在运行中必须注意以下几个问题。

（一）油压

油压过高，一方面会使油泵过载，另一方面承压容器——压力油罐的薄弱环节会受到破坏，所以应保证运行中的压力值在额定范围之内，否则应放油或排气，以降低压力。

油压过低则使操作力不够，而无法进行操作，当油压降至操作导水叶的最小压力时，则当机组突然甩负荷时有可能因操作力不足而造成飞车事故，莲花发电厂规定事故停机油压 1~4 号机组为 3.0 MPa，1 号、2 号保流机为 1.6 MPa。1~4 号机组油压装置压力整定值见表 9-2。

表 9-2　1~4 号机组油压装置压力整定值

名称	定值	单位
工作泵启动压力值	3.60	MPa
工作泵停止压力值	3.95	MPa
备用泵启动压力值	3.50	MPa
备用泵停止压力值	3.95	MPa
压油罐压力升高报警值	4.15	MPa
压油罐事故低油压停机值	3.00	MPa

（二）油位

压力油罐的油面高度要保持在一定范围，在压力油罐的油面计上标有红线，为额定油面高度，便于运行中监视和调整。

油位过高，则压力下降快，油泵启动频繁；油面过低，在大量用油时油量不足，压力油罐中的高压空气有可能进入压力油管路和接力器中，使油系统管路及调速器产生严重振动而损坏设备。

由于压力油罐中的压缩空气有损失或因充气阀门关闭不严使压油罐内的油、气容积比例失调，故必须经常调整，使油、气保持正常的容积比。即油面在设定区间内，压油罐内的压力在额定工作范围内。1~4 号机组压油罐油位设定值为（1 100±120）mm。

对集油槽，在运行中应监视油位的高度，根据折算，得出总油量是否变化，能防止跑油事故的发生。1~4 号机组集油箱油位设定范围为（800±400）mm。

（三）油温

集油槽内的油温应保持在规定的范围内，及时调整电热的投入切除情况，以保证操作用油的黏度合格。

第六节　压力油操作系统

莲花发电厂机组的液压操作系统主要包括1~4号机组液压操作系统、快速闸门液压操作系统、保流机液压蝶阀操作系统。如图9-5所示为莲花发电厂机组液压操作系统图。

一、机组调速及液压操作系统

(一)正常工况下的调速器操作导叶过程

1. 导叶开启

当调速器手(自)动发出开启导叶的操作时,调速器主配压阀活塞向上动作,此时主配压阀开启腔通过主油源阀4104与压力油源相通,关闭腔与集油箱联通。压力油通过事故配压阀、管路直接和主接力器接通(注意:在正常操作情况下,事故配压阀仅仅作为操作系统流道的一部分,不起作用,如图9-5所示,事故配压阀上下管路的开关腔一一对应相通,上面的排油腔与主流道是隔离封闭的),压力油经4117阀门,通过单向节流阀(此时节流阀不起节流作用),平均分成两路,由4119、4125阀门同时进入主接力器开启腔。主接力器关闭腔的排油通过4120、4124阀门合流经过4118阀门流经事故配压阀,通过调速器的关闭腔回到集油箱。主接力器通过上述的油流控制操作,带动控制环逆时针旋转,实现导叶的开启。当导叶开启达到预定的开度后,通过调速器的反馈判断,将主配压阀复中,此时主接力器开启腔和关闭腔同时密闭,接力器静止,一个开启动作完成。

2. 导叶关闭

当调速器手(自)动发出关闭导叶的操作时,调速器主配压阀活塞向下动作,此时主配压阀关闭腔通过主油源阀4104与压力油源相通,开启腔与集油箱联通。压力油通过事故配压阀、管路直接和主接力器接通(注意:在正常操作情况下,事故配压阀仅仅作为操作系统流道的一部分,不起作用,如图9-5所示,事故配压阀上下管路的开关腔一一对应相通,上面的排油腔与主流道是隔离封闭的),压力油经4118阀门,平均分成两路,由4120、4124阀门同时进入主接力器关闭腔。主接力器开启腔的排油通过4119、4125阀门合流通过单向节流阀,经过4117阀门流经事故配压阀,通过调速器的开启腔回到集油箱。主接力器通过上述的油流控制操作,带动控制环顺时针旋转,实现导叶的关闭。当导叶关闭达到预定的开度后,通过调速器的反馈判断,将主配压阀复中,此时主接力器开启腔和关闭腔同时密闭,接力器静止,一个关闭动作完成。

3. 导叶分段关闭

根据调保计算的要求,在机组甩负荷情况下,为了防止机组转速上升超标和钢管水压上升超标,需要对导叶实现分段关闭。分段关闭的原理是通过在管路安装节流阀,限制主接力器关闭时排油孔的大小,使活塞制动减速,从而减慢导叶关闭的速度。莲花发电厂的分段关闭结构组成包括凸轮机构、配压阀、节流阀。动作过程:当回复机构带动凸轮机构旋转到拐点位置时,凸轮半径发生改变并操作配压阀,配压阀动作操作节流阀遮蔽部分流

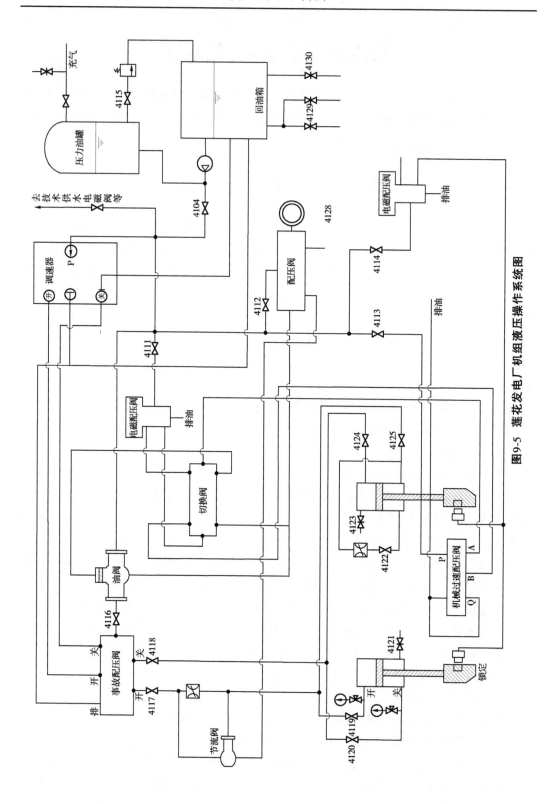

图9-5 莲花发电厂机组液压操作系统图

道,实现分段关闭的功能。分段关闭的拐点通过凸轮来选定,导叶关闭时间通过调整节流阀的开度来实现。莲花发电厂的分段关闭参数为:拐点位置,对应主接力器位置 206 mm,第一段不限速时间为 4.5 s,由拐点至全关的限速时间为 13 s。

在机组发电过程中应避免在拐点附近长时间运行造成节流阀频繁动作、液压管路振动、调节品质不良。

(二)事故情况下的导叶关闭操作

当机组故障,并遇调速器失灵时,需要事故停机操作。事故停机液压回路包括:事故停机电磁阀、机械过速飞锤控制的机械过速配压阀、切换阀、油阀、事故配压阀、主接力器及连接管路组成。从逻辑关系上来说,事故停机电磁阀与机械过速配压阀其中任意一个动作,均通过切换阀操作油阀,油阀动作后,同时实现两个功能:一是将事故配压阀活塞顶向左侧,使主接力器与调速器之间的连接油路切断,使接力器开启腔通过事故配压阀直接与集油箱连接便于排油;二是压力油通过油阀,经过事故配压阀直接进入主接力器关闭腔。最终实现导叶全关。

事故停机电磁配压阀是由事故停机出口的电信号操作,机械事故配压阀动作靠机组转速达到 160% 以上时,将大轴上的飞锤甩出操作的驱动。

切换阀在正常位置时处于中间位置,当事故停机电磁阀和机械过速配压阀任意动作后,稳定态被打破,切换阀向左(右)动作,打开油阀。

油阀的上腔在切换阀处于中间位置时,操作回路的压力油会始终压制住油阀的活塞,使其关闭。

为了防止正常情况下的事故配压阀误动作,在事故配压阀右端管路上有一根排油管,通过切换阀排油,正常情况下,事故配压阀依靠其自身的差压活塞,自复位在最右端。平时操作过程中一旦打破系统的平衡状态,均会引起误动作,需要小心。如果油阀的活塞渗油量超过排油能力,也会引起事故配压阀误动作,此时漏油箱的油位会急剧上升。如果事故配压阀活塞间隙变大,也会出现误动作现象,但表现情况为事故配压阀抽动,漏油箱油位出现间歇性突然升高现象。

(三)控制环锁锭操作

控制环锁锭只有一个液压腔配油,由一个两位三通电磁阀操作,当压力油进入锁锭液压腔实现拔出动作,当撤掉压力油接通排油时,活塞依靠弹簧自动复位,实现锁锭投入。控制环锁锭的特殊之处是活塞是固定件,缸体是移动的,并依靠缸体外壁插入锁孔锁住控制环。

在机组检修状态需要投入主接力器机械锁锭时,应该在关闭主油源阀之前进行,此时油压会保持主接力器压紧行程,便于锁紧控制环。恢复操作时也应该先给主油源,方可拆下锁锭螺母,防止损坏设备。

二、快速闸门液压操作系统

快速闸门和液控蝶阀是水电站中引水系统截断或接通介质的设备,适用于装在水轮机前的压力钢管处,作为水轮机进水阀,莲花发电厂这两种设备都有。快速闸门可以在大通径中低水头的电站应用。对于中高水头电站则采取液压蝶阀和液压球阀。其作用为:

(1)水轮机发生事故且导叶(或喷针)不能关闭时,紧急动水关闭,截断水流,防止水轮机发生飞逸,确保机组安全。

(2)机组停机备用时,静水关闭,截断水流,防止水轮导叶(或喷针)长期漏水,既减少水能损失,又可防止产生间隙汽蚀。

(3)机组停机检修时,静水关闭,截断水流,构成检修条件。

同时这种设备还可高位布置在压力钢管的始端,用作压力钢管保护阀,在压力钢管发生爆裂等情况时紧急关闭截断水流,防止事故扩大,确保安全。莲花发电厂快速闸门布置在压力管道前端的调压井处,每台机组有一个快速闸门。如图9-6所示为莲花发电厂快速闸门液压操作系统原理图。

(一)开启闸门

当控制装置接收到开闸门操作信号后,油泵电机启动,压力控制阀 CV3 与其盖板上低压启动阀 YV1 打开,使压力油流回油箱,实现油泵空载启动;随着油压不断上升,先导低压启动电磁配压阀 DP1 动作,CV3 关闭开始继续升压;压力油顶开单向阀 CV1,经由 K1101 阀门到达 CV4;当压力开关检测到已经达到启门油压,1 号机闸门开启电磁阀 DP2 动作,CV4 开启;压力油顶开 CV5,经过阀门 K1102 进入接力器下腔;这时 CV6 是截止的,接力器上腔的油通过 K1108/K1107 排至集油箱,闸门开始上升。当闸门上升至充水开度 320 mm 时,DP2 失电复归,CV4 反向截止,油泵停泵,CV1 关闭,闸门保持住,开始充水。当闸门前后侧平压,充水完毕后,油泵再次启动,重复上面的动作直至闸门到全开位置。在机组热备用期间,当闸门下滑 200 mm 时,主油泵启动提门,下滑至 300 mm 时启动备用油泵。

提门压力靠 CV5 整定。当发生故障油压过高时,压力开关通过控制 DP1 开启 CV3,使得压力油直接回到集油箱。

(二)自动关闭闸门

当控制装置接收到关闭闸门操作信号后,关闭电磁阀 DP3 动作,CV6 控制腔失压,接力器下腔的油在闸门自重的作用下,经由 K1102,打开 CV6,通过 K1106 返回到接力器上腔,闸门下落到位后,DCF1 动作,DP3 复位,CV6 复位。闸门自动关闭速度,可以通过调整 CV6 的限流器来实现。

(三)纯手动关闭闸门

遇到紧急情况,可以现地操作,纯手动关闭闸门。在现场只需要将阀门 K1104 开启,即可实现接力器上下腔联通,闸门靠自重下落。但现场操作一定要控制好阀门,防止闸门下落速度过快损坏设备。

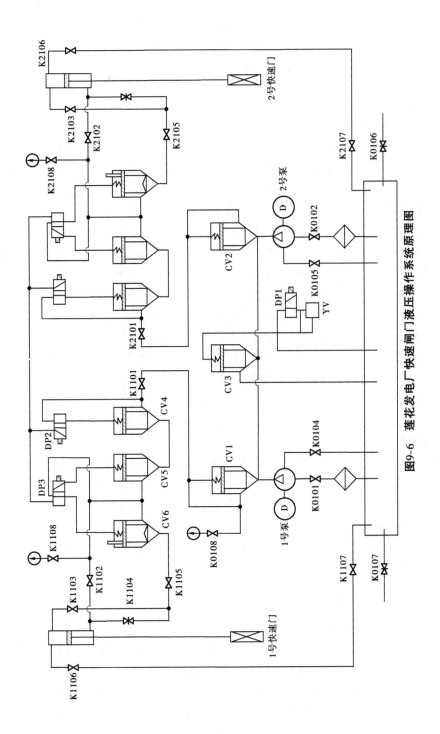

图9-6 莲花发电厂快速闸门液压操作系统原理图

第七节　机组润滑系统及运行

一、机组润滑系统的作用及组成

(一) 作用

水轮发电机组是由转动部分和固定部分组成的,为了维持转动部分平稳地旋转,必须约束转动部分径向和轴向的相对运动,因此在转动部分与固定部分之间设置了轴承。在立式机组中,约束径向的轴承称为导轴承,约束轴向的轴承称为推力轴承。导轴承主要承受机组径向不平衡力,包括磁拉力、水流环流和机械不平衡力在径向产生的作用,形象的说,一根轴线不晃动,就是导轴承的作用,从理想的几何角度,两点确定一条直线,因此导轴承最少要有两个,才能保证轴线的稳定。推力轴承主要保证转动部分的轴向不串动,它的受力包括机组所有转动部分的自重和轴向水推力的合力。上导轴承通过上机架、水导轴承通过水轮机顶盖将受力传递到基础上。推力轴承通过下机架将受力传递到基础上。

为了保持这些轴承的摩擦面在运转过程中的耐磨性,减少能量损耗,必须在摩擦面间形成并保持一定厚度的油膜,以确保润滑和散热,防止干摩擦。

润滑系统的主要作用是:保持轴承摩擦面之间的液体摩擦。要形成这种液体摩擦状态,须在摩擦面内形成一层极薄的油膜,当润滑油有足够的黏度,而且在摩擦面之间形成楔形尖隙(尖劈作用),就能使摩擦面之间形成进油侧油膜厚而出油侧油膜薄的楔形油膜,从而把加在推力轴承上的载重举了起来,使机组的整个转动部分在楔形高压油膜上悬浮转动,导轴承则是利用旋转时产生的楔形油膜使转轴保持在中心位置。

(二) 组成

莲花发电厂发电机组的结构形式为立轴半伞式机组,即推力轴承安装在转子下方,有上导轴承,无下导轴承,另外一部导轴承为水导轴承。三部轴承各自位于独立的油箱中。上导轴承和水导轴承为稀油润滑分块瓦式轴承,轴瓦采用乌金瓦,推力轴承采用弹性油箱支撑的弹性金属塑料瓦。

机组各部分轴承润滑系统的组成均包括轴承体、储油箱及密封装置、冷却器及管路、油位监视及报警装置等。

二、发电机轴承润滑系统

(一) 推力轴承的润滑

推力轴承是承担机组整个转动部分的重量和水轮机轴向水推力的轴承,莲花发电厂发电机为半伞式结构,即推力轴承位于立式机组转子的下方,推力头与主轴共同连接在转子下部一起转动,它把转动部分的荷重通过镜板直接传给了扇形的弹性金属塑料推力瓦,然后经托瓦、弹性油箱、推力油槽通过下机架最后传给了机组混凝土基础。

镜板和推力瓦无论在停机状态还是在运转状态,都是被油淹没的,由于扇形瓦和支点的重心有一偏差的偏心距,所以当镜板随同机组旋转时,扇形瓦会沿旋转方向轻微的波动,从而使润滑油顺利地进入镜板和推力瓦之间,形成了楔形油膜,增强了摩擦面的润滑和散热作用。而摩擦所产生的热量是由安装在油槽中的水冷却器中的水把热量带走的。

在停机状态，巨大的推力荷重通过镜板牢牢地压在推力瓦上，停机时间过长，镜板和推力瓦之间的油膜会被挤出，因此停机时间较长的机组在下次开机前需用制动闸顶起转子，以便在镜板与推力瓦之间重新建立油膜，以避免起机时因干摩擦而烧毁推力瓦。莲花发电厂现场运行规程规定：机组停机超过 240 h，启机前须顶起转子。另外，机组在低转速较长时间运行时，也会使得油膜建立效果不好容易烧瓦，因此在停机过程中要采取制动，尽量缩短停机时间。

如图 9-7 所示为发电机推力轴承润滑系统原理示意图。其中，图示的 1、2、3 部分为旋转件，其他部分为固定件，摩擦界面为镜板 4 和推力瓦 5 之间的接触面。图示中的箭头为润滑油的循环路径，润滑油在摩擦界面的泵吸作用下和离心力作用下，循环到轴承的外侧，通过冷却器将热量带走，冷却后的油再补充到中间开始下一次的往复循环。为了防止挡油桶 10 和推力头 2 之间发生爬油，造成油量损失，在推力头上径向钻孔，利用离心力使油回流。莲花发电厂在推力头 2 和油箱盖 3 之间的密封原先采用充气式密封防止油雾，效果不好，已经改造成可补偿式的接触式密封。运行中润滑油槽内的油面高度可从油面计或油位信号器进行观察和监控。

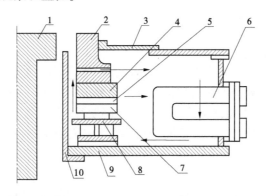

1—主轴；2—推力头；3—油箱盖；4—镜板；5—推力瓦；6—冷却器；
7—托瓦；8—弹性油箱；9—下机架；10—挡油桶。

图 9-7　发电机推力轴承润滑系统原理示意图

（二）上导轴承的润滑

如图 9-8 所示为发电机上导轴承润滑原理示意图。上导轴承的核心受力摩擦界面是轴领 2 和导轴瓦 3 的接触面。轴领是热套在主轴上与之同轴的旋转件，其他部分为固定件。主轴和轴领一起转动，12 块弧形导轴瓦均匀分布在轴领外的圆周上，主轴转动时的径向摆动力由轴领传给轴瓦、瓦背螺丝、油槽、上机架，最后传给机组混凝土基础。

导轴瓦和轴领间有一定间隙，在运转时，便利用旋转时所产生的楔形油膜，使转轴保持在中心位置，油槽中的透平油同时起到润滑和冷却作用，并借助油冷却器把热量带走。润滑油循环路径如图 9-8 中箭头所示。

三、水轮机导轴承的润滑系统

水轮机导轴承简称为水导轴承，其作用和发电机上导轴承一样，用来防止机组旋转部

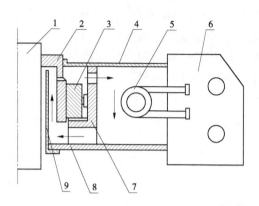

1—主轴;2—轴领;3—导轴瓦;4—油箱盖;5—冷却器;
6—上机架;7—瓦支架;8—油箱底板;9—挡油桶。

图 9-8　上导轴承轴承润滑系统原理示意图

分的摆动及承受径向负荷(水力不平衡)。水导轴承的结构原理与上导轴承一样,均为稀油润滑分块瓦结构,导轴瓦都采用乌金瓦,水导轴承共有 10 块瓦。此处不再详述。

四、机组润滑油系统的运行及维护

(一)油位

在各部轴承的润滑油槽上都安装有油面计、油位信号器或油标尺,用以观察和记录各油槽中的油位情况。各部轴承在运转中应有一个稳定的油位,一般情况下呈缓慢下降趋势,这是因为油槽总会有少量漏油或甩油。如下降明显,则说明有一定的问题,可能是漏油或甩油较严重;如油位上升明显,说明冷却器漏水渗入油中,应马上进行处理,否则容易发生烧瓦事故。

(二)油温

润滑油是把摩擦面的热量传递给冷却器的媒介质,在冷却条件一定、运行稳定的条件下,轴承的温度应保持不变,一般要求保持在 35~45 ℃为宜。油温过高则油的黏度小,不易附着在轴瓦上;油温过低则油的黏度大,流动性差,影响流动散热,对润滑和散热都不利。

但当机组的有功有变化时,轴承温度(油温)随之在一定范围内变化也是正常的,而当机组负荷无变化时,温度升高则是不正常的,如因冷却条件变坏或机组处于振动运行而使轴承温度升高需进行及时调整或处理。

(三)油质

油质的合格与否,应通过化验来决定,但在运行中也应经常从油的颜色等外观上进行初步的分析和判断,正常情况下合格的透平油,应是橙黄色。如颜色变暗,说明油中机械杂质较多;如油质变黑,说明油温过高已有大量碳化物存在;如用放出的油进行点燃有"啪啪"的响声,或油乳化呈白色,或轴承生锈,都说明油中有水分,因此在运行中应注意监视油质的变化。

第八节　漏油槽装置及运行

一、漏油槽装置的作用及组成

(一)作用

在油系流中,漏油槽装置是机械液压系统整体不可少的组成部分之一,它的主要作用就是汇集和接收各部件工作过程中的渗漏油,减少油的损耗和因油产生的污染。

(二)组成

漏油槽的结构及系统组成如图 9-9 所示,其组成部分包括:

(1)油槽。用于汇集和接收各部渗漏油,内部装有滤网。

(2)油位信号器。用于监视油槽油面和控制油泵电动机的启停。

(3)油泵电机组。用于输送和传递油流,将漏油槽中的油输回至集油槽中。

(4)油管路。包括回油管和输油管。

(5)油混水信号器。用于监测水分,以便定期排放。

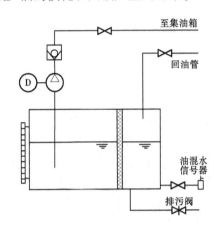

图 9-9　漏油槽结构示意图

(6)排污阀。定期检查油质,排污放水,检修清扫时可放空存油。

二、漏油槽装置的工作

莲花发电厂机组各单元分别设有漏油槽,1 号、2 号保流机液压蝶阀操作系统设有 2 台漏油槽。其工作过程是:将各部件的漏油通过回油管进入漏油箱中的右侧回油区中,在该油槽中的油经过镇静和沉淀,把油中的水分和机械杂质分离出来,当油位达到油位信号器的整定高度时,由该信号器控制电动机启动带动油泵工作,把漏油槽中的油打入集油槽中。

三、漏油槽装置的运行

机组及辅助设备在运行中各部分的漏油量,一般情况下是变化不大的,如发现某部位漏油量剧增,则说明设备存在问题需要及时处理,以防故障扩大。

应定期对漏油槽进行放水检查,以便确定油质情况和设备的运行状况。运行中可以根据漏油槽中油的颜色、含水量、含机械杂质等情况,对油质进行判断,以便及时对油质进行再生处理。

油泵电机在运行中应经常进行定期维护,如油泵电机的启动试验,检查油泵的工作效率、运转声音、清扫等,使其在良好的工作情况下运行。

第十章　直流系统及运行

第一节　直流系统概述

一、直流系统的作用

在发电厂和变电所中,为供给开关等电气设备的远距离操作、继电保护、控制、计算机监控、自动装置、信号装置、事故照明、交流不间断电源等负荷供电,要求设有专门的供电电源,这种电源称为操作控制电源。对于这类电源一般都采用直流电作为它的电源。

直流系统是一个独立的电源,它不受发电机、厂用电及系统运行方式的影响,运行稳定,供电可靠性高,在发电厂中为控制、信号、继电保护、自动装置及事故照明等提供可靠的直流电源,它还为操作提供可靠的操作电源。

直流系统的用电负荷极为重要,对供电的可靠性要求很高,是保障发电厂和变电所安全运行的决定性条件之一,对发电厂的安全稳定运行起到非常重要的作用,是发电厂安全运行的保证。

二、直流系统的组成、分类及作用

(一)直流系统的组成

直流系统一般由蓄电池组、充放电装置、调压装置、绝缘监察装置、电压监察装置、信号装置、直流母线及直流负荷等组成。

(二)直流系统的分类

在发电厂和变电所中,作为直流操作与控制的电源有以下几种:

(1)蓄电池组直流电源。

(2)二极管整流直流电源。

(3)晶闸管整流直流电源。

(4)高频开关整流直流电源。

蓄电池是一种独立的直流电源,它具有很高的可靠性,并能满足各类复杂的继电保护、自动装置以及各种类型的断路器的操作需要。所以该种直流电源在发电厂和变电所中得到了广泛的应用,但其造价高,且运行维护较复杂。

(三)蓄电池的主要作用

(1)当直流系统中有较大的冲击性负荷(如合闸电流)时,则由蓄电池供给,因为整流(浮充)电源的容量小,不能承担较大的负荷。

(2)当整流(浮充)装置或交流电源发生故障时,全部直流负荷由蓄电池组供给。

晶闸管整流装置和高频开关电源装置在电厂和变电所中得到了广泛的应用,它具有造价低、省去了对蓄电池维护的复杂性等特点，但由于它仍属于一种交流电源，具有自身的缺点，使它的应用受到了一定的限制。目前一般都采用将蓄电池组与整流装置组合共同组成直流系统，其特点是直流系统更加安全可靠、运行方式灵活方便，延长蓄电池组的使用寿命等。

三、直流系统部分名词术语

（1）控制回路。控制回路是发电厂或变电所断路器的跳合闸控制、继电保护、自动装置及信号装置回路的总称。

（2）合闸回路。向发电厂或变电所各断路器电磁操作机构中的合闸线圈供电的回路称为合闸回路。

（3）操作电源。在发电厂和变电所中，作为二次回路中的控制、信号、继电保护及自动装置等设备的工作电源称为操作电源，也叫操作直流。由操作电源供电的二次回路有控制回路和合闸回路。

（4）控制直流。用于机组启停、断路器的跳合闸控制、继电保护、自动装置及信号装置等控制回路的直流电源称为控制直流。

（5）合闸电源。用于断路器电磁操作机构中的合闸线圈的电源称为合闸电源，也叫动力直流。

（6）初充电。新的蓄电池在交付使用前，为完全达到荷电状态所进行的第一次充电。

（7）恒流充电。充电电流在充电电压范围内，维持在恒定值的充电。

（8）恒压充电。是将充电电源的电压在充电的全过程保持恒定。

（9）恒流限压充电。先以恒流方式进行充电，当蓄电池组端电压上升到限压值时，充电装置自动转换为恒压充电，直到充电完毕。

（10）浮充电。将蓄电池并联在足以使其容量保持在较高水平的额定电压电源上充电的运行方式，叫作蓄电池的浮充电运行。

蓄电池按浮充电方式运行，就是将充满电的蓄电池组与充电装置并联运行。其目的是浮充电供给恒定负荷，补偿蓄电池的局部自放电及漏电损失或者补充蓄电池组放电供给大电流时的电量损失，使蓄电池的容量保持在充分高的水平。

（11）均衡充电。用于均衡单体电池容量的充电方式，常用作快速恢复电池容量。

蓄电池在使用过程中，单体电池之间往往会产生密度、容量、电压等不均等的现象，或者因为长期充电不足、过放电或其他原因，使极板出现硫化现象。均衡充电能防止上述现象的发生，使各电池在使用过程中都能达到均衡一致的良好状态。

（12）补充充电。蓄电池在存放中，由于自放电容量逐渐减少，甚至于损坏，按厂家说明书，需定期进行的充电。

（13）恒流放电。蓄电池在放电过程中，放电电流值始终保持恒定不变，直放到规定的终止电压为止。

（14）蓄电池容量试验。新安装的蓄电池组，按规定的恒定电流进行充电，将蓄电池充满容量后，按规定的恒定电流进行放电，当其中一个蓄电池放至终止电压时为止。

（15）核对性放电。在正常运行中的蓄电池组，为了检验其实际容量，将蓄电池组脱离运行,以规定的放电电流进行恒流放电,只要其中一个单体蓄电池放到了规定的终止电压,应停止放电。

四、直流系统的接线要求

为保证直流系统可靠地、不间断地供电,直流系统接线的设计是非常重要的。因此,对直流系统接线的要求如下:

(1)设计既要简单可靠,又要满足运行的灵活性,便于操作和维修。蓄电池组、充电装置和负荷都应经保护电器和隔离电器接入母线。

(2)系统要选用可靠性高、性能良好的设备,尽量做到规范化、标准化、自动化。

(3)蓄电池组接入系统,要便于定期维修、充放电、消除故障。

(4)直流母线要设绝缘监察装置、电压监视装置等。

(5)整流充电装置是直接影响蓄电池运行稳定性和使用寿命的重要因素,要求整流充电装置具有较好的波纹系数、稳流系数和稳压系数。

(6)直流系统为不接地系统,直流母线的绝缘电阻不应低于 50 MΩ,全部直流系统的绝缘电阻不应低于 0.5 MΩ,蓄电池组绝缘电阻不得低于 0.5 MΩ(用 500 V 摇表测量)。

五、直流系统的负荷

(一)直流负荷的分类

1. 直流负荷按功能分类

(1)控制负荷。用于电气控制、信号装置和继电保护、自动装置以及仪器仪表等小容量负荷,称为控制负荷。这种负荷在发电厂、变电所数量多、范围广,但容量小。

(2)动力负荷。各类直流电动机、断路器电磁操动的合闸机构、交流不停电电源装置、远动、通信装置的电源和事故照明等大功率的负荷称为动力负荷。这类负荷在发电厂中容量较大,对蓄电池容量及设备选择起着绝对作用。而在变电所中主要是电磁操作机构。

2. 直流负荷按性质分类

(1)经常负荷。要求直流系统在正常和事故工况下均应可靠供电的负荷。

(2)事故负荷。要求直流系统在交流电源系统事故停电时间内可靠供电的负荷。

(3)冲击负荷。在短时间内施加较大的负荷电流。冲击负荷出现在事故初期(1 min)称为初期冲击负荷,冲击负荷出现在事故末期或事故过程中称为随机负荷(5 s)。

(二)直流负荷的统计

装设两组蓄电池时:

(1)控制负荷,每组电池应按全部负荷统计。

(2)动力负荷,宜平均分配在两组蓄电池上,其中直流事故照明负荷,每组应按全部负荷的 60%统计。

(3)事故后恢复供电的断路器合闸冲击负荷按随机负荷考虑。

(4)两个直流系统间设有联络线时,每组蓄电池仍按各自所连接负荷考虑,不因互联而增加负荷容量的统计。

(5)直流系统标称电压为48 V以下的蓄电池组,每组均按全部负荷统计。

第二节 莲花发电厂220 V直流系统及运行

一、220 V直流系统的组成

莲花发电厂220 V直流系统由 I、II 两段组成,每段分别由一组蓄电池、一面馈线屏、一面整流充电屏和一面自动调压屏组成。在 I、II 段间设有一面备用整流充电屏。

(1)220 V I、II 套蓄电池组为华达 GFM2-850 免维护阀控式密封铅酸蓄电池,各由104 只电池串联组成。

(2)220 V I 段馈线屏为 220 V 直流负荷分配的配电屏,包括 I 段控制母线和 I 段合闸母线。在其内部装有 HDJ-1 型直流系统绝缘监测装置和 DSM-II 型直流回路漏电流在线巡回监测装置。

(3)220 V I 段自动调压屏为 KZBT-220 型,主要完成对直流 I 段控制母线电压调整。

(4)220 V I 段整流充电屏为 JHZF-02 型微机充放电装置,完成对 I 段直流母线的供电和一套蓄电池的充放电控制。

(5)220 V 备用整流充放电屏。GZDW-I 智能型微机充放电装置,作为 220 V I、II 套蓄电池组备用充放电和 220 V I、II 段直流母线备用供电电源。

(6)220 V II 段整流充电屏。GZDW-220/120 型高频电源开关,完成对 II 段直流母线供电和 II 套蓄电池组充电。内有防雷装置、监控单元、整流模块、交流电源自动切换装置等。

(7)220 V II 段自动调压屏型号为 GZDW-220/120,完成对直流控制母线 II 段电压调整和电压检测。

(8)220 V II 段馈线屏型号为 GZDW-220/120,直流负荷分配的配电屏,由控制母线 II 段和合闸母线 IV 段组成,内有 JYM-II 型绝缘监测仪。

二、220 V直流系统的接线

如图 10-1 所示为莲花发电厂 220 V 直流系统接线图。莲花发电厂 220 V 直流系统分为两段,即 I 段和 II 段,供全厂的直流操作、测量设备、保护装置、机组操作控制、事故照明和 PLC 等电源。每段电源各设有一组免维护铅酸蓄电池,并配置一套智能高频开关电力操作电源系统,包括一面馈线屏、一套自动调压屏和一面整流充电屏。另外,设一套整流充电装置作为两组蓄电池公用的备用整流充电装置。

220 V 整流充电装置交流电源的取得:

(1) I 段整流充电装置为双路交流电源,分别取自 400 V 厂用电 3D 和 4D。

(2) II 段整流充电装置电源取自 400 V 厂用电 4D(尚未改造,待改造后与 I 段整流充电装置相同,亦为双路交流电源)。

(3)备用整流充放电装置有两路交流电源,分别取自 400 V 厂用电 3D 和 4D。正常

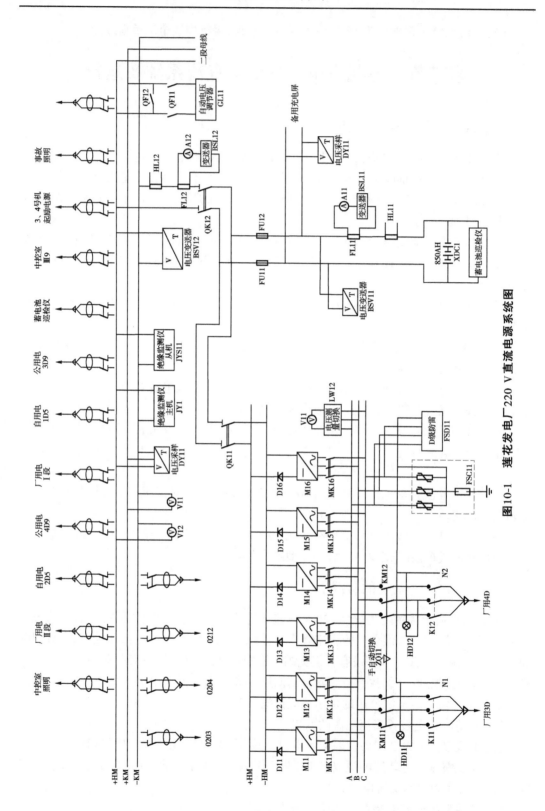

图10-1 莲花发电厂220 V直流电源系统图

运行时两组电源开关 ZKK 和 ZKK7 均处于分闸状态,不能同时投入运行。

220 V 整流充电装置正常运行时,主要作用是给蓄电池组进行浮充电并带 220 V 直流负荷。220 V 直流电源正常分两段独立运行,Ⅰ段直流电源带控制母线Ⅰ段,合闸母线Ⅲ段;Ⅱ段直流电源带控制母线Ⅱ段,合闸母线Ⅳ段。

保护和控制直流电源由直流 220 V 母线送至 220 VⅠ、Ⅱ段馈线屏上,在 220 VⅠ、Ⅱ段馈线屏分配输出至各用电负荷处。

三、220 V 直流系统运行方式

(一)正常运行方式

(1)Ⅰ套高频开关充电装置正常运行中带Ⅰ段直流母线负荷,并向Ⅰ套蓄电池组进行浮充电。其负荷开关 QK11、QK12 在合闸位置。

(2)Ⅱ套高频开关充电装置正常运行中带Ⅱ段直流母线负荷,并向Ⅱ套蓄电池组进行浮充电。其负荷开关 QK11、QK12 在合闸位置。

(3)Ⅲ套可控硅充电装置为备用状态,当Ⅰ套或Ⅱ套高频开关充电整流装置因故停运后,Ⅲ套备用可控硅整流装置投入工作。

(二)特殊运行方式

(1)整流充电装置采用手动方式给蓄电池组浮充电并带直流负荷运行。

(2)当交流电源消失或Ⅰ~Ⅲ套整流器均退出运行时,蓄电池组单独带直流负荷运行。

(3)蓄电池组退出运行时,由整流充电装置单独带直流负荷运行。

第三节 莲花发电厂 24 V 直流系统及运行

一、24 V 直流系统的组成

莲花发电厂 24 V 直流系统由Ⅰ、Ⅱ两段组成,每段分别由一组蓄电池、一面馈线屏和一面整流充电屏组成。在Ⅰ、Ⅱ段间设有一面备用整流充电屏。

(1)24 VⅠ、Ⅱ段蓄电池组为华达 GFM2-850 免维护阀控式密封铅酸蓄电池组,各由 12 只电池串联组成。

(2)24 VⅠ、Ⅱ段馈线屏为 24 V 直流负荷分配的配电屏,型号为 PD24/500DF/40D。屏内除馈电回路外,还安装有直流绝缘监测装置和自动电压调整装置。

(3)24 VⅠ、Ⅱ段整流充电屏:为 PS24600 型高频开关电源,其作用是为Ⅰ、Ⅱ段直流母线供电并对蓄电池进行充电。

(4)24 VⅢ套备用整流充放电屏:GZDW-I 智能型微机充放电装置。

二、24 V 直流系统的接线

如图 10-2 所示为莲花发电厂 24 V 直流系统接线图。24 V 直流系统供全厂的音响、信号、测量电源。电厂直流 24 V 电源系统设有两组免维护铅酸蓄电池,每组蓄电池单独

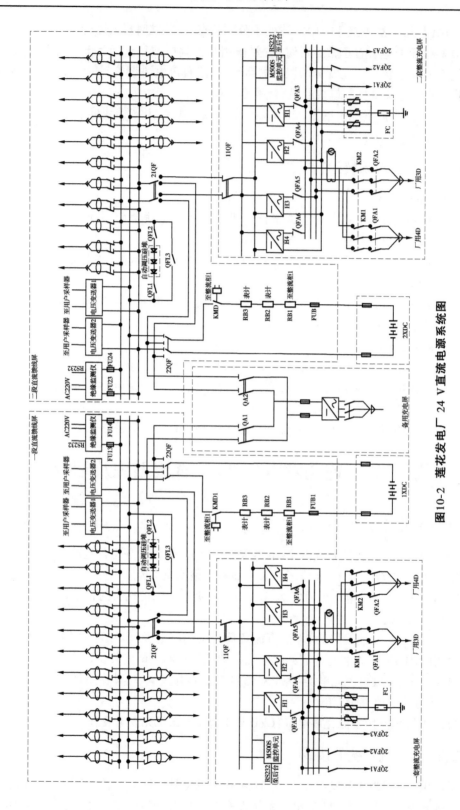

图10-2　莲花发电厂24V直流电源系统图

配置一套可控硅整流充电装置,另一套整流充电装置作为两组蓄电池公用的备用整流装置。

24 V 整流充电装置交流电源的取得:

(1) Ⅰ段整流充电装置交流电源分别取自厂用电 400 V3D 和 4D。

(2) Ⅱ段整流充电装置交流电源分别取自厂用电 400 V3D 和 4D。

(3) Ⅲ套备用整流充电装置电源有两组电源,分别取自 400 V 厂用电 3D 和 4D。正常运行时两组电源开关 ZKK 和 ZKK7 均处于分闸状态,不能同时投入运行。

24 V 整流充电装置正常运行时主要作用是给蓄电池浮充电并带 24 V 直流负荷。24 V 直流电源正常分两组独立运行,Ⅰ组带 Ⅰ、Ⅲ段母线,Ⅱ组带 Ⅱ、Ⅳ段母线。24 V 直流电源由直流母线送至 Ⅰ、Ⅱ段馈线屏上,在 Ⅰ、Ⅱ段馈线屏分配输出到各用电负荷处。

另外,在直流母线上还接有直流系统绝缘监察装置和电压监察装置,分别用于监视直流系统的绝缘和电压情况。

三、24 V 直流系统的运行方式及要求

(一) 正常运行方式

(1) Ⅰ套高频开关充电装置正常运行中带 Ⅰ 段直流母线负荷,并向 Ⅰ 套蓄电池组进行浮充电。其负荷开关 21QF 投在"运行"位置、蓄电池开关 22QF 投在"运行"位置。

(2) Ⅱ套高频开关充电装置正常运行中带 Ⅱ 段直流母线负荷,并向 Ⅱ 套蓄电池组进行浮充电。其负荷开关 21QF 投在"运行"位置、蓄电池开关 22QF 投在"运行"位置。

(3) Ⅲ套可控硅充电装置为备用状态,当 Ⅰ 套或 Ⅱ 套高频开关充电整流装置因故停运后,Ⅲ套备用可控硅整流装置投入工作。

(二) 特殊运行方式

(1) 整流充电装置采用手动方式给蓄电池组浮充电并带直流负荷运行。

(2) 交流电源消失或 Ⅰ～Ⅲ套整流器均退出运行时,由蓄电池组单独带直流负荷运行。

(3) 蓄电池组退出运行时,由整流充电装置单独带直流负荷运行。

第四节　高频开关电源装置

一、装置的组成

高频开关电源装置由交流配电部分、整流部分、直流馈电部分、监控部分组成。其中交流配电部分主要由交流配电单元组成;整流部分由充电模块和隔离二极管组成;直流馈电部分由降压硅链、绝缘监测、合闸分路和控制分路组成;监控部分由监控模块和配电监控组成。如图 10-3 所示为电力操作电源系统原理框图。

整流装置的交流电源有两路输入,正常时经交流切换控制电路选择其中的一路输入,并通过交流配电单元给各个充电模块供电。充电模块将三相交流电转换为 220 V 的直流,经隔离二极管隔离后并联输出,一方面给蓄电池组充电,另一方面通过馈电屏的合闸

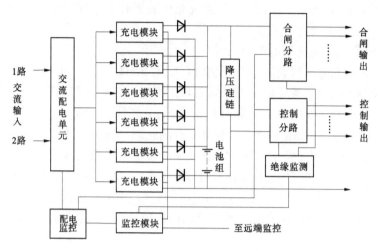

图 10-3　电力操作电源系统原理框图

分路和控制分路给负载提供正常的直流电源。

　　如图 10-4 所示为双交流电源自动切换原理图。两路交流电源的选择可以实现自动切换,也可以进行手动切换,由设置在屏面的电源选择切换开关实现。自动切换功能相对独立,无须监控单元参与。

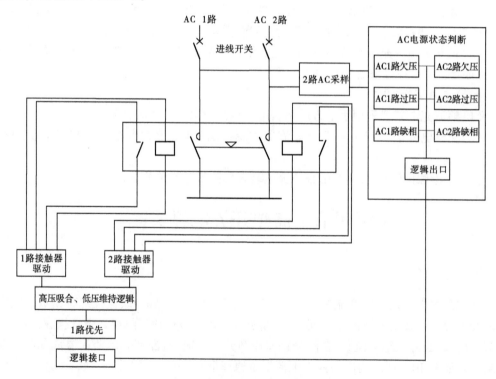

图 10-4　双交流电源自动切换原理图

当交流输入停电或异常时,充电模块停止工作,由蓄电池组通过合闸分路和控制分路给负载供电。交流输入电源恢复正常后,充电模块自动恢复对电池的充电。如图 10-5 所示为系统能量流动示意框图。

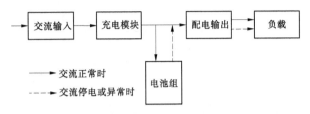

图 10-5 系统能量流动示意框图

二、充电模块

莲花发电厂 220 V 直流系统整流屏的充电模块型号为 HD22020-3,由六个充电模块并联输出。充电模块采用输入输出一体化插座,可以热插拔,方便维护工作。

(1)LED 显示面板。显示模块的电压、电流或告警信息。由显示切换按钮进行输出电压和电流的显示切换。出现模块告警时,LED 闪烁显示故障代码。

(2)指示灯。模块面板上有 3 个指示灯,绿灯亮时指示输入电源正常,黄灯亮时提示模块保护,红灯亮时显示充电模块故障。

(3)显示切换按钮。用于切换 LED 显示面板的显示内容。如果 LED 正显示输出电压,按一下该按钮则显示输出电流,再按一下该按钮则又显示输出电压。

(4)手动调压按钮。面板上嵌入的两个按键用来调整模块在手动状态下的输出电压。只有在手动方式下,该按钮才起作用。

(5)拨码开关。用于选择控制方式和模块通信地址。

三、监控系统

如图 10-6 所示为高频开关电源系统监控模块示意框图。图 10-7 所示为 PSM-E20 监控系统组成结构图。

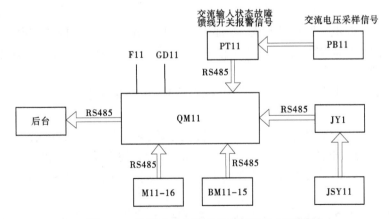

图 10-6 高频开关电源系统监控模块示意框图

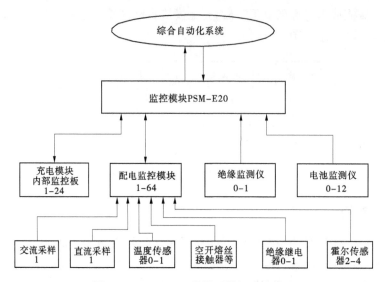

图 10-7　PSM-E20 监控系统组成结构图

　　PSM-E20 监控模块收集下级监控部件的信息,将这些信息进行分析和运算,然后进行显示、告警或者向下级监控部件发出控制指令。

　　充电模块内部监控由其内部的监控板完成。系统配电部分的监控工作由模拟量采样盒 PFU-12 和开关量采样盒 PFU-13 完成。PFU-12 可以检测 17 路模拟信号和 24 路开关信号,PFU-13 可监测 24 路开关信号。系统绝缘监测部分的工作由绝缘监测仪完成,系统蓄电池组部分的工作由蓄电池监测仪完成。

(一)可监控的信号量

　　PSM-E20 监控系统监测的模拟量和开关量,由模拟量监控盒 PFU-12、开关量监控盒 PFU-13、绝缘监测仪主机 JYM-Ⅱ、电池监测仪 BM-1 等采集设备采集计算,然后上送到监控模块显示或发出告警。

　　(1)模拟量。交流电压、母线电压、电池组电压、负载电流、电池电流、单体电池电压、馈电支路绝缘电阻、AC/AC 电压、AC/AC 电流、DC/DC 电压、DC/DC 电流、DC/AC 电压、DC/AC 电流等。

　　(2)开关量。馈电支路空开状态、电池熔丝通断状态、绝缘继电器告警状态、交流空开跳闸告警信号、交流接触器工作状态信号、防雷器故障信号、AC/AC 故障、DC/AC 故障、DC/DC 故障。

　　(3)输出信号。声音告警信号、告警指示灯信号、告警继电器输出。

(二)功能

　　(1)电池管理。根据对电池设置的浮充转换参数,对电池进行自动均浮充管理、限流充电管理、温度补偿、电池核容测试。可以进行最大 30 h 的手动均充操作。

　　(2)电池均充保护。根据设置的自动均充保护时间,完成对电池的均充保护,系统异常时转浮充。

　　(3)告警。最大 24×64 路馈电支路空开跳闸告警;电池熔丝熔断、交流空开跳、防雷器故障告警、绝缘继电器告警;母线绝缘下降、最大 384 支路绝缘下降告警;整流模块故障告警;交流过欠压、停电告警(交流电压<50 V);母线、电池电压过欠压告警;电池充电过流告警;电池单体过欠压告警;电池组温度异常告警(电池温度在-15~45 ℃范围以外告警,并停止电池温度补偿);模块保护、故障告警;配电监控 PFU-12、开关量采集盒 PFU-13、充电模块、电池监测仪、绝缘监测仪通信中断告警。

(4)后台通信。与后台监控实现 RS232/RS485 通信。

第五节　电压调整装置

莲花发电厂220 V 直流母线分为合闸母线 Ⅰ 段和 Ⅱ 段、控制母线 Ⅲ 段和 Ⅳ 段,控制母线主要接小容量的控制负荷,合闸母线主要接大功率的动力负荷。在合闸母线上装设有调压装置。

调压装置的主要部件是硅链降压单元。硅链降压单元的作用是可以自动或手动调节直流母线电压,从而使合闸直流母线的电压稳定在正常的范围内。

一、硅堆降压原理

硅堆降压回路原理图如图 10-8 所示,莲花水电站220 V 直流各段母线各有一组硅堆降压及压降来调节电压,通过改变串入线路的硅堆数量来获得适当的压降,以达到调节控制母线电压的目的。

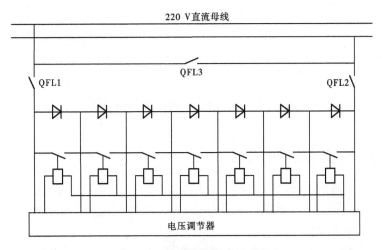

图 10-8　硅堆降压回路原理图

在每组硅堆两端接有硅堆投入开关 QFL1 和 QFL2,投入此开关则硅堆投入,进行电压调节工作;在硅堆两端还接有硅堆短接开关 QFL3。

二、电压调节器

电压调节器的作用是自动或受到控制硅堆的投入或退出,用于将合闸母线上的较高电压降压后输出到控制母线上。

电压调节器的面板上有三个指示灯,分别为电流指示灯(绿色)、输出过流指示灯(黄色)和故障告警灯(红色)。

在电压调节器的面板上还有拨码开关,用于设置电压调节器为自动模式或手动模式。自动模式时,由控制电路控制输出电压;手动模式时,由拨码开关控制输出电压。手动模式一般在出厂调试或自动模式故障时使用。拨码开关拨到上方时表示 0,拨码开关拨到下方时表示 1。拨码开关与压降的关系如表 10-1 所示。

表 10-1　拨码开关与压降的关系

220 V 电压调节器压降值	拨码开关位置			
	自动/手动	1	2	3
降压 0 V	1	0	0	0
降压 5 V	1	0	0	1
降压 10 V	1	0	1	0
降压 15 V	1	0	1	1
降压 20 V	1	1	0	0
降压 25 V	1	1	0	1
降压 30 V	1	1	1	0
降压 35 V	1	1	1	1
自动调节	0	拨码开关无效		

第六节　直流系统的接地

一、直流系统接地故障的分析

直流系统分布范围广、外露部分多、电缆多且较长。所以,很容易受尘土、潮气的腐蚀,使某些绝缘薄弱元件绝缘降低,甚至绝缘破坏造成直流接地。分析直流系统接地故障的原因有以下几个方面:

(1)二次回路绝缘材料不合格、绝缘性能低,或年久失修、严重老化。或存在某些损伤缺陷,如磨伤、砸伤、压伤、扭伤或过流引起的烧伤等。

(2)二次回路及设备严重污秽和受潮、接地盒进水,使直流对地绝缘严重下降。

(3)小动物爬入或小金属零件掉落在元件上造成直流系统接地故障,如老鼠、蜈蚣等小动物爬入带电回路;某些元件有线头、未使用的螺丝、垫圈等零件,掉落在带电回路上。

二、直流系统接地故障的危害

直流系统接地故障中,危害较大的是两点接地,可能造成严重后果。直流系统发生两点接地故障,便可能构成接地短路,造成继电保护、信号、自动装置误动或拒动,或造成直流保险熔断,使保护及自动装置、控制回路失去电源。在复杂的保护回路中同极两点接地,还可能将某些继电器短接,不能动作于跳闸,致使越级跳闸。

(1)直流正极接地,有使保护及自动装置误动的可能。因为一般跳合闸线圈、继电器线圈正常与负极电源接通,若这些回路再发生一点接地,就可能引起误动作。

(2)直流负极接地,有使保护自动装置拒绝动作的可能。因为跳合闸线圈、保护继电器会在这些回路再有一点接地时,线圈被接地点短接而不能动作。同时,直流回路短路电流会使电源保险熔断,并且可能烧坏继电器接点,保险熔断会失去保护及操作电源。

直流系统接地故障不仅对设备不利,而且对整个电力系统的安全构成威胁。因此,规程上规定直流接地达到下述情况时,应停止直流网络上的一切工作,并查找接地点,防止造成两点接地。

三、直流系统绝缘监察装置

为了便于经常性地监视检查直流系统的绝缘状况,需装设直流系统绝缘监察装置。莲花水电站采用的是 JYM-II 型直流系统绝缘监测装置。该装置采用微机控制,利用支路差流检测原理对直流系统进行在线监测,可监测直流系统电压、绝缘和各分支的绝缘状况。当直流系统发生接地时,可准确显示接地的直流回路编号、接地极性以及接地电阻值,并有两对告警接点引出。其主要特点是不向被测直流系统施加任何信号,对直流系统不产生任何影响。

第七节　交流不间断电源

一、概述

当发生交流厂用电停电事故时,为保障机组安全停机以及厂用电恢复后尽快启动,重要的水电厂或大机组普遍设置交流事故保安电源,由其向厂内非常重要的负荷进行供电。

保安电源的取得一般有三种方式:从外部电源接引,采用快速启动的柴油发电机组和采用直流—交流逆变电源。按照有关规程的规定,容量较大的机组或水电厂,应装设交流不停电电源。

交流不间断电源简称 UPS,其作用是作为发电厂重要交流负荷的应急备用电源,是一种静态逆变装置。莲花发电厂使用的是 PDW 型交流不间断电源,由整流器、逆变器、静态切换开关、旁路系统,以及与之配套的蓄电池等元件组成。装置从 220 V 直流室的直流屏上取电,不必像常规 UPS 那样增设庞大而昂贵的蓄电池组。从而避免蓄电池组的重复投资,减少系统的维护,降低系统运行成本。另外,由于电力系统操作电源中的直流屏容量大、寿命长,因此采用“直流动力+逆变电源”,其供电可靠性大大提高,电网断电后不间断供电时间也大大延长。

二、UPS 电源的取得及所带负荷

(一)UPS 电源的取得

(1)直流电源取自直流室馈电屏。

(2)交流电源正常市电和旁路备电均取自生产副厂房动力屏 18P。

(二)UPS 所带负荷及系统图

如图 10-9 所示为莲花发电厂 UPS 逆变电源装置所带交流负荷系统接线图。其所带交流负荷主要包括：

(1)1~4 号机组现地 LCU 单元交流电源。

(2)1~4 号机组常规机械保护屏交流电源。

(3)1~4 号机组常规测温屏交流电源。

(4)中控室返回屏交流电源。

(5)继电保护室内开关站 LCU 单元交流电源。

(6)继电保护室内厂用公用 LCU 单元交流电源。

(7)线路保护、录波器及打印机电源。

(8)母差保护及打印机电源。

(9)继电保护室大机组录波器及打印机电源。

(10)中控室火灾报警装置交流电源。

(11)继电保护室远动装置交流电源。

(12)龙华电站保护及控制装置交流电源。

(13)中控室及直流系统绝缘监察装置交流电源。

(14)1~4 号发变组保护交流电源。

(15)高厂变保护交流电源。

(16)厂用变保护交流电源。

三、UPS 装置工作原理

(一)系统结构

如图 10-10 所示为 PDW 型 UPS 电源装置系统原理结构图。

1. 连接部分图例说明

X090——旁路电源输入接线端子。

Q090——旁路电源供电开关。

T090——旁路电源变压器。当主路工作时隔离静态旁路开关 EN。

Q028——旁路电源输入开关。用备电供电时,断开备电与 UPS 主机的联系。

Q050——手动旁路开关。有两个挡位:A 为系统供电,即逆变器或静态旁路开关供电;B 为手动备电供电,完全隔离 UPS 系统,此时 Q028、Q001、Q004 必须在断开状态。

X001——市电(正常工作电源)接线端子,为三相输入。

Q001——市电输入开关。

X002——蓄电池电源输出接线端子。

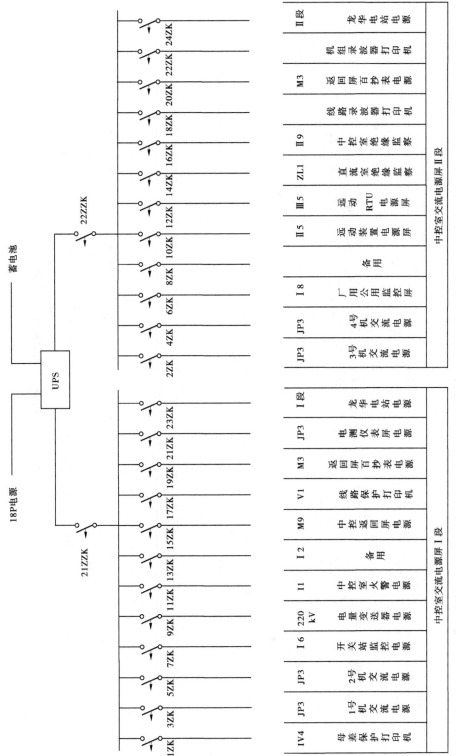

图10-9　莲花发电厂UPS电源系统负荷接线图

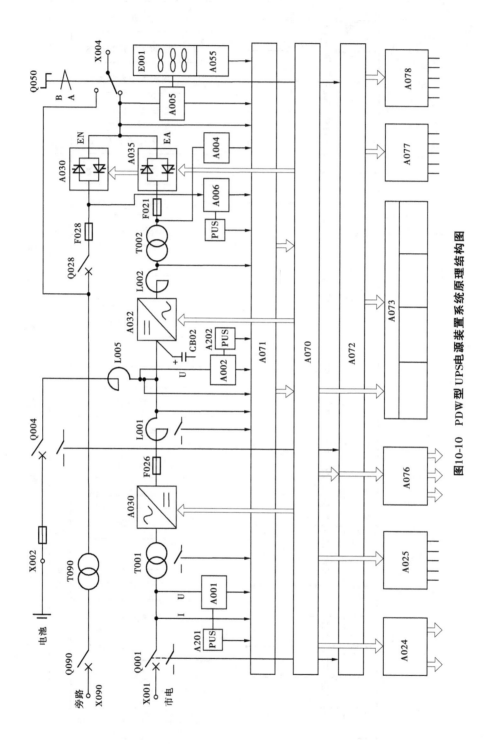

图10-10 PDW型UPS电源装置系统原理结构图

Q004——蓄电池输出电源开关。

X004——负载接线端子。

A024——并机板,两台以上 UPS 并机时,通过并机板通信,保证每台 UPS 知道系统的操作状态,以及保证负载的共享。

A025——外部连接板,主要是连接面板,其主要功能是:

输出:公共的报警延时,电池操作延时,系统转静态旁路开关 EN 的继电器,防止外部旁路切换的继电器。

输入:电池温度补偿的充电电压,远程启动/停止,紧急情况下的关机。

A076——通信板,包括 RS232 输出、RS232 电流循环、四个专用继电器。

A077——16 项继电器报警板(1),主要包括:主路整流器故障、直流输出超限、整流器保险熔断、电池放电、直流接地、逆变器保险熔断、旁路故障、温度超限、风扇故障、市电中断。

A078——16 项继电器报警板(2),主要包括:EN(静态开关)故障、EA(静态开关)故障、手动旁路打开、同步错误、负载超限转旁路、逆变器故障、电池放电、电池操作、整流器故障、EN(静态开关)开、EA(静态开关)开、逆变器开启、升压充电、整流器开启、外部设备报警。

注意:手动旁路开关为两位:A/B。

A 为自动挡,即手动开关打到 A 位置时负载由 UPS 系统供电,包括市电供电、电池供电及内部旁路供电。

B 为手动旁路挡,又叫手动维修旁路,即负载由外部旁路供电,而不通过 UPS。一般维修 UPS 时使用。手动旁路开关控制单极,为先合后断开关,即切换时负载不会断电。

2. 系统部分图例说明

T001——市电输入隔离变压器(自耦变压器)。

A030——6 管桥式整流器,将交流电转变成直流电。

F026——整流输出保险。

L001——滤波器,提供纯净直流电源。

L005——滤波器,减少交流电波皱的发生。

CB02——直流电容模块,用于直流电滤波。

A032——逆变器,将直流电逆变成交流电。

L002——交流滤波电感,防止交流电波形失真。

T002——隔离变压器,隔离电池和负载,防止电池直流电影响电压。

F021——逆变器输出保险,当逆变器故障 F021 被断开,系统转入旁路运行并报警。

A035(A030)——静态旁路开关 EN,由两个反并的可控晶闸管组成,其开通是由控制信号来控制的,其关断是靠可控晶闸管具有反向电压自然关断的特性来实现的。

F028——静态旁路开关保险。

A201——提供市电或旁路内部信号电源。

A202——提供电池内部信号电源。

A001(A004、A005、A006)——发送频率干扰,用于去除输入的高频干扰,并作为交流保险板部分在反相短路时保护控制电路板。

A002——保险板,用于反相短路时保护控制电路板。

A055——风扇系统,包括为风扇提供电源的变压器、风扇及内部电机、风扇监视系统(监视每一个风扇电机的转速,一旦转速低于下限则报警)。

A071——界面板,包括:①把整流器电压、旁路电压和主输出电压转变成标准控制信号的电压;②把直流电压转换成标准信号的电压;③控制信号线;④给各种职能模块提供内部电源。

A070——控制器,包括整流器控制单元、逆变器控制单元、静态开关控制单元、监视电流电压及报警、与前面板通信。

A072——信号控制器,在前面板上,可显示系统运行状态、修改参数及显示报警。

A073——前面板,包括显示单元、操作、显示状态和报警状态。

(二)正常运行状态

如图 10-10 所示,正常运行状态下手动旁路开关 Q050 打到 A 位置,Q028 合、Q004 合、静态旁路开关 A030 断。UPS 的正常运行模式为:市电 X001 输入→开关 Q001→整流器 A030→逆变器 A032→静态开关 A035→负载输出端子 X004→负载。

交流输入 X001 通过隔离变压器 T001 进入相角控制的整流器 A030,整流器补偿市电电压的变化以及负载的差异,维持直流电压的稳定,叠加的交流电压成分(脉动)由滤波器滤除掉;整流器提供逆变器能量,保证所连接电池处于准备状态。随后,逆变器通过优化正弦波脉宽调制控制,将直流电压转换为交流电压供给负载。

(三)电池运行状态

如图 10-10 所示,当市电超出所要求的范围或整流器故障时,UPS 自动转为电池运行,电池运行模式为:电池→开关 Q004→逆变器 A032→静态开关 A035→输出端子 X004→负载。

当市电故障时,逆变器 A032 不再由充电器 A030 提供电源,连接于直流中间电路的电池自动投入,且无间断地提供电流,电池放电时给出信号。如果达到电池放电电压下限,系统将自动转入旁路运行。若此时旁路无电,系统将自动关断,当市电恢复后,整流器将立即恢复给逆变器供电,同时给电池充电。

(四)旁路运行状态

如图 10-10 所示,在正常运行或电池运行时,若电池电压超出所要求范围或逆变器 A032 故障,UPS 自动地切换到旁路电源运行,实现无间断转换。旁路运行模式为:备电 X090 输入→隔离变 T090→开关 Q028→静态开关 A030→输出端子 X004→负载。

当电池电压恢复正常,且市电也正常时,UPS 可以自动切回主回路工作。转换可由控制信号控制自动进行,也可以手动进行。如果自动切换旁路运行期间旁路备电故障,而此时电池存在,且各项指标符合运行范围,系统将自动转换到电池工作,但系统输出有间断(逆变器启动时间)。如果手动切换旁路运行期间旁路备电故障,UPS 将停机。

(五)手动旁路运行状态

如图 10-10 所示,当进行装置维护或维修工作时,系统的输出可通过先合后断的手动旁路开关 Q050 转换,在这种方式下,除少数几个连接分路的元件外,UPS 装置被断电。

将 Q050 切至 B 位置,运行模式为:备电 X090 输入→隔离变 T090→Q050(B)→输出端子 X004→负载。

第十一章　调速器及运行

第一节　水轮机调节概述

一、水轮机调节的任务

水轮发电机组把水能转变为电能供工农业生产及生活使用,用户除要求供电安全可靠外,对电网频率的质量要求也十分严格。按我国电力部门规定:大电网频率为 50 Hz,允许偏差为±0.2 Hz;对于中、小电网允许偏差为±0.5 Hz。我国目前的中、小电网,系统负荷波动可达总容量的 5%~10%;即使是大的电力系统,其负荷波动也可达总容量的 2%~3%。电力系统负荷的不断变化将导致系统频率的波动。

因此,必须根据负荷的变动不断地调节水轮发电机组的有功功率输出,并维持机组转速(频率)在规定的范围内,这就是水轮机调节的基本任务。

水轮机调节的任务是通过调速器来完成的,调速器可分为手动调节和自动调节两种。手动调节是通过运行人员手动方式进行调节,当发现机组转速(频率)有偏差时,操作机械传动机构改变导叶开度,使机组转速(频率)恢复到规定的数值。手动调节方式如图 11-1 所示。

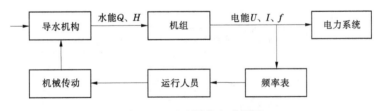

图 11-1　手动调节方式框图

实际上负荷是不断变化的,水轮机调节也要不断进行,所以必须要依靠自动调节来完成频繁的调节任务。自动调节方式如图 11-2 所示,机组的转速信号送至测量元件,该元件把频率信号转化成位移或电压信号,送至加法器(用⊗表示)上,并与给定信号相比较,确定频率是否有偏差及偏差的方向,并根据偏差情况发出调节命令。加法器代替了人反应,放大元件将调节命令放大,并经执行元件作用于导水机构完成调节任务。自动调节多了一个反馈元件,其作用是把导叶开度变化这一信号传回加法器,以免导叶开关过头而重复调节。所谓反馈,就是把后一级输出信号送到前一级输入端。

通常把测量、加法、放大、执行和反馈等元件总称为自动调节器,机组被称为调节对象,导水机构通常放在机组之内,被调节对象加上自动调节器称为水轮机调节系统。

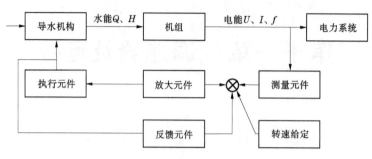

图 11-2 自动调节方式框图

二、水轮机调节系统的组成

水轮机调节系统是由水轮机控制设备(系统)和被控系统组成的闭环系统。引水和泄水系统、装有电液调节器的水轮发电机组及其所并入的电网称为水轮机控制系统中的被控系统;用来监测被控量(转速、功率、水位、流量等)与给定量的偏差,并将其按一定特性转换成主接力器行程偏差的一些装置组合,称为水轮机控制设备(系统)。水轮机调速器则是由实现水轮机调节及相应控制的机构和指示仪表等组成的一个或几个装置的总称。

水轮机控制系统的结构如图 11-3 所示。其工作过程为:测量元件把机组转速 n(频率 f)、功率 P_g、水头 H、流量 Q 等参数测量出来,与给定信号和反馈信号综合后,经放大校正元件控制执行机构,执行机构操纵水轮机导水机构和轮叶机构,同时经反馈元件送回反馈信号至信号综合点。给定元件可以接收电网 AGC 和电厂 AGC 下达的机组功率控制指令。

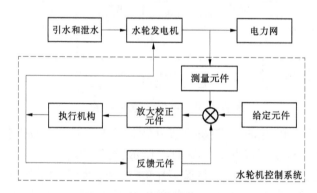

图 11-3 水轮机控制系统的结构

三、现代水轮机调节的特点

当机组并入大电网运行时,水轮机调速器主要作为电网一次调频/负荷控制器、电网二次调频和电网负荷频率控制的功率控制器使用。所以,现代水轮机调速器承担的任务已不能仅仅用"水轮机调节"来描述了,原来所说的水轮机调节系统的功能有了增加和扩展:

（1）在完成水轮机频率（转速）调节任务的同时，具有功率控制、流量控制和水位控制等功能。

（2）与电网 AGC 系统和电厂 AGC 系统相接口。

（3）具有一些与电网控制有关的附加功能。

现代水轮机调节系统可以称为水轮机控制系统。水轮机控制系统的工作范围除包含原来的水轮机调节的内容外，还要完成电网 AGC 系统和电厂 AGC 系统下达的一次调频、二次调频和区域电网间交换功率控制等任务。2007 年，我国水轮机调速器与油压装置的国家标准，将主题词"水轮机调速器与油压装置"改为"水轮机控制系统"。

根据负荷的变化不断地调节水轮发电机的有功功率输出，维持机组的转速（频率）在规定范围内，这就是水轮机调节的基本任务。水轮机调速器与油压装置是水电站的辅助设备，它承担了水轮机调节的主要任务——维持被控水轮发电机的转速（频率）在允许范围内，并与电站二次回路和自动化元件一起，完成水轮发电机组的自动开机、正常停机、紧急停机、增减负荷等操作控制功能。水轮机调速器还可以与其他设备相配合，实现成组调节、流量控制、按水位信号调节等自动化运行方式。

所以，在恒定水头下，只有调节水轮机流量 Q，才能明显地改变水轮机转矩 M_t，从而达到 $M_t = M_g$ 的目的。从现象上看，水轮机控制的主要任务是维持机组转速（频率）在额定转速附近的一个允许范围内。然而，从实质上讲，只有当调速器相应地调节导水机构开度和水轮机轮叶的角度（调节水轮机流量 Q 和调节水轮机效率 η_t），使水轮机转矩 $M_t = M_g$，才能使机组在一个允许的稳定转速（频率）下运行。从这个意义上说，水轮机调节的实质就是：根据偏离了额定工况的转速（频率）偏差信号，调节水轮机导水机构和轮叶机构，维持机组功率与负荷功率的平衡状态。

（一）水轮机控制的特点

水轮机调节系统除具有一般闭环控制系统的共性外，还有一些值得注意的特点：

（1）水轮机调节是通过控制水轮机导水机构来改变通过水轮机的流量及其流态的，由于水轮机流量很大，操作导水机构就需要很大的动力。因此，需要一级液压或二级液压放大。

（2）水电厂受自然条件的限制，常有较长的压力引水系统。管道长、水体多、水流惯性大，导水机构开关时会在压力管道内引起水击作用。而水击作用通常是与导水机构调节作用相反的，使调节作用延迟，这对水轮机调节系统的动态过程是不利的。为抵消这一影响，就必须设置较强的、时间常数较大的反馈元件，这又恶化了调速器的速动性。

水轮机过水管道存在水流惯性，通常用水流惯性时间常数 T_w 来表征过水管道中水流惯性特征时间。它与管道的长短、流速的大小及设计水头的高低都有关。T_w 的物理意义可以理解为：如果过水管道充满水，水轮机导叶可以瞬时打开，则过水管道中的水体由静止状态到达起始平均流速所需时间就是 T_w。

T_w 表示过水管道水流的惯性，它是水轮机主动力矩变化存在滞后的主要原因，也是造成调节系统不稳定和动态品质恶化的主要因素。在其他条件不变时，T_w 越长，则调节过程的振幅越大，振荡次数越多，调节时间也越长，以至最后超出稳定范围。为了补偿 T_w 恶化调节质量的作用，调速器中装设有校正环节——缓冲装置；有的调速器还引入加速度调节信号或水压反馈信号。正因为 T_w 和调节质量密切相关，调速器的最佳参数整定值都和 T_w 直接有关。

（3）水轮发电机组存在着机械惯性。一般用机组惯性时间常数 T_a 来描述机组的惯性特性，其定义是：机组在额定转速时的动量矩与额定转矩之比。

机组惯性时间常数 T_a 的物理意义是：在与发出额定功率相当的额定转矩作用下，机组由静止状态达到额定转速所需时间。当然不应把 T_a 与真正的机组启动过程中由静止状态达到额定转速所需的时间混为一谈，因此前者是假定机组在瞬间施加的额定转矩 M_r 恒值作用下，而这样的条件在实际运行中是不可能出现的。

T_a 是表示水轮发电机组惯性特征的综合指标。T_a 值越大，越有利于调节系统的稳定，而且在调节过程中能够减小转速的偏差和减缓转速的变化。但是转速变化慢了也可能使调节时间略为加长。若 T_a 过小，将使调节系统难以稳定，此时还考虑其他增加稳定性的措施。例如：小型水轮发电机组由于其惯性太小，就需在其轴端增加一个飞轮。当机组并网运行时，T_a 应理解为包括电网负载的时间常数，即（$T_a + T_b$）值，此时相当于"机组"的惯性加大了，有利于系统稳定。

（4）负载惯性时间常数 T_b：电网中具有转动部分的负载，如电动机及其所拖动的旋转机械，也和机组一样具有它的转动惯量 T_b，并对调节系统的调节过程起着与机组转动惯量 T_a 相同的作用。负载惯性时间常数 T_b 定义为：由电网引起的动量矩与额定转速之比。

T_b 值的大小与电网负载的大小和性质有关，负载惯性的存在，使系统惯性增大，可减弱系统频率波动，有利于调节系统的稳定。

（5）机组综合自调节系数 e_n：又称为被控系统自调节系数，e_n 通常是大于 1 的数。也就是在频率升高时负载所消耗的阻力矩是增加的，而水轮机的主动力矩是降低的，两种力矩的反方向变化使频率升高受到抑制。这说明机组具有综合自平衡能力（或自调节能力），e_n 是增加调节系统稳定性和改善动态品质的有力因素。

（二）手动进行水轮机调节的情况

手动控制水轮机导水机构时，必须监视被控制水轮发电机组或电网的频率。当频率大于或小于 50 Hz 时，相应关闭或开启水轮机导水机构，使频率恢复到 50 Hz 左右的一个允许范围内。由于水轮发电机组机械惯性和过水管道系统水流惯性的影响，运行人员应采用下面的操作原则：

根据机组（电网）频率偏离 50 Hz 的大小决定操作导水机构的数量和速度。例如，51 Hz 和 55 Hz 都是向上偏离 50 Hz，前者关闭导水机构可少一点和慢一点，而后者则可多一点和快一点。

除注意频率的数值外，还应观察频率的变化趋势。例如，在运行人员控制下，机组频率已由 55 Hz 以较快的速度恢复到 51 Hz，尽管它大于 50 Hz，此时应停止关闭导水机构；若频率接近 50 Hz 时仍有下降的趋势，此时反而应开启一点导水机构，这样才有可能使机组频率较快地恢复到 50 Hz 附近。我们可以把这样针对机组惯性和水流惯性而采取的操作原则形象地称之为"提前刹车"。

上述操作原则，可以通俗地理解为自动调节时的"比例"和"微分"调节规律。自动调节中的"积分"调节规律，则起着消除或减小静态偏差，形成水轮机调速器和水轮机控制系统静态特性的作用。也可以称"积分"规律起到"精细"调节的作用。

第二节　调速器的作用及工作原理

一、调速器的作用

(1)自动或手动调整机组的转速。

(2)自动或手动启动、停机或事故停机。

(3)当机组并列运行时,自动地分配各机组之间的变动负荷。

水轮机自动调节系统以被调节参数(频率或转速)的偏差作为调节导叶开度的依据。所以在负荷变动时,总是先产生一定的转速(频率)偏差,然后在调速器的作用下,逐步消除这一偏差,这一过程称为调节系统的过渡过程,也称调节过程。在调节过程中调节系统的各种参数如转速、调节信号、导叶开度等都是随时间变化的。而调节系统各参数不随时间而变化的工作状态称为平衡状态,也称稳定状态。

二、对调速器的基本要求

(1)调速器必须保证闭环调速系统的稳定性。

(2)水轮机调速系统必须保证在各种不同工况下均可靠运行。

(3)为了保证系统频率质量,要求调速器具有较小的转速死区。

(4)在大电网系统中,调速器不仅应具有按频率调节的高品质指标,而且还应该对上位机发出的各种指令信号具有很好的速动性。

(5)在机组与系统解列甩负荷时,调速器要保证导水机构在关闭过程中,使得水轮机组的转速升高值、压力管道水压上升值和尾水管进口的真空值符合调保计算的要求。

三、水轮机调速器的基本构成

无论是机械液压型调速器、电气液压型调速器还是微机液压型调速器,其基本构成原理都是一致的,只是实现的手段、功能强弱不同。基本构成包括以下几部分:

(1)测量元件。在调速器中主要是测量机组的转速。在莲花发电厂采用 PT 测频方式完成测量任务。

(2)综合元件。将测频元件、反馈元件等送来的信号加以综合,并将综合后的信号作为调节信号输送给放大元件。在莲花发电厂调速器中采用软件来控制。

(3)放大元件。将综合元件送来的调节信号进行放大,用以操作执行元件。在莲花发电厂调速器中是由电气回路、无油电转及二级液压放大机构来完成的。

(4)执行元件。根据放大后的调节信号,操作导水机构,改变导叶开度。各类调速器的执行元件均为水轮机接力器。

(5)反馈元件。用于保证调节的适度性及稳定性。莲花发电厂微机调速器的反馈元件是由位移传感器完成的。

四、水轮机调速器的调节原理

根据水轮机调速器的调节任务可将控制系统分成三类。

(一) 恒值控制系统

如果给定量是恒定的,被控制量只在允许的范围内变化,这种控制系统称为恒值控制系统。这类系统的任务是维持被控制量为一给定的数值。水轮机的转速调节系统也是一种恒值调节系统,转速是被控制量,给定值就是额定转速。

在控制系统中总是会有某些使被控制量偏离给定值的干扰因素,这些干扰称为扰动。由控制系统的内部因素所引起的扰动(如元件参数变化等)称为内扰;由控制系统外部因素所引起的扰动(如输出负载的变化)称为外扰。恒值控制系统的任务,就是在扰动发生时,尽快地克服扰动的影响,使被控制量恢复到给定值。

(二) 随动控制系统

如果被调节量随着给定量的变化而变化,而给定值是一个未知的时间函数,这种系统就是随动控制系统。这类系统的任务是维持被控制量等于某个不能预知的变化量。如转桨式水轮机的桨叶控制系统,桨叶随导叶开度变化而变化。但导叶开度本身是按频率或功率进行调节的,在什么时间导叶的开度应为多大是一个未知数,并不是恒值也不易找到规律。

由于控制系统中必然存在着惯性,因而会造成延迟,因此随动控制系统的任务就是要有效地克服系统中的惯性和延迟,使被控制量紧紧跟随给定量,确保一定的准确度。

(三) 程序控制系统

如果给定量是按一定规律变化的,即给定值是一个已知的时间函数,这种系统就是程序控制系统。这类系统的任务是维持被控制量按照某个预定的规律变化。水电厂机组启动时转速上升过程就可以采用这种控制方式。程序控制的另一种形式是在生产过程中按一定的程序和规律对一系列生产设备进行操作控制,如水轮发电机的自动操作系统等。

根据控制系统有无反馈作用,可以将控制系统分为开环控制和闭环控制两类。如果系统的输出端与输入端之间不存在反馈,也就是输出量对控制作用没有影响,这样的系统称为开环控制系统。反馈控制系统又叫闭环控制系统,闭环控制系统是将系统输出量的测量值与所期望的给定值相比较,由此产生一个偏差信号,利用此偏差信号去进行调节控制,使输出值尽量接近于给定值。

水轮机调节系统就是闭环控制系统,水轮发电机组及其所在的电网是被控制对象,机组的转速和力矩之间存在着一定的关系,当由于负荷变化引起力矩平衡破坏时,机组的转速就会发生变化。水轮机调节系统的输出量就是转速(频率),将输出反馈给调速器并与给定量相比较,得出偏差,利用偏差从相反的方向去作用于调节机构。如果是正偏差,输出转速高于给定值,调节机构则向相反的方向作用于水轮机,使机组转速降低;如果是负偏差,则使机组转速升高。

反馈控制系统(闭环系统)的优点是精度高。闭环系统的缺点是由于系统中各元件的惯性,在反馈形成的闭合回路中,容易产生过调节而引起振荡,使系统不稳定。

开环控制不是利用系统的输出量进行控制,而是根据扰动量的大小来决定控制(调节)作用,使输出量(被调节量)符合给定值。在开环系统中没有输出量的反馈作用,这种控制的特点是系统输出量的变化对调节作用没有直接影响,因此开环系统不存在系统不稳定的问题。

开环系统要求控制设备的精确度很高,才能保证克服扰动所造成的影响。对于因开始(如设计时)没有考虑到的扰动所引起的输出量偏差,开环系统是无法解决的,因此其调节精度一般较差。在扰动量可以准确测量并且不存在其他扰动因素,或调节精度要求很低时,可以考虑采用开环控制。而在大多数场合采用闭环控制。

第三节　电气液压调速器

一、概况

电气液压调速器(简称电液调速器或电调)(PID)是在机械液压调速器的基础上发展起来的。它保留了机械液压调速器的机械液压放大部分;用一些电的器件组成相应的环节,完成测量、校正、反馈、综合等功能;通过电液转换器和接力器位移传感器把电气部分与机械液压部分接成一个整体。从调节规律上来看,最初的电液调速器与机械液压调速器完全一样;随着水电站自动化水平提高和对调速器性能的更高要求,电液调速器已具有一些新的调节规律和功能。调速器是水轮机调节系统的调节器,它处理的是被控机组转速(频率)至水轮机流量调节机构这样的信息运动。显然,与机械液压系统比较,在信息的测量、变换、传输、放大和处理方面,电气系统具有传递、综合方便、控制方便、控制精度高、灵活性大等优点。电气液压调速(PID)结构框图见图11-4。

测速、稳定及反馈信号用电气方法产生,经电气综合、放大后通过电气液压放大部分驱动水轮机接力器的调速器,称为电气液压调速器。

20世纪50年代以后,电气液压调速器获得了较广泛的应用。从采用的元件来看,它又经历了电子管、磁放大器、晶体管、集成电路等几个发展阶段。20世纪80年代末期,出现了水轮机微机调速器(数字式电液调速器)并被广泛采用。

二、数字式电液调速器

电液调速器由于各环节输出的是电压、电流这样的模拟量,因而称为模拟式电液调速器,"模拟式"是相对于"数字式"这个名称而言的。

在调速器中增加微分环节的主要作用是检测变化的速率(加速度),从而预知变化的幅度和方向,使调速器的灵敏度和稳定性大为提高。在机械液压调速器中实现微分环节是比较困难的,虽然在模拟式电液调速器中可以实现PID调节规律,从而使调速器的性能得到很大的改善,但在很多方面仍不能满足新的要求。主要是不能实现智能化,如希望调速器能根据不同情况自动选择和改变调节参数、自动实现最优控制及经济运行、自动记录等。在这种形势下,发展数字式电液调速器就是必然的。

数字式电液调速器则由微处理机来实现,于是出现了数字式电液微机调速器,一般都把它简称为微机调速器。微机调速器是在模拟式电液调速器的基础上发展起来的,所以

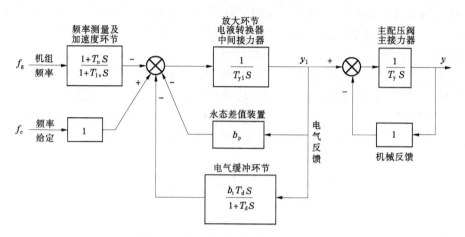

图 11-4　电气液压调速器(PID)结构框图

也可按照前文的介绍来划分基本环节,电路基本原理是相同的,只是多了数模转换,使数字量转换成模拟量,或经模数转换,使模拟量转换成数字量。如图 11-5 所示为微机调速器结构框图。

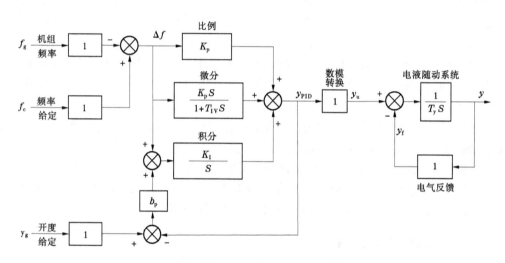

图 11-5　微机调速器结构框图

在图 11-5 中各符号的含义是:

f_g—机组频率(Hz);f_c—频率给定(Hz);y_c—开度给定相对值;K_p—比例增益;K_D—微分增益;K_I—积分增益;T_{IV}—微分环节时间常数(s)。

利用计算机本身具有的强大数字计算和逻辑判断的功能,可以使过去模拟式电液调速器难以做到的功能得以实现。如相位控制、水位控制、测试、实现精确的协联等;不但如此,而且还使现代控制理论在调速器中的应用成为可能。微机调速器的各种功能更齐全而硬件设备较少,这是因为微机调速器绝大部分的功能都是由计算机软件来实现的,并不是由硬件来完成,硬件只是为软件功能的实现提供了环境基础。微机调速器除具有常规调速器所具有的启动、停机、发电、调相等全部功能外,还可以通过软件模块的设置来实现其他辅助功能.并且这些辅助功能的投入或切除可由计算机的逻辑分析模块来自动决策,而不需要在硬件上另外设置操作开关、按键或切换继电器。

目前,我国生产的微机调速器多为双微机系统,即采用双微机、双总线、双输入/输出通道,实际就是两套微机调节器,内容完全相同而结构完全独立且互为备用的冗余系统。微机电液调速器的功能如下。

(一)具有自动控制与调节功能

具有启动、停机、空载运行、单机带负荷、并网带负荷、调相、工况转换以及自动紧急停机等项必备的控制功能;还应具有最大开度限制及最小开度限制功能,自动—手动方式转换,以及对电液随动装置的现地—远方手动操作功能。这些是微机调速器应具备的基本功能。

(二)具有空载频率跟踪的功能

该功能的设置有利于机组启动平稳,并网迅速,缩短机组开机并网时间。另外,还可以设置相位跟踪功能,从理论上讲,相位跟踪功能亦有利于机组迅速并网,但如果算法处理不当,也会不利于机组迅速并网。

(三)具有全面的容错控制功能

容错控制是指无论机组在何种工况下运行,当机组频率、系统频率、导叶接力器或水头等反馈信号出现故障时,调速器均应能够继续自动调节和工况转换控制,继续维持机组自动运行,且不允许危及机组运行安全。容错控制功能的设置并不是要求调速器"带病"运行,而是消除上述反馈信号出现故障时对机组自动运行带来的威胁。反馈信号通道的故障通常可分为永久性故障和瞬时性故障两种,瞬时性故障可以认为是信号受到干扰的一种表现形式。所以容错控制功能不但可以提高微机调速器的可靠性和可利用率,而且是抗干扰的有效措施之一。

(四)具有实时自诊断功能

这个功能是微机调速器区别于模拟式电液调速器的显著特点之一,它发挥了计算机具有的分析判断能力,可以判断出调速器电气和液压两个系统的故障类别,自动决策,通过发挥容错控制、结构控制等功能及其他有效措施,达到最好的处理效果。因此,自诊断功能是必不可少的。

(五)具有对电液转换器零点漂移的动态补偿功能

电液转换器的零点在长期运行过程中或多或少会有缓慢漂移现象,其零点漂移将降低调速系统的控制精度及动态灵敏度,对静、动态性能及甩负荷过程都会产生不利影响。所以设置零漂补偿功能,克服电液转换器零漂现象,对提高调速系统性能指标具有重要意义。

(六)具有水头信号输入功能

水头信号在调速器自动运行控制过程中是一个重要参数;机组的启动开度、空载开度、协联函数关系、最大出力限制及分段关闭规律等都是与实际水头有关的。对于贯流式机组,由于运行水头变化范围和幅度比较大,水头还是影响调节参数的一个参变量,微机调速器在输入实际水头信号的情况下,可以方便地对上述整定参数及函数关系进行自动校正。另外,还应考虑到现场安装的水位或水头传感器在实际使用过程中可能存在的问题,还应提供人工输入水头整定值的手段。

(七)具有离线维护诊断功能

该功能的设置主要为用户提供一种快捷简便的检验手段。检修维护人员可通过操作一系列有针对性的计算机命令,由计算机来完成对各硬件模块插件板的检查,使维护人员迅速了解设备中各硬件电路的工作情况,缩短分析查找故障的时间,减少检修维护的工作量。该功能对电厂实际使用有重要意义。

(八)具有为调速器现场检验试验用的调试功能

设置该功能的目的是为电厂实际检修维护人员提供一种调试检验的手段,使调速器的调试过程省时省力;但不能代替调速器的考核鉴定性测试。

与微机调速器的迅速发展和应用同步,水轮机微机调速器的电液转换装置也由原来单一的电液转换器和电液伺服阀,发展成为由步进电机/伺服电机构成的电液转换装置。同时还研制成功了三态/多态阀式的机械液压系统。

第四节　调速器的运行工况

一、水力过渡过程

所谓过渡过程,是指从一个稳定运行工况过渡到另一个稳定运行工况之间的过程。这里所说的工况应从广义的角度理解,机组停机状态也是一种工况,因此不仅仅是负荷的增减,水轮发电机组的开机、停机、事故过程等也都是过渡过程的一种形式。

水轮机调节是由工况的变化引起的。水力过渡过程的发生,究其根本还是外界负荷的变化。机组负荷的变化,首先表现为机组转速的变化。机组转速的变化又引起自动调速器的控制和调节,从而带来了整个水力系统以及电气设备和装置的一系列变化。所以,机组运行工况的改变,会在相互联系的水力的、机械的以及电气的部件中同时表现出来。其中,水力和机械的部件主要是水轮机及其引、排水管道,发电机的机械部分,自动调节系统等。电气部分的结构、自动控制和保护系统也会对过渡过程产生影响。但电厂的水头、水力系统管道的结构和参数等对水力过渡过程的影响最大。调速器的作用之一就是当机组过渡过程发生时,迅速做出反应,使各种水力的、机械的变化不超过允许范围。因此,机组的过渡过程同时也是水轮机调节的过程。水电厂所承担的负荷变化可分为两部分:一部分是由电网调度预先计划好了的;另一部分为计划外的偶然负荷变化。负荷的偶然变化与电网的工作条件以及负荷的意外情况有关。当电网发生事故时,水力机组具有能迅速改变出力的能力,因此过渡过程在水电厂运行中是经常发生的。水轮发电机组产生的过渡过程,主要有以下几种:

(1)机组的启动,发电机升压并且与系统同步后并入电网。

(2)机组运行中的增减负荷。

(3)停机过程,包括卸去发电机负荷、与系统解列、导叶全关、机组制动。

(4)由于外部或内部的故障引起发电机从电网中切除时的甩负荷。

(5)转为同步调相工况。

(6)特殊的事故过渡过程,如发生飞逸和使机组脱离飞逸等。

二、过渡过程对水轮机调节的影响

水轮机调节系统的稳定性和动态特性品质取决于调节对象和调速器的特性。

在过渡过程中,影响调节的最主要因素是机械的惯性和水流的惯性。机械的惯性虽然对稳定性带来某些有利的影响,但它也引起动作的迟滞;而水流的惯性则会产生水锤现象,水锤使压力管道中的作用水头增大(正水锤)或减小(负水锤),形成与调节相反的作用。正水锤使引水系统中的压力比稳定运行时增大,有时会高出很多,可能造成严重的破坏;负水锤使压力减小,当负水锤的绝对值很大时,会使引水系统的某些断面上的压力成为负值,当真空值很大时,水的连续性可能会遭到破坏。水流的惯性也会在导叶快速关闭时,使导叶以后的水流出现水柱中断,严重时也会造成机组的损坏。

在运行电厂,由于 T_w、T_a 和调速器结构已经确定,改善调节系统的稳定性和动态品质主要依靠调整校正装置参数来实现。因此,缓冲器的调整和参数整定是一件比较关键的工作。在生产实践中,容易造成调节系统不稳定的因素还有调速器部件的空程(死行程)和死区等,特别是机械反馈系统中的空程,常常是造成水轮机调节系统不稳定的因素。

三、机组的几种运行工况

机组的运行工况可分为带负荷运行和空载运行以及单机运行和并网运行等几种情况。不同的运行工况对调节参数的要求也不相同。调节参数的整定与调节对象参数密切相关,而调节对象参数又随运行工况改变而改变。

(一) 单机带负荷工况

大部分机组都是并入电网中工作的,很少有单机带负荷工况。但是,并入电网中的机组,有时候也会出现这种情况。水电厂一般不处于负荷中心,其附近地区的负荷很小。如果电网发生事故,水电厂与大系统解列,就可能形成一台机或几台机带地区负荷,这就接近于单机带负荷工况。在这种状态下,如水轮机调节系统不能稳定,就会造成地区电网完全停电,使事故扩大。

在单机带负荷工况时,由于负荷的性质以及负荷相对变动值大,水轮机调节系统的稳定性较差。特别对于具有长引水管道或水头很低的电厂,T_w 值可能相当大,稳定性就更差。因此,在这种工况下为了保证调节系统的稳定,往往需要整定较大的校正环节参数。

(二) 单机空载工况

这是一种经常遇到的工况,水轮发电机组在并网前均处于单机空载工况。总的说来,虽然单机空载工况比单机带负荷工况易于稳定,但是单机空载工况常遇到的问题是水轮机内部流态比较差,容易形成大幅度压力波动、功率摆动等现象,很容易使调速器不停地摆动,引起压力、转速和接力器行程均发生摆动,使发电机难以采用准同期方式并入系统。因此,往往把单机空载工况作为对稳定最不利的工况,调速器有一组参数按此工况整定。

(三) 并列带负荷工况

当电力系统很大,负荷的惯性也很大,在一台机组出力变化时,对系统的频率几乎不造成影响。这时候,调节系统的转速反馈几乎不起作用,调节系统相当于开环状态运行。对处在这种状态下运行的调节系统来说,当然不存在稳定问题。因此,即使把校正装置参数整定得很低,甚至切除,也不会发生不稳定现象。在这种情况下,调速器的速动性,即负荷给定信号的实现时间,就成了突出的间题。因此,在机组并入大电网运行时,往往把调节参数整定得很低,甚至将校正装置切除。

在单机工作时水轮机调速器参数整定应既能保证调节系统的稳定,又要能获得良好的动态品质;在与大电网并列工作时,调速器参数整定主要考虑速动性。所以一台调速器至少应整定两组参数,以适应不同工况的需要。对机械液压调速器来说,经常改变参数是不容易的,因此采取在机组并入电网运行时,切除缓冲器;单机空载运行时,投入缓冲器。利用发电机断路器的辅助触点来实现这种切换。对于电液调速器、微机调速器来说,实现这种改变就要容易得多。

第五节 莲花发电厂微机调速器电气系统

莲花发电厂微机调速器是由武汉四创公司生产的 BWT-PLC 型微机调速器电气柜和由武汉三联公司生产的 KZT-150 型调速器机械液压柜配套组成的。

BWT-PLC 型微机调速器采用双可编程和无油电转电液转换装置,实现了电液转换机构不用油、断电自保持、全数字化、免维护的标准要求。型号含义是:B 为无油电转,WT 为微机单调,PLC 为可编程控制器。

KZT-150 型调速器机械柜为块式直连型机械液压系统,可以实现调速器机械柜内无管道及具有自动复中功能。该装置具有结合力大、操作力小、自动复归及能放大引导阀、主配压阀行程等特点和功能。型号含义是:K 为块式,Z 为直连,T 为调速器,150 为主配压阀直径(150 mm)。

本节主要介绍调速器电气部分的结构及原理,第六节将集中介绍调速器机械液压系统的结构及工作原理。

一、主要功能及特点

(一)调节与控制功能

(1)机组频率、电网频率是采用硬件、软件相结合的测量方法,具有检错及容错测频功能。机组频率测量采用双路测频,既可残压测频,又可齿盘测频。

(2)空载运行时,具有跟踪频给及跟踪网频两种控制方式。在跟踪网频方式下,机组频率能自动跟踪系统频率。

(3)PID 调节采用基本型逻辑控制器,根据偏差与偏差变化率将实际运行状况抽象成九个工况点,从而给出相应的控制策略进行有效的控制。

(4)能保证水轮机组稳定运行于各种工况:空载、区域电网单机运行、大电网并列调差运行、全厂 AGC 方式运行。

(5)功率给定采用开环控制信道,能迅速、准确地增减机组功率。

(6)采用触摸式平板工业 PC 机作为中文操作终端,具有实时人机对话功能,运行人员能方便地了解调速器的运行状况。

(7)具有实时故障诊断和显示及报警功能,并对所发生的故障进行记录等。

（8）具有操作记录功能，以便随时查询。

（9）具有水头、机组功率等模拟信号采集功能。

（10）具有模型参考闭环开机规律，使水轮机按给定的转速曲线上升，从而达到额定转速。

（11）具有串行通信接口，能方便与上位机通信，为实现全厂自动化打下基础。

（12）协联数据输入方便。可离线将协联曲线量化后，通过中文操作终端存入可编程控制器。

（13）能实现功率闭环调节（机组有功由外部提供），且功率给定为数字量，以便于与监控系统的计算机连接。

（14）具有机械自动、机械手动两种运行方式。同时机械自动与机械手动之间可实现无扰动切换，可编程能自动跟踪机械手动运行，可实现无条件无扰动切换。

（15）双机互为主/备用：A、B 机可互为主/备用，相互切换时，导叶开度可保持不动，即切换无扰动；A、B 机任一台故障，即切到另一台运行。

（16）双机相互诊断。

（17）可进行各种过程监视和试验：开机过程监视、静特性试验、空载频率扰动、空载频率摆动、接力器不动时间测定、甩负荷试验。

（18）通过中文操作终端进行参数设置。因所有输入/输出均数字化，所以调试、设置更方便。

（19）密码保护功能。不同的工作人员可通过输入密码进入不同的画面操作。

（20）帮助提示及内置式说明书功能。

（二）诊断及容错功能

BW(S)T-PLC 型双可编程调速器具有较强的诊断和容错功能，它不仅包括施耐德公司 Quantum 系列可编程本身的诊断，比如 CPU 模块、A/D 模块、通信模块、脉冲输出模块以及应用软件等的诊断，而且包括调速系统的测频信号、机组功率及水头信号、反馈信号及机械系统、通信系统等诊断及容错，所有故障在操作终端上指示并记录，同时送出综合接点信号。

（1）机组频率信号容错：

①机频信号在空载时发生故障，自动切除频率跟踪功能，导叶开度关到安全的空载位置，并可接收停机令。

②机频信号在发电运行时发生故障，用电网频率信号取代机频信号，负荷无扰动，如果机频恢复正常则采用机频参与调节，负荷无扰动。

③机频信号、网频信号在发电运行时全部故障，调速器维持负荷不变，可以通过功率给定或增减操作来调整机组出力。

④双路测频。残压测频和齿轮测频互为备用。在两种测频均正常的情况下，机组频率大于 20 Hz 时自动采用残压测频，机组频率小于或等于 20 Hz 时自动采用齿轮测频。当残压测频故障时，自动切为齿轮测频；当齿轮测频故障时，自动切为残压测频。

（2）电网频率信号容错。

在空载运行时，网频信号故障，自动处于不跟踪方式运行，使机组频率跟踪频率给定。

在发电运行时,网频不参与调节。

(3)导叶反馈故障、电机反馈故障或驱动模块故障时,电机失磁,使接力器维持当前开度不变。如需要可以切到机械手动。

(4)功率信号故障时,调速器不完成功率闭环调节,自动切至频率开度调节模式,可以通过上位机或常规操作控制机组出力。

(5)水头信号故障时,维持当时水头值,等待水头切手动命令。

(6)PLC 系统故障时,电机失磁,使接力器维持当前开度不变。如需要可以切到机械手动。

(7)操作终端故障时,PLC 仍能完成各种控制功能如开机、停机、负荷增减、故障保护等功能。

(8)当交、直流电源同时断电时,机械液压系统自动复中零位,保持接力器当前位置不变。

(9)双联滤油器采用两组折叠式不锈钢滤网,一组工作,一组备用,可在运行中切换、清洗,切换无扰动。

(10)A、B 机任一台故障,即切到另一台运行。

(三)主要特点

(1)调节性能优越。PID 调节采用基本型逻辑控制器,使调速器应用于不同的机组和同一机组的不同工况都能取得良好的控制效果。

(2)可靠性高。采用施耐德公司 Quantum 系列可编程控制器作为调速器硬件的主体,而可编程控制器的平均无故障时间不小于 30 万 h,故大大提高了其运行的可靠性。无油电转采用滚珠丝杆+单弹簧自动复中定位机构,交、直流电源同时断电时,接力器可保持当前开度不变。

(3)全数字化。调速器实现了全数字化,为数据的处理、滤波、放大、抗干扰能力的提高等起到了很好的作用。采用乒乓式数字模糊控制策略,完成无油电转绝对位置的闭环定位控制。

(4)抗干扰能力强。由于 PLC 可编程控制器采用工业标准设计,且应用软件具有自诊断、容错功能,使调速器抗干扰能力适应电厂现场环境。

(5)通用性强。可以适用于各种不同类型、不同容量的水轮机的控制与调节。

(6)功能强。具有常规控制和上位机控制功能,除能实现开机、停机等常规操作外,还兼具各种调试、试验功能,与远方通信实现数字通信等。

(7)人机对话方便。运行人员可以通过工业级平板 PC 机实时了解调速器运行情况。

(8)扩展功能强。根据电厂需要可以增加特有的功能。仅在原有系统上增加相应硬件及软件,原系统不用做大的改动。

(9)测试性、维修性和可用性比传统调速器高,安装、调试、维护及使用方便。

二、调速器硬件构成

(一)双 PLC 微机调速器的硬件构成

因此调速器为双 PLC 配置,分为 A 机和 B 机(或一套与二套),所以模块配置也均为双套。包括电源模块 140CPS21100、CPU 模块 140CPS31110、AD 模块 140AVI03000、输入模块 140DDI35300、输出模块 140DDO35300。其组成如图 11-6 所示。

	APLC1	APLC2	APLC3	APLC4	APLC5
A机模块	电源模块	CPU模块	AD模块	输入模块	输出模块
	140CPS21100	140CPS31100	140AVI03000	140DDI35300	140DDO35300

	APLC11	APLC12	APLC13	APLC14	APLC15
B机模块	电源模块	CPU模块	AD模块	输入模块	输出模块
	140CPS21100	140CPS31100	140AVI03000	140DDI35300	140DDO35300

图 11-6　调速器模块组成框图

(二) 操作终端

操作终端选用工业平板 PC 机,即触摸式液晶屏。操作终端作为人机界面的操作、显示、参数设置、试验等功能。通过操作终端可对调速器的各种状态进行监视,如开机、停机、并网、机械手动/自动/电手动、跟踪网频/跟踪频给等。与上位机的通信也由操作终端实现。

操作终端采用 24 V 电源,背景灯亮度可以进行调整。若调速器处于运行状态而没有任何操作,背景灯定熄灭,当需用时触摸屏幕即可。

(三) 测频模块

如图 11-7 所示,测频环节采用先进的数字式脉冲测频方式。取至发电机出口 PT 的机频信号以及取至电网 PT 的网频信号,经隔离、整形成同频率的方波信号后,直接送至单片机,由单片机记录两个上升沿之间经过的基准脉冲个数,即可测得方波信号的周期,从而得到频率。由以上频率测量的原理可知:数字式脉冲测频方式的精度取决于基准脉冲的频率,基准脉冲的频率越高,对同一频率测的数据精度就越高。

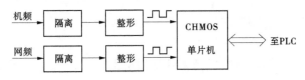

图 11-7　测频环节原理框图

(四) 电源系统

BWT-PLC 调速器的 PLC 控制端元采用的是 AC220 V 作为外部输入工作电源。其内部工作电压为 DC24 V/DC5 V。

调速器系统设计了双套+24 V/+36 V、+15 V 外部电源。外部电源选用开关电源,采用交、直流同时输入。每组电源内部工作原理相同。仅只是输出电压不同,原理框图如图 11-8 所示。

(1)+24 V/+36 V:供驱动模块和外部继电器、操作终端和机械柜上的指示灯用。

（2）+15 V：供接力器反馈、电机反馈、表头调整板用。

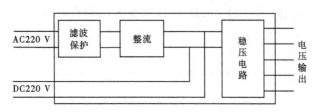

图 11-8　调速器双套开关电源组成框图

（五）电机驱动模块

步进电机驱动模块选用日本 ROZE 公司生产的高质量的步进电机驱动模块 RD-323MS，内装振荡器实现细分步驱动，为保护细分步运行，可从低速到高速驱动，采用自动电流降电路。通过驱动器面板旋钮可调整电机速度、启动时间、运行电流、停止电流、细分数和驱动电流等级等。

步进电机为日本三洋公司的二相步进电机 103H8222-0441。

三、调速器软件配置

（一）软件基本配置

（1）并联 PID 调节程序采用基本型逻辑控制器。

（2）实时画面显示、记录及监控软件。

（3）实时故障诊断程序。

（4）双调数字协联子程序。

（5）机组启停等操作子程序。

（二）功能增强软件配置

（1）与上位机通信软件。

（2）功率控制闭环调节软件。

四、调速器控制系统结构

莲花发电厂调速器控制系统结构框图如图 11-9 所示。

（一）频差 Δf

由电压互感器或齿盘测速装置送来的被控机组频率 f_g 和电力系统频率 f_n 或者频率给定 f_c 经过隔离、整形后，由测频模块进行计算、测量，得到频率差 Δf。

（1）发电机开关合或发电机开关分但网频不正常或发电机开关分且跟踪频给时：$\Delta f = f_c - f_g$。

（2）发电机开关分且网频正常并跟踪网频时：$\Delta f = f_n - f_g$。

（3）频率死区 E（可以设定）：①频率调节：$E=0$；②功率调节/开度调节：$E=0.2$ Hz。

（二）给定与实际差值 Δ

（1）频率/开度调节模式：$\Delta Y = Y_c - Y_{pid}$。

（2）功率调节模式：$\Delta = P_c - P_g$。

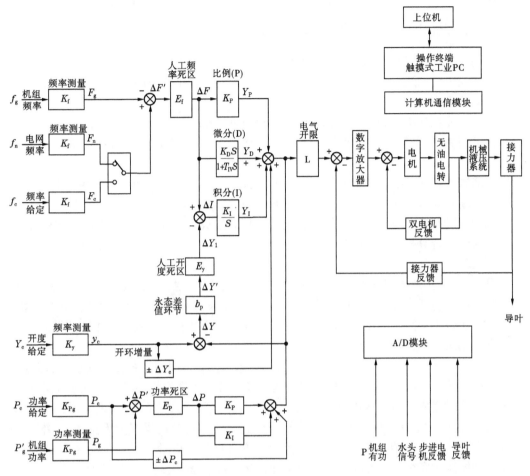

图 11-9　莲花发电厂调速器控制系统结构框图

（3）功率死区 E_{p}：①频率调节模式：$E_{p}=0$；②功率调节模式：$E_{p}=0\sim5\%P_{N}$（可调整）。

（4）永态转差系数 b_{p}：①频率调节模式：$b_{p}=0$；②开度调节模式：$b_{p}=0\sim10\%$；③功率调节模式：$b_{p}=0\sim10\%$。

（三）调节模式切换

调节模式有三种，分别是频率调节、开度调节和功率调节。

（1）空载工况下，调速器自动处于频率调节模式。

（2）负载工况下，按下功率调节按键，调速器处于功率调节模式，与功率反馈形成闭环控制，功率给定不变时，自动恒功率发电；按下开度调节按键，调速器处于开度调节模式，与导叶开度反馈形成闭环控制，开度给定不变时，自动维持导叶开度不变。

（3）在功率调节模式下，若功率反馈故障或频率超差，调速器自动取消功率调节，切换为开度调节模式。

（4）在功率调节模式下，功率由上位机通信给定。电气开限环节是针对 PID 运算结果进行限制，限制输出不超过一定值。数字放大器将 PLC 输出与接力器反馈采集量进行比较放大后输出。对接力器的控制采用双闭环结构，除接力器反馈外，还有一个电机反馈,以控制无油电转精确定位,补偿电机失步、反向间隙、各种机械误差和磨损等。

五、调速器电气系统工作原理

(一)电气系统工作原理

莲花发电厂调速器为双可编程控制系统,原理框图如图 11-10 所示。

1. 测频单元

测频单元包括机组频率测量和电网频率测量两个部分。

机组频率:分别取自发电机出口电压互感器的 1TV 和 3TV,以保证机组频率测量的可靠性。

电网频率:分别取自 220 kV 甲、乙母线 TV,通过发变组单元 220 kV 隔离开关和切换继电器判断所需母线 TV,然后送入调速器测频模块。

机频与网频的测量由测频模块进行比较计算并形成数字脉冲,然后送入主机 PLC,与其他量共同进行分析计算以实现调节任务。

2. 主机

由 A、B 两套完全相同的 PLC 控制单元组成,采用施耐德 Quantum 系列 PLC,每套 PLC 控制单元包括 CPU 模块、I/O 模块、A/D 采样模块、通信模块、测频模块、电源模块。两个 CPU 单元同时运行相同的程序,是并列运行方式,它们一主一备,完成调速器内部的 PID 控制、模糊控制和逻辑控制。

当一个控制单元发生故障,切换单元自动将系统切换到另一个控制单元运行,切换无扰动;输入/输出量(开关量)、A/D 模拟量的切换以及人机操作终端的显示切换也在此切换过程中同时完成。由于备用 PLC 与主用 PLC 是并列运行,两台 PLC 之间始终保持着实时数据交换,加上切换单元的切换过程十分迅速,使得切换过程安全无扰动,且维持同一控制方式。还可借助于安装在柜内的控制装置实现主从微处理机的手动转换和选择,采用这种控制方案很好地解决了电厂对调速器运行高可靠性、高安全性的要求。

3. 开关量输入单元

由开关量输入模块采集二次的开机、停机、油开关位置、功给增加、功给减少、手自动切换、双机切换等命令。

这些输入信号送至 CPU 模块,由 CPU 按调节规律分析计算出相应的导叶控制信号及状态信号(包括故障等),送开关量输出模块完成控制输出和状态输出。

4. 模拟量输入单元

由导叶反馈装置的导叶位置传感器,将导叶位置电信号送至 A/D 模块,并可由 MB+ 网上测得的有功电信号、水头电信号等送至 A/D 模块,经 A/D 模块转换环节取得导叶位置信号及有功信号。

5. 开关量输出单元

经主机 CPU 计算后的输出信号经开关量输出模块按计算控制值对应宽度脉冲的开或关信号,控制数字式机械液压系统的无油电转进行正、反动作,使导叶按照调节规律的要求动作,实现机组的自动调节与控制,并在故障时启动报警信号。

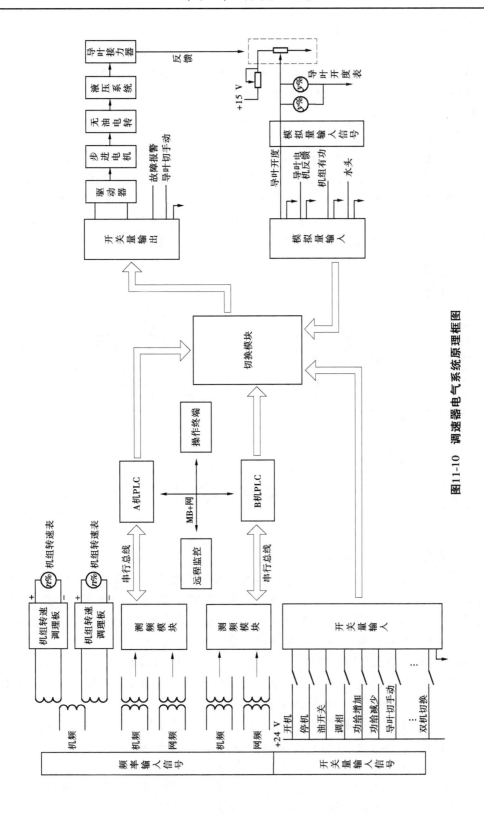

图11-10　调速器电气系统原理框图

6. 调速器通信与操作终端

调节器与监控系统的通信是通过工业平板 PC 机(触摸屏装置)与下位机在 MB+网上的通信来实现的。通信单元负责与上位机通信,发送或接收上位机的命令。工业平板 PC 机作为中文人机交互界面,完成调速器的现场操作命令及状态数据显示等功能,也可通过其通信接口与远方通信。

7. 电源系统

采用双通道,以保证系统能安全可靠地运行,如图 11-11 所示。其中,交流电源取自机旁厂用交流 220 V 电源,另一套为直流 220 V 电源。两路电源经整流模块输出作为调速器工作电源。主要供给对象为:导叶反馈电机电源 DC15 V、步进电机驱动模块电源 DC24 V、操作终端电源 DC24 V、A 机 PLC 主模块工作电源 DC24 V、B 机 PLC 主模块工作电源 DC24 V、开关量输入/输出模块电源 DC24 V、测频模块电源 DC5 V。

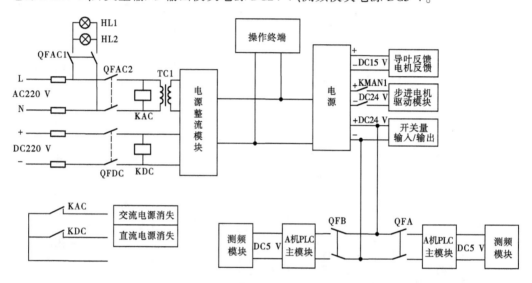

图 11-11　调速器电源电路图

(二)冗余控制及双机切换

如图 11-12 所示为步进式冗余调速器功能框图。调速器采用两套配置相同的可编程控制器(PLC)作为调速器控制核心,正常运行时,双 PLC 中一个主用,另一个热备用,两者之间实时通信,通信正常时,两套 PLC 的 CPU 模块、输入模块、输出模块、A/D 采样模块和测频模块可相互替换,而不是简单地由 A 套切为 B 套。

当影响主机基本运行的故障发生时,系统自动且无扰动地切换到备用机工作,并同时报警。当主机发生一般性故障,并不影响主机基本运行时,系统予以报警,不作主备切换。如图 11-13 所示为步进式冗余调速器任务可靠性结构模型。

调速器 A 套和 B 套控制器分三种工作状态:正常状态、故障状态(一般性的,对机组安全运行无影响的问题状态)和事故状态(控制器自身无法控制的问题状态)。

(1)当 A 机、B 机都正常时可手动切换主备用机。

(2)当 A 机故障或事故,B 机正常时,切为 B 机工作,并对外报警;反之亦然。

(3)当 A 机和 B 机皆故障时,调速器保持原状态,并对外报警。

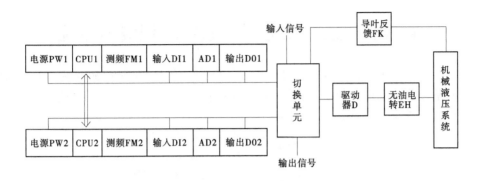

图 11-12　步进式冗余调速器功能框图

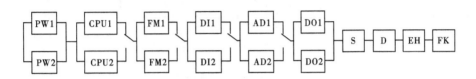

图 11-13　步进式冗余调速器任务可靠性结构模型

（4）当 A 机和 B 机皆事故且 MB+通信正常时，A 套和 B 套控制器可自动通过通信重新对硬件进行组态，若 A、B 两套没有相同的元件或模块损坏，调速器仍可自动运行，否则调速器切为手动状态，事故操作回路保持畅通，并对外报警。

（5）当 A 机和 B 机皆事故且 MB+通信故障时调速器切为手动状态。

在任何情况下，调速器都可以实现事故停机。

（三）双冗余控制特点

（1）采用两套配置相同的可编程控制器（PLC）：CPU 模块、输入模块、输出模块、A/D 采样模块、通信模块和测频模块等，相互之间无影响。

（2）双机软件完全相同。

（3）双机相互通信，相互诊断。

（4）双机正常工作时，任何一台机均能被选作主机或备用机，可实现手动切换。

（5）采用可修复混合容错系统，只要 PLC 通信正常，各模块可相互备用相互替换，极大地提高了调速器的可靠性和容错能力。当发生了影响调速器基本运行的故障时，主备机自动切换。

（6）主/备机切换无扰动。

（7）主/备机重复切换闭锁。

（8）双机均具有各自独立的工作电源，任何一台 PLC 系统电源系统故障都不会影响另一台 PLC 系统的正常工作。

（9）采用双机冗余控制后，在单机运行为严重故障的造成停机，此时，由于有备用机可工作而变为一般故障，机组仍然可正常运行。

第六节　莲花发电厂调速器机械液压系统

KZT-150 型机械液压系统用于单调节式水轮机,主配压阀直径 150 mm。块式直连型电液随动系统无管道并具有自动复中功能。导叶控制部分还设有紧急停机装置。机械液压控制系统组成及原理如图 11-14 所示。

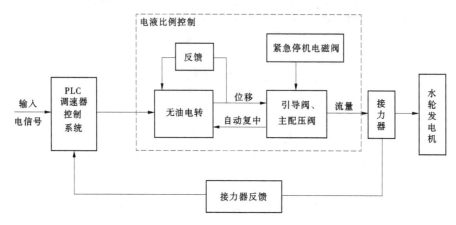

图 11-14　机械液压控制系统组成及原理图

PLC 调速器控制系统根据输入电信号和反馈,经 PID 运算、放大后,输出数字信号给无油电转,无油电转再输出成比例的位移,经引导阀和主配压阀液压放大而形成巨大的操作力,控制水轮机的导叶开度 α,实现水轮发电机组的调速和负荷控制。

电液(比例)随动系统具有二级液压放大,第一级是引导阀和辅助接力器,第二级是主配压阀和主接力器。

PLC 调速器控制系统将输出信号与接力位置反馈信号进行比较放大后,输出数字信号驱动电机带动滚珠丝杆及自动复中装置,产生与输出信号成比例的位移,因该装置与引导阀直接连接,所以此位移使引导阀产生相同的位移行程,并通过辅助接力器使主配压阀也产生相应的位移,同时向主接力器配油使之产生位移,直到主接力器位置信号与输出的数字信号相等为止。

该系统的特点是:无油电转采用独特的自动复中精确定位装置,无须调整;在电机退出工作时,能保证引导阀、辅助接力器、主配压阀迅速回复中位,使主接力器保持在原位,静态耗油少,性能稳定,频率响应好。调整维护十分简单方便,无传统电液伺服阀的节流孔,不存在抗油污问题,可靠性高,避免了环节过多造成系统不可靠。

一、无油电液转换器

图 11-15 所示为 BZ 型无油电转装置结构图。

自动时 BZ 无油电液转换器通过高精度细分步驱动器驱动电机及大导程滚珠螺杆副,直接带动引导阀上下运动,使控制油腔接通压力油或排油,从而达到控制辅助接力器及主配压阀的目的。BZ 无油电转还装有电机反馈位移传感器,使 BZ 无油电转的控制形

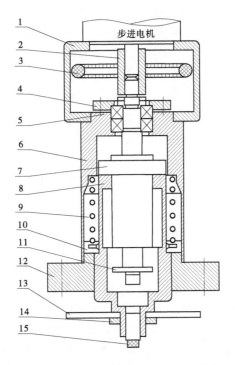

1—电机座;2—联轴套;3—手轮;4—轴承盖;5—滚动轴承;6—壳体;7—滚珠螺杆副;
8—套;9—定位弹簧;10—弹簧座;11—限位块;12—底板;13—支架;14—螺母;15—顶杆。

图 11-15 无油电转装置结构图

成闭环,从而补偿电机的失步、机械磨损及加工误差等,提高 BZ 无油电转的定位精度。

BZ 无油电转采用独特的自动复中精确定位装置,其特点是采用了一个定位块,一对复中上弹簧,下弹簧直接利用引导阀弹簧,其复中上弹簧的预压力 2 倍于复中下弹簧(引导阀中的)预压力,而上下操作引导阀阀芯的力又大小相同。

复中上弹簧将定位块压向限定位置,而复中下弹簧又使引导阀阀芯通过调速杆连接套压在定位块上,形成上大、下小的复中力(上复中力已为定位块限止,没有外力是不会上下动作的,而下复中力也推不动上定位套),所以连接套向上运动时,引导阀在弹簧的作用下,随之上移;连接套向下移动时,引导阀在旋转力矩的作用下,向下移动。由于大导程滚珠螺杆副能逆向转动,在复中力的作用下,使连接套复中至限定位置,精确定位,此时只要调整引导阀的中位(零位),使主接力器在 5 min 内位移量小于 1 mm,即是自动零位和手动零位。

当电机退出工作时,用双手转动手轮,能模拟电机操作阀芯,松开手轮,在复中装置作用下,阀芯迅速回到中位。

二、2、3 级液压放大环节

引导阀和辅助接力器构成了第二级液压放大环节。

综合放大器是装在电气柜内的一个电气部件。电气信号与接力器位置反馈信号在放大器中进行比较并加以放大,放大器的输出信号使无油电转产生与其成比例的位移,由于无油电转与引导阀通过平衡杠杆直接连接,此位移使引导阀行程放大。

引导阀针塞上升时,辅助接力器上腔的控制窗口接通排油,辅助接力器差压活塞在下腔油压作用下随之上升,固定在差压活塞上的引导阀衬套也一起上升,直到控制窗口被引导阀针塞下阀盘重新封闭,辅助接力器差压活塞便稳定在一个新的平衡位置,引导阀针塞下降时辅助接力器上腔控制窗口接通压力油,由于辅助接力器差压活塞上部面积大于下部面积,所以,差压活塞在油压作用下下降,直到控制窗口被引导阀针塞下阀盘重新封闭为止,即差压活塞稳定在另一新的平衡位置。可见差压活塞始终随动于引导阀针塞。

由主配压阀和主接力器构成了第三级液压放大环节。

当主配压阀活塞自中间位置上升时,接力器开机侧油腔便与压力油接通,接力器活塞向开机侧运动;反之,接力器活塞向关机侧运动。

三、机械液压系统主要部件

(一)主配压阀

主配压阀用来直接控制导叶接力器,此阀压力油自中间阀盘 P 口进来,即中间阀盘的上、下边缘的遮程控制着关、开侧接力器运动;主配压阀的几个阀盘是等直径的,其轴向移动力完全靠辅助接力器产生。从结构和工艺上讲,采用了新式流道和无铸件结构。

辅助接力器活塞同主配压阀活塞做成一体,引导阀直接伸进辅助接力器活塞中间,其下阀盘控制着辅助接力器活塞的移动。接力器开启时间和关闭时间用主阀上部的行程限制螺栓来调节。

可以通过各阀处于中间位置情况来分析其动作过程,例如引导阀向上移动时,其下阀盘将辅助接力器上腔与排油接通,于是辅助接力器活塞在下腔油压作用下带动主配压阀一起向上移动,固定在辅助接力器活塞中心的引导阀衬套也随之上升并封闭排油通路,辅助接力器活塞稳定在新的位置。这时由于主配压阀的上移,压力油流向主接力器的开侧。若引导阀针塞向下移,则辅助接力器活塞上、下腔同时在工作油下作用之下,但是上腔作用面积大于下腔,所以辅助接力器活塞向下移动,一方面带动引导阀衬套下移,形成液压负反馈,另一方面主配压阀活塞的下移,使压力油流向主接力器的关侧。总之,辅助接力器活塞是随动于引导阀的。

(二)自动复中装置和定位器

电液伺服阀通过自动复中装置与引导阀相连接。自动复中装置由上下组合弹簧、推力球轴承及不受单向力又能自动复中并直接放大引导阀和主配压阀行程的平衡杆等组成,特点是结合力大、操作力小、能自动复归。上、下弹簧预压力均为 250 N 左右,以保证引导阀和电液伺服阀紧密结合,操作力为内外弹簧刚度与行程之积,而两个弹簧刚度之和仅为 20 N/mm,所以无油电转只需很小的力就可以操作引导阀。

当无油电转失控时,自动复中装置能保证引导阀自动复中,主配压阀也处在中间位置,所以主接力器停在原位不动,这就增加了运行的可靠性。在杠杆的端部设有一个定位器,主要是用来帮助自动复中装置精确定位。当自动复中装置偏离中间零位越大,其回复到中间位置的力也越大;接近中间零位越近,其复中力也越小。而定位器的定位力则与上述相反,复中装置越接近中间零位时,强制复中定位力越来越强,故定位器可以帮助自动复中装置精确地将引导阀针塞回复定位在中间零位,并使自动复中装置在整个回复过程中复中力接近均匀变化。

(三)平衡杆

在自动运行时,无油电转通过自动复中装置、平衡杆直接放大引导阀行程并带动引导阀针塞上、下动作。如果用开度限制将平衡杆压下去,则平衡杆压住引导阀针塞和复中装置下弹簧,使引导阀和无油电转分开,引导阀只受开度限制或无油电转的手动操作机构控制(在开限以下)。

(四)液压机械开度限制和无油电转的手动操作机构

现场手轮操作用的开度限制用重块拉紧钢丝绳与导叶接力器相连接,通过平衡杆和引导阀主配压阀组成一个小闭环系统,在柜内操作机械手轮,可在自动运行时限制导叶接力器开度;在手动运行时可用无油电转的手动操作机构对导叶接力器进行手动操作。

自动运行时,当手轮操作用的开度限制活塞伸出杆停在某一限制开度,例如80%开度处,若此时接力器实际开度小于80%,则受无油电转控制;当接力器达到80%限制开度时,在反馈钢丝绳通过活塞缸带动下使活塞伸出杆下降到与处于水平位置的平衡杆相接触,迫使平衡杆与无油电转脱离,这时即使无油电转有开机信号,其差动活塞上移,但引导阀却不能随之上移,即不能再开启导叶,达到了限制开度的目的。由于平衡杆只是向上移动受限,仍可向下移动,所以无油电转有关机信号时,可将这一作用传递到引导阀、主配压阀等部件上。

(五)紧急停机装置

机组正常运行时,紧急停机电磁阀线圈断电,紧急停机电磁阀接通排油,故紧急停机装置不起作用,这时引导阀直接受无油电转控制。

紧急停机接点闭合时,紧急停机电磁阀线圈通电,其阀芯被推向另一端并由液压定位。压力油进入紧急停机装置活塞上方,迫使其带动平衡杆压住引导阀向下移动,实现紧急停机。同理,在机械手动操作运行时也能紧急停机。必要时,也可现地操作紧急停机电磁阀按钮实现紧急停机。

(六)双滤油器

双滤油器有两组滤网,运行时可用旋塞进行快速切换而不中断供油。每组滤网有粗、细滤网各一个;经粗滤的油供给引导阀、辅助接力器;经第二级细网滤过的油供给紧急停机装置。

(七)块式结构

块式直连型机械液压系统所有管道均布置在一个外方内圆的空心液压集成块和主配压阀的方形阀盖之内,二者之间用螺栓连接和锥销定位,拆装很方便,不仅省去了常规调速器装修时诸多明管接头拆装的工作量,还从根本上取消了常规调速器柜内复杂的外露管道系统,有利于提高油压和减少漏泄。

液压集成块内纵横交错和高度集中的暗管,其空心的内腔还装有自动复中装置的上弹簧和平衡杆相连。在主配压阀的方形阀盖内也是一个暗管集中的地方,这个阀盖同时也是一个外方内圆的空心液压集成板,盖上还装有块式滤油器、紧急停机装置、托起装置及压力表座等部件。

(八) 位移传感器

位移传感器选用光电编码器,接力器通过钢丝绳与用盘簧扭紧的滑轮相连,滑轮轴又与光电编码器相连,由光电编码器反馈导叶开度至调节器。

四、过速限制器

(一) 作用

过速限制器是保护机组、防止机组过速的一种安全装置,当机组甩负荷又遇到调速器故障,机组转速上升到110%~115%时,用转速信号器与时间继电器控制发出信号,动作事故配压阀紧急关闭导水机构,从而防止机组过速。

应注意的是,过速限制器不能替代快速闸门,因为它和调速器一样仅能操作导水机构,因此当导水机构损坏(例如剪断销剪断)时,过速限制器不能使机组停机,因此过速限制器只是在调速系统中增加了一级保护,进而增加了机组的安全性。

过速限制器配有一个电磁配压阀和一个与过速保护装置共用的配压阀,这两个阀的目的是增加系统的可靠性,切换阀是为了使下面四种情况下的事故配压阀都能动作:

(1)电磁配压阀动作时。

(2)配压阀动作时(机械过速保护装置动作)。

(3)电磁配压阀和配压阀同时动作时。

(4)电磁配压阀和配压阀先后动作时。

(二) 组成

GC型过速限制器主要由事故配压阀、电磁配压阀、油阀、切换阀组成。

(1)电磁配压阀。主要作为接收信号、动作油阀的作用。

(2)油阀。作为液压放大元件,直接操作事故配压阀。

(3)事故配压阀。是直接操作导叶接力器的执行机构。其结构如图11-16所示,主要由阀体、活塞、调整螺钉组成。活塞具有三个直径不同的圆盘。在正常情况下,活塞在差压的作用下,处于右端位置,即调速器主配压阀通向接力器管路被连通,此时事故配压阀不起作用,也不妨碍调速器的工作。当动作过速限制的信号给出后,电磁配压阀或事故配压阀动作,油阀开启,事故配压阀活塞在压力推动下移至左端位置,调速器主配压阀通向接力器的管路被切断,压力油经油阀直接通至接力器的关闭侧(此时开启侧通过事故配压阀与排油管相通),使导水叶关闭。事故配压阀活塞的行程可以通过调整螺钉在一定范围内进行调整,以改变事故配压阀关闭导叶的速度。

(4)切换阀。切换阀由阀体弹簧、活塞等组成,其结构如图11-17所示。当管接头1通压力油时,活塞左移,管接头3堵塞,管接头4、5连通。当管接头2通压力油时,活塞右移,管接头4堵塞,管接头3、5连通。当管接头1、2均通压力油时,活塞处于中间位置,管接头4、3均与管接头5接通,管接头6接事故配压阀与油阀的连管上,作为排油用。

(三) 动作原理

如图11-18所示为过速限制器的液压系统原理图。

(1)当机组甩负荷又遇到调速器失灵,机组转速上升到115%时,经延时后电磁配压阀动作,使切换阀切换到右端位置,油阀上腔接通排油,油阀开启,压力油从右端进入,事

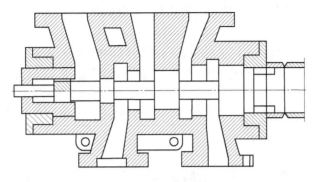

图 11-16 事故配压阀结构图

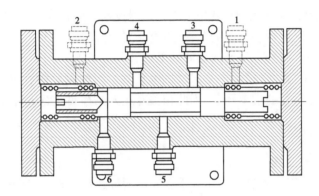

图 11-17 切换阀结构图

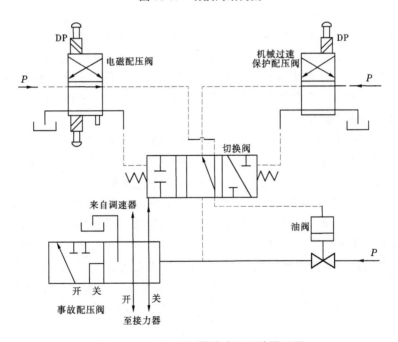

图 11-18 过速限制器的液压系统原理图

故配压阀活塞移至左端位置,水轮机导叶关闭,当电磁配压阀复位时,切换阀、油阀、事故配压阀复位。

(2)当转速上升到145%时,机械过速保护装置中的配压阀动作,切换阀切换到左端位置,油阀开启,事故配压阀动作关闭导叶,当配压阀复位时,切换阀、油阀、事故配压阀复位。

(3)当电磁配压阀与事故配压阀同时或先后动作时,切换阀在中间位置,油阀上腔通排油,事故配压阀动作关闭导叶。

第七节　调速器的运行与维护

开展对调速器的运行与维护,就是指当调速器投入运行后,不论是在工作状态还是备用状态,对其工作情况进行经常性的监视、检查、调整和清扫等工作,以便及时消除调速系统设备存在的缺陷和问题,保证调速器能够平稳和灵活工作。

做好调速器的运行与维护工作是保证机组正常运行的重要内容之一,也是保证机组能够实现安全、稳定运行的重要环节,因此相关专业人员都要及时做好此项工作。

一、调速器的运行

(一)调速器运行工况

调速器的运行可以分为自动操作和手动操作两种运行方式。自动操作的运行工况分为过程运行工况和循环运行工况。手动操作运行是运行人员在现场监视机组状态并进行人为不断调整操作的一种运行方式。

所谓循环运行工况,是指机组长期驻留的工作状态,只有当来了新的指令信号破坏了该状态后,才会变化,并过渡到另一种新的循环状态。如停机备用、带负荷稳定运行等。

所谓过程运行工况,是指接收新的指令信号后,原有的循环运行工况的平衡状态受到破坏,经过该过程进入到新的循环运行工况。如开机过程、停机过程等。

(二)调速器运行模式

(1)停机等待。调速器上的机频显示为0,网频显示为正常值,导叶开度和导叶平衡表显示为"-"值,电气柜"锁锭投入"灯亮。机械柜内转速和导叶开度指示表均指示为"0"。此时无油电转的输入始终有一个5 V左右的关机信号。

(2)自动开机。当现地或远方发出开机令,调速器按二段开机规律中的第一段开机速率开启机组导叶,直到大于空载开度后,改变机组速率继续开启导叶开度使机组升速。当机组转速上升到95%额定转速以上时,调速器自动将导叶关至最小空载开度的位置。若在转速尚未达到95%额定转速之前,出现测频故障会机频断线,会自动关小导叶开度至最小空载开度。当时的空载开度取决于当时的水头值。投入PID控制进入空载循环运行状态,调速器自动跟踪网频。当网频故障时,则处于不跟踪状态,而是跟踪机内的频率给定值。

(3)并网带负荷运行。合上断路器并网后,调速器自动进入负荷循环运行工况。调速器的调节模式分为频率调节、开度调节和功率调节。此内容在本章第五节中已经做过介绍,在此不予重复。莲花发电厂调速器具有一次调频功能,此方式的投入与退出需按照省调值班调度员的命令执行,如需投入一次调频,在电气柜内合上"一次调频"功能开关即可,正常情况下该开关在"断开"状态。

负荷调整既可在上位机进行,也可以在中控室返回屏或现地机旁进行。上位机实现数字控制,也即功率调节,是按照给定功率与实际功率之差进行调节的;在返回屏或现地机旁是按照开度调节模式进行调节,即调整导叶开度完成有功功率的调整,以满足系统负荷需要。

(4)手动运行。当将电气柜或机械柜上的"导叶选择"开关切至"手动"位置时,调速器处于手动运行状态,导叶开、关的调整由机械柜内无油电转上的手轮实现。也可以通过开限手轮的调整实现。手动旋转该手轮时应缓慢进行,旋转角度不易过大,以使接力器缓慢开出,不至过快,这样较容易控制导叶的开度,也就容易控制机组的转速。

(5)电手动运行。当将电气柜上的"导叶选择"开关切至"电手动"位置时,调速器处于电手动运行状态。所谓电手动运行,是指调速器 PLC 退出运行,由强电回路直接控制步进电机工作,完成机组导叶开度或负荷调整。电手动操作可以在现地电气柜实现,也可以在中控室返回屏上通过有功调整开关实现。(目前该方式只在调速器进行检修试验时使用)

(6)停机过程。无论何种操作方式(机手动除外),只要有停机命令,就会使机组停机。正常停机操作,需首先把机组负荷减到最低,然后下停机令实现停机。事故停机是按分段关闭导叶(两段过程)设置,首先接力器快速关回到15%左右的位置,使机组转速快速下降,以防止过速的出现。然后慢关至零,使机组转速按正常速度下降。当机组转速下降到70%额定转速时,调速器退出运行回到等待循环运行工况。

二、调速器的维护检查

(1)一般性维护。观察调速器面板上的各种指示灯、指示仪表灯是否正常反映当时的运行状态。

(2)经常性检查。电源各种是否正常;机频、网频和导叶反馈牢固;反馈钢丝绳是否断丝、卡涩或有异物影响其运动;各插件及接线、端子是否松动;机械液压系统油压是否正常,如降低应进行过滤器的切换或进行过滤器的清洗;机械装置连接是否有串位、松动、卡涩等不正常现象。

正常运行中,应按照现场运行规程规定的项目进行巡视检查,发生异常时应及时联系专业人员到现场及时处理。

第十二章　同步发电机励磁系统

第一节　励磁系统概述

根据同步发电机的基本原理,水轮发电机的转子绕组(也称励磁绕组)需要直流电源激励才能产生磁场,当励磁绕组随着转子旋转时,就能在定子绕组中感应电势。一般将励磁绕组、励磁电源、灭磁装置、自动励磁调节器及其操作回路的总体统称为励磁系统。励磁系统是水轮发电机的重要组成部分,它的运行状况直接影响发电机组、水电厂乃至整个电力系统运行的可靠性和稳定性。

一、励磁系统的主要作用

(一)维持发电机的端电压在给定水平

维持发电机的端电压等于给定值是电力系统调压的主要手段之一,要保证在发电机负荷变化时发电机端电压为给定值,则必须调节励磁。

$$\dot{E}_q = \dot{U}_f = j\dot{I}_f\dot{X}_d$$

式中:$\dot{E}_q$ 为发电机的空载电势;$\dot{U}_f$ 为发电机的机端电压;$\dot{I}_f$ 为发电机的负荷电流;$\dot{X}_d$ 为发电机的直轴同步电抗。

在发电机空载电势恒定的情况下,发电机的机端电压 U_f 会随着负荷电流 I_f 的增大而降低。为保证发电机端电压 U_f 的恒定,必须随发电机负荷电流 I_f 的增加(或减小)而增加发电机的空载电势 E_q。在不考虑饱和的情况下,发电机的空载电势 E_q 与发电机励磁电流成正比,所以在发电机运行时,随着发电机负荷电流的变化,必须调节励磁电流来保持机端电压的恒定。

在电力系统不正常运行或事故情况下,励磁系统维持发电机的机端电压的恒定有利于维持电力系统的电压水平,从而使电力系统的运行特性得到改善。如果在短路切除后,励磁调节器能使电力系统的电压恢复加快,当重负荷线路跳闸或发电机甩负荷时,励磁调节器能有助于降低系统和发电机电压的过分升高。

(二)控制无功功率的合理分配

当发电机并联于电力系统运行时,其机端电压基本保持恒定,假如发电机的有功功率 P 恒定,则有:

$$P = U_fI_f\cos\phi$$

式中:ϕ 为发电机的功率因数角。

如果 U_f 恒定,P 恒定,则 $I_f\cos\phi$ 为常数。当改变发电机的励磁电压或电流使发电机的空载电势 E_q 发生变化后,发电机的负荷电流 I_f 也发生变化,但其有功分量 $I_f\cos\phi$ 恒定,所以变化的只是无功分量。也就是发电机并联于电力系统运行时,改变发电机的励磁将改变发电机输出的无功。保证发电机之间合理的无功分配是励磁系统的重要功能。

(三)提高电力系统运行的稳定性

电力系统在运行中随时会受到各种干扰,在干扰过后系统恢复到它原来的运行状态,或者由一种平衡过渡到另一种新的平衡状态的能力就是系统的稳定性。电力系统的稳定性问题有三种,即静态稳定、暂态稳定和动态稳定。电力系统在遭受到小干扰作用时的稳定性称为静态稳定;在遭受到大干扰作用时的稳定性称为暂态稳定;动态稳定是指电力系统在遭受到各种干扰后,在考虑了各种自动装置的作用的情况下,长过程的稳定性问题。励磁系统对提高电力系统的静态稳定、暂态稳定和动态稳定都有着显著的作用。

(四)提高继电保护装置动作的可靠性和灵敏度

当电力系统发生短路故障时,通过励磁系统的调节(或者提供强励电流)使短路电流衰减得很慢甚至不衰减,保证了短路电流超过继电保护装置的整定值并在整定的时间内可靠动作,从而提高了继电保护装置动作的可靠性和灵敏度。

(五)快速灭磁作用

当发电机内部发生故障时,保护装置动作使断路器跳闸后,为防止内部故障扩大,以降低故障所造成的损害,励磁系统能进行快速灭磁。

二、励磁系统的组成

水轮发电机组励磁系统由励磁主电路和励磁调节器组成。如图 12-1 所示是以静止可控硅自并励励磁系统为例的励磁系统基本结构图。

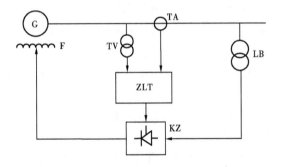

图 12-1　励磁系统基本结构图

励磁主电路包括水轮发电机的励磁绕组 G、励磁变压器 LB、整流装置 KZ 及灭磁装置。励磁电源供给发电机励磁所需电能,可以是发电机同轴直流励磁机,也可由发电机本身或厂用电通过励磁变压器 LB(或叫整流变压器)供给。整流装置将励磁电源供给的交流电源变成直流,一般它是指直流励磁机的整流子和半导体整流装置。灭磁装置作为发电机的保护装置,用来在发电机事故时迅速灭磁,它一般由灭磁开关及灭磁电阻构成,对可控硅整流电路可用逆变特性来进行快速灭磁。

励磁调节器是励磁系统的控制中心,是实现励磁系统主要作用的不可或缺的重要组成部分。自动励磁调节器 ZLT 的调节规律及使用范围、调节器的特点、调节器的组成都关系到整个励磁系统的静态与动态特性。自动励磁调节器由基本调节单元和辅助调节单元组成,基本调节单元包括调差单元、测量比较单元、综合放大单元和触发单元等,辅助调节单元包括过励及低励限制单元、切换控制单元、PSS(电力系统稳定器)单元等一些辅助及保护单元。

三、励磁系统的发展与分类

(一)传统励磁系统及特点

同步发电机传统励磁方式是采用同轴所带的直流发电机作为励磁机,供给发电机绕组的励磁电流,通过励磁调节器改变由励磁机供给发电机转子的励磁电压,来调节转子的励磁电流。直流励磁机方式存在以下的问题:

(1)直流励磁机受制造容量的限制。因为随着单机容量的不断增大,单机励磁功率也相应提高,而直流励磁机的制造容量是有一定限度的,它受机械强度和换向困难的限制。

(2)整流子和碳刷维护较麻烦。因为它们容易产生火花和磨损,增加了维护工作,也降低了发电机运行的可靠性。

(3)励磁调节一般较慢。电力系统稳定是个突出问题,要求其励磁系统具有较高的励磁电压顶值和较快的励磁电压上升速度,直流励磁机要满足这些要求是困难的。

(二)半导体励磁系统的特点

所谓半导体励磁,就是采用了大功率硅整流器或可控硅组成整流装置,把交流励磁电源变换为直流励磁电源,这便取消了传统的直流励磁机这一环节。半导体励磁则可以解决上面励磁机所不能解决的难题,且具有着优良的性能。

(1)励磁调节器的响应速度快,可以满足大电网系统运行稳定性的需要,例如有较高的励磁电压顶值和较快的励磁电压上升速度。

(2)可以满足大容量机组的工作需要,设备的结构紧凑,所占用的面积小,制造的成本低,结构和接线也相对简单。

(3)工作寿命长,维护工作量小,运行安全可靠。

(三)半导体励磁系统的分类

因为半导体励磁是把交流励磁电源经半导体整流装置变为直流供给发电机励磁的,所以按交流励磁电源的种类不同,可分为两大类。

第一类:采用与主机同轴的交流发电机作为交流励磁电源,经硅整流器或可控硅进行整流供给励磁。由于其励磁电源来自主机之外的其他独立电源,故称为他励整流器励磁系统,简称他励系统。

第二类:采用变压器作为交流励磁电源,励磁变压器接在发电机出口或厂用电母线上。因其励磁电源取自发电机本身或发电机所在的电力系统,故称为自励整流器励磁系统,简称为自励系统。上述的各种励磁方式的分类组合,详见表12-1。

表 12-1 各种励磁方式的分类组合

		直流励磁机	直流励磁机方式：可控硅装置控制励磁电流
有旋转部件的励磁	他励系统		
		交流励磁机	①带静止硅整流器(无整流子励磁)
			②带静止可控硅(无整流子励磁)
			③带旋转硅整流器(无刷励磁)
			④带旋转可控硅(无刷励磁)
全静态励磁	自励系统	励磁变压器	⑤自并励方式
		励磁变压器 励磁变流器	⑥直流侧并联自复励方式
			⑦交流侧并联自复励方式–不可控或可控
		励磁变压器 串联变压器	⑧直流侧串联自复励方式
			⑨交流侧串联自复励方式

按照表 12-1 的分类,其各自的特点简述如下:

(1)在①、②两种励磁方式中,半导体整流元件是处于静止状态的,由整流器出来的励磁电流需经过转子滑环及电刷引入发电机转子,因此也称为他励静止半导体励磁方式。

(2)在③、④两种励磁方式中,硅整流元件和交流励磁机电枢与主轴一同旋转,直接给发电机转子励磁绕组提供励磁电流,不需要经过转子滑环及电刷引入,所以又称为无刷励磁方式。

(3)在他励系统中,交流励磁机是旋转的,而自励系统中的励磁变压器、整流器等都是静止元件,因此自励系统又称为全静止励磁系统。

(4)自励系统又分为自并励和自复励两种方式。所谓自并励,就是将励磁变压器并联在机端构成的励磁方式。自复励就是除并联的励磁变压器外,还有与发电机定子电流回路串联的励磁变压器,将二者结合起来所构成的励磁方式。

第二节 自并励系统

一、自并励系统的接线方式

自并励系统的接线方式是指励磁变压器 LB 与电源相连接的方式。LB 的典型接法是连接在发电机出口端。其特点是:接线简单,可靠性高,只要发电机运行,励磁电源就得到保证。当外部短路切除后,强励能力便迅速发挥出来,通常的接线有以下几种:

(1)LB 接于发电机 DL 的系统侧。LB 从系统受电,不需另设起励装置。但当系统事故发电机 DL 跳闸后,励磁装置不能主动地恢复正常,且当系统电压极端降低时,往往可能失去励磁。

(2)LB 接于厂用电母线上。不需另设起励装置,但增加了厂用变的容量,且可靠性差。

（3）LB 接于发电机 DL 的电源侧。即发电机出口与 DL 之间，莲花发电厂机组即采用了这种接线方式。

对于自并励系统的 LB，一般不设自动开关。LB 高压侧可装设高压熔断器，也可不设。对于小容量的 LB 自身可不设保护，但高压侧接线必须包括在发电机的差动保护范围以内。

二、自并励系统的特点与应用

（一）自并励系统的优点

（1）励磁变压器放置自由，因不需要同轴励磁机，可缩短主机的高度，减少噪声。

（2）由于直接用可控硅控制转子电压，励磁电压响应速度快，励磁调节速度快。

（3）自并励系统由机端取得能量，当机组甩负荷时，与同轴励磁机比，机组的过电压低些，是其重要的优点。

（4）自并励属于全静态励磁系统，效率高，维护费用低。

（5）设备和接线比较简单，造价低。

（6）由于无转动部分，具有较高的可靠性。

（二）自并励系统的缺点

（1）在发电机近端三相短路而切除时间又较长的情况下，缺乏足够的强励能力。

（2）对电力系统动态稳定的影响不如其他励磁方式有利。

（3）对继电保护的影响，使继电保护的配合较复杂。

（三）自并励系统的应用

主要考虑在以下情况下采用自并励方式：

（1）发电机与系统间有升压变压器的单元接线。

（2）要求有较高的励磁电压反应速度。

一般认为：自并励励磁系统可用于大多数水轮发电机，也可以作为电厂备用励磁装置。

自并励方式是自励系统中接线最简单的一种励磁方式，其典型的原理图如图 12-2 所示。图中的 TV1、TV2 为励磁用电压互感器，TA1、TA2 为励磁用电流互感器，AVR 为自动励磁调节器，KZ 为可控硅整流功率装置，LB 为励磁变压器。

该系统的基本工作原理是：只用一台接在机端的励磁变压器 LB 作为励磁电源，通过可控硅整流功率装置 KZ 直接给发电机提供励磁电源，KZ 提供的励磁电流的大小是通过 ZLT 装置发出的脉冲信号控制 KZ 中可控硅的导通角来实现的。

三、莲花发电厂发电机自并励系统

如图 12-3 所示为莲花发电厂机组自并励系统原理接线图。发电机的励磁电源由接在机端的励磁变压器 TSH 提供，通过两组三相全波整流功率装置 KZ1、KZ2 后，经电子开关和灭磁开关向发电机转子绕组提供励磁电源，为了保证 KZ1 和 KZ2 输出的励磁电流保持平衡状态，在功率整流装置中有电流平衡控制装置。励磁调节器采用微机型励磁调节

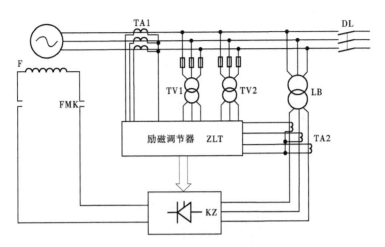

图 12-2　自并励系统原理接线图

器,测量取样信号取自接于发电机电压母线上的电压互感器 BV1 和 BV2,以及电流互感器 BA1 和 BA2。为了保证发电机起励的可靠性,在励磁回路中并联有手动起励电源,可以实现手动起励。

正常运行方式下,发电机灭磁开关始终处于合闸状态,发电机的起励是由电子开关实现的,即当发电机启动后达到起励条件时,电子开关 DDL 装置的可控硅元件导通,使由 KZ 装置提供的励磁电流通过 DDL 到达发电机转子绕组实现励磁。当机组解列后需要灭磁时,是由电子开关和硅整流装置进行换流实现逆变灭磁。

第三节　功率整流电路

一、整流电路的任务及分类

整流电路可将交流电源变换为直流电源。将从发电机机端获得的交流电压变换为直流电压,供给发电机转子绕组的励磁需要,这是同步发电机静止励磁系统中整流电路的主要任务。

根据电路中所用整流元件的不同,分为可控整流电路和不可控整流电路。按整流回路的接线方式不同,又可分为单相半波整流电路、三相半波整流电路、三相半控桥式整流电路、三相全控桥式整流电路。应用最多的是三相半控桥式电路和三相全控桥式整流电路。三相半控桥式整流电路只用三个可控硅,另三个是二极管;而在三相全控桥式整流电路中,六个都是可控硅。莲花发电厂采用的是三相全控桥式整流电路。

二、三相全控桥式整流电路

三相全控桥式整流电路工作原理如图 12-4 所示。图 12-4(a)示出了三相全控桥式整流电路原理,图 12-4(b)示出了加于全控桥上的相电压波形。

如果可控硅元件的触发脉冲在正向电压下即加入,则 KG1、KG3、KG5 分别在 u_a、u_b、

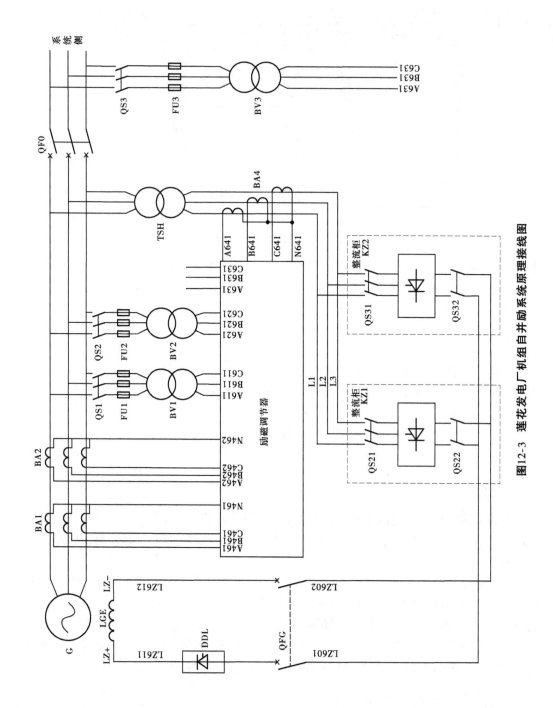

图12-3 莲花发电厂机组自并励系统原理接线图

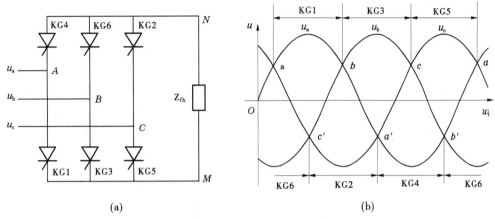

图12-4　三相全控桥式整流电路及相电压波形图

u_c 电压最高的区间导通,KG4、KG6、KG2 分别在 u_a、u_b、u_c 电压最低的区间导通。所以任一瞬间有两个可控硅导通,相应的具有输出电压,图12-4(b)示出了可控硅导通的区间(控制角 $\alpha = 0°$ 时)。

由图12-4(b)可见,a、b、c 点分别为可控硅 KG1、KG3、KG5 的自然换相点,c'、a'、b'点分别为可控硅 KG2、KG4、KG6 的自然换相点,在这些点上控制角 $\alpha = 0°$。因此,控制触发脉冲的第一个要求是间隔应为60°电角度,同时触发的次序为 1、2、3、4、5、6…。为了保证后一可控硅触发导通时前一可控硅处导通状态,在触发脉冲的宽度小于60°电角度时,在给后一可控硅触发脉冲的同时,也给前一可控硅以触发脉冲,形成双脉冲触发。这样,控制触发脉冲的次序应如表12-2所示。

控制触发脉冲的第二个要求是触发脉冲的发出和交流电压要保持同步,KG1、KG3、KG5 的触发脉冲分别应在 a 点、b 点、c 点为起点的180°区间内发出,KG2、KG4、KG6 的触发脉冲分别应在 c'点、a'点、b'点为起点的180°区间内发出。

表12-2　三相全控桥式控制触发脉冲次序

可控硅序号	一周期内控制触发角脉冲次序						
	0°	60°	120°	180°	240°	300°	360°
1	⌐	⌐					⌐
2		⌐	⌐				
3			⌐	⌐			
4				⌐	⌐		
5					⌐	⌐	
6	⌐					⌐	⌐

输出电压波形在符合上述要求的触发脉冲 u_g 作用下,整流输出电压波形分析如下:

当控制角 $\alpha = 30°$ 时,整流输出电压波形如图12-5所示。控制角 $\alpha = 60°$ 时,整流输出电压波形如图 12-6 所示。

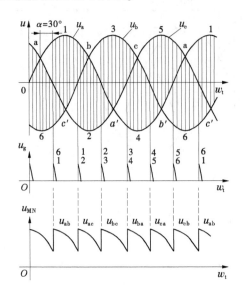

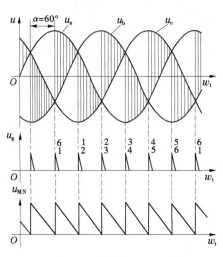

图 12-5　控制角 $\alpha = 30°$ 时
全控桥式整流输出电压波形

图 12-6　控制角 $\alpha = 60°$ 时
全控桥式整流输出电压波形

当控制角 $\alpha = 90°$ 时,如图 12-7 所示,在 t_1 时刻给可控硅 KG1 和 KG6 以触发脉冲,于是 KG1 和 KG6 导通,在不计管压降情况下,输出电压 $u_{MN} = u_{ab}$。

如果负载 Z_{fh} 为纯电阻,则在到达 b 点时,因 $u_{ab} = 0$,可控硅 KG1 和 KG6 自行关断,须在 t_2 时刻触发后,整流桥才有输出电压,换言之,从 b 点到 t_2 时刻输出电压为零。但是在实际上,三相全控桥式整流电路总是应用在电感性负荷状况下,如发电机转子绕组即是电感性负载。在这种情况下,在 b 点 u_{MN} 虽为零值,但在电感负荷上存在反电势,在反电势作用下,电流通过 KG1 和 KG6 流通,不发生突变,续流延续到 b 点以后,此时输出电压 $u_{MN} = u_{ab}$,具有负的数值,显而易见,反电势被限制在电源电压水平。

到达 t_2 时刻,KG1 和 KG2 获得触发脉冲而导通,因 KG2 导通,KG6 获得反向电压 u_{bc} ($u_{bc} > 0$)而关断,输出电压为 $u_{MN} = u_{ac}$。在 a' 点有 $u_{ac} = 0$,仍然依靠负载反电势作用而保持 KG1 和 KC2 的导通,直到 t_3 时刻。在 t_3 时刻,KG2 和 KG3 获得触发脉而导通,因 KG3 导通,KG1 获得反向电压 u_{ba}($u_{ba} > 0$)而关断,输出电压为 $u_{MN} = u_{bc}$,以后重复前述过程,输出电压波形如图 12-7 所示。

当控制角 $\alpha = 150°$ 时,作出整流输出电压波形如图 12-8 所示。

从以上分析可见,在电感性负载下,当 α 在 $0° \sim 90°$ 区间内时,全控桥式整流电路工作在"整流"状态;当 α 在 $90° \sim 180°$ 区间内时,全控桥式整流电路工作在"逆变"状态,由负载向电源倒送能量,输出电压为负值。

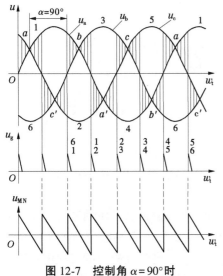

**图 12-7　控制角 $\alpha = 90°$ 时
全控桥式整流输出电压波形**

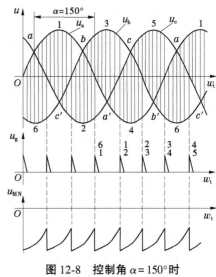

**图 12-8　控制角 $\alpha = 150°$ 时
全控桥式整流输出电压波形**

第四节　微机型励磁调节器

　　励磁调节器的主要功能是维持发电机端电压和实现并列运行机组间无功功率的合理分配。在传统的励磁系统中,直流励磁机作为励磁的功率单元,励磁调节器多为机电型或电磁型。而在半导体励磁系统中,励磁的功率单元则为半导体整流装置和交流电源,励磁调节器采用半导体元件、固体组件和电子线路,称为半导体励磁调节器。而现代励磁系统的功率单元采用晶闸管整流技术,励磁调节器采用微机(包括单板机或 PLC 等)控制原理,所以又称为微机励磁调节器。

一、励磁控制系统

　　励磁控制系统是同步发电机的重要组成部分,它控制发电机的电压和无功功率。励磁控制系统是由同步发电机及其励磁系统共同组成的反馈控制系统,其框图如图 12-9 所示。

　　励磁调节器是励磁控制系统的主要部分,由它感受发电机的电压、电流或其他参数的变化,然后对励磁功率单元进行控制。在励磁调节器没有发

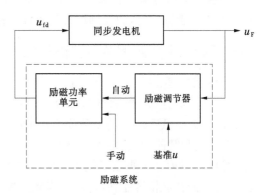

图 12-9　发电机励磁控制系统的组成

出改变控制命令以前,励磁功率单元是不会改变其输出的励磁电流和电压的。

二、对励磁调节器的要求

(1)励磁调节器应具有高度的可靠性,并且运行稳定。

(2)励磁调节器应具有良好的静态特性和动态特性。

(3)励磁调节器的时间常数应尽可能小。

(4)励磁调节器应具有结构简单、检修维护方便,并逐步达到标准化、系列化。

三、励磁调节器的构成

励磁调节器主要由数字采样与信号变换、控制运算和数字移相触发三个基本单元构成。

(一) 数字采样与信号变换

为了实现对发电机励磁的调节、控制与限制功能,在励磁调节器中须取得与机组状态变量有关的运算参数作为反馈量,并依此进行运算。莲花发电厂励磁调节器采用了交流采样方式。所谓交流采样,即通过交流接口将发电机电压、电流互感器的二次电压和电流信号转换成与原信号在数量上成正比,但幅值较低的交流电压,供计算机进行采样处理,并经运算求出相关的发电机电压 U_G、电流 I_G 以及有功功率和无功功率 P、Q。

(二) 控制运算

控制运算是微机励磁调节器的核心。在微机硬件支持下,由应用软件实现下列运算:

(1)数据采集,定时采样及运算。对测量数据的正确性进行检查,标度变换,选择显示等。

(2)调节算法。按所用的调节规律进行计算。

(3)控制输出。将调节算法的计算结果进行转换并限幅输出,通过移相触发环节对可控硅进行控制。

(4)其他处理。输入整定值,修改参数,改变运行方式,声光报警,实现其他功能等。

(三) 数字移相触发

移相触发单元的作用是根据输入的控制信号的变化,改变输出到可控硅的触发脉冲相位,即改变控制角 α,从而控制可控硅整流电路的输出,以调节发电机的励磁电流。

四、莲花发电厂励磁调节器硬件配置

(一) 装置概述

莲花发电厂机组励磁系统采用 EXC9000 型全数字式静态励磁调节器,其主要特点是功能软件化、系统数字化。励磁系统的各个部分均能实现智能检测、智能显示、智能控制、信息智能传输和智能测试,装置的可靠性高且工艺水平先进。

EXC9000 励磁系统吸收了数字控制领域先进的研究成果和工艺,如 DSP 数字信号处理技术、可控硅整流桥智能均流技术、高频脉冲列触发技术、低残压快速起励技术、完善的通信功能和智能化的调试手段等。现场总线技术也被用于励磁系统的各个部分进行控制和信息交换,使励磁装置成为一个有机的、完整的整体。如图 12-10 所示为莲花发电厂微机励磁调节器原理框图。

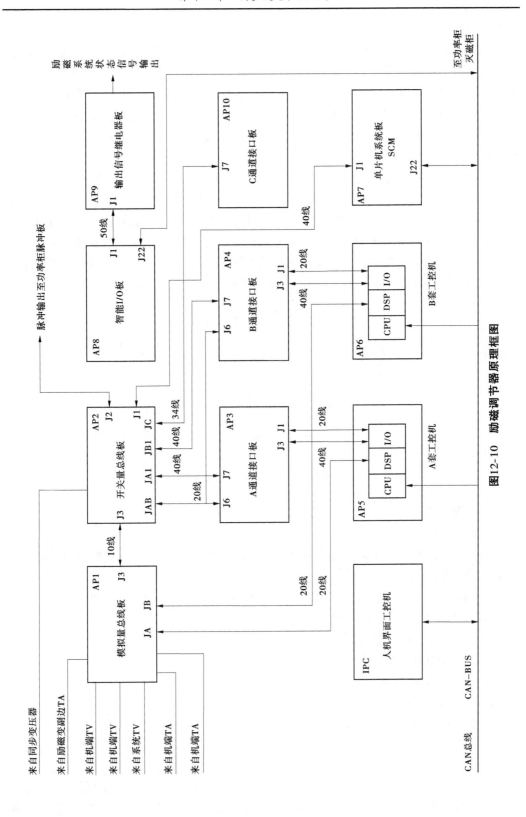

图12-10 励磁调节器原理框图

(二)调节通道配置

EXC9000 型全数字式静态励磁调节器为双微机三通道调节器,其中 A、B 通道为微机通道,其核心控制器件是 32 位总线工控机,C 通道为模拟通道。其中,A 通道为主通道,测量信号通过机端第一套电压互感器 TV1 和电流互感器 TA1 取得;B 通道为第一备用通道,测量信号通过机端第二套电压互感器 TV2 和电流互感器 TA2 取得;从励磁变副边采集的三相同步电压信号供三个通道公用,从励磁变副边电流互感器取得的励磁电流信号也供三个通道公用。

三通道调节器采用微机/微机/模拟三通道双模冗余结构,由两个自动通道 A、B 和一个手动通道 C 组成,这三个通道从测量回路到脉冲输出回路完全独立,三通道之间的结构关系如图 12-11 所示。三通道以主从方式工作,正常方式为 A 通道运行、B 通道备用,B 通道及 C 通道自动跟踪 A 通道。可选择 B 通道或 C 通道作为备用通道,B 通道为首选备用通道。当 A 通道出现故障时,自动切换到备用通道运行。C 通道总是自动跟踪当前运行通道;同样,当 B 通道投入运行后出现故障,自动切换到 C 通道运行。

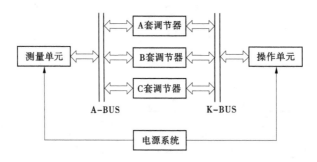

图 12-11　励磁调节器通道配置图

(三)调节器硬件

1. 硬件方框图

如图 12-12 所示,调节器主要由 A、B、C 三个调节通道,模拟量总线板,人机界面,接口电路等组成,其硬件主要包括:

(1)A、B 两个自动通道,每个通道包括一块 CPU 板、一块 DSP 板、一块 I/O 板。

(2)一块模拟量总线接口板(含 C 通道)。

(3)一块开关量总线接口板。

(4)一块现地控制板,即 LOU。

(5)一块智能 I/O 板。

(6)一套人机界面。

2. 自动通道(A/B 通道)

A/B 通道为微机励磁调节器,采用 CPU 模式的硬件结构,几个 CPU 协同工作各有分工:

(1)主 CPU 作为核心处理器,完成励磁调节控制。主 CPU 板实现的主要功能如下:

①调节功能。给定值预置、AVR 调节器(PID+PSS)、FCR 调节器、调差、恒无功/功率

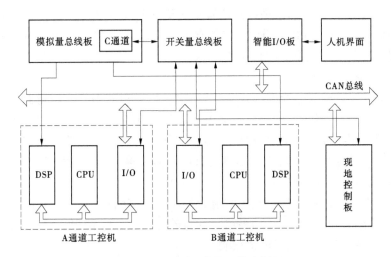

图 12-12 励磁调节器硬件方框图

因数附加调节、软起励、通道跟踪、系统电压跟踪等。

②限制功能。V/F 限制、强励限制、过励限制、欠励限制、定子电流限制等。

③其他功能。参数在线修改、故障录波、防误操作等。

在主 CPU 板前面板上有 5 V 电源指示灯及复位按钮,复位按钮可以对主 CPU 板及其系统进行复位。

(2)DSP 板是一块专用智能 DSPA/D 采集板,实现 34 路模拟量输入的同步采集和高速转换,16 位数字分辨率。该板采用 DSP 芯片作为核心元件,实现每周期 32 点向量同步交流采样技术及移窗算法处理。主要功能如下:

①数据采集。机端 TA、机端 TV、系统 TV、励磁变副边 TA、PSS 试验信号。

②数据计算。机端电压、机端电流、系统电压、励磁电流、电压频率、有功功率、无功功率。

③数据传递。将上述数据存储在双口 RAM 存储器,供主 CPU 使用。

DSP 面板上指示灯的含义:L1—通电后常亮;L2—机组频率低于 35 Hz 时亮;L3—机组频率高于 75 Hz 时亮;L4—运行闪烁。

(3)I/O 板主要提供 4 路模拟量输出、32 路开关量输入、24 路开关量输出通道和 CAN 总线接口。主要功能如下:

①接收对调节器的控制命令。增减磁、起励、逆变、并网、PSS 投入等。

②实现调节器与现场总线的通信。将调节器与 CAN 现场总线连接,实现调节器与 LOC、智能 I/O 及人机界面的数据交换。

③调节器的故障信号输出。PT 故障、同步故障、看门狗信号等。

④数字式脉冲信号的输出。输出数字式脉冲信号到开关量总线板,产生六相脉冲信号。

3. 模拟量总线板

(1)模拟量总线板主要实现以下功能:①对机端 TV、TA、系统 TV、励磁变副边 TA 等交流采样电气量实现电气隔离。②对模拟量进行信号调理。③与 DSP 板连接,将上述隔离后电气量送入 DSP 板。④过励保护信号测量及整定(晶体管输出)。⑤10%U_g 电压信号测量(晶体管输出)。⑥C 通道的调节控制及脉冲输出。⑦AVR、PSS 环节测试及试验信号输入接口。⑧与开关量总线板连接。

(2)手动通道(C 通道)。

C 通道是基于集成电路的模拟式调节器,位于励磁调节柜的模拟量总线板上。它以励磁电流作为反馈量,其数字给定电位器由一块单片机控制一个 12 位精度的串行数模转换器得以实现。用线性集成的 PID 调节电路进行调节,输出控制信号给移相触发模块进行移相触发。C 通道的励磁调节在实现的原理和实现途径上与微机调节器是完全不同的,因而能起到很好的后备作用。

主要功能有:恒励磁电流调节、恒控制角控制(可用于他励零升或短路试验)、机端电压限制、数字给定及自动预置、自动跟踪运行通道、低频逆变、移相触发及脉冲控制、故障检测看门狗信号输出、最低励磁电流限制。

数字给定:通过开关量的增、减磁信号改变内部寄存器的计数值,该值通过 12 位精度的串行数模转换器进行 D/A 转换,其输出就是本通道的励磁电流给定值。

数字给定具有自动预置和自动跟踪功能。无开机令时自动预置为下限值,有开机令后自动跟踪当前运行通道,使本通道的控制信号与运行通道基本一致。C 通道运行,自动跟踪功能无效。

C 通道的数字给定在机组并网后具有给定下限限制功能,防止机组在 C 通道运行时因为误操作引起失磁。当机组空载情况下低频逆变时自动返回电流给定下限值。

移相触发:该模块接收移相控制信号、同步信号及其他辅助控制信号,实现脉冲输出。移相触发模块是一种模拟量控制的六相触发器,适用于晶闸管三相全控桥或半控桥整流与逆变控制。

4. 开关量总线板

开关量总线板实现的主要功能有:①实现各种开关量信号转接;②实现脉冲控制,如残压起励、切脉冲、功率柜脉冲投退等;③智能均流给定,用于功率柜闭环均流调节;④模拟量输出转接,试验用途;⑤DC24 V 电源检测;⑥通道切换操作;⑦增、减磁操作;⑧A/B 通道故障检测及自动切换控制;⑨同步信号及脉冲输出。

5. 现地控制板(LOU 板)

现地控制板实现的主要功能是:LOU 板是 EXC9000 励磁系统的操作核心部件,管理 CAN 总线来的励磁系统状态信息及操作命令,通过 CAN 总线或转换成 I/O 信号对系统的部件进行操作。

非智能部件的状态信号通过接点方式引入 LOU,关键的控制信号如投初励电源、逆变失败分灭磁开关等也通过接点方式输出控制。

LOU 板完成的操作控制逻辑包括:起励控制、通道跟踪投切控制、系统电压跟踪投切控制、逆变灭磁失败检测、人工投切 PSS 控制等。在该板上设有复位按钮,可以对该板进行单独复位操作。

6. 智能 I/O 板

智能 I/O 板由单片机、CAN 总线接口、光电隔离电路、串行通信接口、输出继电器及其控制回路等组成。该板通过 CAN 总线接收励磁系统信息并将其转换成 I/O 信号后,一方面通过继电器接点输出,以便监控系统以接点方式接入获取励磁系统信息;同时,也可以通过 RS485 串行通信口与电站监控系统相连。

7. 调节器人机界面

人机界面采用液晶触摸屏实现调节器和运行操作人员人机交流,具有以下功能:

(1)显示。人机界面具备机组运行参数显示、运行状态显示功能,并有故障报警指示。

(2)操作。通过人机界面的触摸按键,可以实现机组参数设定、起励、残压起励功能投退、通道跟踪、系统电压跟踪、调差率设定等操作。

(3)报警。当励磁系统出现故障时,可以提供报警画面。

(4)故障追忆。对于励磁系统故障或者异常工况的产生和复位时间有详细的时间记录,可以追查已发生的超过 150 个以上的故障或异常工况信息。

五、莲花发电厂励磁调节器软件功能

(一)调节功能

1. 给定值调节与运行方式

利用开关量输入命令或者串行通信,可控制励磁调节器给定值的增、减和预置。给定值设有上限和下限,给定值的调节速度可以通过软件设定。

调节器内有电压给定和电流给定两个给定单元,分别用于恒机端电压调节方式和恒励磁电流调节方式。当调节器接收到停机令信号时,就把给定值置为下限;调节器接收到开机令信号时,就把初始给定值置为预置值。人工的增、减操作就是直接对给定值大小进行调节,通过此种方式来调节发电机电压或无功。

恒机端电压调节方式称为自动方式,恒励磁电流调节方式称为手动方式。发电机起励建压后,两种运行方式相互跟踪,即备用方式跟踪运行方式,跟踪的依据是两者的控制信号输出相等,且这种跟踪关系是不能人工解除的。

自动方式是主要的运行方式,有利于提高系统的运行稳定性;手动方式为辅助运行方式,不允许长时间投入运行;两种运行方式之间可以人工切换,TV 故障时自动由自动方式切换为手动方式。

2. 自动电压调节器和励磁电流调节器

自动电压调节器(AVR)用于实现自动方式调节,维持机端电压恒定,其反馈量为发电机机端电压。

励磁电流调节器(FCR)用于实现手动方式调节,维持励磁电流恒定,以励磁电流作反馈量。FCR 主要用于试验或者作为在 AVR 故障时的辅助/过渡控制方式。为了避免在手动方式下发电机突然甩负荷引起机端过电压,手动方式具有自动返回空载的功能,在发电机断路器跳闸的情况下,一个脉冲信号传送给调节器,则立即把电流给定值置为空载励磁电流值。

3. 电力系统稳定器 PSS

PSS 的作用是:提高电力系统静态稳定能力和动态稳定能力,阻尼电力系统低频振荡。

通过调节器人机界面,可以选择投入或退出 PSS。当投入 PSS 时,只有在发电机有功功率大于 PSS 投入功率后,PSS 输出才有效;当退出 PSS 时,则 PSS 输出无效,恒等于 0。

4. 调节器工作模式

调节器工作模式包括发电模式、电制动模式、恒控制角模式、短路干燥模式、有功和无功功率补偿、调差、通道间的跟踪等。下面简要介绍几种主要模式。

1)发电模式

在发电模式下主要包括自动方式和手动方式,两种方式可以手动选择。在自动方式下发生 TV 故障时,调节器会自动从自动方式切换到手动方式。可以实现的切换途径有:

(1)切换到自动方式,包括人工切换到自动方式;由于 TV 故障导致软件切换到手动方式,并且开机令复归,系统恢复到自动方式;系统重新上电,系统从其他运行模式切换到发电模式。

(2)切换到手动方式,包括人工切换到手动方式;发生 TV 故障,软件自动切换到手动方式。

2)调差

在励磁调节器自动方式下,为了保证多台并联运行的发电机之间的无功功率合理分配或补偿单元接线主变压器的电压降,调节器设有无功调差功能。采用正调差,可保证多台并联运行的发电机之间的无功功率合理分配。采用负调差,可以补偿在单元接线方式下主变压器的电压降。

3)通道间的跟踪

通道间的跟踪是由调节器软件实现的,备用通道跟踪运行通道,跟踪的依据是两通道的调节输出(控制信号)相等。这种跟踪关系可以通过人机界面人工投退。自动跟踪功能保证了从运行通道到备用通道的平稳切换。

(二)限制功能

1. 强励限制和过励限制

对于发电机的转子而言,除长期通流的额定限制外,还具有一定的短时过载能力。当转子过载时,根据转子电流的不同,其过载时间也不同,转子电流越大,允许的过载时间越小,强励限制实际上就是过励限制,是根据转子的热效应反时限特性整定的。而过励限制是控制发电机的无功输出上限的,但强励限制是保护短时出现的工况,过励限制是保护机组的长期运行工况。

当励磁电流大于过励限制值时,开始进行强励反时限计算和计时,并发出"强励动作"报警信号,闭锁增磁操作;在此期间,励磁电流按强励限制值限制。反时限到达后,励磁电流按过励限制值限制,发"过励限制"报警信号,并开始计时,直到冷却时间到达后,才允许再次强励。

2. 欠励限制(P/Q)

当同步发电机的励磁不足时,发电机的定子电流由落后的功率因数角变为超前的功率因数角,发电机将从系统吸收感性无功功率,即所谓的进相运行。

在发电机输出一定的有功 P 之下,随着发电机励磁电流的减小,发电机的同步电势进一步下降,发电机从系统吸收的感性无功 Q 增加。若发电机的同步电势与系统等值电势之间的功角增大到一定值,则发电机不能再保持静态稳定运行。对于进相运行方式,为了防止发电机励磁电流降低到稳定运行所要求的数值之下,对发电机的最小励磁电流需要加以限制,这种限制称为欠励限制。

P/Q 限制器用于防止发电机进入不稳定运行区,欠励限制有效条件为:发电机出口开关合且当前无功值小于0。当欠励限制条件不满足时,欠励限制不起作用。欠励限制动作时,调节器发"欠励限制"报警信号,闭锁减磁操作。

另外,调节器还能够实现定子电流限制(正无功限制)、V/F 限制(电压/频率限制)、低频限制等功能。

(三)故障检测

(1)同步故障。同步故障动作后,调节器通过 I/O 板发出同步故障信号,通过通信接口向外发出同步故障信号,闭锁看门狗信号输出,使调节器监视单元监测到调节器故障,发出通道切换指令。

(2)低励磁电流。低励磁电流故障动作后,调节器通过通信接口向外发出低励磁电流故障信号。

(3)励磁变副边 TA 故障。励磁变副边 TA 故障动作后,调节器通过通信接口向外发出励磁变副边 TA 故障信号。

(4)TV 故障。在判断 TV 故障后切换到手动运行方式,同时调节器监视单元会切换励磁调节器到备用通道运行。若判断条件不成立,延时 2 s 复归 TV 故障。

(5)调节器故障。CPU 复位、程序跑飞、DSP 出错或进行模型测试时,闭锁状态指示信号输出,如果此时机端电压大于 40%,则发调节器故障。

(四)调节器逻辑流程

调节器逻辑流程包括开机流程、停机流程、主 CPU 程序及中断服务流程、DSP 采样程序及中断服务流程、通道切换流程、通道跟踪流程和系统电压跟踪流程等。

六、电源系统

(一)交流电源

励磁装置三相交流 380 V 电源分别取自厂用 400 V 自用电 Ⅰ、Ⅱ 段,通过柜内自动切换装置实现互为备用,如图 12-13 所示。励磁系统使用的交流电源(包括风机电源、变送器电源、照明电源及加热器电源)均从本柜引出。

(二)220 V 直流电源

励磁装置的直流电源为 220 V,取自厂内 220 V 直流系统,直流电源供给包括起励电源、直流控制电源 Ⅰ 段、直流控制电源 Ⅱ 段。

(三)24 V 直流电源

励磁装置的弱电操作电源为 24 V,包括调节器操作回路电源(R601、R602)以及触发脉冲(AP2)电源,如图 12-14 所示。

24 V 弱电操作电源由励磁变副边引出经励磁系统自身配备的自用变压器 TC01 及直流控制电源经过两台独立的 DC24 V 开关电源 VI01、VI02 并列供电,两台开关电源均有

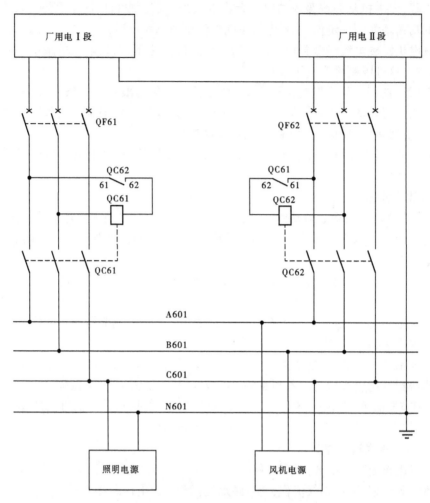

图 12-13　励磁系统交流电源回路原理图

独立的电源控制开关 SA01、SA02,运行中任一路电源消失均不会影响励磁装置的正常工作。

(四)工控机电源

如图 12-14 所示,励磁调节器工控机的工作电源为 ±12 V 和 +5 V,同样由上述的自用变压器 TC01 及直流操作电源并列供电,经过两台开关电源 VI07 和 VI08 后分别送往 A/B调节器通道,每个通道对应独立的一台开关电源,设有独立的电源控制开关 SA05 和 SA06。一台开关电源断电后,不会影响另一个调节器的正常运行。

七、控制及信号回路

(一)远方开入

励磁调节器投入:机组开机后转速达到额定转速的 95% 后,调节器自动投入工作。
远方调节励磁:在中控室进行励磁调节。
远方起励:在灭磁开关柜进行机组起励操作。

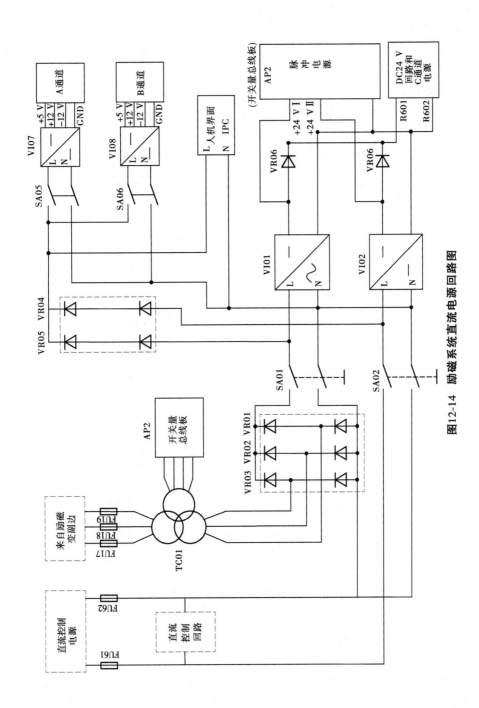

图12-14　励磁系统直流电源回路图

停机减励磁：在接到停机信号后，进行机组自动灭磁。

另外，还有断路器分合闸位置、PSS 投退控制等。

(二) 本柜开入

主要包括：手合灭磁开关、现地投逆变灭磁、现地增减励磁调节、现地进行励磁通道切换等操作。

(三) 信号回路

如图 12-15 所示为励磁调节器信号输出回路原理图。在调节器柜上 PL01～PL05 分别显示调节器通道的运行情况，K03～K05 分别开出作用于外部控制回路，实现投初励电源、逆变灭磁失败作用于跳灭磁开关、过励保护动作执行事故停机等功能。

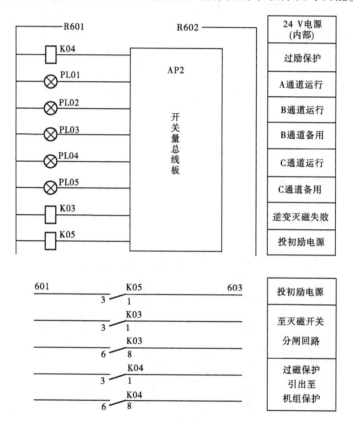

图 12-15　励磁调节器信号输出回路原理图

第五节　励磁功率柜简介

莲花发电厂励磁功率柜采用广州电器科学研究院 EXC9000 系列智能型功率柜。功率柜内部主要安装有三相全控桥式整流元件，其作用主要是为同步发电机提供励磁电流。

一、功率柜的配置

如图 12-16 所示为莲花发电厂励磁功率柜原理接线图。

莲花发电厂EXC9000励磁功率柜采用智能型双功率柜,每个智能功率柜的主要部件包括:

(1)六个晶闸管组件(硅元件加散热器)V21～V26。

(2)六个带接点指示的快速熔断器F21～F26。

(3)六个高耐压值的脉冲变压器AP21～AP26。

(4)一套集中阻断式阻容保护装置AR01、AR02。

(5)两台互为备用的风机。

(6)两个风压接点,用于风机启停监测。

(7)一块功率柜智能控制板AR20。

(8)一块功率柜脉冲功放板AR21。

(9)一块带触摸键的LCD显示器LCD1。

(10)三个电流互感器BA21～BA23。

(11)两个测温电阻,用于风温检测。

三相全控桥式整流电路的工作原理已在本章第三节中做了简要介绍,本节重点介绍EXC9000系列功率柜的其他功能。

(一)功率柜智能控制板

功率柜智能控制板由单片机、CAN总线接口、光电隔离电路及其控制回路等组成。功率柜各个信号由显示屏或由接入端子等(经过光电隔离电路处理)送入单片机。单片机将处理过的信号输出,输出信号送显示屏或经过光电隔离电路和控制回路后进行控制操作。

功率柜智能控制板用于功率柜的智能检测和控制,可以实现功率柜的每个桥臂电流检测、冷却风温检测、快熔监测、阻容保护监测、风压监测、智能均流控制、风机开停控制、功率柜电流显示校准、功率柜设置、CAN通信等功能。退柜时能发信号到励磁调节器。

功率柜智能控制板主要配置如下:

(1)8路继电器输出(其中4对接点有公共点)。

(2)8路光耦输入。

(3)6路A/D。

(4)2路测温输入(带恒流源)。

(5)2路D/A。

(6)CAN总线接口。

(7)1个液晶显示器驱动接口。

(8)JTAG编程口。

本板带复位按钮SW1,可以对本板进行单独复位。

(二)功率柜脉冲功放板

(1)包含6个相同的24 V脉冲放大回路,用以触发相应的1.5 in(1 in＝2.54 cm)到4 in的晶闸管。

(2)能对功率柜柜间均流进行自动调节,不需要在主回路上串联任何均流器件,均流系数可达97%以上。

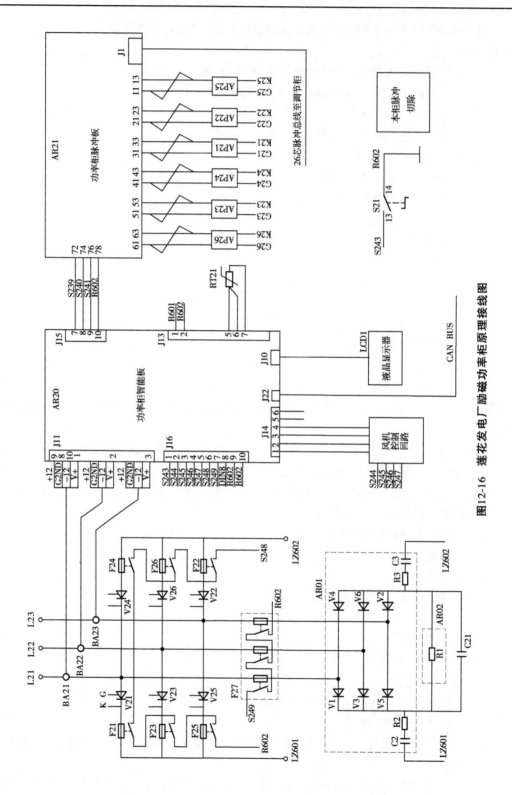

图12-16　莲花发电厂励磁功率柜原理接线图

（3）主回路与控制回路的电气隔离强度采用集中式，集中式的脉冲变压器安装在一块电路板上，电气强度为 5 kV。

（三）智能化功率柜的控制

在每个功率柜内设计有一套智能控制系统，该系统包括智能检测单元、通信接口、传感器、LCD 显示器，以及相应的输入输出接口电路等。由于引入了智能控制系统，取消了常规表计和指示灯，功率柜的操作、控制、状态监视、信息传递、信息显示等均实现了智能化。

1. 工况检测的智能化

智能控制系统对功率柜的检测是全方位的，检测功能包括：

（1）桥臂电流和单桥总输出电流。

（2）快熔状态（包括阻容保护用快熔）。

（3）风道温度检测。

（4）风机开停状态。

（5）风压检测。

（6）本功率柜投退状态。

2. 工况显示的智能化

每个功率柜柜门上有一个带触摸键的 LCD 显示器，用于显示该功率柜的各种状态及实现相关操作，如图 12-17 所示。

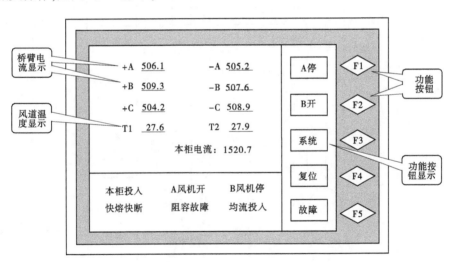

图 12-17　功率柜 LCD 显示器

3. 信息传输的智能化

如图 12-18 所示，现场总线技术用于智能柜，功率柜的开关量信号和模拟量信号均通过现场总线传递到调节柜，也可直接传递到电厂控制系统。不仅提高了信息传输量，极大减少了柜间接线，提高了系统运行的可靠性。

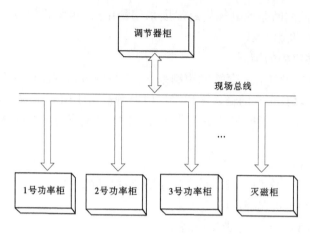

图 12-18　功率柜信息传输框图

4. 风机控制的智能化

如图 12-19 所示,当智能控制系统检测到励磁系统有"开机令"或本柜输出电流大于 100 A 时,自动启动风机;无"开机令"且本柜输出电流小于 50 A 时,自动停止风机。

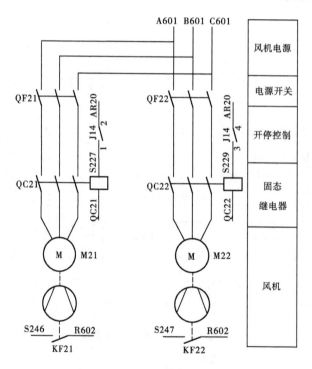

图 12-19　功率柜风机控制原理图

二、智能均流

智能均流的方法主要通过控制回路,通过自动调节实现柜间及相间均流。用这种方法均流,主回路不串任何均流元件,能有效地实现高水平均流系数,一致性也很好。

均流自动调节器由以下单元组成:脉冲区间形成、区间前沿斜坡处理、本柜电流偏差放大(差分放大)、脉冲区间移相处理、脉冲投切控制、高频脉冲发生器、脉冲列形成、脉冲功放等。如图 12-20 所示为自动均流调节器框图。

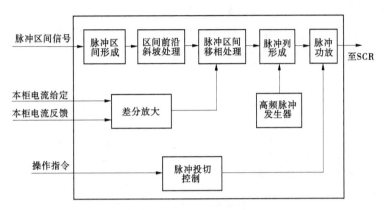

图 12-20　自动均流调节器框图

自动均流调节器中的脉冲投切控制单元有两个作用:一是受本柜操作命令或外部指令控制,需要时"禁止"高频脉冲输出;二是与多柜并联总输出电流相匹配,当本柜脉冲被禁止时,同时也自动切除总输出电流信号在本柜的分支电流,从而保证各柜的电流给定值为总电流对投运柜数的平均值。

第六节　发电机的起励与灭磁

一、机组的起励

(一)起励的概念

励磁变压器 LB 接于机端的自并励发电机,当机组启动后转速接近额定值时,机端电压为残压,其值一般比较低(为额定电压的 1%~2%),这时励磁调节器中的触发电路由于同步电压太低,还不能正常工作,可控硅不开放,不能送出励磁电流使发电机建立电压,因此必须采取措施先供给发电机励磁,使发电机逐步建立起一定的电压,这一过程称为起励。

LB 接于机端时,起励措施有两类:一是他励起励即另设起励电源及起励回路,供给初始励磁;二是残压起励即利用机组剩磁所产生的残压,供给初始励磁。

(二)残压起励

当发电机的残压较高时,可不设起励电源,而利用残压起励,方法有:

(1)起励时虽然调节器尚不能工作,但可采取技术措施使整流桥中的可控硅支路暂时导通,形成不可控整流装置,供给初始励磁电流。

(2)对调节器中的同步电路采取措施,使在残压下和额定电压下一样,都能正常工作。对于稳压电源取自独立电源的,调节器在起励时就能参加工作,控制可控硅开放,供出初始励磁电流,直到发电机电压继续上升到调节器的电压整定值。

（三）他励起励

如图 12-21 所示为他励起励的原理接线图。其基本做法是另设起励回路,起励电源可以用蓄电池,也可以用厂用交流电整流,ZC 为直流接触器,用于接通和切断起励回路。二极管 D 的作用是防止发电机建压过程中反充电。

起励过程是:ZC 合上,由起励电源供给初始励磁电流,发电机电压便逐渐升高,当达到励磁调节器能工作时,则断开起励回路,进行自励。

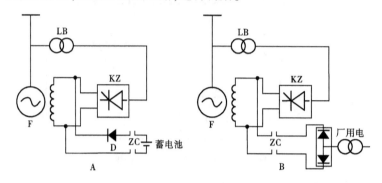

图 12-21　　他励起励的原理接线图

（四）起励方式的配置

由于发电机的残压在每次开机后的数值都不一定相同,特别是在机组进相运行解列后,剩磁减弱,残压减少,下次残压起励可能会失败。为了可靠地进行残压励磁,一般采取把残压起励与他励起励相结合的方法,先用较小的他励电源供给较小的初始励磁(相当于充磁),接着断开他励电源,便可顺利地进行残压起励。

如图 12-22 所示,即正常起机过程中,首先靠发电机的残压进行起励,如果残压起励不成功,则可以人为地手动投入起励电源给发电机进行充磁,以便满足发电机建立电压的需要。

（五）莲花发电厂机组起励方式

莲花发电厂机组励磁系统采用两种起励方式:机组残压起励和外部辅助电源他励起励。

残压起励功能可以通过调节柜人机界面上的功能按键进行投退。采用快速脉冲列技术以实现残压起励。在起励过程中,在晶闸管整流桥的输入端仅需要 10～20 V 的电压即可正常工作。如果电压低于 10～20 V,晶闸管整流桥就会被连续地触发(二极管工作模式)以达到该值。但起励时的机组残压值也不能太小,否则将不能维持晶闸管的持续导通,这样就必须采用外部辅助电源起励。在 10 s 内残压起励失败时,励磁系统可以自动启动外部辅助电源起励回路。这个辅助电源起励回路的目的在于达到整流桥正常工作所需要的 10～20 V 电压。在机端电压达到额定电压的 10% 时,起励回路将自动退出,立即开始软起励过程将机端电压建立到预置的电压值。

整个起励过程和顺序控制是通过调节器的 LOU 板实现的,软起励流程由调节器的主CPU 程序控制。导向二极管用于实现起励电源的反向阻断,防止起励过程中转子回路的过电压反送至外部的直流系统;同时起到将交流起励电源整流为直流电源的作用。限流

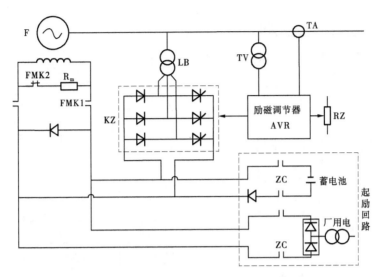

图 12-22　发电机起励方式配置示意图

电阻用于限制辅助电源起励时起励电流的大小,防止起励电流过大损坏外部的直流系统。

如图 12-23 所示为莲花发电厂机组外部起励电源及控制回路原理图。起励电源包括取自机旁动力屏的交流 220 V 电源和取自 220 V 直流电源系统的直流电源。两电源由刀开关 65K 控制切换,正常投入直流电源侧。发电机的起励在灭磁电阻柜上通过起励按钮 62AN 实现,当需要手动起励时,按 62AN 使中间继电器 62ZJ 励磁。其触点启动交流接触器 62HC,62HC 的触点闭合给转子通入励磁电流。

在进行起励操作时应注意:按 62AN 时应点击操作,使转子建立电压。

二、发电机的灭磁

(一)灭磁的一般概念

同步发电机发生内部故障时,虽然继电保护装置能快速地把发电机与系统断开,但磁场电流产生的感应电势继续维持故障电流。无论是端部短路或部分绕组内部短路,时间较长都可能造成导线的熔化和绝缘的烧坏。如果系统对地故障电流足够大,还要烧坏铁芯。因此,当发电机发生内部故障,在继电保护动作切断主断路器的同时,还要求迅速而完全地灭磁。所谓灭磁,就是把转子励磁绕组的磁场尽快地减弱到尽可能小的程度。

最简单的灭磁方法是将磁场回路断开,则磁场电流瞬间到零,完成灭磁。但磁场绕组具有很大电感,突然断流会使其两端产生很高的过电压,可能将绝缘击穿。因此,在断开磁场电流的同时,还应将转子励磁绕组自动接入到放电电阻或其他消能装置上,使磁路中的储能迅速消耗掉。

(二)灭磁方式

1. 线性电阻灭磁

如图 12-24(a)所示,发电机正常运行时,灭磁开关 FMK1 处于合闸状态,励磁装置经 FMK1 主触头供给发电机转子励磁电流。当灭磁开关 FMK1 跳闸时,灭磁电阻 R_m 回路中的触头 FMK2 闭合,使发电机转子的励磁绕组接入放电电阻 R_m,然后断开主回路触头

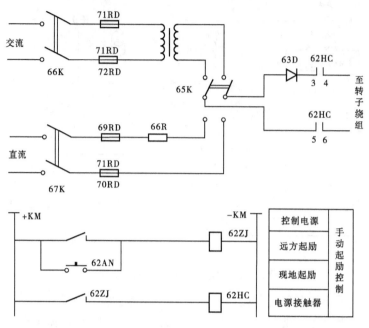

图 12-23　莲花发电厂机组外部起励电源及控制回路原理图

FMK1,以防止转子励磁绕组从励磁装置切换到放电电阻时发生开路而产生危险的过电压。

　　这种灭磁方式是将发电机励磁绕组中的磁场能量全部由灭磁电阻 R_m 迅速而可靠地吸收并消耗。

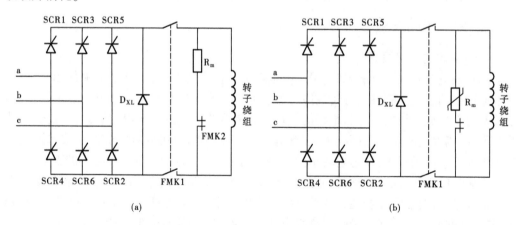

图 12-24　发电机灭磁回路原理接线图

2. 非线性电阻灭磁

　　如图 12-24(b)所示,用非线性电阻 R_m 代替恒值电阻可以加快灭磁过程。非线性电阻具有非线性伏安特性,它犹如稳压二极管,当并接在转子绕组两端时,可以保证转子电压小于或等于 U_m,由于非线性电阻在额定电压和强励电压下,其阻值很大,流过电阻的漏电流很小,因此可以直接并接于转子两端,既作为灭磁电阻又可作为过电压保护。当转子回路电压达到非线性电阻击穿值时,非线性电阻值迅速减小,将转子磁场能量消耗到非线性电阻上。

3.逆变灭磁

利用三相全控桥的逆变工作状态,控制角由小于90°的整流运行状态,突然后退到大于90°的某一适当角度,此时励磁电源改变极性,以反电势形式加于励磁绕组,使转子电流迅速衰减到零的灭磁过程称为逆变灭磁。

这种灭磁方式将转子储能迅速地反馈到三相全控桥的交流侧电源中去,不需放电电阻或灭弧栅,是一种简便实用的灭磁方法。由于无触点、不燃弧、不产生大量热量,因而灭磁可靠。

所谓三相全控桥的逆变工作状态,是指将三相桥式全控整流电路的控制角 α 限制在90°~180°内,而输出平均电压 U_d 为负值。此时,电路是将直流电能变换为交流电能,并反馈回到交流电网中去。在同步发电机的可控硅励磁系统中,利用逆变原理可将储存在发电机转子绕组中的磁场能量变换为交流电能并馈回到交流电源,以迅速降低发电机的定子电势,实现快速灭磁。

(三)莲花发电厂机组灭磁方式

莲花发电厂机组的灭磁方式分为正常情况下的逆变灭磁和事故、异常情况下通过灭磁开关连接的非线性电阻灭磁两种方式。

莲花发电厂机组正常停机灭磁采用可控硅"逆变"灭磁。当"逆变"失败或事故灭磁时,采用 DM4 型磁场断路器(灭磁开关)、DDL 电子型直流磁场断路器(电子开关)和氧化锌非线性电阻吸能装置组成的冗余并联灭磁方式。

灭磁开关、电子开关只起到断流移能作用,本身不吸能,灭磁限压吸能的任务由氧化锌非线性电阻来承担,如图 12-25 中的 RV1 和 RV2。

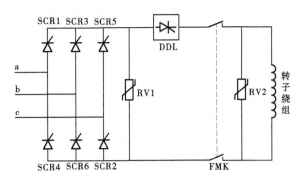

图 12-25　冗余灭磁系统主回路原理图

莲花发电厂的冗余灭磁保护系统的磁场回路的断流由灭磁开关或电子开关单独完成或共同完成。正常情况下停机由电子开关断开主回路,开断时间只有数百微秒,可实现快速断流移能。灭磁开关一般不动作,作为后备和断口,只在万一电子开关灭磁出现故障时才动作,这样就实现保护冗余。灭磁保护的安全可靠性大大提高。莲花发电厂冗余灭磁保护系统主回路原理图如图 12-26 所示,电子断路器原理如图 12-27 所示。

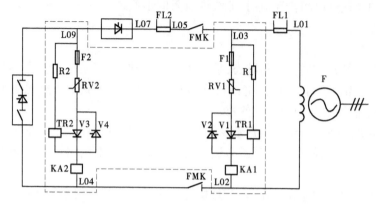

图 12-26 莲花发电厂冗余灭磁保护系统主回路原理图

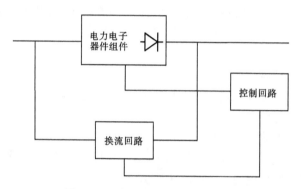

图 12-27 电子断路器的原理框图

第七节 发电机励磁系统的保护

励磁系统功率整流装置中的硅元件是励磁装置中的重要器件。为了保证它们安全可靠地工作,除提高硅元件的产品质量、正确选择硅元件的参数外,还必须在装置中适当地采取保护措施。因为可控硅元件承受过电压和过电流的能力,以及可控硅元件承受正向电压上升率和电流上升率的能力都有一定的限度,超过这个限度可能导致元件损坏,或造成励磁系统不能正常工作。因此,为了保证发电机励磁系统安全可靠地工作,延长功率元件的使用寿命,必须采取有效的保护措施。

一、过电压保护

施加于可控硅元件上的正反向瞬时峰值电压,凡超过规定值时,都称为过电压,均可能影响电路的正常工作,甚至造成功率元件的损坏,丧失其正常工作能力。如施加的正向电压瞬时值超过可控硅元件的非重复峰值阻断电压并达到正向转折电压,或电压值虽未达到正向转折电压,但电压上升率较大且超过允许的阻断电压临界上升率,均可能造成元件误导通,甚至造成元件损坏,破坏励磁系统的正常工作。如果加于元件的瞬时反向电压峰值超过其非重复反向峰值电压,而达到反向击穿电压,则将导致元件的反向击穿而损坏。

(一)产生过电压的原因

发电机励磁系统过电压产生的主要原因：一是由于雷击引起的大气过电压；二是整流系统所在电路中的跳闸、合闸和可控硅元件关断等电磁暂态过程所引起的操作过电压和换相过电压。

1. 大气过电压

如果可控硅励磁系统的交流电源采用由输电线路供电的降压变压器，则线路遭受雷击或静电感应这种从电网偶然进入的浪涌过电压时，必然要在变压器的副边绕组感生过电压。

2. 操作过电压和换相过电压

(1)整流电源变压器高压侧合闸的瞬间，由于高、低压绕组间的电容耦合在低压侧感受的过电压。

(2)变压器高压绕组的漏抗与低压绕组的分布电容组成的振荡电路，在变压器合闸瞬间，即突然加上一个阶跃电压的瞬变过程中，产生的过电压。

(3)当从高压侧断开空载变压器时，由于激磁电流及与其成比例的磁通量突然消失，将使变压器绕组感应很高的瞬变过电压。

(4)当整流装置的负载被切除，或整流装置直流侧开关断开时，在交流电源回路的电感上，特别是整流变压器的漏抗上，将因电流突变而产生过电压。

(5)处于导通状态下的硅元件在突然关断时，会产生关断过电压。

(6)当发电机在运行中发生突然短路、失步等故障时，在转子励磁绕组回路将产生很高的过电压。

(二)过电压的保护方式

过电压保护分为交流侧保护、直流侧保护和元件保护三种。交流侧保护主要有压敏电阻保护、硒堆保护、阻容保护等。直流侧保护主要有硒堆保护、非线性电阻保护、阻容保护等。如图 12-28 所示为励磁系统可能采用的几种过电压保护措施。

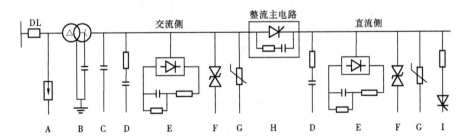

A—避雷器；B—接地电容；C—抑制电容；D—阻容保护；E—整流式阻容保护；
F—硒堆保护；G—压敏电阻；H—元件阻容保护；I—可控硅投入开关。

图 12-28　可能采用的几种过电压保护措施示意图

对保护器件的要求是：过电压时吸收暂态能量的能力要大，限制过电压的能力要强，正常时对运行的影响较小，功耗低，简单可靠，寿命较长。

(三)阻容保护

利用电容器两端电压不能突变,而能储存电能的基本特性,可以吸收瞬间的浪涌能量,限制过电压。为了限制电容器的放电电流,降低可控硅开通瞬间电容放电电流引起的正向电流上升率,以及避免电容与回路电感产生震荡,在电容回路上串入适当电阻,从而构成阻容吸收保护。

如图 12-29 所示为阻容保护配置原理接线图。在三相交流侧阻容保护有△形和 Y 形两种接法。在图 12-29 中电容用于吸收瞬时浪涌能量,以抑制过电压;电阻为耗能元件,用于限制可控硅元件导通时电容器放电电流所引起的电流上升率,同时防止回路中的 L、C 元件形成谐振。为了防止可控硅元件关断过程引起的过电压,可在每只元件的两端分别并联阻容保护。

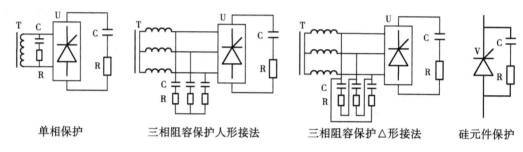

| 单相保护 | 三相阻容保护人形接法 | 三相阻容保护△形接法 | 硅元件保护 |

图 12-29　阻容保护配置原理接线图

对于大容量的可控硅励磁系统,三相阻容保护显得过于庞大,为此可以采用图 12-30 所示的整流阻断式接线,整流桥 U_1 直流侧的阻容保护,可吸收交流侧的浪涌电压,对可控硅整流桥 U_2 实施过电压保护。此外,阻容保护原理放电电流因 U_1 的反向阻断作用而自成回路,故不会增加可控硅元件导通时的电流上升率。

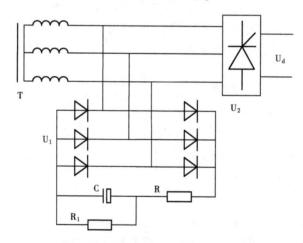

图 12-30　整流阻断式阻容保护接线图

(四)硒堆保护

硒堆由硒整流片串联后对接而成,利用其反向伏安特性来抑制过电压。硒堆保护原理接线如图 12-31 所示。硒堆在正常工作时,承受一定的反向电压,漏电流很小;随着反向电压的增大,硒堆的反向电流迅速增加,因此可以抑制电压的上升;当出现异常浪涌电压时,反向电压迅速上升到极限值,硒片被击穿,如同电源经硒堆作短时短路一样,吸收浪涌能量,抑制过电压。

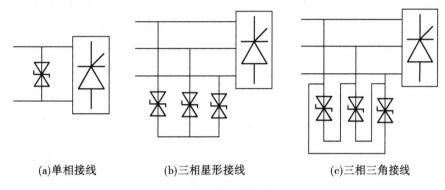

(a)单相接线　　　　　(b)三相星形接线　　　　　(c)三相三角接线

图 12-31　硒堆保护原理接线图

(五)压敏电阻浪涌吸收器

压敏电阻是由氧化锌、氧化铋等烧结成的金属氧化物,是一种多晶的半导体陶瓷器件,它具有很高的非线性系数,通流及耐受能量的能力及抑制过电压能力很大、漏电流及损耗小。用这种元件做成的所谓压敏电阻浪涌吸收器,具有良好的吸收浪涌抑制过电压的功能。如图 12-32 所示,在整流装置的交流侧可采用 Y 形和 △ 形接线的压敏电阻,主要用于防止操作过电压;在直流侧并联压敏电阻,用于限制转子过电压。

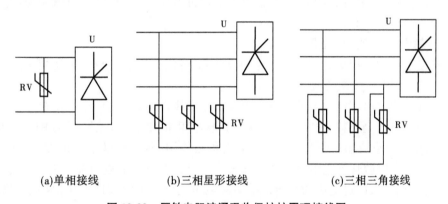

(a)单相接线　　　　　(b)三相星形接线　　　　　(c)三相三角接线

图 12-32　压敏电阻浪涌吸收保护原理接线图

二、过电流保护

可控硅元件一般可在短时间内承受一定的过电流而不致损坏。但是,如果短路电流或过载电流较大,或切断时间较长,则会造成元件损坏。造成整流元件过电流的原因很多,例如整流元件击穿短路、丧失阻断能力使完好的元件也流过短路电流;转子绕组发生飞弧短路、两点接地等故障,故障电流流过整流元件;逆变换流因故失败或逆变时阳极电压消失,转子绕组通过整流桥直通短路而引起的续流流过整流元件;发电机定子发生三相短路、失步、自同期、非同期合闸时,在转子绕组中产生的瞬时过电流流过某些整流元件;

整流桥直流侧短路等。为保护可控硅整流元件的安全,必须设置过电流保护装置。

在整流回路中最常用的保护方法主要是采用快速熔断器,三相全控桥快速熔断器的安装位置如图 12-33 所示。安装在交流侧的快速熔断器保护范围大,但正常时流过它的电流有效值大于可控硅元件的电流有效值,故应用额定电流较大的快速熔断器,结果降低了保护装置的灵敏度。安装在直流侧的快速熔断器保护范围小,且对元件的短路不起保护作用。串联在元件支路中的快速熔断器,流过的电流有效值与被保护元件相等,保护作用好,因此应用较多。

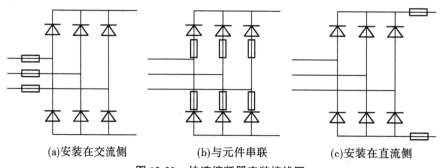

(a)安装在交流侧　　　　(b)与元件串联　　　　(c)安装在直流侧

图 12-33　快速熔断器安装接线图

三、莲花发电厂励磁系统保护

在莲花发电厂励磁系统主电路(整流功率回路)中,主要采用了在交流侧的励磁变保护(在发变组保护中详细介绍)、交直流侧集中式过电压保护、直流侧过电压保护。下面分别介绍后两种保护原理。

(一)集中式阻容过电压保护

莲花发电厂功率柜交流侧过电压保护及硅元件换相过电压保护,采用集中式阻容吸收回路,具有体积小、安装方便、保护可靠等优点。

集中式阻容过电压保护原理接线如图 12-34 虚线框所示,它是在三相全控桥阳极输入侧并联一个三相全波整流桥电路,其输出并联电阻 R 和电容 C 后,再经 R1、C1 和 R2、C2 同三相全控桥直流输出端并联。电容 C 起滤波作用,电阻 R 既是 C 的放电电阻,又是整个保护的主要吸收耗能电阻。三相全波整流桥可以看成一个随阳极电压变化的尖峰过电压自动吸收装置,即过电压的整定值随阳极电压变化。集中式过电压保护不仅吸收阳极交流侧过电压,还吸收直流侧的过电压尖峰毛刺,并且过电压毛刺的频率越高,吸收效果越好,可以全面改善励磁功率单元的过电压问题。

(二)直流侧过电压保护

如图 12-35 所示为莲花发电厂机组励磁回路过电压及灭磁回路原理图。

当发电机因事故使灭磁开关 60FMK 跳闸时,将在转子回路中产生很高的过电压,此时安装在励磁回路中的转子侧电压检测单元 61MCJ 和电源侧电压检测单元 62MCJ 将检测到正向过电压信号,通过控制回路发出触发脉冲,触发 60SCR 或 65SCR 晶闸管元件,将非线性电阻单元 60FR、61FR 或 62FR 并入励磁回路,通过非线性电阻的吸能作用,将产生的过电压能量消除;而励磁回路的反向过电压信号则直接经过 60D 或 62D 二极管接入非

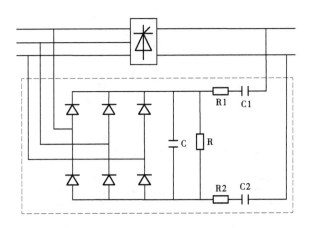

图 12-34　集中式阻容过电压保护原理接线图

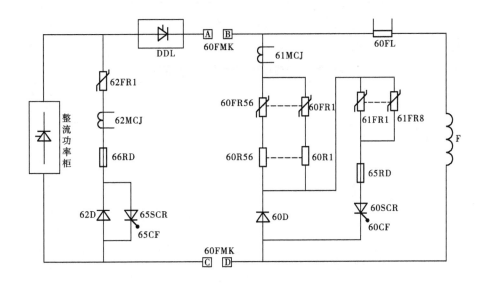

图 12-35　直流侧转子过电压保护原理

线性电阻吸能,以确保发电机励磁回路始终不会出现过电压,从而可靠地保护励磁回路和转子绝缘不会遭受破坏。当电子开关或灭磁开关分断时,如产生过电压,60FR 回路将对转子回路起保护作用,62FR 对电源侧起保护作用。

(三) 整流元件的过电流保护

　　为了防止由于整流桥内部某一元件击穿短路等引起的装置过电流,而必须装设过电流保护。莲花发电厂整流功率装置采用了快速熔断器作为过流保护,如图 12-36 中,在每个整流元件回路上串联一个快速熔断器,其导热性能好而热容量小,能够快速熔断,其熔断时间一般在 0.01 s 以内,专门用作整流元件的过电流保护器件。当快熔保护动作后,可以通过智能控制板检测到该信号并输出到监控系统发信号。

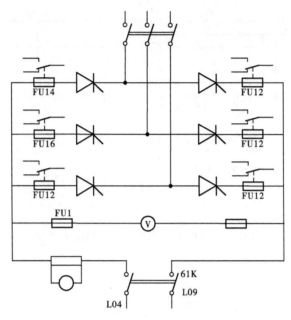

图 12-36　整流元件的过电流保护原理

第十三章　计算机监控系统及运行

第一节　自动化控制的概述

一、水电厂自动化的内容

水电厂自动化程度是水电厂现代化水平的重要标志之一,同时,自动化技术也是水电厂安全经济运行必不可少的手段。水电站自动化包含着广泛的内容,随着科学技术的发展,大大地促进了电力企业的自动化水平的提高,并且由于计算机技术的发展和渗入,水电厂自动化技术发展到一个新的阶段。

水电站自动化,就是要使水电站生产过程的操作、控制和监视,能够在无人或少人直接参与的情况下,按预定的计划或程序自动地进行。

(一) 自动化目的

1.提高设备的可靠性

通过各种自动装置能够快速、准确和及时地进行检测、记录和报警,当出现不正常工作状态时,自动装置能够发出相应的信号,通知运行人员及时地加以处理或自动处理。发生事故时,自动装置自动紧急停机或断开发生事故的设备,并自动投入备用设备。既可防止不正常工作状态发展成为事故,又可使发生事故的设备免遭更严重的损坏。同时,用各种自动装置完成各项操作和控制(如开停机和并列),可以大大加快操作或控制的过程,也减少运行人员误操作的可能,从而减少了发生事故的机会,提高运行可靠性。

2.保证电能质量

电能质量用电压和频率两项基本指标来衡量,电力系统电压主要取决于系统中无功功率的平衡,频率取决于系统有功功率的平衡。而系统的负荷是随时在变化的,要维持电压和频率在规定范围内,就必须迅速而准确地调节有关发电机组发出的有功功率和无功功率,特别是在发生事故的情况下,快速调节或控制具有决定性的意义,这个任务靠运行人员手动进行,无论在速度方面还是在准确度方面都难以实现,因此只能依靠自动装置来完成。

3.提高运行的经济性

经济运行是水轮发电机组经常运行在最佳工况下,合理进行调度,使机组在高效率区运行,获得较好的经济效益。而经济运行的条件复杂,很难用人工控制来实现,利用自动装置有助于水电站经济运行任务的实现。

4.提高劳动生产率

自动化水电站的很多工作,都是由各种自动装置按一定的程序自动完成的,因此减少了运行人员直接参与操作、控制、监视、检查和记录等工作量,改善了劳动条件,减轻了劳动强度,提高了运行管理水平,同时可减少运行人员,实现少人值班,降低运行成本。

(二)水电厂自动化的内容

(1)自动控制水轮发电机组的运行方式,实现开停机和并解列、发转调相和调相转发电的自动化。通常只要发出一个脉冲指令,上述各项操作便可自动完成。

(2)自动维持机组的经济运行,如根据系统要求自动调节机组的有功功率和无功功率,并实现机组间负荷的经济分配。

(3)完成对水轮发电机组及其辅助设备运行工况的监视和对辅助设备的自动控制。如对发电机定子和转子回路各电量的监视,对定子绕组和铁芯及各部轴承温度的监视等,出现不正常工作状态或发生事故时,迅速地而自动采取相应的保护措施,如发出信号或紧急停机。对辅助设备的自动控制包括对各种油泵、水泵和空压机等的控制。

(4)完成对主要电气设备如主变压器、母线及输电线、开关站等的监视控制和保护。

(5)对水工建筑物运行工况的控制和监视,如闸门工作状态的控制和监视、上下游水位监视测量等。

(6)水情自动测报,实现水库最优调度。

(7)大坝自动观测与管理。

(8)电气设备故障诊断、在线监测。

(三)自动化的分类

水电站自动化是通过各种自动装置来实现的,这些自动装置分为基础自动装置和综合自动装置两类。凡每台机组均具有的自动装置,如用于保持和控制转速的机组调速装置,用于改变发电机发出无功功率和维持电压在允许范围内的自动调节励磁装置等,属于基础自动化范围。其他属于全站性的自动装置,如全厂有功功率、无功功率的调节装置等属于水电站综合自动化的内容,这些自动装置负责整个电厂的自动控制和调节以及检测和报警等,并通过基础自动装置实现对机组的自动控制和调节。随着计算机监控系统的应用,水电站综合自动化的功能逐步被计算机监控系统的所取代。

二、计算机监控系统在水电厂的应用

由于计算机技术、信息技术、网络技术的飞速发展,给水电厂自动化系统无论在结构上还是在功能上,都提供了一个广阔的发展舞台。基于计算机运算速度快、精度高、记忆力强、存储量大、善于逻辑判断等优点,计算机被广泛应用于水电厂控制过程中,如今的水电厂自动化系统成为一个集计算机、控制、通信、网络及电力电子为一体的综合系统,计算机监控系统联系着水电厂各个重要运行设备,影响到整个水电厂的安全、稳定、经济运行。

(一)水电厂计算机监控系统的功能

(1)数据的采集与处理。水电厂各运行设备的参数需要经常进行巡回检测,校核它们是否异常(越限),这些参数包括电量和非电量。

(2)开关量监视记录和事件顺序记录。包括机组工况转换、各断路器和隔离开关的位置信号、主要设备事故和故障信号、监控系统故障信号等。一旦发生各类信号,监控系统立即采集处理,并做顺序记录,以便事后进行分析。

(3)事故追忆和故障录波。发生事故时,对一些与事故有关的参数的历史值和事故期间的采样值进行显示和打印,主要包括电压、电流、频率等电气量。

(4)正常的操作和控制。对全厂主要设备和油、水、气、厂用电等辅助系统的各种设备进行控制和操作。如机组工况的转换、机组的同步并列、断路器和隔离开关的分合、机组辅助设备的操作、机组有功功率和无功功率的调整等。

(5)紧急控制和恢复控制。机组发生事故和故障时应能自动跳闸和紧急停机;电力系统发生故障或失去大量负荷时,能迅速采取校正措施和提高稳定措施,如增加机组出力、投入备用机组等。当系统稳定后,进行恢复控制,使电厂恢复到事故前的运行工况。

(6)自动发电控制(AGC)。在满足各项限制条件的前提下,以迅速、经济的方式控制整个水电厂的有功功率来满足电力系统的需要。

(7)自动电压控制(AVC)。在满足水电厂和机组各种安全约束条件下,比较高压母线实测值和设定值,根据不同运行工况对全厂的机组做出实时决策(改变励磁),或调整联络变压器分接头位置,以维持高压母线电压的设定值,并合理分配厂内各机组的无功功率,尽量减少水电厂的功率消耗。

(8)人机接口。是运行人员对全厂生产过程进行安全监控,维护人员对监控系统进行管理、维护、开发的必需手段。包括:系统控制权的设置和切换、机组及主要设备的状态设置、显示各种画面、参数整定和修改、各类打印和报表、机组设备的工况转换操作等。

(9)通信。监控系统应能与省调、梯调、水情测报系统、大坝安全监控系统、厂内技术管理系统等实现通信。监控系统内部的通信包括电厂级与现地控制单元级及现地单元与励磁、调速器、同期装置等的通信。

(10)自诊断。应具备完善的自诊断能力,及时发现自身故障,并指出故障部位;还应具备自恢复功能,当监控系统出现程序死锁或失控时,能自动恢复到原来正常运行状态。

(11)仿真培训。在不涉及生产设备的情况下,对水电厂生产人员进行基本知识技能、模拟操作和事故处理等方面的培训,提高人员素质。

(12)自动事故处理。该项功能目前仍处于研究探讨阶段,但其潜在意义和功能极大。

(二)计算机监控系统的结构

计算机监控系统按其结构布局,可以将系统划分为集中式、分散式、分布式、全开放全分布等。

1.集中式计算机监控系统

该系统把几十个甚至几百个控制回路,以及上千个过程变量的控制、显示、操作等集中在单一的计算机上实现,即在一台计算机上实现数据采集、数据处理和存储、过程监视和控制、参数报警、故障检测、生产协调和管理等众多功能。系统结构如图13-1所示。

集中式计算机监控系统在计算机控制的早期阶段应用较多,鉴于它自身的优缺点,目前已经很少应用,但对于一些小型水电厂的简单控制系统,这类系统仍可应用。

2.分散式计算机监控系统

分散式计算机控制系统是由以微处理器为核心的基本控制单元、数据采集站、高速数据通道、上位监控和管理计算机以及CRT显示操作站等组成,对生产过程进行分散控制、集中操作、分级管理和综合协调的系统。其基本结构如图13-2所示。

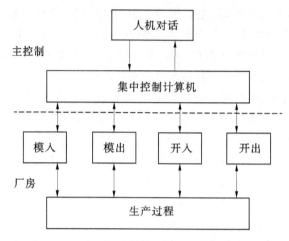

图 13-1　集中式计算机监控系统结构图

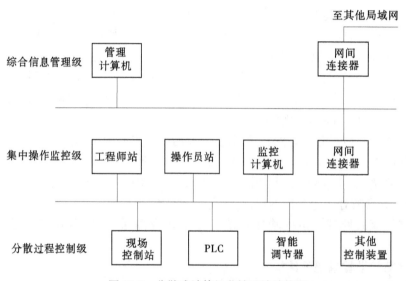

图 13-2　分散式计算机监控系统结构图

分散式计算机监控系统是指以功能分散为主要特征,使监控系统实现负载分散、危险分散、功能分散、地域分散。就电厂生产过程监控系统来说,主要是数据采集、控制调节和事件记录等功能,因此可以按照这些功能设立多套相应的设备,独立完成各自的功能。但功能分散式监控系统并未解决信息过于集中的问题,若某个功能装置计算机故障,则全厂有关这部分的功能将全部丧失,影响较大。因此,近年来分散式计算机监控系统已经被分布式计算机监控系统所代替。

3.分布式计算机监控系统

到 20 世纪 90 年代中期,水电厂计算机控制系统普遍采用分层分布式结构。分布式计算机监控系统是指以控制对象分散为主要特征。就水电厂而言,控制对象主要是水轮发电机组、辅助设备、开关站、厂用公用设备等。按控制对象为单元设置多套相应的装置,构成水电厂的现地控制单元,完成控制对象的数据采集和处理、机组等主要设备的控制和调节及装置的数据通信等功能。其结构如图 13-3 所示。

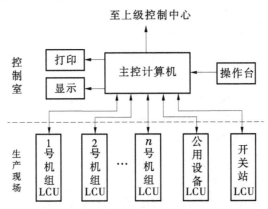

图 13-3　分布式计算机监控系统结构图

　　水电厂分布式处理一般与电厂分层控制结合起来,形成水电厂分层分布式计算机监控系统。分层是指计算机控制系统按功能分成现地控制层、厂站控制层。

　　厂站控制层是对全厂设备进行集中控制的部分,它根据监控系统运行工况,由运行人员对现场设备发出控制命令,或根据负荷曲线自动进行控制等,主要包括实时数据服务器、操作员工作站、工程师维护工作站、WEB 信息服务器、打印服务器等设备。现地控制层是位于水轮发电机层、开关站等设备附近的控制部分,主要组成部分是现地控制单元 LCU ,它的功能是现地数据采集并上送给厂站控制层,根据指令或自启动执行顺序流程。监控系统的实时性主要由现地控制层来保证,因此它要具有非常好的实时性和很高的可靠性。上位系统要求具有良好的人机联系手段、完善的功能、较高的运算速度、长期稳定运行的性能、较强地与其他系统连接或通信能力。

　　分层分布式计算机监控系统功能分配合理,可靠性提高,设备维护检修非常方便,这种模式在国内外水电厂得到日益广泛的应用。

　　4.全开放、全分布式计算机监控系统

　　开放性主要是指监控系统的软件适应硬件的程度,以及监控系统的节点可扩展性。由于计算机技术的飞速发展,硬件升级换代周期不断缩短,由最初的 5~10 年缩短到 2~3 年或更短,而软件费用比重却不断上升,尤其是用户的应用软件投资更显得重要。为此提出了全新的开放系统观念,即应用软件可移植性、不同系统之间的相互操作性、用户的可移植性。这种新系统是围绕着应用软件接口标准、网络通信接口标准和用户操作接口标准,遵循国际组织 IEEE、ISO、IEC 等有关标准组成一个开放式的网络,采用以开放式网络操作系统为基础的计算机操作系统。根据分布控制对象而设置的现地控制单元 LCU,也按标准通用规约接入网络。这样形成的系统,最大的特点是具有开放性,同时系统扩展、升级更新都非常方便,其应用软件可以在新设备、新环境下运行,保护了用户的利益。

　　(三)水电厂计算机监控系统的名词术语

　　电站级(或主控级)。指水电厂中央控制一级。

　　现地控制单元(LCU)。指水电厂被控设备按单元划分后在现地建立的针对某单元的控制设备。

人机接口。指操作人员与计算机监控系统设备的联系,等同人机通信或人机联系。

通信接口。计算机与标准通信系统之间的接口。

局部网。局部区域计算机网络的简称。

报警点。用于输入能产生报警功能的信息。

模拟点。输入模拟量完成模数转换。

事件顺序点(SOE)。接收实现寄存事件顺序功能的数字信号输入。

数字量。用编码脉冲或状态所代表的变量。

模拟量。连续变化量,它被数字化并用标量表示。

数据。数字量或模拟量含义的数值表示。

波特。信号传输速度的一种单位。

信息。根据数据表示形式中所用的约定赋予数据的意义。

报文。用于传递信息的字符有序序列。

事件。系统或设备状态的离散变化。

状态。指元件或部件所处的状态,例如逻辑 0 或 1。

响应时间。从启动某一操作到得到结构之间的时间。

MB+网络。是 MODBUS PLUS 网络的简称,它是本地网络,允许计算机、PLC 和其他数据源以对等方式进行通信,适用于工业控制。它具有高速、对等的通信结构,安装简单等特点,通信速率为 1 Mbps,通信介质为屏蔽双绞线。

自动发电控制(AGC)。水电站自动发电控制是电力系统自动发电控制的一个子系统,它的任务是在满足各项限制条件的前提下,以迅速、经济的方式控制整个电站有功功率来满足系统的需要。

自动电压控制(AVC)。水电站自动电压控制是电力系统自动电压控制的一个子系统,它的任务是按厂内高压母线电压及全厂的无功功率进行优化实时控制,以满足电力系统的需要。

(四)计算机监控系统的网络

计算机监控系统从计算机网络角度来看,与常规计算机网络没什么不同。它是由挂在"高速数据通路"上具有不同功能的"站"构成的,这些站又称为网络的基本单元或节点。在水电厂计算机监控系统中,它们可以是主控机、针对各种不同设备的现地控制单元、图形工作站、操作员工作站、工程师站等。总之,监控系统的网络结构是各种智能单元(具有不同专职功能的微处理机)用通信线路互连而形成的。各个处理机由于物理位置的不同,通信线路的连接方法不同,形成了不同的网络结构。

1. 网络的拓扑结构

网络结构通常用原理图表示,即用一组接点和连接接点的链路表示,称为网络的拓扑结构。网络拓扑是从图论演变而来的,拓扑是几何分支,是用点和线的模式来研究被研究对象特性的方法。节点是通过链路与各种有关设备的结合点,用节点代表实际系统的"站"(又称基本单元),用链路代表站与站之间的一段线路或通道。计算机网络的拓扑结构,主要有总线形、环形、星形、树形以及点到点互连式等五种结构,如图 13-4 所示。

总线形如图 13-4(a)所示,所有节点都并行地连接到公共总线上,各个节点都要通过这条总线来互相通信。总线形网络中信息从发送节点向两个方向分别传送,直到总线的两个端点,控制的唯一要求是信息中要有地址,各节点要识别报文地址,把以本节点为目的地址的信息接收下来。这种网络结构简单,扩展方便,某个节点发生故障不会对整个系统造成严重威胁,系统仍可降低使用,继续工作。主要问题在于,如果总线出现故障会造成整个系统瘫痪,一般可以采取冗余措施进行补救。莲花发电厂采用的就是总线形网络结构。

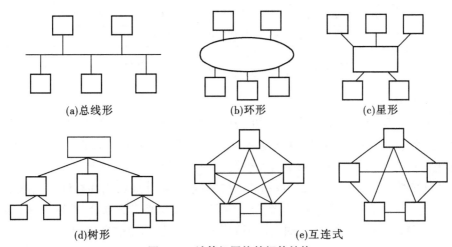

图 13-4　计算机网络的拓扑结构

2. 网络存取控制方式

计算机监控系统的网络存取控制方式大致有两种类型:一种是存储转发式,另一种是广播式。存储转发式通常用于星形网络和环形网络中。广播式通常应用于环形网络和总线形网络中,它的重要标志是在同一时间内,只有一个节点在发送信息,而其他节点都在收听信息;广播式又分为自由竞争、令牌、时间片等几种方式。目前计算机监控系统普遍采用自由竞争方式,即接到网络上的各个节点,自由竞争发送信息,任何一个节点,只要它打算发送信息,就可以随时把信息播送出去,当发生冲突时,发送的信息都退回到原节点,经过随机延时后再重新发送信息。

3. 计算机监控系统的网络层次

与一般计算机网络设计一样,水电厂计算机监控系统都采用层次结构技术。将网络按功能分成若干层,不同节点的每一同等层之间都可以想象为有直接连接着的逻辑通信,通信双方要有许多约定和规程,称为同层协议,只有共同遵守这些协议,才能正常工作。还要能从一个层次过渡到另一个层次,即前一个层次要做好进入下一个层次的准备工作,以便顺利转入下一个层次,这种两个层次之间要完成的过渡条件,称为接口协议。接口可以是电子装置等硬件,也可以是数据格式的变换和地址的映射等软件。划分层次的网络,只需涉及该层与起上、下两层之间的接口和该层所需完成的协议即可。

为了便于网络的标准化,国际标准化组织(ISO)采取了一系列步骤来开发一个开放系统结构。如图13-5所示,它适用于任何类型的计算机网络。

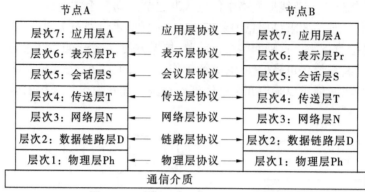

图 13-5　网络系统结构 7 层参考模型

4. 网络传输介质

计算机监控系统的网络对传输介质的要求,是要尽量减少线路上传输时间的延迟,传输介质具有很高的频带宽度,以便满足高速传输的要求,同时具有较强的抗电磁干扰特性。水电厂中常用的传输介质通常有双绞线、同轴电缆和光导纤维等。

(1)双绞线。是由两个绝缘导体扭绞而成的线对,导体通常由高纯度的铜制成,在导体的外面包一层塑料或纸绳予以绝缘。双绞线适用于低速传输场合,传输速率一般可达 1 Mbps,但高频时损耗较大,随着通信速率的提高,双绞线用得越来越少。

(2)同轴电缆。在计算机监控系统中用得比较普遍。一般由一个接地外导体 、中心内导体及支撑件组成,内导体为硬铜线。与双绞线相比,它具有很低的损耗和很高的传送通频带,所以得到了普遍的应用。

(3)光导纤维。是一种能够传送光波的电介质波导,内层为光导玻璃纤维和包层,外层为保护罩。其优点是频率高,通信容量大,传输衰耗小,不受外界电磁场的干扰。有单模和多模光导纤维两大类,目前水电厂计算机监控系统都利用光缆作为传输介质。

(五)总线形网络—以太网

早期以太网(Ethernet 网)的拓扑结构为总线形,以同轴电缆作为传输介质的一个典型代表。在水电厂计算机监控系统中使用也是最多的。其结构中主要划分物理层和数据链路层,在链路层中采用 CSMA/CD 的介质访问控制方式。Ethernet 网络拓扑结构为总线形,网内最多可接入 1 024 个工作站,信息在总线上传输的速度为 10 M/s。

(六)计算机监控的软件

软件系统与硬件系统共同组成一个完整的计算机系统,软件系统将增强硬件系统的处理能力。计算机必须在程序的控制下才能自动地工作,完成预定的处理任务,达到期望的目标,用不同的程序来完成不同的工作任务,如在水电厂计算机监控系统中,包括数据采集软件、机组有功功率和无功功率调节软件,人机接口等应用软件,并且还要有软件运行的环境操作系统。操作系统根据适应不同的功能要求和环境,分为单用户操作系统、实时操作系统、分时操作系统、网络操作系统等。实时操作系统广泛应用于水电厂的过程控制中,实时是指对随机发生的外部事件做出及时的响应并对其进行处理。实时操作系统通常包括实时过程控制和实时信息处理两种系统。

莲花发电厂使用的是 UNIX 操作系统,它是一种通用的、交互式、可供多用户同时操作的会话式分时操作系统,不同的用户可在不同的终端上,通过会话方式控制系统操作。UNIX 操作系统把所有外部设备都当作文件,并分别赋予它们对应的文件名,从而用户可以像使用文件那样使用任一设备而不必了解该设备的内部特性,即简化系统设计又方便用户使用。

在水电厂计算机监控系统中,面临着大量的、不断产生的信息,如机组的运行状态、辅助设备的运行状态,各被测模拟量的大小,各被测开关量的开闭情况等。这些信息需要及时被处理和加工,需要被交流和利用,这些大量的信息,仅靠各应用软件对各自应用的数据用不同的方法处理和管理,对整个系统而言,将引起管理混乱和使用不便,而数据库技术提供数据管理的统一方法,在水电厂计算机监控系统中,都采用专用的数据库管理系统,实现有组织地、动态地存储大量关联数据,方便用户询问。

第二节　可编程控制器

在水电厂计算机监控系统中,现地控制单元(LCU)直接与电厂的生产过程接口,是系统中最具面向对象分布特征的控制设备,一般布置在现场设备附近,分为机组 LCU、公用 LCU、开关站 LCU 等,就地对被控对象的运行工况进行实时监视,原始数据在此进行采集和预处理,各种控制调节命令都通过它发出和完成控制闭环,它是整个监控系统中很重要、对可靠性要求很高的控制设备。而按照 LCU 本身的结构和配置来分,则可以分为单板机—线形结构 LCU、以可编程控制器 PLC 为基础的 LCU、智能现地控制器等三种。第一种 LCU 为水电厂自动化初期的产品,目前已基本不再使用。另外,尚有极少数的电厂采用基于工业 PC 机的控制系统,而目前处于主流地位的是以 PLC 为核心的现地控制单元。

PLC 作为主控制器,采集现地控制单元 LCU 开关量输入、脉冲量输入、数字量输入、模拟量输入,根据给定的指令或流程自启动控制(开关量)输出,对设备进行控制。PLC 作为 LCU 数据采集与控制的中心,要求它有较高的实时性、可靠性,它将采集的数据如标度变换、越限报警、数据打包等进行处理,并将 LCU 的所有数据上送到上位机系统,同时接受上位机的命令实现自动控制。

一、可编程控制器的概念

可编程控制器 PLC 是在由继电器、接触器、顺序控制器、中小规模集成电路和其他电气元件组成的复杂控制系统装置的基础上发展起来的一种新型控制器,采用微电脑技术取代了以往靠硬导线布线的逻辑控制器,是以微处理器为基础,综合计算机技术、自动控制技术和通信技术发展起来的新型工业控制装置。它是一种数字运算操作的电子系统,采用可编程序的存储器,用于其内部存储程序,执行逻辑运算、顺序控制、定时、计数与算术操作等面向用户的指令,并通过数字的、模拟的输入和输出,控制各种类型的机械或生产过程。

20 世纪 80 年代至 90 年代中期,PLC 发展最快,PLC 的数据采集处理能力、数字运算能力、人机接口和网络通信能力都得到大幅提高,逐渐进入过程控制领域,在某些应用上逐渐取代在过程控制领域处于统治地位的 DCS(分散式计算机控制)系统。由于 PLC 容易与工业控制系统连成一个整体,具有通用性强、易于扩展功能、可靠性高、使用方便、编程简单、适用面广等特点,使它在工业自动化控制特别是顺序控制中得到非常广泛的应用。

我国将 PLC 应用于水电厂生产设备的监控始于 20 世纪 80 年代,由于 PLC 一般按照工业使用环境的标准进行设计,可靠性高、抗干扰能力强、编程简单实用、接插性能好等优点,很快被水电厂用户和系统集成商接受,得到广泛应用。目前,使用较多的 PLC 有德国 Siemens 公司的 S5、S7 系列,法国 Schneider 公司的 Modicon Premium、Atrium 和 Quantum,日本 OMRON 公司的 SU-5、SU-6、SU-8,日本 MITSUBISHI 公司的 FX2 系列等。

二、可编程控制器的特点

(1)可靠性高、抗干扰能力强。PLC 用软件代替大量的中间继电器和时间继电器,仅有与输入和输出有关的少量硬件,故障率大为减少。同时 PLC 采取了光电隔离、滤波、看门狗电路、抗震外壳等抗干扰措施,有强烈的抗干扰能力。

(2)操作简便、编程简单、维修方便。

①操作简便。PLC 采用软件编程来实现控制功能,其外围只有输入、输出相连接,安装简单、工作量小。

②编程简单。梯形图是使用最多的 PLC 编程语言,其电路符号和表达方式与继电器原理图相似,很容易学习和掌握。

③维修方便。PLC 具有自诊断功能,对维修人员技能要求较低。当系统发生故障时,可以根据装置故障代码和故障信号等直接找到故障部位。

(3)编程灵活、程序可变、扩展灵活。

①编程灵活。PLC 采用的标准语言有梯形图、语句表、功能表图、功能模块图和结构化文本编程语言等。使用者只要掌握其中一种编程语言就可以进行编程,编程方法的多样性使编程方便。

②编程可变。由于采用软连接方法,因此当生产控制过程更改后,可以不必改变 PLC 的硬连接,通过更改程序即可适应生产需要。

③扩展灵活。它可以根据实际应用的需要而不断扩展,即进行容量的扩展、功能的扩展、应用和控制范围的扩展。PLC 即可以通过增加输入、输出卡件增加点数,通过扩展单元扩大容量和功能,也可以通过多台 PLC 的通信来扩大容量和功能,还可以通过与上位机的通信来扩展其功能,并与外部设备进行数据的交换等。

三、可编程控制器的一般结构

PLC 是一种适用于工业级控制的专用计算机,其结构都采用典型的计算机结构,并且分为箱体式和模块式。箱体式 PLC 把电源、CPU、内存、I/O 系统都集成在一个小箱体内,一个主机箱体就是一台 PLC。但随着发展,逐步演变成模块式 PLC。

模块式 PLC 是按功能分成若干模块,如 CPU 模块、电源模块、输入模块、输出模块等,所有模块都固定在底板机架上,外部各种开关信号、模拟信号、数字信号均可作为 PLC 的输入变量送到内部数据寄存器,再经 PLC 内部逻辑运算或数据处理,以输出变量的形式输出,从而驱动电磁阀、接触器等实现控制。如图 13-6 所示为 PLC 的硬件系统结构框图。

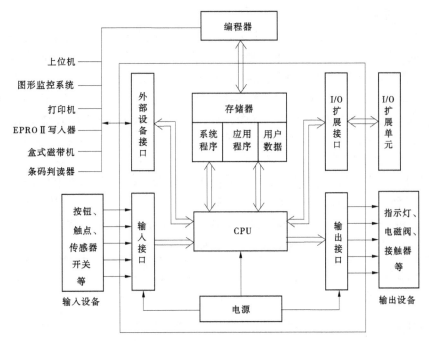

图 13-6　PLC 的硬件系统结构框图

(1)中央处理器(CPU)。是整个 PLC 的核心,由控制器和运算器组成,并通过内部总线与存储器及输入/输出接口电路相连,它接收并存储用户程序和数据,检查电源、存储器、I/O 及内部电路各种错误等。PLC 运行时,首先以扫描的方式接收现场各输入装置的状态和数据,并分别存入存储器中,然后从用户程序存储器中逐条读取用户程序,按规定执行逻辑或算术运算,并将运算结果送入到输出寄存器传到相应的输出装置,如此周期循环。

(2)存储器。用来存储系统程序和用户程序及数据。用来存放系统管理程序的存储器称为系统程序存储器,由 EPROM 构成,在使用中只能读出不能写入。存放用户应用程序的存储器称为用户程序存储器,由 RAM 构成,在使用中可以随机读出和写入。

(3)输入/输出(I/O)单元。它是 PLC 与电厂设备控制进行连接的钮带,输入单元用来接收生产过程中的各种参数和各类控制信号。输出口用来送出 PLC 运算后得出的信息,并通过机构完成现场设备的各类控制。输入/输出单元主要有开关量输入/输出单元、模拟量输入/输出单元。

(4)通信模块。使 PLC 与计算机或 PLC 之间进行通信,组成网络。

(5)电源模块。为 PLC 运行提供内部工作电源,有的还为输入信号提供电源。

(6)底板、机架模块。为 PLC 各模块的安装提供基板,并为模块间的联系提供总线。

四、可编程控制器的编程语言

PLC 的编程语言常用的有梯形图、语句表、功能表图、功能模块图和结构文本等,但普遍使用的是梯形图语言。

(一)梯形图中的符号

梯形图语言是一种图形符号,它在形式上沿袭了传统电气控制系统原理图,编程时可直接画出梯形图。它将 PLC 内部的各种编程元件(如输入/输出继电器、定时器、计数器等)和命令用特定的图形符号和标注加以描述,并赋予一定的意义。

梯形图就是按照控制逻辑的要求和连接规则将这些符号进行组合和排列所构成的表示 PLC 输入、输出之间关系的图形。其中,触点代表逻辑输入条件,如外部的开关、按钮和内部条件等;线圈代表逻辑输出结果,用来控制外部的指示灯、交流接触器等。表 13-1 为几种图形符号的对照表。

梯形图图符并不是物理实体,只有概念上的意义,即只是软件中使用的编程元件。每一个软继电器实际上仅对应于 PLC 工作数据存储区中的一个存储单元,当该单元的状态为逻辑 1 时,相当于该继电器的线圈接通,对应的常开触点、常闭触点等动作。

表 13-1　几个元件的对应图符

项目	常开触点	常闭触点	线圈
继电器符号	╱	╲	▭
梯形图符号	─┤├─	─┤╱├─	─( )─

(二)梯形图语言的格式与特点

(1)每个梯形图由多层逻辑行组成,每层梯级起始于左母线,经过触点的适当连接,最后通过一个继电器线圈终止于右母线。

(2)梯形图中左母线表示假想的逻辑电源,当一梯级的逻辑运算结果为"1"时,表示有一个假象的"能流"自左向右流动。

(3)图中某一编号的继电器线圈一般只能出现一次(除有跳转指令或步进指令程序外),而同一编号的继电器常开触点、常闭触点则可被无限次地使用。

(4)根据梯形图中各触点的状态和逻辑关系,求出与图中各线圈对应的编程元件的ON/OFF 状态,称为逻辑解算,是按从上到下、从左到右的顺序进行的。

(5)输入继电器的状态仅受对应外部输入信号控制,不能由各种内部触点驱动,因此图中只出现输入继电器的触点,而不能出现输入继电器的线圈。

(6)梯形图中输入触点和输出继电器线圈对应的是 I/O 映象区相应位的状态,而不是实际触点和线圈。现场执行元件只能通过受控于输出继电器状态的接口元件所驱动。

(7)PLC 的内部辅助继电器、定时器、计数器等的线圈不能用于输出控制。

(8)梯形图中的继电器都处于周期性循环扫描状态,其动作取决于程序扫描的顺序,而不是像实际继电器那样处于通电状态。

下面以电动机控制来说明 PLC 控制系统的基本工作过程。

如图 13-7 所示为异步电动机控制电路原理图。利用交流接触器控制电动机的启动、停止广泛应用在莲花发电厂中,如检修排水泵、空气压缩机等。当按下启动按钮 QA 时,它的常开触点通,电流经过停止按钮 TA 的常闭触点和 QA 的常开触点,流过交流接触器 C 的线圈,接触器的衔铁被吸合,使主电路中 C2 的 3 对常开触点闭合,异步电动机 D 通电运行,控制电路中接触器 C 的辅助常开触点同时接通,当放开启动按钮后,QA 的常开触点断开,电流经 C 的辅助常开触点和 TA 的常闭触点流过 C 的线圈,电动机继续运行。当按下停止按钮 TA,它的常闭触点断开,C 的线圈失电,C 的主触点断开,电动机电源被切断停止运行,同时 C 的辅助常开触点断开。

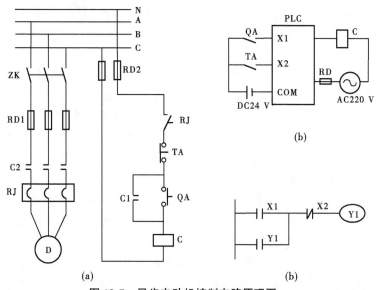

图 13-7 异步电动机控制电路原理图

在利用 PLC 对电动机的控制中,启动按钮 QA 和停止按钮 TA 触点分别作为开入量接在 PLC 输入端,编号为 X1、X2;接触器 C 的线圈作为开出量接在 PLC 输出端,编号为 Y1。当 CPU 读取 QA 触点状态闭合时,PLC 内部输入映像寄存器,映像寄存器存入 1,并将梯形图中的 X1 导通,X2 常闭接点一直导通,梯形图中 Y1 存入高电平 1,并将输出映像寄存器中的 1 送到开出模块,使对应的接触器常开触点接通,电动机运行。

五、可编程控制器的基本工作原理

PLC 是基于电子计算机,且适用于工业现场工作的电控制器,它源于继电控制装置,但它不像继电装置那样,通过电路的物理过程实现控制,而主要靠运行存储于 PLC 内存中的程序,进行输入输出信息变换实现控制,并且要求入出信息的可靠性、实时性。

PLC 实现控制的要点是入出信息变换、可靠物理实现。入出信息变换靠运行存储于 PLC 内存中的程序实现,PLC 内存中的程序既有生产厂家的系统程序,又有用户自行开发的应用程序,系统程序提供运行平台,保证程序可靠运行及信息转换公共处理,用户程序由用户按控制要求设计。

可靠物理实现主要靠输入及输出电路。PLC 的 I/O 电路,输入电路对输入信号进行滤波,且与内部电路在电上隔离,靠光耦元件建立联系;输出电路内外也是隔离,靠光耦元件或输出继电器建立联系,输出电路还要进行功率放大,以足以带动一般的工业控制元件,如电磁阀、接触器等。输入电路时刻监视输入状况,并将其暂存于输入暂存器中,每一输入点都有一对应的存储其信息的暂存器;输出电路要把输出锁存器的信息传送给输出点。输入暂存器及输出锁存器实际就是 PLC 处理器的 I/O 口的寄存器,它们与内存交换信息通过总线,主要由运行系统程序实现的,把输入暂存器的信息读到 PLC 内存中,称输入刷新。

PLC 采用“巡回扫描”的工作方式,在一个周期内对程序的执行方式可分为输入采样、程序执行、输出刷新三个阶段。

(1)输入采样阶段。PLC 在输入采样阶段,以扫描方式,在指定时间里顺序读入所有输入端的“通/断”状态或输入数据,并将此状态存入状态寄存器,即输入刷新,故此阶段又称定期集中采样。

(2)程序执行阶段。PLC 按先上后下,从左到右的顺序,从输入状态寄存器和其他元件状态寄存器中依次读取有关元件的“通/断”状态,并根据用户程序进行逻辑运算、分析、判断,将需要输出的运算结果及时存入对应的输出状态寄存器。一旦本阶段结束,输出状态寄存器中的状态不再改变,此阶段又称顺序扫描运算。

(3)输出刷新阶段。所有指令执行完毕后,运算结果全部存入输出状态寄存器后,CPU 通过锁存电路将所有的结果一次性的输出并转换成为现场执行元件所需的各种信号,借助输出端子,去控制现场执行元件的状态,故此阶段又称集中输出刷新。

由此,PLC 自动地、周而复始地执行这三个阶段构成的工作周期。在 PLC 的程序执行阶段,即使输入发生了变化,输入状态寄存器的内容也不会立即改变,要等到下一个周期输入处理阶段,才能改变。暂存在输出状态寄存器中的输出信号,等到一个周期结束,CPU 将这些输出信号集中输出给输出锁存器,这才成为实际的 CPU 输出,因此全部输入、输出状态的改变就需要一个扫描周期,输入、输出的状态保持一个扫描周期。

六、PLC 在水电厂计算机监控系统中的应用

PLC 采用扫描的工作方式,特别适合于逻辑控制要求较高的顺序控制,基于水电厂的自动控制及其逻辑顺序控制的特殊性,20 世纪 90 年代初期 PLC 开始在电力行业中逐渐使用,表 13-2 列出了莲花发电厂 PLC 应用情况。

(一) 机组的顺序控制

自动操作包括机组各种工况转换,机组辅助设备的调整和对全厂的公用设备进行的自动化控制,这类控制在自动控制范畴内属于顺序控制系统,每个顺序控制都是按照生产流程的要求及生产设备的特点来设定的。

所谓顺序控制,是指生产设备及生产过程,根据工艺要求按照逻辑运算、顺序操作、定时和计算数等规则通过预先编制的程序,在现场输入信号(包括开关量、模拟量)的作用下,执行机构按预定程序动作,实现以开关量为主的自动控制。

莲花发电厂输入主要靠按钮、行程开关、限位开关、动作触点等开关量为主的控制信号。输出为继电器、电磁阀等驱动元件。PLC 内部控制部分有定时器、计算器、中间继电器等元件以及许多的常开触点、常闭触点等。传统的顺序控制是由继电器控制屏来实现的，由于设备体积大、功耗高、动作速度慢、接线复杂、维护量大、故障频率高导致可靠性差，没有计算和存储功能，而 PLC 控制系统克服了继电器控制的弱点，把计算机技术与继电器控制有机结合起来。

表 13-2　莲花发电厂 PLC 应用列表

PLC 用处	CPU 型号	编程软件
1~4 号机组 PLC	施耐德 Quantum 140 CPU 65 160	Unity
机组辅机 PLC	复杂控制可编程控制器 TE PREMIUM TSX57 203M	PL7
非电量 PLC	过程控制可编程控制器 Modicon Quantum 140 CPU 113 03	Concept
测温 PLC	施耐德 Quantum 140 CPU 65 160	Unity
厂用/公用 PLC	施耐德 Quantum 140 CPU 65 160	Unity
开关站 PLC	施耐德 Quantum 140 CPU 65 160	Unity
高压空压机 PLC	分布式控制器 Modicon Momentum 171 CCC760 10	Concept
检修排水泵 PLC	分布式控制器 Modicon Momentum 171 CCC760 10	Concept
渗漏排水泵 PLC	复杂控制可编程控制器 TE Premium TSX57 203M	PL7
调压井快速门 PLC	COMPACT-A984-265	Concept
保流机组 PLC	COMPACT-A984-145	Modsoft
龙华机组 PLC	分布式控制器 Modicon Momentum 171 CCC760 10	Concept
机组调速器 PLC	施耐德 Quantum 140 CPU 311 10	Unity
主变 PLC	复杂控制可编程控制器 TE PREMIUM TSX57 203M	PL7
龙华调速器 PLC	三菱 FXZN-32MT	GX-Developer
龙华蝶阀 PLC	三菱 FXZN-32MR	GX-Developer
龙华滤水器 PLC	西门子 LOGO! 230RC	Comfort

（二）操作对象

（1）机组自动操作。要求以一个脉冲自动按预定的顺序完成下列操作，即机组的自动开机、开机至空载、发电转空载、发电转空转、发电转停机等，其操作对象包括水轮发电机及调速器、励磁系统、机组冷却水系统等设备。

（2）公用设备的操作。公用设备包括厂房排水系统、高低压压缩气系统、厂用电系统等。

（3）全厂性的操作。包括开关站内断路器、隔离开关设备等操作。

第三节　自动化控制元件

计算机监控系统要实现对机组及辅助设备的监视控制，就必须通过许多用途不同的自动化元件把各种设备的状态参数进行测量，然后输入计算机监控系统，进行分析处理，实现对设备的控制和管理;同时,也通过各种不同用途的自动化元件来执行计算机监控系统输出的各类信息,完成具体的控制执行任务。

水电厂生产过程中的参数,一般可归纳为两类,即模拟量和开关量。模拟量是指连续变化的量,如电流、电压、功率、流量、压力等。开关量指仅有两个状态的变量,如阀门的"开启"和"关闭",开关的"合闸"和"分闸"等。计算机要实现对生产过程的监视和控制,就必须将这些模拟量和开关量输入计算机监控系统中,经过计算、分析和判断,再输出相应的模拟量和开关量到执行机构,以实现对生产过程进行操作和控制。而这些模拟量和开关量的输入设备和输出设备,都由自动化元件来完成。

水电厂机组自动化元件是指与水轮发电机组及其辅助设备的自动操作、监视和安全保护直接有关的非电量元件(或装置),其中主要指温度、转速、液位、压力、流量等非电量的监测与执行元件。

监测元件是指监视和测量反映机组或辅助设备运行状态的某种或几种参量变化的元件(或装置)。通常将以模拟量输出为主的元件称为变送器(或传感器),其二次仪表称为监测仪表,两者总称为监测元件,以开关量输出为主的元件称为监视元件。

在水电厂计算机监控系统中,通常将需要检测的物理参数分两大类:一类是与水电厂运行有关的非电量,如水位、油位、流量、压力、位移、转速、导叶开度等;另一类是与发电有关的电量,如电压、电流、功率、频率、相位、功率因数等。对于非电量的检测,一般都需要先把非电量转换成相应的电信号,经过模/数变换成码值后再送给计算机进行处理。对于电量的检测,也要将它们变换成标准的电量值,然后再进行模/数转换,再送给计算机进行处理。电量的检测过程比较容易,检测技术比较成熟。非电量的检测,则通常都要借助传感器才能把非电量转换成相应的电量。

水电厂计算机监控系统要求对全厂有关非电量及电量进行连续的测量,以便把反映水电厂运行状况的各种参数及时测量出来,由计算机及时地进行计算、分析,并实时地对全厂运行情况进行调节控制。同时,计算机还将检测结果通过计算机网络传送到上一级控制系统并显示给运行人员。

一、传感器

要对水电厂进行计算机监控,必须将有关的非电量的物理量变成相关的电信号。例如为了监视和控制水轮发电机组的运行,需要借助传感器把与水轮发电机组有关的导叶开度、流量、转速、轴承温度、蜗壳水压力、振动等非电量转换成相应的电信号,再把这些信号转换成相应的二进制代码,然后送入计算机,计算机才能对这些信号进行分析处理。

传感器是一种把非电量转换成电量的装置。当传感器输出为规定的标准信号时,在工程中也被称为变送器,例如温度传感器也称为温度变送器,压力传感器也称为压力变送器。

(一)传感器的组成

传感器由敏感元件、变换器、电子放大处理电路三部分组成。敏感元件起到中间转换的作用,如电容压力传感器先将压力转变成位移,然后利用位移转变成电信号。变换器的作用是将感受到的非电量直接变换成电信号,如利用变换元件的位移直接推动电位移的滑动臂而输出相应的电压。放大处理器将检测出来的微弱电信号加以放大输出,标准输出通常为 0~5 V、0~10 V、0~1 mA、0~20 mA、4~20 mA 等。

(二)传感器的分类

一种是按输入的物理量分类,如需要测量液位、流量、温度、压力、速度、转速等物理量,因而把这些非电量的转换装置分别称为位移传感器、液位传感器、流量传感器、温度传感器、压力传感器等。另一种按照敏感元件将非电量转换为电量的原理,分为电阻式传感器、电容式传感器、电感式传感器、压力式传感器、热电式传感器、光电式传感器等。

(三)莲花发电厂应用传感器类别

(1)压力变送器。用于监测机组各部分压力,包括压力油罐压力、主技术供水压力、蜗壳压力、尾水管压力、水轮机顶盖压力、高低压储气罐及供气干管压力,为 Pmc133 系列变送器,输出为 4~20 mA 送入监控系统。

(2)液位变送器。用于监测压力油罐油位、漏油箱油位、集油箱油位、各轴承(上导、推力、水导)油槽油位、水轮机顶盖水位、检修和渗漏集水井水位,为 BMG 系列及 LTS 等变送器,输出为 4~20 mA 送入监控系统。

(3)流量传感器。主要设备为 MKULC 系列电磁流量计,用于测量机组各轴承(上导、推力、水导)冷却水流量、空冷器冷却水流量、主轴密封水流量、总技术供水流量,输出为 4~20 mA 送入监控系统。

(4)温度传感器。采用 PT100 线制铂电阻,主要用于监视监测机组各部轴承油温、瓦温、冷却润滑水系统的进出口温度、定子线圈及铁芯温度、变压器温度等,当工作温度达到整定温度值时,监控系统发出信号或作用于停机。根据铂电阻安放位置不同,输出 5~10 V 电压分别送入 JP6 测温屏测温模块和 JP12 常规测温屏。

(5)转速传感器。用来测量水轮发电机组转速,并根据转速的变化对机组进行各种操作和控制,采用 PT 测速和齿盘测速相结合的方式,均为北疆 BJ 系列产品。

BJ1010D 光电式探头(也称为齿盘测速)测量机组大轴光带方波,计数送至 JP11 光电测速装置,以开关量送入常规机械保护,以模拟量及开关量送入监控系统,如转速达 15% Ne 时,送入 PLC 对机组进行加闸。

BJ1010D PT 测速利用残压测频,以开关量输出至监控系统,如 95% 投入励磁。

当光电测速达 $115\%N_e$+PT 测速达 $115\%N_e$+主配压阀不动作 2 s 延时时,PLC 动作事故配压阀;当光电测速 $115\%N_e$、$160\%N_e$ 同时满足时,PLC 动作落快速门。当光电测速达 $150\%N_e$+PT 测速达 $150\%N_e$ 时,常规机械保护动作事故配压阀;当光电测速达 $160\%N_e$+PT 测速达 $160\%N_e$ 时,常规机械保护动作落快速门。

(6)油混水传感器。检测各轴承(上导、推力、水导)油槽、漏油箱中含水比例,输出为 4~20 mA 送入监控系统。

(7)位移传感器。用以监测水轮机导叶开度和接力器行程。BJ-9003C 导叶位置变送器测量接力器位移,输出 4~20 mA 送至 JP9 主令控制器和非电量 PLC,以开关量(导叶全关以下、导叶空载、空载以上)送入监控系统。BJ-9903A 导叶位置变送器测量水轮发电机导叶开度,直接送入调速器作反馈量。

二、电磁阀

电磁阀是将电气信号转换成机械动作信号,用来控制油、水、气管路的开闭。包括调速器紧急停机电磁阀、制动闸上下腔供气电磁阀、主备供水电磁阀、密封水电磁阀、锁锭电磁阀、事故配压阀电磁阀,型式为 ZT 型直流电磁阀。

三、液压操作阀

液压操作阀是一种用液压操作启闭的截止阀门,用于油、水、气的管路上,借以实现管路内流体通止的远方控制。如主备技术供水使用的以色列阀门。

四、示流信号器

示流信号器用来对管道内液体(水或油)的流通情况进行自动监视,当管道内流量减小或中断时,监控程序检测并发出信号,自动投入备用液源、发出报警信号或作用于停机。

五、温度控制器

温度控制器主要用于监视设备的温度变化,当工作温度达到整定温度值时能自动发出报警信号或投入备用设备。如主变、高厂变备用冷却器投入控制等。

六、液位信号器

液位信号器用于机组及辅助设备有关液位的监视和自动控制。如集水井、压力油罐、集油槽等。

七、压力控制器

压力控制器用于监视油、水、气系统的压力,以实现对压力值的自动控制。在莲花发电厂主要应用于对油压装置、高低压空压机等的压力控制,以开关量形式送入 PLC。

八、步进电机

步进电机是一种将电脉冲转化为角位移的执行机构,当步进驱动器接收到一个脉冲信号时,它就驱动步进电机按设定的方向转动一个固定的角度,称为步距角,它的旋转是以固定的角度一步一步运行的。可以通过控制脉冲个数来控制角位移量,以达到准确定位的目的;同时可以通过控制脉冲频率来控制电机转动的速度和加速度,以达到调速的目的。步进电机传动装置应用于调速器电—液或电—机转换部分,将电气信号转换成机械位置的装置。当步进电机接收脉冲信号后,带动凸轮转动,凸轮转角与凸轮半径的变化成线形比例,通过凸轮将步进电机的转角转换成主配压阀引导阀针塞的直线位移,从而实现对接力器的控制。

九、变频器

变频器是利用电力半导体器件的通断作用将工频电源变换为另一频率的电能控制装置。变频器通常由整流器、逆变器和直流部分三部分组成,整流器将输入的交流电转换为直流电,逆变器将直流电再转换成所需要频率的交流电,通过改变电动机电源频率来改变电动机的转速,降低电动机的启动电流,以达到轻载启动的目的,如油压装置、检修和渗漏水泵电机变频器,为 FRENIC 5000P9S、P11S 型。

第四节　水电厂监控系统控制级

在水电厂计算机监控系统中,可以分为电厂控制级(上位机)和现地控制级(下位机),各控制级按照计算机监控功能的不同能承担不同的监控任务。

一、电厂控制级的功能

上位机的任务主要是完成对整个电厂设备及计算机系统的集中监视、控制、管理和对外部系统通信等功能。一般包括以下各项。

(一)数据采集

(1)通过计算机网络通信自动采集各现地控制单元的电厂设备运行数据。

(2)通过与外部系统通信接收电网调度命令,厂内其他系统送来的数据。

(二)数据处理

(1)对采集的数据进行可用性识别,对不可用数据给出标志并进行系统处理。

(2)对采集的模拟量进行越限检查,越限时产生报警报告并记录。

(3)对报警的数字量产生报警报告并记录,包括事件顺序记录。

(4)根据控制或管理要求对采集的数据进行各种计算,包括累加和统计计算、趋势或梯度分析。

(5)进行相关记录或事故追忆记录。

(6)将有关数据生成数据库,如实时数据库和历史数据库。

(三)控制和调节

控制和调节主要包括由计算机系统自动启动的控制和调节,以及由运行人员通过计算机系统进行的集中控制和调节。如机组的开机、停机操作和各运行工况的转变,有功功率和无功功率的调节,断路器、隔离开关的分闸与合闸操作,电厂自动发电控制(AGC)与自动电压控制(AVC)等。上位机在控制和调节方面的功能还包括操作条件的检查、命令或设定值的发布及下送至下位机、控制或调节过程监视及不正常处理等。

(四)人机接口

人机接口主要指向运行人员提供对全厂设备及计算机系统进行监视和管理的接口。

(1)运行状态或参数显示、事故或故障报警记录显示、运行管理的各种记录和报表显示。

(2)各种记录、记事、报表等的打印。

(3)事故、故障的音响或语音报警。

(4)通过显示器、鼠标、键盘等输入设备,向计算机系统发布对设备的监控命令,对计算机系统进行各种操作,如各种画面的调用、报警认可、系统结构操作或参数设定、监控状态设置等。

(5)提供编辑、软件开发和操作员培训的接口。

(五)通信功能

(1)电厂控制级和各现地控制单元之间的通信(上位机与下位机等的通信)。

(2)与外部系统或远方监控站的通信(如莲花发电厂与梯调的通信)。

(六)编辑、软件开发、培训和系统管理

编辑、软件开发、培训和系统管理主要包括画面、报表、数据库的编辑,应用软件的维护或开发,系统结构的维护管理,提供运行培训功能等。

(七)系统自诊断和故障处理

系统自诊断是指完成对系统设备的自诊断,包括对硬件和软件、在线和离线自诊断。故障处理包括对故障设备的隔离、对冗余设备的故障自动切除、非冗余设备在故障消失后的自恢复等。

(八)时钟同步

接收同步时钟的同步信号使上位机的计算机时钟与标准时钟同步,并通过系统网络向下位机传送时钟同步信号,使下位机的时钟同步。

(九)专家系统功能

为提高电厂监控和管理自动化水平,根据电厂需要可在上位机系统设置各种专家系统软件,如事故或故障分析处理指导、故障预测、运行指导、设备维护管理等。

二、现地控制单元的功能

现地控制单元一般应具有数据采集、数据处理、控制与调节、通信、时钟同步、自诊断与自恢复、人机接口等功能。

(一)数据采集功能

(1)应能自动(定时或随机)采集各类实时数据,数据类型包括模拟量、数字输入状态量、数字输入脉冲量、数字输入 BCD 码、数字输入事件顺序量(SOE)、外部链路数据。

(2)在事故或故障情况下,应能自动采集事故、故障发生时刻的各类数据。

(二)数据处理功能

数据处理应对不同设备和不同数据类型的数据处理能力和方式加以定义。

(1)模拟量数据处理。应包括模拟数据的滤波、数据合理性的检查、工程单位变换、数据改变(是否大于规定死区)和越限检测、A/D 变换越限检查、RTD 断线和趋势检查等,并根据规定产生报警和报告。

(2)状态数据处理。应包括防抖、状态输入变化检测,并根据规定产生报警和报告。

(3)SOE 数据处理。应记录各个重要事件的动作顺序、动作发生时间(年、月、日、时、分、秒、毫秒)、事件名称、事件性质,并根据规定产生报警和报告。

(4)数据统计。包括主、备设备动作次数累计及运行时间统计。

(5)事故、故障记录。存储相关事故、故障信息,便于专业人员的分析与处理。

(6)通道板故障处理。当某一输入通道或输入板故障时,该通道或板应立即禁止扫查;当某一输出通道或输出板故障时,应禁止输出。同时应有自恢复、报警和显示等功能。

(三)控制与调节功能

现地控制单元一般应设置以下两种控制方式:

(1)设置现地控制单元级/电厂级控制方式。现地控制单元应装设一个"现地/远方"控制切换开关来进行控制方式的选择。切换到"现地"时,现地控制单元仅传送数据给电厂级而不接收电厂级的控制和调整命令;切换到"远方"时,现地人机接口中的控制和调

整操作功能均应被禁止。

（2）设置运行设备的"自动/手动"控制方式。当切换到"手动"方式时，所有控制和操作只能通过手动执行，自动操作和控制将被禁止；反之，手动操作和控制将被禁止，所有控制和操作只能通过计算机执行。

机组现地控制单元的控制调节功能包括以下四个方面：

（1）机组下位机或上位机具有以下控制调节功能。机组顺序控制，包括机组开机、停机、事故停机的顺序控制，开机过程中冗余设备（如技术供水）的自动选择等；机组转速及有功功率调节；机组电压及无功功率调节；对单台被控设备操作，即运行人员通过电厂级或现地控制单元的人机接口设备，完成对单台设备的控制。

（2）开关站现地控制单元应具有的功能。应能实现对单台设备的操作，应能实现线路断路器的分合闸（同步）操作，对需要进行倒闸操作的开关站应能实现自动顺序倒闸操作。

（3）公用设备现地控制单元应具有的功能。应能实现对可操作设备的单台设备的操作，应能实现主、备设备的自动备投操作。

（4）大坝泄洪闸及机组快速门应根据需要具备相应的功能。

（四）通信功能

（1）与监控系统电厂级（上位机）通信。随机和周期性地向上位机传送实时过程数据及有关诊断数据；接收上位机下达的控制和调节命令。

（2）与本地控制单元相关的调速器、励磁及保护系统等进行通信。

（五）时钟同步功能

各现地控制单元的时钟同上位机主站的时钟应能进行同步控制，供事件顺序记录使用的时钟同步精度应高于所要求的时间分辨率。

（六）自诊断与自恢复功能

（1）周期性在线诊断。对下位机处理器及接口设备进行周期性在线诊断，当诊断出故障时应自动记录和发出信号，对于冗余设备应自动切换到备用设备；在下位机在线及人机对话控制下，对系统中某一外围设备能使用请求在线诊断软件进行测试检查。

（2）离线诊断。应能通过离线诊断软件或工具，对下位机设备或设备组件进行查找故障的诊断。

（3）掉电保护。

（4）自恢复功能。包括软件及硬件的监控定时器（看门狗）功能。

（七）人机接口功能

在下位机应配置必要的人机接口功能，以保证调试方便，在上位机故障时，运行人员能通过下位机的人机接口完成对所属设备的控制和操作，保证设备的安全稳定运行。

三、莲花发电厂计算机监控系统结构

如图 13-8 所示为莲花发电厂计算机监控系统结构示意图。莲花发电厂采用以计算机监控为主、常规控制为辅的方式，监控系统采用全开放分层分布式，系统分电厂控制级与现地控制级两级。

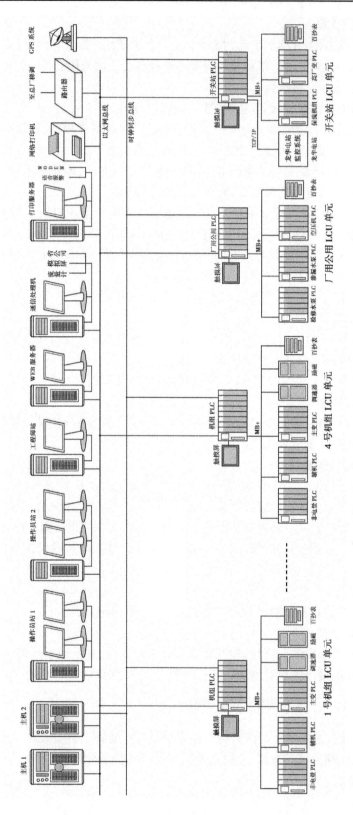

图 13-8 莲花发电厂计算机监控系统结构示意图

电厂控制级(上位机)由厂级站(两台主机)、操作员站、工程师站、WEB 服务器、通信服务器、网络打印机、与梯调联络的路由设备以及 GPS 系统构成,网络采用光纤以太网。

现地控制级(下位机)由 1~4 号机组 LCU 单元、开关站 LCU 单元以及厂用公用 LCU 单元组成。现地 LCU 单元之间各 PLC 采用 MB+通信方式。

第五节　莲花发电厂上位机监控系统

一、系统结构、网络配置及通信

(一)系统结构

莲花发电厂计算机监控系统采用南瑞公司的 SSJ-3000 型全开放、分布式计算机监控系统,监控系统应用软件为 NC2000,该系统分为电厂控制级(上位机)和现地控制单元(下位机)两层。

莲花发电厂监控系统由 2 台互为冗余的数据服务器、2 台操作员工作站、1 台工程师工作站、1 台 WEB 服务器、1 台通信处理机、1 台打印服务器、1 台网络打印机、1 套 100 M 光纤以太网络、1 台路由器、1 套 GPS 系统、4 套现地机组 LCU、1 套开关站 LCU、1 套厂用公用 LCU 组成。监控系统结构如图 13-8 所示。

(二)网络配置及通信

莲花水电站计算机监控系统的网络设计采用开放系统总线拓扑结构,网络由 100 M 光纤以太网络交换机等网络设备构成,所有厂级控制计算机设备及现地控制 LCU 都按 IEEE802.3 标准连接到快速的光纤交换式以太网上,每个节点均以 100 M 的速度通信,并通过路由器与广域通信网络相连接实现与牡丹江梯级调度中心百兆互联通信。网络交换机设备采用美国 CISCO 公司 Catalyst 3550-24 型的以太网网络交换机。

二、系统硬件配置及作用

(一)冗余服务器

冗余服务器采用 2 套 SUN FIRE V440 服务器,2×64 位 CPU 处理器,主频 1.28 G。2 套主机服务器互为冗余,作为全厂的控制中枢,负责对整个电厂的运行管理、数据库管理、综合计算、经济运行、AGC、AVC 计算和处理、事故和故障信号的分析处理等。服务器采用互为热备工作方式,任何一台服务器故障,系统仍可正常运行,提高了系统的安全可靠性。

(二)操作员工作站

操作员工作站采用 2 套 SUN Blade 2500 工作站,64 位 CPU 处理器,主频 1.6 G。每套工作站配有 2 台大屏幕液晶显示器,放置在中控室内,供运行值班人员使用。具有图形显示、运行监视、发布操作控制命令、设定与变更工作方式、各图表曲线的生成、事故和故障信号的处理等功能。

电厂所有的操作控制和负荷调节,都可以通过鼠标及键盘实现,通过液晶显示器对电厂的生产、设备运行实时监视,并取得所需的各种信息。工作站配有声卡及语音软件,当被监控对象发生事故或故障时,发出语音报警提醒运行人员。

(三)工程师工作站

工程师工作站采用 SUN Blade 2500 工作站,64 位 CPU 处理器,主频 1.6 G。用于系统维护人员对监控系统软件、顺控逻辑、定值参数等修改、增加和修改数据库、画面和报表等,并具有操作员工作站的所有功能。

(四)Web 服务器

采用服务器/浏览器方式,将电厂设备的运行状态、运行参数以及各种统计数据实时发布到内网生产信息管理系统中,各级管理人员只需通过 IE 浏览器就可获得电厂运行的实时参数。

(五)通信处理机

通信处理机采用 HP XW4200 工作站,主要实现与黑龙江电力调度通信系统的信息交换,上行发送莲花发电厂的实时运行监控数据,下行接受调度的负荷调节和远方开、停机命令,以及与厂内模拟屏、超声波流量计等系统的通信接口。

(六)打印服务器

打印服务器采用 SUN Blade 2500 工作站,用于将全厂所有监控对象的操作、报警事件及实时、历史参数报表等生成打印,完成实时生产数据和历史数据的管理,分为召唤和定时两种形式。

(七)GPS 系统

GPS 卫星时钟同步系统对监控系统的各个计算机进行时钟同步。

(八)路由器

路由器实现与梯调的网络连接,实现网络通信。

三、软件配置

莲花发电厂计算机监控系统应用软件为 NC2000。该数据库是基于 UNIX 系统开发的专用数据库,并提供各种专用开发维护可以完成系统的开发、现场运行和正常维护等工作。计算机监控系统中所有 64 位工作站均采用 UNIX 操作系统。系统中厂级通信工作站以及其他 32 位 PC 机选用 Linu 系统。

监控系统基本软件包括数据采集与处理软件、实时数据库管理软件、应用软件、人机联系软件、历史数据软件、通信软件、双机切换及诊断软件、系统实时时钟管理软件、系统 AGC/AVC 高级应用软件等。

通信软件包括网络通信、网络管理软件及其他通信软件,如 TCP/IP 通信软件、与梯调通信软件、与 MIS 系统通信软件、与各 LCU 现地总线通信软件,以及与其他辅助设备系统的通信软件。

语言及编程软件包括 C 语言及编译软件、X/windows 窗口图形软件、Visual C/C++编程软件、PLC 编程软件、SQL 编程语言等。

四、上位机功能

计算机监控系统能实时、准确、有效地完成对电厂内被控对象的安全监控,其主要功能如下。

（一）数据采集和处理

（1）数据采集。通过现地 LCU 采集全厂设备的实时数据,包括模拟量、开关量、电度量、综合量和事件顺序记录(SOE)、越复限事件记录等。按收到的数据进行数据刷新、报警登录。根据各 LCU 上送的事件,依据时间顺序记入相应一览表。

（2）综合处理。系统根据设定的周期,定时或以事件触发方式对实时采集和处理后的数据进行综合处理。

（3）测点数值及状态的人工设定。

莲花发电厂电气模拟量多以百抄表通过 MB+通信方式上送,只有个别采用交流采样装置(变送器)。

（二）控制操作

（1）控制与运行调度方式。监控系统支持以下几种调控方式:省调远方控制方式、梯调控制方式、电厂中控室控制方式、现地控制方式。控制级别为离机组越近,控制级别越高,并设置硬件和软件的切换。

（2）控制方式的转换。控制方式优先顺序从上至下,现地控制单元有最高的优先权,可在现地控制单元上进行控制方式切换。

（3）控制与调节。包括机组各种工况的转换、紧急停机和事故停机、断路器的分合闸操作、辅助设备及公用设备的启停操作等。机组有功功率和无功功率可以由值班人员设定,也可以按 AGC、AVC 程序运行结果确定。

（三）安全监视及事件报警

（1）运行实时监视。运行人员通过显示器对全厂设备的运行状态和运行参数、厂用电运行方式、监控系统设备和通道状态等进行实时监视。

（2）参数越复限报警记录。监控系统对某些参数及计算数据进行越限监视,有些量如温度量等还将进行趋势记录,即进行变化梯度监视。同时实现越限报警、梯度越限报警、自动显示、记录和打印等。

（3）事故顺序记录。当发生设备事故时,监控系统将立即响应并以毫秒级时间分辨率予以记录,自动显示报警语句,启动语音报警,自动推出相关画面。监控系统将发生的事故按照发生先后的顺序进行记录,以便查询与分析。

（4）故障及状态显示记录。监控系统定时扫查各故障及状态信号,一旦发生状变将予以记录并显示故障状变名称及发生时间。

（5）事故追忆。根据设定的事故追忆点,对事故前和事故后一段时间的数值进行记录,形成事故追忆记录。

（6）趋势记录分析。对发动机定子温度、轴承温度、主变油温等重要监视量进行趋势记录,当变化速率超过限值时发出报警信号。

（7）语音报警。可以实现各种事故及故障的语音报警,重要事件和操作命令的语音报警。

（四）电厂运行指导

（1）控制操作过程监视。当控制命令下达后,监控系统能自动显示相应机组或线路等设备的操作监视画面,实时显示操作过程中每一步骤及执行情况,或提示在工况转换过程受阻的部位及原因。

（2）设备操作指导。当进行倒闸操作时，监控系统能根据当前设备运行状态及隔离开关和接地刀闸的闭锁条件，判断该设备在当前是否允许操作并给出标志。如果不允许操作，则提出闭锁原因，防止人为误操作的发生。

（五）监控系统异常监视

监控系统具有故障自检测及容错处理功能，能自动显示节点计算机的工作状态，如主/从机、故障、停机等。

（六）自动发电控制（AGC）

AGC 有开环、半开环、闭环三种工作模式。其中开环模式只给出运行指导，所有的给定及开停机命令不被机组接受和执行；半开环模式指除开停机命令需运行人员确认外，其他的命令直接为机组接受并执行；闭环模式指所有的功能均自动完成。

AGC 能对各机组有功控制分别设置"联控/单控"方式。某机组处于"联控"时，该机组参加 AGC 联合控制；处于"单控"时则该机组不参加 AGC 联合控制，只接受操作人员对该机组的其他控制方式。

（七）自动电压控制（AVC）

AVC 控制能根据开关站 220 kV 母线电压，对全厂无功进行实时调节，使母线电压维持在给定值处运行，并使机组间无功合理分配。莲花发电厂目前尚未投入。

（八）统计记录及生产管理

形成发电运行记录、主要电气设备动作及运行记录等，自动形成统一制表，减轻人员工作强度。

（九）人机接口

利用交互式人机对话方式实现各种监视和控制功能，方便操作和查询，多窗口方式便于操作和监视，图形界面简捷、信息丰富，具有系统窗口、图形显示、控制窗口、时钟、报警等功能。

（十）系统通信

具有完善的通信功能，使整个系统资源和数据共享。主要包括监控系统内部计算机之间的数据通信，与省调的通信，与厂内其他计算机系统如 MIS 系统、水情测报系统等的通信，与 GPS 时钟系统通信等。

（十一）自诊断和冗余切换

监控系统具有完备的硬件和软件自诊断功能，包括周期性在线诊断、请求诊断和离线诊断。诊断内容包括计算机内存自检、硬件及接口自检、自恢复功能、掉电保护、双机冗余切换等。

（十二）软件开发和维护、数据库功能

维护人员可在工程师站进行软件开发与系统维护工作。监控系统形成实时数据库和历史数据库。

五、上位机的电源

为了保证计算机监控系统可靠运行，应配置不间断电源（UPS），以便为上位机系统设备提供可靠、稳定、干净的交流电源。

厂用电系统虽然有备投装置保证电源的连续性，但是即使采用快速开关的备用电源投入装置，从工作电源消失到备用电源投入时时间间隔也有几十毫秒以上，远超过保证计算机可连续工作的时间。因此，对上位机来说应由不间断电源供电，以保证对监控系统供电的连续性。

莲花发电厂上位机电源 UPS 供电方式，其电源系统接线如图 13-9 所示。两路交流输入电源 AC1 和 AC2 分别取自生产副厂房 18P 电源屏，经输入切换开关后送至 UPS 装置；另一路直流电源取自厂用 220 V 直流电源系统，直接接入 UPS 装置。由 UPS 装置输出后送至计算机控制室的负载分配电源箱，分别带各监控系统设备。

正常运行中由交流电源经 UPS 供电，当交流电源中断时，无扰动地切换到由 220 V 直流电源经 UPS 逆变后供电，从而保证对监控系统上位机的供电连续、可靠和安全。

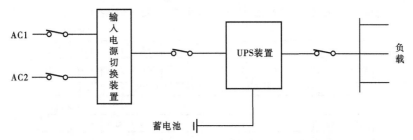

图 13-9　莲花发电厂上位机电源 UPS 供电接线图

第六节　莲花发电厂机组现地控制单元（LCU）

机组现地控制单元（下位机）是水电厂计算机监控系统的基础和核心，其主要功能是完成对本单元水轮发电机组、主变压器、机组附属设备的数据采集和处理、运行监视和事件报警、系统时钟同步、机组的开停机、有功无功负荷调整、油压装置的起停控制等，并通过以太网将单元数据上送至上位机，同时接受上位机下发的各种控制命令，实现对机组的自动控制。

一、机组 LCU 单元结构

机组控制单元由主机 PLC、辅机 PLC、非电量 PLC 和一台触摸屏显示终端组成，并与调速器、励磁装置、保护装置、多功能测量表计组成 MB+网实时通信，结构如图 13-10 所示。机组 PLC 采用施耐德公司的 Quantum 系列 PLC，配置 100 Mbps 以太网模块与上位机直接连成以太网进行通信。触摸屏与主机 PLC 通过 MB+口连网，用于现地监视。励磁和调速器通过 MB+网与现地 LCU 单元进行通信，保护装置与事件记录 ERT 模块连接。LCU 单元由机组 PLC 对机组的控制、调节、温度等数据量的采集和通信工作进行统一处理。

二、主机 PLC

(一)模块配置

采用昆腾 Unity 处理器 140 CPU65160，根据 LCU 数据采集和控制功能的要求，每台

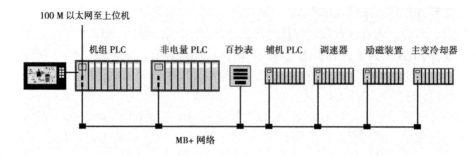

图 13-10　莲花发电厂机组控制单元结构图

机组 PLC 配置的模块有电源模块(CPS)、控制器模块(CPU)、模拟量输入模块(ACI)、开关量输入模块(DDI)、SOE 开入模块、开关量输出模块(DRA)、远程 RIO 模块、测温模块(ARI)等。在结构上分为主站和测温从站两部分,结构如图 13-11 所示。

控制PLC1

101	102	103	104	105	106	107	108	109	110	111
CPS	CPU		CRP	ERT	DDI	DDI	DDI	DDI	DDI	NOE
11420	65160		93100	85410	35300	35300	35300	35300	35300	77101

控制PLC2

501	502	503	504	505	506	507	508	509	510	511
CPS	CRA	ACI	DRA	DRA	DRA	DRA	DRA			
11420	93100	04000	84000	84000	84000	84000	84000			

测温PLC1

201	202	203	204	205
	CPS	ARI	ARI	CRA
	11410	03010	03010	93100

测温PLC2

301	302	303	304	305	306	307	308	309	310
	CPS	CRA	ARI	ARI	ARI	ARI	ARI	ARI	ARI
	11410	93100	03010	03010	03010	03010	03010	03010	03010

测温PLC3

401	402	403	404	405	406		
CPS	CRA	ARI	ARI	ARI	ARI		
11420	93100	03010	03010	03010	03010		

图 13-11　莲花发电厂机组 PLC 模块结构图

主机 PLC 主要完成机组开停机逻辑控制、机组有功无功负荷的调节、开关量状态检测、模拟量及温度量的数据采集等功能,并通过 MB+网与励磁、调速器等辅助设备的通信,以及整个单元与上位机的双向通信。

PLC 电源回路有 3 个电压等级,即 AC220 V、DC220 V、DC24 V。AC220 V 为每一套主机 PLC 中的 CPS 模块提供工作电源,DC220 V、DC24 V 主要提供回路控制电源,采集信号 I/O 模块使用本 LCU 单元提供 DC24 V，并且每种不同的采集模板设置了独立的空气开关，使电源最大限度地独立，相互干扰最小。

（二）数据采集

1. 模拟量采集

发电机主要电气量通过模拟量输入模块及连接在 MB+网上的百抄表读取。主机 PLC 模拟量模块 ACI04000，16 路输入 4～20 mA，采集发电机转子电压、转子电流。主机 PLC 通过网络地址读取百抄表模拟量：机组有功功率、无功功率、定子电流、定子电压、功率因数、频率、有功电量和无功电量等。

对于温度量的采集采用 PT100 测温电阻，将其安放在各轴承、冷却水、变压器等不同部位，用于测量设备各部的温度，其变化值遵循 PT100 分度表的变化规律，温度传感器检测的温度量直接传入温度测量模块 140ARI030 10 中，通过远程通信到达机组 PLC，机组 PLC 对检测到的温度量一方面通过以太网将实时数据送至上位机，另一方面机组 PLC 分别针对不同位置的测温点设定故障和事故数值，以虚拟点形式（开入量），用于在上位机报警，从而完成一个温度采集过程。为了避免由于测温元件损坏或者接线端子松动而导致的测温值发生跳变产生报警或误动造成停机，在程序中增加一段屏蔽（在 2 s 内温度上升 5 ℃或小于 0 ℃），输出值为 2 ℃。机组与测温单元共用一个 CPU，采集的温度值通过远程监控（CRP）送至机组 CPU，节省了传输时间，提高了工作的效率，同时节省了一套 CPU，达到了经济的目的。

测温量直接用于机组开停机顺控程序，每台机组用于监视的温度量 96 点，包括推力瓦温度：T2～T4、T6～T8、T10～T12、T14～T16；上导瓦温度：S2、S3、S5、S6、S8、S9、S11、S12；推力油槽冷却水温度；水导瓦温度：SD1～SD10；上导油槽冷却水温 SS1；上导油槽冷却水温 SY1；定子绕组温度：DR1～DR28；定子铁芯温度：DT1～DT6；总冷却水排水温度 LS1；励磁功率柜温度 LG1、LG2；灭磁电子开关柜测温 L2；励磁变 A、B、C 相温度；主变测温 Z1、Z2；空气冷却器冷风温度：K1、K4～K20。

2. 开关量采集

对于主辅设备及继电保护、调速器等的状态开关量，由开入模块 DDI35300 采集，32 路，24 VDC 双向光隔输入，信号输入为无源接点输入，包括按钮、控制把手、行程开关、浮子、继电器、辅助接点等，对这些信号的采集方式为定期扫查，直接作用于机组开停机顺控程序。

对于中断开关量（SOE），如发电机断路器位置、继电保护电气和水机事故信号、紧急停机指令信号等，直接采用 ERT 事件顺序记录模块进行采集，进行高速扫查，分辨率 1 ms。当开关量发生变位时，计算机监控系统能以中断方式迅速响应这些信号，按时间顺序进行事件顺序记录（SOE），并做出一系列必要的反应及自动操作。自动记录动作时间、状态等，并显示、发出报警信号，莲花发电厂主要采集继电保护信号。每台机组开入信号 160 点，包括锁定接点、冷却水正常、主供水阀未打开等，如表 13-3 所示。

表 13-3　主机 PLC 开关量输入明细表

主机 PLC 开关量输入		说明
保护及励磁	准同期故障	同期装置开出
	主变中性点刀闸合闸	行程接点
	灭磁开关合闸	开关辅助接点
	电子开关合闸	励磁装置开出
	过压保护动作	励磁装置开出
	电子开关过流	励磁装置开出
	换流回路欠压	励磁装置开出
	励磁 PT 断线	励磁装置开出
	1、2 号功率柜故障	励磁装置开出
	逆变故障	励磁装置开出
	励磁调节器操作电源消失	励磁装置开出
	励磁调节器 A/B 套故障	励磁装置开出
	风机欠压	励磁装置开出
	发变组开关分、合闸	发变组开关辅助接点
	发变组开关闭锁、故障	发变组保护辅助屏开出
	电气事故	保护装置
	各发变组保护动作	保护装置
机组自动化	制动闸落下	行程开关
	事故配压阀动作	行程开关
	机械过速限制器动作	行程开关
	上导、空冷、推力、密封水中断	示流信号器
	主、备冷却水阀关	行程开关
	信号复归	按钮
	事故配压阀复归	按钮
	电调故障	信号继电器
	主配压阀动作	行程开关
	快速门全开位置	调压井 PLC 开出
	快速门全开下滑及故障	调压井 PLC 开出
	导叶空载以上、以下、全关以下	JP9 主令控制器
	锁锭投入、拔出	锁锭信号器
	紧急停机把手(落快速门把手)	中控室把手
	开停机把手	中控室把手
	剪断销剪断	剪断销信号器
	常规机械紧急停机动作	JP14 信号继电器
	常规机械过速停机动作	JP14 信号继电器
	常规机械瓦温高、事故低油压	常规测温表、压力控制器
	PT 测速 0 以下、15%以下、50%以下	JP5 PT 测速
	PT 测速 80%、95%、115%、150%、160%以上	JP5 PT 测速
	PT 测速 115%以上、160%以上	JP12 PT 测速
	光电测速 0、15%、50%以下;95%、115%、160%以上	JP12 光电测速
	主变冷却器全停	主变 PLC 开出
	主变冷却器 I、II 段电源消失	主变 PLC 开出
	制动闸上、下腔无压力	电接点压力装置
	制动闸上、下腔给气电磁阀开启	压力表开入
	主、备冷却水压力异常	电接点压力装置
	主、备密封水压力异常	电接点压力装置

3.脉冲量采集

采用多功能表接收机组有功电度脉冲和无功电度脉冲,采用即时采集即时累加的方式,分时计算和进行工程值变换,求得机组发电电度的实际值,而后上送至上位机。

4.数据处理

对不同的实时测点,PLC 各模块完成相关的数据采集,并进行预处理,变换成能够供通信软件传送的格式,存入 PLC 内。模拟量处理主要包括断线监测、信号抗干扰、标度变换、误差补偿、数据有效性和理性判断、梯度计算、越复限判断及越限报警等。开关量的处理主要包括光电隔离、接点抖动处理、硬件及软件滤波、数据有效性及合理性判断等。对脉冲量的采集处理包括接点方抖动处理、脉冲累加值的保持和清零、数据有效性判断、检错纠错等。

(三)控制调节

对于机组的控制,主要通过开出信号来完成。主机 PLC 开出 DRA84000 模块 16 路,24VDC 双向固态继电器输出,开出信号 80 点,包括合主开关、跳主开关、励磁电源开关、风机开关、冷却水开关、油压电磁阀开关等。表 13-4 列出了主机 PLC 开关量输入明细。

三、辅机 PLC

(一)模块配置

采用施耐德 Premium PLC 模块独立运行,实现对油压装置油泵、顶盖排水泵和漏油泵的控制运行。由 CPU 模块、电源模块、16 路开入模块、16 路开出模块、4 路模拟量输入模块、MB+通信卡等组成,其模块结构如图 13-12 所示。

表 13-4　主机 PLC 开关量输入明细

	主机 PLC 开出	说明
保护及励磁	投同期电源	程序判断具备并网条件,1ZJ、2ZJ 励磁
	投自动准同期	程序判断具备并网条件
	分、合主变中性点刀闸	上位机程序判别
	分、合换流电容器充电电源	投励磁令,PLC 判别合电容器充电 220 V 电源
	分、合电子开关	开、停机流程
	换流电容器欠压条件	电容未充电
	风机欠压条件	风压继电器动作
	励磁调节器投入(开机令)	转速满足条件 95%N_e
	励磁调节器退出(停机令)	主开关分闸
	增、减励磁	
	停机连跳出口开关	停机流程,继电器作用跳闸线圈

续表 13-4

主机 PLC 开出			说明
自动化	开机令	开主冷却水	接收主机下开机令,程序动作 4 个开机继电器,同时动作给水及拔锁锭电磁阀,投同期电源
		拔出锁锭	
		开主密封水	
	停机令	关主冷却水	转速为零投入
		投入锁锭	转速为零投入
		关主密封水	转速为零投入
	开、关备用冷却水、密封水		开备水为主供水中断,关备水为停机流程,机组有转速
	发电指示灯		根据机组所处状态变化
	制动闸上下腔给、排气		判别转速,停机流程,作用于电磁阀
	启动事故配压阀		判别转速,作用于电磁阀
	调速器开、停机		开停机作用调速器,硬线连接
	增、减负荷		
	调速器紧急停机电磁阀动作		判别转速,由继电器作用于电磁阀

101	102	103	104	105	106	107	108	109
TSX PSY 2600	TSX P57203M		TSX DEY 16D2	TSX DEY 16D2	TSX DEY 16D2	TSX AEY 414	TSX DSY 16R5	TSX DSY 16R5

图 13-12　莲花发电厂辅机 PLC 模块结构图

(二)数据采集

1. 开入模块点量

油压装置开入点量:油压降低启泵、油压过低启备泵、油压正常停泵、事故低油压报警,1~2 号油泵电源监视、1~2 号泵自动、1~2 号泵运行、故障编码。油泵启停、低油压开入由油罐压力控制器接点引入,自动、手动由切换把手引入。

漏油泵开入点量:油泵自动启、停及报警油位由磁翻柱行程开关引入;手动、自动切换由切换把手引入,手动启停由按钮引入,电源监视由继电器开入。

顶盖排水泵开入点量:排水泵自动启、停由浮球开关,排水泵电源监视由继电器开入、电动机断相保护由保护装置开入,手动、自动切换由切换把手引入,手动启停由按钮引入,电源监视由继电器开入。

2. 模拟量输入

油压装置压力(压力变送器)、漏油箱油位(磁翻柱)、顶盖水位(液位变送器)。

(三) 自动控制

辅机 PLC 开出部分包括:油压装置 1 号、2 号泵启动与停止,油压装置事故低油压,备用泵启动指示;漏油泵启动、运行灯、漏油泵过载信号灯、漏油箱油位过高;顶盖排水泵启动、运行灯、过载信号灯、顶盖水位过高等。

1. 对油压装置的控制

自动控制:切换把手切至"轮流"位置,PLC 根据油压装置压力,自动启动油泵电机,并且轮流启停。在油压过低时自动启动另一台油泵,即两台泵可互为主备用启动。

手动控制:切换把手切至"手动"位置,油泵需靠按钮人为控制启动,此时不能自动启停,油泵启动后,切换把手切至"切除"位置时,可作用停泵。

切除:切换把手切至"切除"位置时,手动、自动方式操作均不能执行,油泵退出运行。

2. 对漏油泵的控制

自动控制:切换把手切至"自动"位置,PLC 根据漏油箱磁翻柱油位上限、下限自动启停泵,漏油箱油位变送器模拟量输入作为备用启动。

手动控制:切换把手切至"手动"位置,油泵需靠按钮人为控制启动,此时不能自动启停,油泵启动后,切换把手切至"切除"位置时,可作用停泵。

切除:切换把手在"切除"位置时,手动、自动方式操作均不能执行,油泵退出运行。

3. 顶盖排水泵的控制

自动控制:切换把手切至"自动"位置,PLC 根据顶盖磁翻柱水位上限、下限自动启停水泵。

手动控制:切换把手切至"手动"位置,水泵需靠按钮人为控制启停,切换把手切至"切除"位置时,可作用停泵。

切除:切换把手在"切除"位置时,手动、自动方式操作均不能执行,水泵退出运行。

四、非电量 PLC

(一) 模块配置

采用 Quantum Unity 处理器 140 CPU 11303 模块,PLC 由电源模块、CPU 及模拟量采集模块、配电器等组成,结构如图 13-13 所示。各变送器将相应各非电量信号转换为 4~20 mA 直流电信号后经配电器隔离,送到 JP9 非电量测量屏模拟量采集模块,来完成对机组流量、压力、液位等非电量的采集,并通过 PLC 上的 MB+ 接口与主机 PLC 通信,进行运行监视。

101	102	103	104	105	106
140	140	140	140	140	140
CPS	CPU	ACI	ACI	ACI	ACI
11420	11303	03000	03000	03000	03000

图 13-13　莲花发电厂非电量 PLC 模块结构图

（二）数据采集

如表 13-5 所示，该表列出了莲花发电厂机组非电量数据采集部位及项目。

表 13-5　非电量数据采集明细

名称	说明
机组转速	光电测速探头
接力器行程	水轮机室位移变送器
蜗壳进口、末端压力	151 蜗壳压力变送器
尾水管出口、进口 X/Y 向、外侧压力	154 尾水压力变送器
转轮上腔压力	压力变送器
技术供水总压力	压力变送器
压力油罐油位	液位变送器
各轴承油槽油位	液位变送器
回油箱、漏油箱油位	液位变送器
顶盖水位	液位变送器
漏油箱油混水	油混水变送器
密封润滑水水量	电磁流量计
水轮机流量	超声波流量计
各轴承油槽油混水	油混水变送器
各轴承冷却水水量	电磁流量计

五、机组 LCU 单元的数据通信

（一）与上位机通信

主机 PLC 单元安装 1 块 NOE 以太网模块，通过光纤和上位机连接，机组 LCU 需要分配独立的 IP 地址。

（二）机组单元 MB+网

主要实现 LCU 单元主机 CPU 与其他设备之间的通信，由 MB+分站、MB+总线电缆和 MB+总线中继器组成，每个 MB+分站在 MB+总线上具有唯一的站址。

（1）与励磁装置通信与调节。

励磁调节器与 PLC 相连采用 MB+通信的方式，其中，启机过程中给励磁调节器开机令为硬线连接方式，具体动作过程由励磁调节器内部完成。而 MB+网只负责读取开关量及无功给定数值下发，无功调节方式也为励磁调节器本身控制，主机 PLC 只是负责接收上位机的数据，并判定给定的无功值不能超过调节器的允许值，主机 PLC 把控制指令通过 MB+网与调节器进行通信，完成无功的自动调节。而中控室的手动增减磁脉冲把手直接作用励磁调节器，不通过主机 PLC 进行调整。

无功值给定:主机 PLC 将无功值写入 MB+将其传给励磁系统。预置值进入恒无功调节:PLC 将 FF00 Hex 写入网关,网关再向励磁系统发进入恒无功调节。退出恒无功调节:PLC 将 0000 Hex 写入网关,网关再向励磁系统发退出恒无功调节。无功调整的反馈通过百抄表得出。

励磁系统的开入信号直接接到 PLC 开入模块上,包括:励磁或灭磁保护动作、电子开关柜可控硅过流、换流回路欠压、励磁 PT 断线、1(2)号励磁整流柜故障、励磁调节器逆变失败、励磁调节器操作电源消失、励磁调节器故障、励磁调节器保护动作、起励及断相故障、电子开关柜故障、励磁变温度过高。当信号变化时,PLC 收到励磁的动作信号,此信号通过 LCU 送到上位机,完成对励磁系统的监视。

另一部分点量通过 MB+传送至 PLC,并进行解析。例如:脉冲故障、起励失败、通信故障、同步断相、过励保护动作、逆变灭磁失败等共 16 个点量。

(2)与调速器通信与调节。

主机 PLC 根据顺控流程,通过硬线连接负责给电调下达开机指令,具体调节由电调本身 PLC 自行完成,将电开限开至空载,根据频率的变化保证为 50 Hz,自行调整机组导叶开度。对有功功率调节,由上位机写数至主机 PLC,通过 MB+网送入电调 PLC 来完成,通过百抄表自行计算当前有功功率数值,进行比较调整。

中控室的手动增减有功脉冲把手直接作用电调进行开度调节,而不通过主机 PLC 进行调整。

(3)百抄表直接连在 MB+网上,其结果通过 MB+总线传入主 PLC 至监控系统。

(三)主机 PLC 通信

采用 RIO 方式,分为主站和从站。RIO 总线回路主要由 RIO 主站模块 CRP/RIO、从站模块 CRA/RIO 总线电缆和 RIO 总线中断器组成,由于每组柜内和相邻柜 RIO 子站之间距离较短,直接通过 RIO 同轴电缆相连。

六、机组 LCU 的控制调节功能

(一)LCU 主要完成的功能

(1)数据采集和处理。采集机组、主变各种模拟量(电气量、非电气量),主辅设备状态及继电保护动作和操作记录。传送模拟量、数字量、脉冲量和开关量的状态信息至上位机主控级。

(2)安全运行监视。越限检查,开停机过程监视。

(3)控制与调节,机组正常顺序开停机控制,同期装置控制,事故停机控制,工况转换,有无功调节,灭磁开关控制,压油装置控制,主/备水控制,励磁风机控制,开关/刀闸控制。

(4)现地控制。控制面板上按钮完成机组单步控制及开关、刀闸控制。

(5)通信。定时向主控级传送机组单元有关信息。

(6)自诊断。检测 24 V 电源,PLC 运行状态。

(7)与调速器、励磁调节器的接口。通过 MB+网通信,机组有功功率和无功功率的调节均采用从上位机直接下发数值,通过现地 PLC 发送调速器和励磁调节器,实现闭环调节。同时定时采集励磁温度装置的实时数据。

另外,在模拟屏上进行有功、无功的调节是通过强电回路直接作用于调速器和励磁调节器内部完成的,而不通过机组 PLC 装置。

(二)机组开机顺序控制

机组的自动操作包括自动开停机,调速自动导叶调整,励磁系统的自动工作,机组辅助设备的自动化控制等,这些控制都属于顺序控制,每个顺序控制都是按水电厂生产流程的要求和生产设备的特点来设定的,莲花厂主要通过开出信号来进行控制。图 13-14 所示为机组启机前的备用条件及开机流程图,图 13-15、图 13-16 所示为 4 号机组开机顺控流程梯形图。

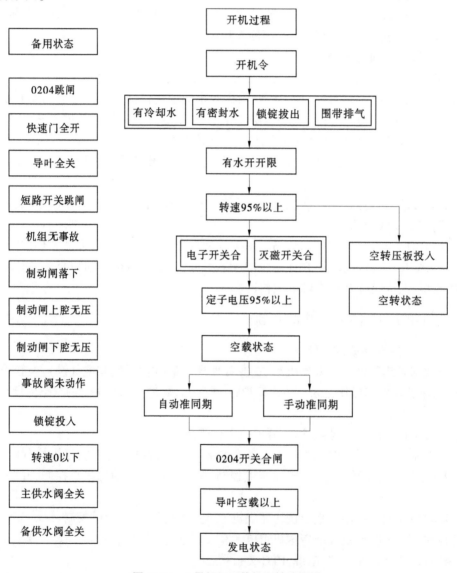

图 13-14 4 号机组开停机顺控流程图

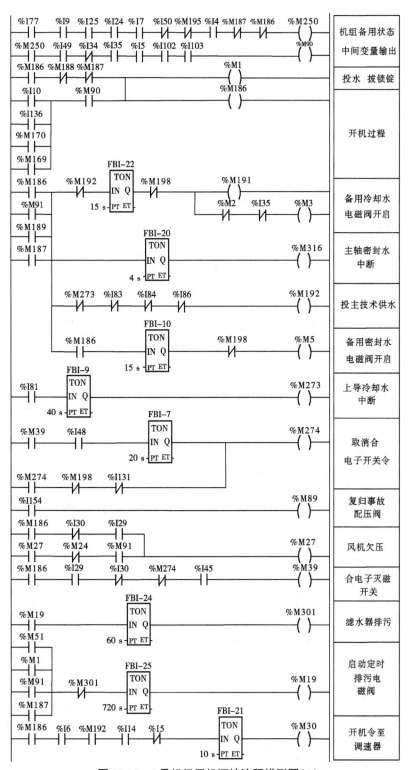

图 13-15 4号机组开机顺控流程梯形图(1)

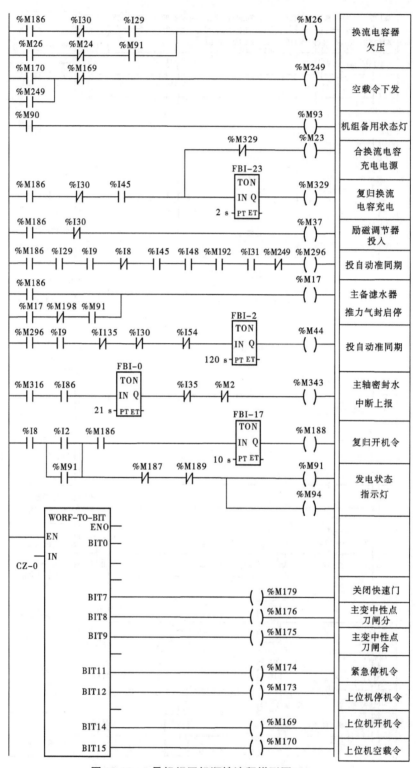

图 13-16　4 号机组开机顺控流程梯形图 (2)

1. 机组启机备用条件

图 13-14 中备用状态的条件,都是通过各开入量送入主机 PLC 开入模块,如 0204 开关跳闸条件是开关辅助触点位置,制动闸、锁锭、事故配压阀是行程开关接点位置,快速门是调压井 PLC 开出量,导叶全关是主令开关量,它们在梯形图中是"与"关系,只有所有条件都具备,在上位机显示器上开机画面机组状态灯为红色,在返回屏上机组状态灯为黄色,表示机组可以启机。

2. 机组启动操作方式

(1)上位机下令。操作员工作站—主机服务器—现地 LCU 主机 PLC,执行开机流程。在上位机下令分为发电令和空载令,由程序内部分别执行。

(2)返回屏开机把手。手动脉冲信号以开入信号作用主机 PLC,自动进行开机。

3. 机组自动启机控制过程

机组备用条件满足,备用态 M90 线圈带电,其接点导通。从上位机下发电令、空载令或操作返回屏开机把手时,发电令、空载令、手动开机令的接点 M169、M170、I10 导通,执行机组启机流程,使开机过程中 M186 线圈带电,其接点导通并分别作用给 M1 线圈、励磁调节器开机、调速器开机、同期装置。开机过程 M186 线圈一直带电,直到发变组开关合闸、导叶空载以上,M186 线圈才失电,撤除对励磁调节器、调速器开机令。

(1)PLC 开出投技术供水、拔除锁锭。

M186 线圈动作—M1 线圈动作—分别带动投主技术供水电磁阀、主密封水电磁阀、锁锭电磁阀,作用投技术供水、拔除锁锭,投同期装置电源。

主技术供水投入,靠示流信号返回 PLC 开入模块。当上导水中断 40 s(各机组不同)或推力水、水导水、主密封水任一中断,一直带电的 M192 线圈失电,其闭接点导通,延时 15 s,并判断机组有转速时,M3 线圈带电,启动备用技术供水电磁阀投备用水。

在机组起机、并网发电或停机过程中,机组主轴密封水中断超过 15 s,M5 线圈带电,启动备用密封水电磁阀投备用密封水。

(2)PLC 开出作用调速器。

M186 线圈动作—锁锭已经拔出—各部冷却水、润滑水在投入—计时 10 s,M30 线圈动作给调速器开导叶令。电调接到开机令,导叶及转速控制由电调内部 PLC 程序自行执行。

(3)PLC 开出作用励磁装置。

①M186 线圈动作—机组空转 LP 不在投入状态—M37 线圈带电,动作励磁调节器投入令,励磁调节器接到 PLC 下达的开机令。励磁调节器接开机令无任何限制,但后续的具体执行主要还要等到 95%额定转速条件满足。

②M186 线圈动作—机组空转 LP 不在投入状态—灭磁开关在合位—M23 线圈带电,合换流电容充电电源,计时 2 s 后,M23 线圈断电,复归合换流电容充电电源令。励磁调节器只要接到 PLC 开出开机令,就会立即投换流电容充电电源,由调节器本身程序完成。只是电源回路中需串入 M23 线圈接点。

③M186 线圈动作—当转速达到 95%N_e—机组空转 LP 不在投入状态—灭磁开关在合位—M39 线圈带电,动作合电子开关,延时 20 s,复归合电子开关令。

④M186 线圈动作—机组空转 LP 不在投入状态—当转速达到 95%N_e—M26 线圈带电,PLC 一直作用给励磁换流电容一个欠压条件,目的是判断换流电容充电电源是否投入,否则发换流电容欠压信号至上位机,直到停机时分换流电容充电电源才撤销。

⑤M186 线圈动作—机组空转 LP 不在投入状态—当转速达到 95%Ne—M27 线圈带电,PLC 一直作用给励磁调节器一个风机欠压条件,目的是判断风机是否运行,靠电子开关风压继电器接点动作返回,否则发电子开关柜故障信号至上位机。M27 线圈一直带电保持,直到停机电子开关电容器充电电源关断时撤销。

(4)PLC 开出作用自动准同期装置。

M186 线圈动作—转速达到 95%N_e—发变组开关分位—电子开关、灭磁开关合位—技术供水正常投入—自动准同期方式—同期装置无故障,条件都满足时,计时 120 s,M44 线圈带电,投入自动准同期,合发变组开关并网。

当上位机下空载令时,M249 线圈带电,并一直保持,同期装置投入回路断开,同期装置不参与工作。

当发变组开关合闸后,导叶空载以上,机组已经并网发电,计时 10 s,M188 线圈带电,M186 线圈失电,M1 线圈失电,复归机组开机令。同时 M91 线圈带电,中控室模拟屏机组状态灯变为红色,并一直保持。

(三) 机组停机顺序控制

如图 13-17 所示为机组停机顺控流程图,图 13-18 ～ 图 13-21 所示为 4 号机组停机顺控梯形图。

1. 机组停机操作方式

(1)自动停机。运行人员先将机组有功功率、无功功率减小至 5 kW 以下,由上位机下停机令,操作员工作站—主机服务器—现地 LCU 主机 PLC,执行停机流程。

(2)返回屏停机把手:手动脉冲信号以开入信号作用主机 PLC,自动执行停机流程。

(3)手动紧急停机:事故及紧急情况下,执行紧急停机。可由上位机下令、返回屏紧急停机把手、现地机旁盘 JP5 紧急停机按钮,自动执行紧急停机流程。

(4)事故停机:机械或电气事故情况下,由保护动作自动执行事故停机流程。

2. 机组自动停机控制过程

正常停机操作,由运行人员将有功负荷、无功负荷分别减至 5 000 kW(kvar)以下,从上位机下停机令或操作返回屏停机把手,停机令的接点 M173、I11 导通,执行机组停机流程,使停机过程中 M187 线圈带电,其接点导通并分别作用给励磁调节器停机、调速器停机、制动供气电磁阀及 M2 线圈。停机过程 M187 线圈一直带电,直到机组制动器落下、制动下腔无压力、导叶全关、锁锭投入量全部返回,M187 线圈才断电,复归停机令。

(1)停机过程 M187 线圈带电,接点通—发变组开关在合位—从机旁百抄表读取机组有功负荷小于或等于 5 000 kW,M200 线圈带电,其接点通。无功负荷小于或等于 5 000 kvar,M201 线圈带电,其接点通—M46 线圈带电,动作发变组开关分闸,停机联跳出口断路器。

(2)停机过程 M187 线圈带电,接点通—发变组开关在分位—M35 线圈带电,给励磁调节器下停机令,同时当检测到机组转速为 0 时,M24 线圈带电,执行分换流电容器充电

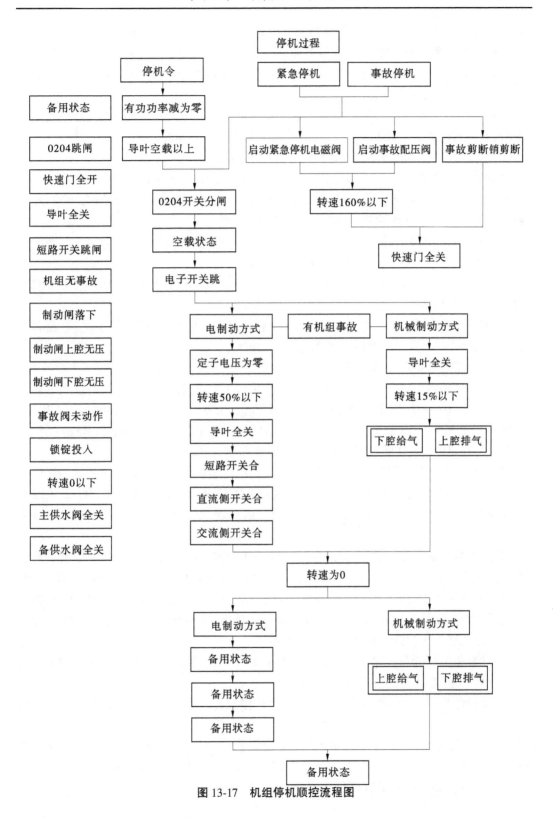

图 13-17 机组停机顺控流程图

电源。(励磁系统逆变过程由调节器接到停机令后,本身内部程序完成)

(3)停机过程 M187 线圈带电,接点通—发变组开关在分位—计时 0.5 s 后—从机旁百抄表读取机组机端电压小于 50%额定电压,M272 接点通电—M31 线圈带电,给调速器下停机令。

(4)停机过程 M187 线圈带电,接点通—发变组开关在分位—计时 180 s 后—制动方式在机械制动位置—齿盘测速测出机组转速小于 15%N_e—M209 线圈带电,其接点通—M15 线圈带电,动作电磁阀,制动闸下腔给气,加闸 30 s。

(5)当齿盘测速为零,I35 通电,压力变送器检测制动闸下腔有压力,计时 30 s 后—M198 线圈带电—导叶全关量返回,计时 2 s,M16 线圈带电,执行电磁阀动作,下腔排气。同时计时 40 s 后,M13 线圈带电,电磁阀动作,上腔给气。

(6)M198 线圈带电,接点通—主令控制上送导叶已全关—计时 4 s,M2、M6 线圈同时带电,动作电磁阀投入锁锭、关闭主备技术供水阀门。

(7)M198 线圈带电,接点通—制动闸落下、下腔无压力、导叶全关、锁定投入—M199 线圈带电,去复归停机令,停机过程 M187 线圈失电。

(8)M187 线圈失电—M198 线圈失电—判断锁定投入、出口断路器分位、上腔有压力、制动器落下—计时 3 s,M14 线圈带电,上腔排气。

3. 机组紧急及事故停机过程

跳出口断路器条件:当电气事故保护出口 BCJ 动作、按紧急停机按钮、上位机下紧急停机令、齿盘 160%N_e 以上+PT 150%N_e 以上、齿盘 160%N_e 以上+PT160%N_e 以上、PT 150%N_e 以上+PT 160%N_e 以上任何一个条件具备时,发变组开关在合位时,M323 线圈带电,接点导通,使 M46 线圈带电,停机联跳出口断路器。

走停机流程条件:当紧急停机电磁阀动作、机组过速动作、瓦温过高、事故低油压任何一个条件具备时,发变组开关在合位时,且机组非零转速及非备用状态下,M122 线圈带电,接点导通,使 M46 线圈带电,停机联跳出口断路器,同时使 M187 线圈带电,走停机流程。

执行事故停机程序:当电气事故保护出口 BCJ 动作、按紧急停机按钮、上位机下紧急停机令、齿盘 160%N_e 以上+PT 150%N_e 以上、齿盘 160%N_e 以上+PT160%N_e 以上、PT 150%N_e 以上+PT 160%N_e 以上,使 M655 线圈带电,或齿盘 160%N_e 以上+齿盘 115%N_e 以上,使 M193 线圈带电,或关快速门 M47 线圈带电,都会使机组事故停机 M195 线圈带电动作,停机联跳出口断路器并执行停机流程。

启动事故配压阀条件:当机组齿盘 115%N_e 以上+PT150%N_e 以上+主配压阀 2 s 不动作,使 M18 线圈带电,启动事故配压阀关闭导叶。

当事故停机 M195 线圈带电时,在紧急事故停机连片投入下,会使动作事故配压阀停机。

落快速门条件:当事故停机 M195 线圈带电动作,同时有剪断销剪断信号,或齿盘 160%N_e 以上+齿盘 115%N_e 以上,或齿盘 115%N_e 以上,机械过速限制器动作下,或上位机下令落快速门时,都会使 M47 线圈带电,动作落快速门。

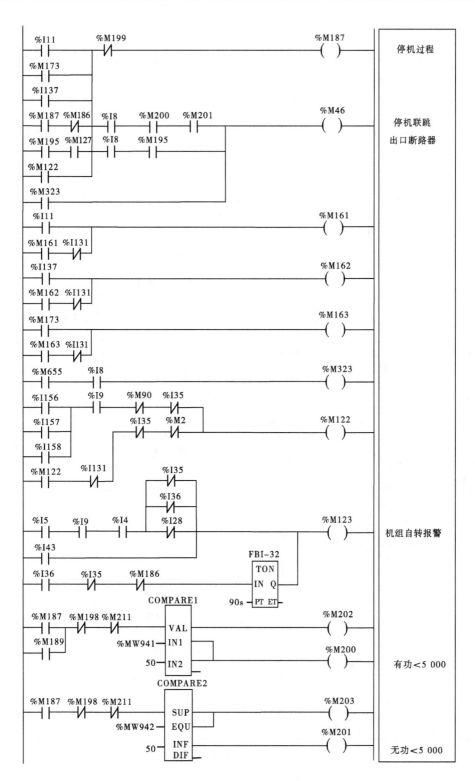

图 13-18　4号机组停机顺控流程梯形图(1)

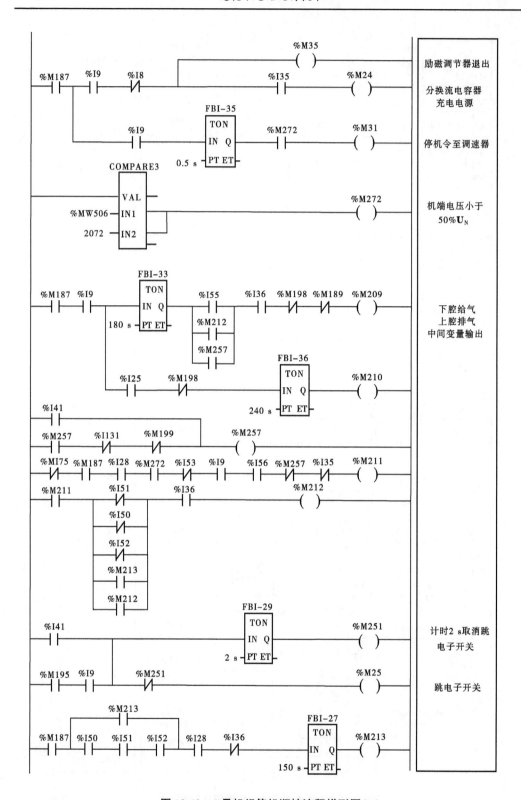

图 13-19　4 号机组停机顺控流程梯形图(2)

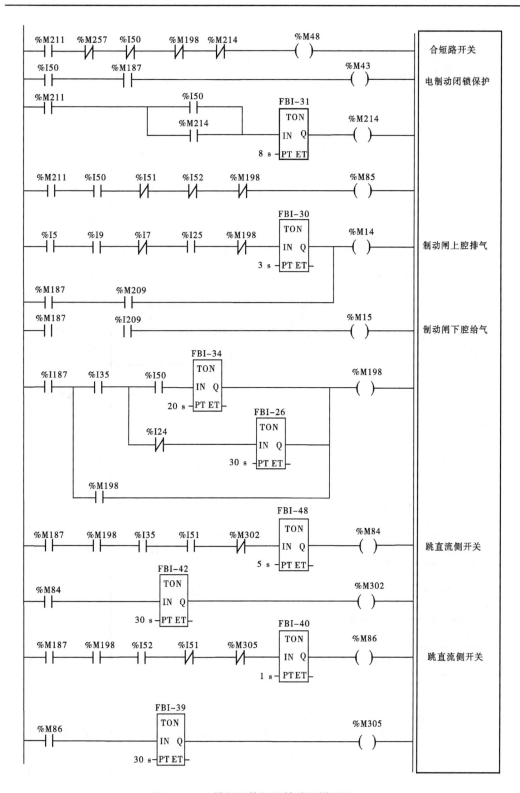

图 13-20　4 号机组停机顺控流程梯形图(3)

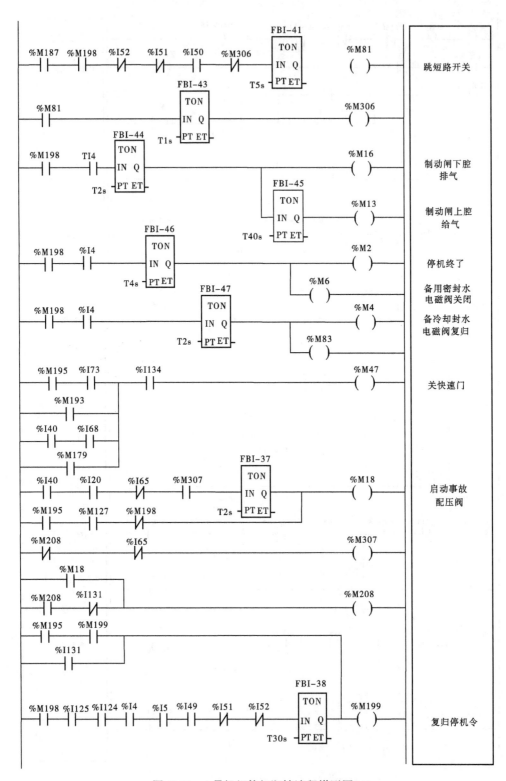

图 13-21　4 号机组停机顺控流程梯形图(4)

第七节　厂用公用现地控制单元

一、控制单元的功能和结构

厂用公用控制单元包括对厂用系统和公用系统的监控,用于完成对厂用配电装置各种模拟量、厂用有功电度和无功电度的累计、各设备状态、操作顺序记录、数字量、脉冲量和开关量的监控。公用系统主要针对厂用电、直流系统监视,对空压机、水泵采用 PLC 控制,实现自动控制启停,对各模拟量及开关量进行采样及数据显示,还包括对进水口的远程监测。

厂用公用 LCU 单元由触摸屏显示终端和一套 PLC 组成,并与检修排水泵 PLC、渗漏排水泵 PLC、高压空压机 PLC、百抄表组成 MB+网实时通信。控制单元由 Unity140 CPU 65160 对采集的厂用公用各设备信息和通信工作统一处理,并通过 NOE77101 以太网模块与上位机通信。结构如图 13-22 所示。

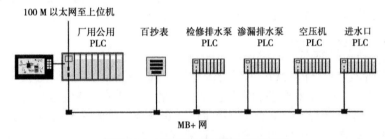

图 13-22　厂用公用控制单元结构图

厂用公用 PLC 屏安放在中控Ⅱ9 盘,主要配置包括 Unity CPU 140 CPU65160、电源模块、开关量输入模块、开关量输出模块、模拟量输入模块、以太网接口模块,运行中可通过触摸屏画面显示,可对各信号进行监视。PLC 在结构上分为 CRP 主站和 CRA 从站两部分,其结构如图 13-23 所示。

101	102	103	104	105	106	107	108	109	110	111	112	113	114	115	116
CPS 11420	CPU 65160	CRP 93100	ACI 03000	DDI 35300	DDI 35300	DDI 35300	DDI 35300	DDI 35300	DDI 35300	DDI 35300	DDI 35300	DDI 35300	DDI 35300	DDI 35300	NOE 77101

201	202	203	204	205	206	207	208	209							
CPS 11420	CRA 93100	DDI 35300	DDI 35300	DDO 35300	DRA 84000	DDO 35300	DDO 35300	DDO 35300							

图 13-23　莲花发电厂厂用公用 PLC 模块结构图

二、控制单元的数据采集

(一)模拟量采集

通过直流系统整流屏直接采集 220 V 和 24 V 直流Ⅰ段母线电压、Ⅱ段母线电压、浮充电流等量。通过液位变送器采集渗漏集水井水位、检修集水井水位、尾水水位、进水口水位。

通过压力变送器采集制动气压力、调相气压力、高压气压力,并通过空压机 PLC 进行数据打包,以虚拟点量上送到厂用公用 PLC。通过各百抄表提供高厂变左右分支有功功率、无功功率,高厂变左右分支 BC 相电压、A 相电流,1~15 号厂用变高压侧有功功率、无功功率及 A、B、C 相电流,143 及 146 高压侧有功功率、无功功率及 BC 相电压 A、B、C 三相电流。

(二)开关量采集

高厂变 0205 开关分合闸、0205 甲乙刀闸及 0205 甲地接地刀闸分合,高厂变 0205 开关保护动作,Ⅰ(Ⅱ)段母线 121(122)开关分合闸、121(122)开关自动切换开关位置及 121(122)开关保护动作。高厂变冷却器故障,1~7 号厂用变开关位置及自动切换开关位置。220 V、24 V 直流充电装置电源分合。Ⅰ、Ⅱ、Ⅲ段母线低电压 1YJab 动作,400 V 各母线低电压动作。141、143、146、114、116、117 开关位置。高厂变各保护动作(差动动作、复合方向过流、零序过流、瓦斯等)。检修水泵各段母线电压低电压动作,21P、18P 等各段母线电压低电压动作,事故照明系统装置故障,逆变电源装置故障。空压机、水泵运行方式、故障、断相保护动作等。

PLC 通过对采集到的模拟量、开关量进行数据分析,做出相应地处理,如越限报警等,送入上位机供运行人员监视。

三、对厂用系统的控制

厂用公用单元 PLC 开出只用于厂用备自投装置,开出作用合Ⅰ、Ⅱ段母线联络 141 开关,Ⅰ、Ⅲ段母线联络 146 开关,Ⅱ、Ⅲ段母线联络 143 开关。正常运行时 146 开关、143 开关控制把手在 PLC 位置,当 PLC 程序判断Ⅰ、Ⅱ段母线同时失电、121 开关和 122 开关在分位、Ⅲ段母线带电情况下,开出合 146 开关、合 143 开关指令。

图 13-24 所示为 10.5 kV 厂用电备投关系的梯形图,表 13-6 为与梯形图相关的点量表。

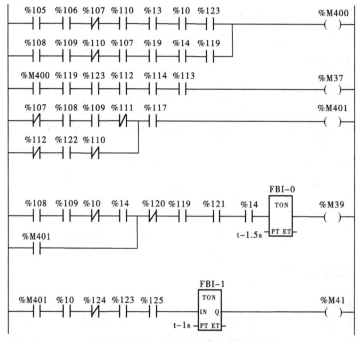

图 13-24　10.5 kV 厂用电备投梯形图

表 13-6 厂用电备投关系点量

序号	地址	名称
1	10009	10.5 kV Ⅰ段母线 121 开关合闸
2	10010	10.5 kV Ⅰ段母线 121 开关分闸
3	10011	10.5 kV Ⅰ段母线 121 开关自动操作 1QK
4	10012	10.5 kV Ⅰ段母线 121 开关保护动作/复归
5	10013	10.5 kV Ⅱ段母线 122 开关合闸
6	10014	10.5 kV Ⅱ段母线 122 开关分闸
7	10015	10.5 kV Ⅱ段母线 122 开关自动操作 1QK
8	10105	10.5 kV Ⅰ段母线 AB 线低电压 1YJab 动作/复归
9	10106	10.5 kV Ⅰ段母线 BC 线低电压 1YJbc 动作/复归
10	10107	10.5 kV Ⅰ段母线 AC 线有电压 1YJca 动作/复归
11	10108	10.5 kV Ⅱ段母线 AB 线低电压 2YJab 动作/复归
12	10109	10.5 kV Ⅱ段母线 BC 线低电压 2YJbc 动作/复归
13	10110	10.5 kV Ⅱ段母线 AC 线有电压 2YJca 动作/复归
14	10111	10.5 kV Ⅰ、Ⅱ段母线联络 141 开关合闸
15	10112	10.5 kV Ⅰ、Ⅱ段母线联络 141 开关分闸
16	10113	10.5 kV Ⅰ、Ⅱ段母线联络 141 开关保护动作/复归
17	10114	10.5 kV Ⅰ、Ⅱ段母线联络 141 开关自动投 1QK
18	10115	10.5 kV Ⅲ段母线 AB 线低电压 1YJab 动作/复归
19	10116	10.5 kV Ⅲ段母线 BC 线低电压 1YJbc 动作/复归
20	10117	10.5 kV Ⅲ段母线 AC 线有电压 1YJca 动作/复归
21	10118	10.5 kV Ⅱ、Ⅲ段母线联络 143 开关合闸
22	10119	10.5 kV Ⅱ、Ⅲ段母线联络 143 开关分闸
23	10120	10.5 kV Ⅱ、Ⅲ段母线联络 143 开关保护动作/复归
24	10121	10.5 kV Ⅱ、Ⅲ段母线联络 143 开关自动投 1QK
25	10122	10.5 kV Ⅰ、Ⅲ段母线联络 146 开关合闸
26	10123	10.5 kV Ⅰ、Ⅲ段母线联络 146 开关分闸
27	10124	10.5 kV Ⅰ、Ⅲ段母线联络 146 开关保护动作/复归
28	10125	10.5 kV Ⅰ、Ⅲ段母线联络 146 开关自动投 1QK

（一）备投方式选择

正常运行方式为 220 kV 高厂变给 10.5 kV Ⅰ、Ⅱ段母线供电并分段运行带厂用负荷,且Ⅰ、Ⅱ段母线互为备用,Ⅲ段为Ⅰ、Ⅱ段的后备电源。

Ⅰ、Ⅱ段母线联络 141 开关的合闸方式选择开关在现地位置(备投退出);Ⅱ、Ⅲ段母线联络 143 开关和Ⅰ、Ⅲ段母线联络 146 开关的合闸方式选择开关在 PLC 位置(备投投入)，146 开关及 143 开关 PLC 备投合闸压板 5LP 在投入位置。

(二)备投条件

下面简要列出几项开关动作的备投条件供学习参考,其余略列。

Ⅰ段无电,Ⅱ段有电,Ⅱ段带Ⅰ段合 141 开关备投条件:

(1)Ⅰ段母线 AB 线低电压 1YJab 动作

(2)Ⅰ段母线 BC 线低电压 1YJbc 动作

(3)Ⅰ段母线 AC 线有电压 1YJac 未动作

(4)Ⅱ段母线 AC 线有电压 2YJac 动作

(5)Ⅱ段母线 122 开关合闸

(6)Ⅰ段母线 121 开关分闸

(7)Ⅰ、Ⅲ段联络 146 开关分闸

(8)Ⅱ、Ⅲ段联络 143 开关分闸

(9)Ⅰ、Ⅱ段联络 141 开关分闸

(10)Ⅰ、Ⅱ段母线 141 开关自动投入

(11)Ⅰ、Ⅱ段母线 141 开关保护未动作

Ⅱ段无电,Ⅰ段有电,Ⅰ段带Ⅱ段运行备投条件:

(1)Ⅱ段母线 AB 线低电压 2YJab 动作

(2)Ⅱ段母线 BC 线低电压 2YJbc 动作

(3)Ⅱ段母线 AC 线有电压 2YJac 未动作

(4)Ⅰ段母线 AC 线有电压 1YJac 动作

(5)Ⅱ段母线 122 开关分闸

(6)Ⅰ段母线 121 开关合闸

(7)Ⅰ、Ⅲ段联络 146 开关分闸

(8)Ⅱ、Ⅲ段联络 143 开关分闸

(9)Ⅰ、Ⅱ段联络 141 开关分闸

(10)Ⅰ、Ⅱ段母线 141 开关自动投入

(11)Ⅰ、Ⅱ段母线 141 开关保护未动作

如果Ⅰ、Ⅱ段同时掉电,Ⅲ段作为备用电源,备投条件:

(1)Ⅰ段母线 AC 线有电压 1YJac 未动作

(2)Ⅱ段母线 AB 线低电压 2YJab 动作

(3)Ⅱ段母线 BC 线低电压 2YJbc 动作

(4)Ⅰ、Ⅱ段联络 141 开关分闸

(5)Ⅲ段母线 AC 线有电压 3YJac 动作

(6)Ⅰ段母线 121 开关分闸

(7)Ⅰ、Ⅲ段母线 146 开关保护未动作

(8)Ⅰ、Ⅲ段联络 146 开关分闸

(9)Ⅰ、Ⅲ段母线 146 开关自动投入

(10)延时 1 s 后合 146 开关

四、PLC 对高压空压机的自动控制

高压空压机采用 Modicong TSX Momentum 系列 PLC 来实现各种运行工况的自动控制,并通过 MB+网络把空压机的信息量传到厂用公用单元 LCU 后送至上位机,为运行人员监视,保障机组高压油罐和保流机组压油罐的用气需要。

(一)控制系统组成

PLC 采用 TSX Momentum 系列控制器,由通信适配器、I/O 基板、处理器适配器、选项适配器四部分组成。包括主机 CPU,开关量输入/输出模块(IN/OUT),模拟量模块 AI,电源模块 CPS,MB+ 及 I/O BUS 适配器。每个模块之间应用 InterBus−S 进行连接,InterBus−S 用作通信网络,它接至 Momentum I/O 模块以及其他兼容控制装置,用于输入和输出信号与单个主控器的通信。PLC 的主机有 MB+接口与厂用电的 MB+网络进行通信,把现地的信息传送到中控室的计算机系统。

(二)空压机采集信号

(1)开入点量。1 号、2 号空压机手动方式,1 号、2 号空压机自动方式,1 号、2 号空压机过载断相保护,1 号、2 号空压机控制电源消失,1 号、2 号空压机三级排气压力低,1 号、2 号空压机油面低,高压罐压力低启动、压力高停止,高压罐压力超高报警和压力过低报警。

(2)开出点量。1 号、2 号空压机启动,1 号、2 号空压机三级排气压力低,1 号、2 号空压机油面低报警,1 号、2 号空压机过载断相保护动作,1 号、2 号空压机排污控制,高压罐压力超高报警,高压罐压力过低报警,故障和事故信号上送模拟屏。

(3)模拟量:高压气罐压力。

(三)操作控制

每台空压机都有三种工作方式,即自动方式、切除方式、手动方式。

自动方式:切换把手切至自动位置时,处于自动控制状态,通过开关量和模拟量采集工作罐的压力。当压力达到启动条件时,PLC 通过开出信号,控制空压机启动,同时控制面板上的启动灯亮。当达到停泵压力时,空压机自动停止。同时 PLC 内部通过程序控制两台空压机轮流启动,当压力满足不了要求时,还可以互为备用,同时启动,以满足机组的用气要求。

切除方式:切换把手切至切除位置时,空压机停止运行。

手动方式:把控制屏面板的切换开关切至手动位置时,空压机处手动控制状态,通过PLC 开出信号控制交流接触器,使电机运行,达到手动控制启停。

PLC 根据采集的信号由编写在 PLC 主机内的梯形图程序实现对高压空压机的手动、自动轮流控制。系统上电后进行初始化,首先判断空压机的控制方式,若在手动位置,就转入手动控制状态。若在自动方式,就对工作罐的压力数据自动进行处理。若达到启动压力,就执行启泵流程,启动时先排污 18 s,再运行空压机,当压力上升后,达到停止压力时,发送停止命令,停止空压机。

通过安装在工作罐管路上的压力控制器和压力变送器采集工作罐的压力,压力的启

动和停止如下:工作罐压力 4.1 MPa 启动,工作罐压力 4.0 MPa 备用启动,工作罐压力 4.5 MPa 停止,工作罐压力 4.6 MPa 发压力超高报警。空压机以模拟量做主启动,开关量做备有启动及报警。

五、PLC 对检修排水泵的自动控制

检修排水泵采用 Modicong TSX Momentum 系列 PLC 来实现各种运行工况的自动控制,并通过 MB+网络把检修排水泵的信息量传到厂用公用单元 LCU 后送至上位机,为运行人员监视需要。

(一)控制系统的组成

控制系统由 PLC、变频器、液位变送器等构成。PLC 的结构组成与高压空压机相同。也是通过 PLC 的主机 MB+接口与厂用电的 MB+网络进行通信,把现地的信息传送到中控室的计算机系统。系统原理及配置如图 13-25 所示。

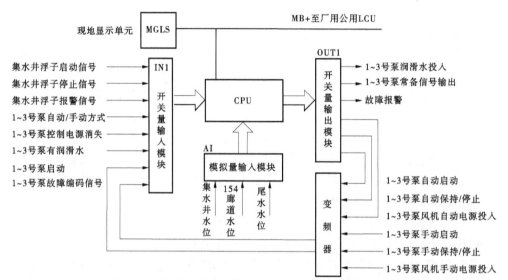

图 13-25　莲花发电厂检修排水泵控制系统原理及配置图

(二)信号采集

(1)开入点量:1~3 号泵手动/自动控制方式、1~3 号泵启动、1~3 号泵润滑水示流信号、1~3 号泵故障信号、检修集水井浮子启动水位、检修集水井浮子停止水位、检修集水井浮子高限报警水位。

(2)开出点量:1~3 号泵启动、1~3 号泵保持/停止、1~3 号泵润滑水投入、1~3 号泵风机电源投入。

(3)模拟量:模拟量输入信号主要包括检修集水井水位、154 廊道水位和尾水水位。

(三)操作控制

每台检修排水泵都有三种工作方式,即自动方式、切除方式、手动方式。

自动方式:当检修泵屏面上的切换开关切至自动位置时,泵处于自动控制状态,PLC通过实时读取检修集水井水位值,当达到启泵水位时,通过开关量输出模块先启动润滑水

电磁阀,投入润滑水,PLC 接收到示流信号后,输出启动命令至变频器,启动检修排水泵抽水。达到停泵水位时,自动停泵,等待 15 s 后自动关断润滑水。

切除方式:切换把手切至切除位置时,水泵停止运行。

手动方式:当检修泵屏面上的切换开关切至手动位置时,检修排水泵处于手动控制状态,自动方式退出运行,可按动屏面板上的启动停止按钮实现现地手动控制。

对检修排水泵的自动控制,是由 PLC 对所采集的开关量和模拟量数据进行运算和逻辑处理后,经开关量输出模块输出控制信号进行控制,系统上电后初始化,首先判断水泵的控制方式,若在手动位置,就转入手动控制状态。在自动方式时,对接收到的集水井水位数据进行处理,若达到启泵水位,就执行启泵流程。水位下降至停泵水位,发送停泵令,停止抽水。

六、PLC 对渗漏排水泵的自动控制

渗漏排水泵 PLC 采用 TSX 系列控制器,通过对渗漏集水井水位的实时采集和处理,并根据集水井水位值自动控制水泵的启动和停止,轮流循环工作,同时把变频器、集水井水位等信息实时送到中控室,提供运行监视。

(一)控制系统的组成

采用 TSX 系列 PLC,包括主 CPU 为 TSX P57203、开关量输入模块 TSX DEY16D2、开关量输出模块 TSX DEY16R5、电源模块 TSX PSY 2600M、模拟量输入模块 TSX AEY414 等。

(二)信号采集

(1)开入点量:手动/自动控制方式、变频器启动/停止/故障信号。

(2)开出点量:通过开关量输出模块将变频器启停信号接入变频器。

(3)模拟量:集水井水位。

(三)操作控制

渗漏排水泵有三种工作方式,即自动方式、切换方式、手动方式。

手动方式:当控制屏上的切换开关切至手动位置时,渗漏排水泵处于手动控制状态,自动方式退出运行,可按动屏面板上的启动停止按钮实现现地手动控制。

自动方式:两台泵分为主用泵、备用泵。当渗漏集水井水位达到主用泵启动水位时,主用泵启动。当水位降至正常水位时,自动停泵。两台泵轮流进行工作。

切换方式:两台水泵一用一备,可以用变频器或 PLC 控制两台水泵自动切换。

第八节 开关站现地控制单元

一、功能和结构

开关站控制单元包括对 220 kV 配电设备的监视、高厂变的监控、保流机组的监控、龙华电站设备的监控,用于完成对开关站各配电装置各种模拟量(非电气量、电气量)、线路有功电度和无功电度的累计、各设备状态、操作顺序记录、数字量、脉冲量和开关量及对保流机组和龙华电站的监控。

开关站 LCU 单元由触摸屏显示终端和一套 PLC 组成,并与百抄表、保流机组 PLC 组成 MB+网实时通信,与龙华电站监控系统通过 TCP/IP 进行网络通信。LCU 单元由 Unity140 CPU 65160 对开关站、高厂变、保流机设备采集的信息和通信工作统一处理,并通过 NOE77101 以太网模块与上位机通信。结构如图 13-26 所示。

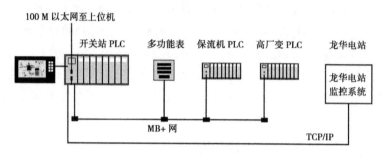

图 13-26　开关站控制单元 LCU 构成图

开关站 PLC 屏安放在中控Ⅱ8 盘,主要配置包括 Unity CPU 65160、电源模块 CPS,开关量输入/输出模块(DDI/DDO)、模拟量输入模块 ACI、事件记录模块 ERT、以太网接口模块 NOE,运行中可通过触摸屏画面显示,可对各信号进行监视。

二、数据采集

(一)开关量输入

通过刀闸转换接点及开关辅助触点,反映 220 kV 配电设备的位置,包括各甲、乙、丙、丁刀闸分合位置,接地刀闸分合位置,发变组开关、线路开关、旁路开关的分合位置。莲方甲、乙线线路保护动作,旁路保护动作,母线电压保护动作、失灵保护动作,保护装置异常,线路及旁路故障,旁路微机保护装置异常,收发讯机异常。

(二)模拟量输入

通过百抄表读取各线路、母线数据,主要包括:莲方甲、乙线及旁路的有功功率和无功功率,ABC 三相电流、AB、BC、CA 相电压,甲、乙线频率、零序电压电流等。保流机模拟量包括机组有功功率和无功功率、机端电压、三相电流、机组频率及各定子绕组温度、各轴承瓦温。

(三)SOE 输入量

各保护动作情况送入 ERT 模块,包括莲方甲、乙线线路电气保护动作、旁路电气保护动作,母线电气保护动作、开关及失灵保护动作,莲方甲、乙线线路高频保护动作、距离保护动作、零序保护动作、重合闸保护动作,旁路重合闸保护动作。

(四)脉冲输入量

莲方甲、乙线正向反向有功电度、无功电度,旁路正向有功电度,保流机组有功电度、无功电度。

PLC 通过对采集到的模拟量、开关量进行数据分析,做出相应的处理,如越限报警等,送入上位机供运行人员监视,确保设备安全运行。

第十四章　继电保护及运行

第一节　概　述

一、继电保护的目的

电力系统继电保护是反应电力系统中电气设备发生故障或不正常运行状态而动作于断路器跳闸或发出信号的一种自动装置。电力系统中运行的设备如发电机、变压器、母线、输配电线路等因受自然（如雷击、风灾等）、人为（如设备制造缺陷、外力破坏等）等因素的影响，会不可避免地发生各种形式的短路故障和异常运行状态。

电力系统故障总是伴随着很大的短路电流，同时系统电压大大降低。一旦发生短路将会产生以下后果：

（1）短路点的电弧将故障的电气设备烧坏。

（2）短路电流通过故障设备和非故障设备时发热并产生电动力，使电气设备的机械损坏和绝缘损伤，以致缩短设备的使用寿命。

（3）电压下降，使大量电能用户的正常工作受到破坏，影响产品质量。

（4）电压下降可能导致电力系统各发电厂间并列运行的稳定性受到破坏，引起系统振荡，甚至使系统瓦解。

所谓电力系统异常运行状态，是指系统的正常运行工作受到干扰，使设备的运行参数偏离正常值。例如：长时间过负荷会使电气元件的载流部分和绝缘材料的温度过高，加速设备绝缘老化或设备损坏。这些异常状态如不及时发现并处理，将演变为系统事故。

电力系统的故障和异常状态如果不及时处理或处理不当，就可能在电力系统中引起事故，造成人员伤亡及设备损坏，造成对电力用户的停电或直接影响产品质量。为防止事故发生或限制事故范围，就必须在每一个电气设备上装设继电保护装置，根据它们发生的故障和异常运行情况，动作于断路器跳闸或发出报警信号。

二、继电保护的任务

（1）电力系统发生故障时，自动、快速、有选择地将故障设备从电力系统中切除，保证非故障设备继续运行，尽量缩小停电范围。

（2）电力系统出现异常运行状态时，根据运行维护的要求能自动、及时、有选择地发出告警信号或者减负荷、跳闸。

三、对继电保护装置的基本要求

(一)选择性

继电保护的选择性是指继电保护装置动作时,仅将故障设备从电力系统中切除,使停电范围尽量减小,以保证系统中非故障设备继续安全运行。

(二)速动性

速动性是指继电保护装置应以尽可能快的速度切除故障设备。快速切除故障设备具有以下优越性:

(1)可提高电力系统并列运行的稳定性。

(2)可使电压尽快恢复正常,减轻对用户的影响。

(3)可减轻电气设备的损坏程度。

(4)可防止事故扩展,提高重合闸成功率。

(三)灵敏性

灵敏性是指保护装置对其保护范围内发生故障或异常运行状态的反应能力。满足灵敏性要求的保护装置应该在预先规定的保护范围内发生故障时,不论短路点位置、短路形式及系统运行方式如何,都能敏锐感觉、正确反应。

(四)可靠性

可靠性是指保护装置在电力系统正常运行时不误动,在规定的保护范围内发生故障时,应可靠动作;而在不属于该保护动作的其他任何情况下,应可靠不动作。

第二节　继电保护的基本原理

一、继电保护的基本原理

根据继电保护的任务和要求,继电保护的基本原理是利用电力系统正常运行与发生故障或不正常运行状态时,各种物理量的差别来判断故障或异常,并通过断路器将故障切除或者发出告警信号。

电力系统发生故障时,通常有电流增大、电压降低、电压与电流的比值(阻抗)和它们之间的相位角改变等现象。因此,根据发生故障时这些基本参数与正常运行时的差别,可构成不同原理的继电保护装置。

例如:反应故障时电流增大构成电流保护;反应电压降低构成低电压保护;反应电压与电流比值的变化构成距离保护;反应电流与电压之间相角的变化构成方向保护;根据故障时被保护设备两端电流相位和功率方向的差别构成差动保护;根据不对称短路故障出现的相序分量,构成灵敏的负序保护和零序保护。

二、继电保护装置的基本组成

继电保护装置通常由测量、逻辑、执行等三部分组成,其方框图如图 14-1 所示。

(一)测量部分

测量部分对来自于被保护设备的输入信号进行计算分析,并与基准整定值进行比较,确定是否发生故障或异常运行状态,然后输出相应的信号至逻辑部分。

(二)逻辑部分

逻辑部分的作用是对测量部分输出的信号进行逻辑判断,确定保护是否应该动作使断路器跳闸或者发出告警信号,并将确定的结果输入到执行部分。

(三)执行部分

执行部分作用是根据逻辑部分送来的信号,执行保护装置任务,使断路器跳闸或发出告警信号。

图 14-1　继电保护装置组成方框图

三、继电保护装置的基本工作过程

如图 14-2 所示为某线路保护原理接线示意图,保护装置的工作过程简述如下。当线路的 K 点发生短路时,线路中的电流由负荷电流突然增大到短路电流,通过电流互感器 TA 反应到二次侧后流过继电保护装置;同时母线电压降低,通过电压互感器 TV 侧二次反应到继电保护装置。保护装置通过对输入电流和电压进行计算比较判断。当满足跳闸条件时,发出跳闸脉冲,经过断路器的常闭辅助触点驱动其跳闸线圈,使断路器跳闸并发出告警信号;如果仅满足告警条件时则只发出告警信号。

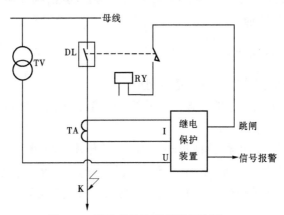

图 14-2　线路保护原理接线示意图

第三节　微机型继电保护装置的特点和构成

电力系统继电保护的发展经历了机电型、静态型(晶体管型和集成电路型)等几个阶段后,现在发展到了微机型保护阶段。微机型继电保护装置是利用微型计算机或单片机来实现继电保护功能的一种自动装置,与机电型、静态型继电保护装置相比具有精度高、灵活性大、可靠性高、调试和维护方便、易获取附加功能、易于实现综合自动化等特点。莲花发电厂所使用的大部分为微机型继电保护装置,如发变组为 WFB-800 系列微机保护装置。

一、微机保护的特点

与传统的继电保护装置相比较,微机保护具有以下主要特点:

(1)改善和提高继电保护的动作特征和性能,动作正确率高。主要表现在能得到常规保护不易获得的特性;其很强的记忆力能更好地实现故障分量保护;可引进自动控制、新的数学理论和技术如自适应、状态预测、模糊控制及人工神经网络等,其运行正确率很高也已在运行实践中得到证明。

(2)可以方便地扩充其他辅助功能。如故障录波、波形分析等,可以方便地附加低频减载、自动重合闸、故障录波、故障测距等功能。

(3)工艺结构条件优越。体现在硬件比较通用,制造容易统一标准;装置体积小,减少了盘位数量;功耗低。

(4)可靠性容易提高。体现在数字元件的特性不易受温度变化、电源波动、使用年限的影响;不易受元件更换的影响;自检和巡检能力强,可用软件方法检测主要元件、部件的工况以及功能软件本身。

(5)使用灵活方便,人机界面越来越友好。其维护调试更方便,从而缩短维修时间;同时依据运行经验,在现场可通过软件方法改变特性、结构。

(6)可以进行远方监控。微机保护装置具有通信功能,与变电所微机监控系统的通信联络使微机保护具有远方监控特性。

二、微机保护的构成

(一)微机保护装置硬件系统的基本组成

如图 14-3 所示为微机保护装置硬件系统基本组成框图。微机继电保护硬件系统由以下几个部分构成:

(1)数据采集单元。也称模拟量输入系统,其作用是将被保护设备的 TA 二次侧电流、TV 二次侧电压分别经过适当处理后转换为所需的数字量,送至微型计算机系统。该单元包括:电压形成、模拟滤波(ALF)、采样保持(S/H)、多路转换(MPX)以及模数转换(A/D)等功能块。

(2)数据处理单元。即微型计算机系统,其作用是完成算数及逻辑运算,实现继电保

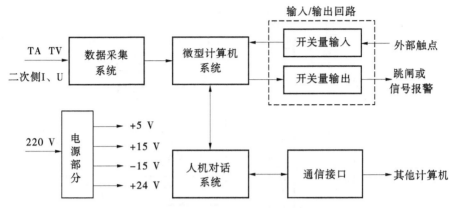

图 14-3　微机保护装置硬件系统基本组成框图

护功能。该单元包括:微处理器(CPU)、只读存储器(EPROM)、随机存取存储器(RAM)以及定时器/计数器、接口芯片等。CPU 执行存放在 EPROM 中的程序,将数据采集系统得到的信息输入至 RAM 区的原始数据进行分析处理,以完成各种继电保护的功能。

(3)输入/输出单元。开关量输入/输出单元是保护装置与外部设备的联系电路,该系统完成各种保护的出口跳闸、信号报警、外部接点输入及人机对话等功能。系统包括:若干个并行接口适配器、光电隔离器件及有接点的中间继电器等。

(4)通信接口。提供计算机局域通信网络以及远程通信网络的信息通道,是实现发电厂或变电所综合自动化的必要条件。微机保护装置的通信接口通常都采用带有相对标准的接口电路。

(5)人机对话系统。建立起微机保护装置与使用者之间的的信息联系,以便对装置进行人工操作、调试和得到反馈信息。该系统也称为人机接口部分,主要包括显示器、键盘、打印机等。

(6)电源回路。主要作用是给整个微机保护装置提供所需的工作电源,保证装置的可靠供电。输入电源一般为直流 220 V,输出直流+5 V、±12 V(±15 V)、+24 V 等。其中,+5 V 主要用于微机系统,±12 V(±15 V)主要用于数据采集系统,+24 V 主要用于开关量输出回路等。

(二)微机保护装置软件模块的基本结构

不同型号的微机保护装置的软件模块构成不完全相同,通常可以分为保护系统软件和人机对话系统软件两大部分。如图 14-4 所示为微机保护装置软件模块基本组成框图。

(1)人机对话系统软件。又称为接口软件。该软件大致分为监控程序和运行程序,装置在调试方式下执行监控程序,在运行方式下执行运行程序。CPU 执行哪一部分程序由装置的工作方式开关或显示器上显示的菜单选择决定。监控程序主要是实现键盘命令和处理功能。

运行程序由主程序和定时中断服务程序构成,主程序主要完成巡检、键盘扫描和故障信息的处理和打印等,定时中断服务程序主要包括用于硬件时钟控制并同步各 CPU 模块的软件时钟程序和用于检测各保护 CPU 起动元件是否动作的检测起动程序。

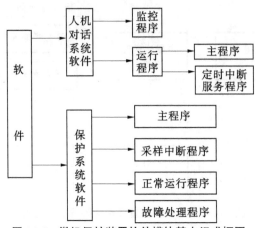

图 14-4　微机保护装置软件模块基本组成框图

（2）保护系统软件。保护系统软件根据装置型号及功能的不同有所区别,主要包含主程序、采样中断程序、正常运行程序及故障计算处理程序等模块。

主程序:主要用于初始化和自检,并按固定的采样周期执行采样中断程序。

采样中断程序:主要进行模拟量采集与滤波、开关量采集、装置硬件自检、交流电流断线和装置起动判据的计算,根据是否满足起动条件而进入正常运行程序或故障计算处理程序。

正常运行程序:主要进行采样值自动零漂调整、硬件和交流回路异常检查。当装置自检发现硬件和交流回路异常时,将发出告警信号。

故障计算处理程序:主要进行各种保护的参数计算、区段判别、跳闸逻辑判断、事件报告、故障报告的存储等。

第四节　电气设备故障类型及保护装置配置

发电机、变压器、高压输配电线路是电力系统的重要组成部分,它们的安全运行直接影响着电力系统的正常工作和电能质量,因此应针各种不同故障和异常工作状态,装设性能完善的继电保护装置。

一、发电机的故障和异常运行状态及保护配置

由于发电机是长期连续运转的设备,既要承受机身的振动,又要承受电流、电压的冲击,因而常常导致定子绕组和转子绕组绝缘的损坏。因此同步发电机在运行中,定子绕组和转子励磁回路都有可能发生危险的故障和不正常运行情况。

（一）发电机主要故障类型及保护配置

（1）定子绕组的相间短路:纵联差动保护。

（2）定子绕组一相匝间短路:横联差动保护。

(3)定子绕组一相绝缘破坏引起的单相接地:单相接地保护。

(4)转子绕组一点或两点接地:转子绕组接地保护。

(5)由于转子绕组断线、励磁回路故障或灭磁开关误动等原因,造成转子励磁回路的励磁电流消失或降低,即发电机低励、失磁等:失磁保护。

(二) 发电机主要不正常工作状态及保护配置

(1)由外部短路引起的定子绕组过电流:定子绕组过电流保护。

(2)由负荷超过发电机额定容量而引起的定子绕组过负荷:定子绕组过负荷保护。

(3)由于突然甩负荷而引起的定子绕组过电压:定子绕组过电压保护。

(4)由外部不对称短路或不对称负荷引起三相电流不对称或非全相运行:转子过负荷保护。

(5)因系统振荡引起的发电机失步:失步保护。

(6)由于励磁回路故障或强励时间过长引起的转子过励磁等:过激磁保护。

二、变压器故障类型及应装设的保护

(一) 变压器的故障类型及保护配置

变压器的故障可分为内部故障和外部故障两种。变压器内部故障是指变压器油箱里面发生的各种故障,其主要类型有:各绕组之间发生的相间短路,单相绕组部分线匝之间发生的匝间短路,单相绕组或引出线通过外壳发生的单相接地故障等。变压器外部故障是指变压器油箱外部绝缘套管及其引出线上发生的各种故障,其主要类型有:绝缘套管闪络或破碎而发生的单相接地(通过外壳)短路,引出线之间发生的相间故障等。

(1)防御变压器油箱内部各种短路故障和油面降低的瓦斯保护。

(2)防御变压器绕组和引出线相间短路、大接地电流系统侧绕组和引出线的单相接地短路及绕组匝间短路的差动保护或电流速断保护。

(3)防御变压器外部相间短路并作为瓦斯保护和差动保护后备的过电流保护。

(4)防御大接地电流系统中变压器外部接地短路的零序电流保护。

(二) 变压器的不正常工作状态及保护配置

由于外部短路或过负荷引起的过电流、油箱漏油造成的油面降低、变压器中性点电压升高、由于外加电压过高或频率降低引起的过励磁等。

为了防止变压器在发生各种类型故障和不正常运行时造成不应有的损失,保证电力系统连续安全运行,变压器一般装设以下继电保护装置:

(1)防御变压器对称过负荷的过负荷保护。

(2)防御变压器过励磁的过励磁保护。

(3)用于变压器温度监视的温度保护及压力保护。

(4)用于变压器油箱油位监视的油位保护。

(5)用于冷却系统故障状态监视的保护。

三、高压输配电线路故障类型及应装设的保护

在高压输配电线路上经常发生的故障类型主要有相间短路故障、相间短路接地故障、单相接地故障等,相应配备的保护装置一般有:

(1)反应系统短路故障的过电流保护、电流速断保护和限时电流速断保护。

(2)反应保护安装处至故障点的距离(阻抗)并根据距离的远近而确定动作时间的距离保护。

(3)按照比较线路两端电流相位或功率方向,利用高频通道传递被保护线路两端电量信号的高频保护,是高压输电线路的快速保护。

(4)用于反应中性点直接接地电力网单相接地故障的零序保护。

(5)用于反应母线短路、接地故障的母线差动保护。

四、莲花发电厂保护装置的基本配置

(一)发变组保护

莲花发电厂发电机-变压器采用单元式接线方式,采用许继集团生产的 WFB-800 系列微机发电机-变压器成套保护装置,并按反措要求配置双套微机保护。该保护装置由两面屏组成,现场分别命名为 JP1 屏、JP2 屏。其中 JP1 屏由 WFB-801、WFB-802、WFB-804 保护装置组成;JP2 屏由 WFB-801、WFB-802 保护装置及机组录波器装置组成。WFB-801 装置集成了一台发电机的全部电气量保护,WFB-802 装置集成了一台主变压器的全部电气量保护,WFB-804 装置集成了全部非电气量保护。JP1 屏、JP2 屏内 WFB-801、WFB-802 装置保护配置完全一致。图 14-5 为莲花发电厂发变组主保护配置图。

(二)高厂变保护

莲花发电厂高厂变配置许继集团生产的 WBH-800 微机型变压器保护装置。WBH-801 型装置集成了一台变压器的全部电气量保护,WBH-802 型装置集成了一台变压器非电量类保护。

(三)220 kV 线路及母线保护

莲花发电厂 220 kV 莲方甲、乙线分别配置了双套微机保护装置。莲方甲线 B 相为闭锁式 CSL-101B 型微机保护,莲方甲线 AC 相为允许式 CSL-102B 型微机保护,包括高频保护、距离保护、零序保护及综合重合闸装置;莲方乙线 B 相为闭锁式 CSL-101B 型微机保护,莲方乙线 C 相为 RCS-901B 型闭锁式微机保护,包括高频保护、距离保护、零序保护及综合重合闸装置。在 220 kV 母线上装有 WMH-800 型微机母差保护装置。

(四)厂用电保护

在莲花发电厂 10 kV 厂用电系统中主要采用速断保护、过电流保护和过负荷保护。

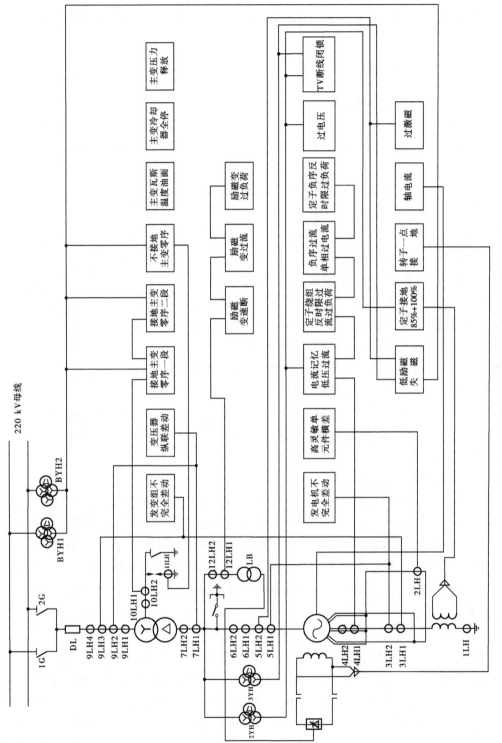

图 14-5 莲花发电厂发变组主保护配置图

第五节　莲花发电厂发变组 WFB-800 系列保护装置

一、发电机不完全纵差动保护

(一)纵差动保护的基本原理

纵差动保护是发电机定子绕组及其引出线发生相间短路时的主保护,是按照比较发电机中性点和机端侧(发电机出口断路器处)电流幅值和相位的原理构成的。接线原理如图 14-6 所示。

在发电机中性点侧和机端侧装设特性和变比完全相同的电流互感器 TA 以实现纵差保护。两组 TA 之间为纵差的保护区。发电机内部故障时,流入差动保护装置的电流为两侧 TA 二次侧电流的叠加,当电流大于差动保护动作电流时,差动保护装置动作,使断路器跳闸。

在正常运行或保护区外短路时,流入差动保护装置的电流为两侧电流之差。理想情况下或理论上说,流过差动保护装置的电流为零。但实际上差动保护中会有不平衡电流流过。此电流在定值整定时已经考虑,故此电流不会使差动保护动作。由发电机纵差保护原理图 14-6可以看出,发电机两侧 TA 特性、变比一致,正常区外故障时 $I_1 = I_2$、$I_j = I_1' - I_2' \approx 0$,流入差动保护装置的电流为 0(实际为不平衡电流)。

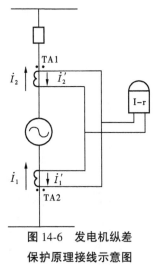

图 14-6　发电机纵差保护原理接线示意图

(二)发电机不完全纵差动保护

发电机不完全纵差动保护是发电机中性点侧的 TA 仅接在每相的部分分支中, TA 的变比减小为机端 TA 的一半,如图 14-7 所示为不完全纵差动保护原理接线图。在正常运行或外部短路时仍有不平衡电流(理论上为零)。在内部相间短路、匝间短路时,不管短路发生在 TA 所在分支或没有 TA 的分支,不完全纵差动保护均能动作。不完全纵差动保护是发电机故障的主保护,既能反映发电机内部各种相间短路,也能反映匝间短路和分支绕组的开焊故障。

发电机在正常负荷状态下,电流互感器的误差很小。这时差动保护的差回路不平衡电流也很小,但随着外部短路电流的增大,电流互感器就可能饱和,误差也随之增大,这时的不平衡电流也随之增大。当电流超过保护动作电流时,差动保护就会误动,因此为了防止区外故障发生时差动保护误动作,我们希望引入一种保护装置,其动作特性是:它的动作电流将随着不平衡电流的增大而按比例增大,并且比不平衡电流增大的还要快,这样误动就不会出现。因此,我们在差动保护中引入了比率制动式纵差保护,它除以差动电流作为动作电流外,还引入了外部短路电流作为制动电流。当外部短路电流增大时,制动电

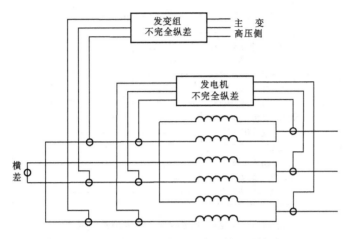

图 14-7　发电机不完全纵差动保护原理接线图

流也随之增大,使保护的动作电流也相应增大,从而有效地防止了发电机区外故障发生时差动保护误动作。

(三) 比率制动式纵差动保护

所谓比率制动特性差动保护,简单说就是使差动电流定值随制动电流的增大而成某一比率的提高,使制动电流在不平衡电流较大的外部故障时有制动作用,而在内部故障时制动作用最小。发电机在正常运行和外部发生短路故障时保护不动作;当保护元件内部故障时保护可靠动作。莲花厂发电机不完全纵差动保护就是采用了比率差动原理。

图 14-8 为比率制动式发电机纵差动保护动作特性,图中 $I_{op.set}$ 为动作电流整定值。平行于横坐标的段称为无制动段,它是由启动电流和最小制动电流构成的,动作值不随制动电流变化。

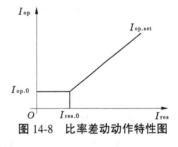

图 14-8　比率差动动作特性图

图中斜线的斜率为基波制动斜率,当区外故障时短路电流中含有大量非周期分量,制动电流 I_{res} 增大,当动作电流 I_{op} 大于启动电流时,制动电流和动作电流的交点必落在制动区内。当区内故障时,差电流(动作电流)为全部短路电流,制动电流数值较小,平行于纵、横轴的两直线交点必落在动作区内,差动保护可靠动作。

图 14-9 所示为发电机不完全纵差动保护逻辑框图。保护的装置电流取自发电机中性点电流和发电机机端电流,三相比率差动保护为"或"的关系,当任一相满足比率差动条件时,执行下一步,同差动保护的软压板和硬压板在投入状态为"与"的关系,在条件同时满足时向下执行,此时无 TA 断线或发生 TA 断线但控制字不闭锁保护装置并满足差动保护启动元件启动条件时,差动保护出口启动。

(四) TA 断线的判别及出口方式

TA 断线的判别为当任一相差动电流大于 0.15 的额定电流时启动 TA 判别程序,满足下列条件认为 TA 断线:

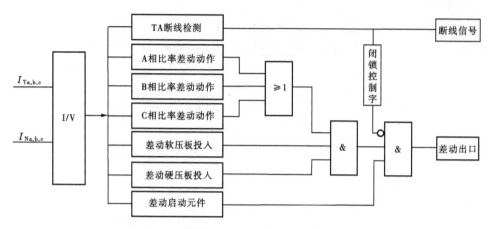

图 14-9　发电机不完全纵差动保护逻辑框图

（1）本侧三相电流中至少一相电流为零。

（2）本侧三相电流中至少一相电流不变。

（3）最大相电流小于 1.2 倍的额定电流。

当发生 TA 断线时装置发 TA 断线信号，并根据控制字的投退决定是否闭锁保护，莲花发电厂目前该控制字置"1"，故闭锁保护（0 为不闭锁保护，以下同）。

莲花发电厂发电机 TA 断线目前的出口方式为：向中控室发声光故障信号；在监控画面推出发电机 TA 断线保护动作简报。

（五）保护 TA 接线

如图 14-5 所示的发电机不完全差动是指，JP1 屏发电机不完全纵差保护的电流取自机端电流互感器 7LH1 和中性点电流互感器 3LH2 的二次侧电流，JP2 屏发电机不完全纵差动保护的电流取自机端电流互感器 5LH1 和中性点电流互感器 3LH1 的二次侧电流。

（六）保护出口方式

启动发变组断路器第一组和第二组跳闸线圈、启动失灵保护、启动 PLC 停机程序、启动机组常规停机、跳发电机灭磁开关、作用于励磁系统逆变灭磁、电子灭磁开关跳闸、向中控室发声光事故信号、在监控画面推出发电机不完全纵差保护动作简报。

二、发电机单元件高灵敏横差动保护

（一）保护工作原理

由于大容量发电机的额定电流很大，每相定子绕组都由两个并联的分支绕组组成。每个分支的匝间或分支间的短路，就称为发电机定子绕组的匝间短路故障。当定子绕组匝间短路时，被短接的部分绕组内将产生大的环流，引起故障处温度升高，绝缘损坏，并转换为单相接地故障或相间短路故障，损坏发电机。所以在大型发电机上应装设定子匝间短路保护。

如图 14-10 所示为发电机横差动保护原理接线图，它是根据检测发电机定子分支绕组中性点连线上电流的基波成分构成的。发电机正常运行或外部短路时，电流互感器 TA

所在中性点连线无零序电流流过,横差保护不动作。当定子绕组同一分支的匝间发生短路时,短路分支的三相电势与非故障分支的三相电势不平衡,于是在中性点连线有零序电流流过,当其值大于横差保护的动作电流时,保护动作。

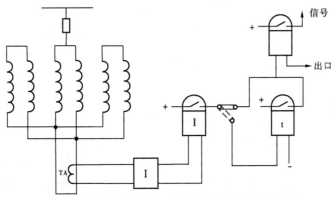

图 14-10　发电机单元件高灵敏横差动保护接线示意图

(二)保护接线方式及其特点

如图 14-5 所示单元件横差保护采用一只 TA 即 2LH,装于两分支绕组中性点的连线上,利用分支绕组中性点之间连线上流过的零序电流来实现保护。由于该保护只采用一只 TA,不存在 TA 特性不同而引起的不平衡电流,所以保护接线简单,灵敏度较高。所以通常称之为高灵敏的单元件式横差保护。

如图 14-11 所示为发电机单元件高灵敏横差动保护逻辑框图。由图 14-11 可知,本保护并非只判中性点的电流,还有机端电流。本装置引入机端电流的目的是当发生外部短路时存在不平衡电流,不平衡电流主要是三次谐波成分,为降低保护定值和提高灵敏度,可根据方案选择控制字进行选择。莲花厂控制字整定为 0,即不判机端三相电流。当横差保护启动元件动作,横差元件动作,横差保护软压板、硬压板投入、转子一点未动作,此时横差保护瞬时动作于出口,当发生转子一点接地时,横差保护经延时 t 动作于出口。

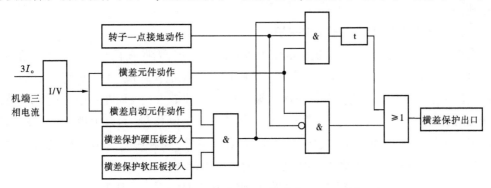

图 14-11　发电机单元件高灵敏横差动保护逻辑框图

现场 JP1 屏、JP2 屏发电机单元件高灵敏横差保护的电流均取自中性点电流互感器 2LH 的二次电流。JP1 屏、JP2 屏发电机单元件高灵敏横差动保护的机端三相电流均取自机端电流互感器 7LH1 二次电流。

(三)保护出口方式

启动发变组断路器第一组和第二组跳闸线圈、启动失灵保护、启动 PLC 停机程序、启动机组常规停机、跳发电机灭磁开关、作用于励磁系统逆变灭磁、电子灭磁开关跳闸、向中控室发声光事故信号、在监控画面推出发电机横差保护动作简报。

三、发电机定子绕组单相接地保护

(一)定子接地保护的作用

发电机定子绕组与铁芯间的绝缘在某一点上遭到破坏,就可能发生单相接地故障。当接地电流较大在故障点引起电弧时,将破坏定子绕组的绝缘及烧坏铁芯而严重损伤发电机。所以把不产生电弧的单相接地电流称为安全电流,其大小与发电机额定电压有关。发电机额定电压越高,其安全电流越小,反之亦然。发电机中性点一般不接地或经消弧线圈接地,当发电机内部单相接地时,流经接地点的电流为发电机和与发电机有直接电联系的各原件的对地电容电流之和。我国规定,当发电机的接地电容电流等于或大于其安全电流时,应装设动作于跳闸的接地保护;当接地电流小于其安全电流时,一般装设作用于信号的接地保护。

(二)反应基波零序电压的定子接地保护

根据发电机单相接地时,定子回路出现零序电压,且零序电压大小与接地点位置有关的特点,利用机端电压互感器 TV 开口三角绕组的输出电压构成了反应基波零序电压的定子接地保护。该保护的过电压元件检测发电机机端 TV 二次侧开口三角形的输出电压,当检测的电压大于保护的动作整定值时,过电压元件动作发出信号。

根据运行经验,保护的启动电压一般整定为 15~30 V,莲花发电厂保护整定值为 12 V。由于只采用基波零序电压的定子接地保护在发电机中性点附近有 5%~10% 的死区,这对于大型发电机是不允许的。因此在大中型发电机上应装设能反映 100% 定子绕组单相接地保护。

(三)发电机三次谐波定子接地保护

发电机在正常运行时,发电机相电压中含有三次谐波,因此在机端 TV 开口三角形绕组一侧也有三次谐波电压输出。无论发电机中性点有无消弧线圈,正常运行时机端三次谐波电压 U_{s3} 总是小于中性点侧的三次谐波电压 U_{n3},即 $U_{s3}<U_{n3}$;而在距中性点 50% 范围内接地时,则 $U_{s3}>U_{n3}$。利用机端三次谐波电压 U_{s3} 作为动作量,而以中性点侧三次谐波电压 U_{n3} 作为制动量,并以 $U_{s3} \geqslant U_{n3}$ 作为保护动作条件,则利用三次谐波构成的接地保护,可以反映中性点侧定子绕组 50% 范围以内的接地故障。

为了能够完全反映发电机定子接地故障,则采用由基波零序电压和三次谐波电压构成的 100% 定子接地保护。即由基波零序电压保护来反映发电机 85%~90% 的定子绕组单相接地,由三次谐波电压保护反映发电机中性点附近定子绕组的单相接地。如图 14-12 所示为 100% 定子接地保护范围示意图,如图 14-13 所示为发电机定子接地保护逻辑框图。

（四）保护接线

反应基波零序电压的定子接地保护，JP1、JP2 两屏的零序电压取自发电机中性点电压互感器的开口三角绕组。该保护的动作电压按躲过正常运行时中性点单相电压互感器的最大不平衡电压整定。为躲不平衡电压，故保护范围为从机端算起的 85%～95% 的定子绕组的单相接地，保护存在死区。

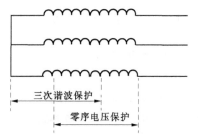

图 14-12　100%定子接地保护范围示意图

JP1、JP2 两屏的三次谐波电压取自机端电压互感器 2YH。利用三次谐波电势构成的定子接地保护保护发电机中性点附近定子绕组的单相接地，用以消除基波零序电压保护不到的死区。与发电机基波定子接地保护共同构成 100% 定子接地保护。

（五）保护出口方式

零序电压判据和三次谐波判据各有独立的出口回路，以满足不同的保护配置要求。保护逻辑框图如图 14-13 所示。利用三次谐波构成的接地保护，由于反应中性点侧附近定子绕组的单相接地故障，在该保护范围内发生单相接地时，零序电流较小，该保护动作于信号；由于反应机端零序电压的接地保护范围内发生接地故障时，零序电流较大，该保护可动作于跳闸或发信号。

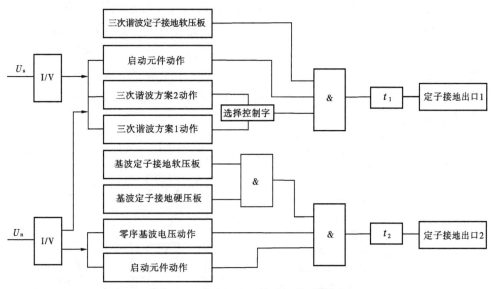

图 14-13　发电机定子接地保护逻辑框图

莲花发电厂发电机基波定子接地保护的出口方式为：启动发变组断路器第一组和第二组跳闸线圈、启动失灵保护、跳发电机灭磁开关、作用于励磁系统逆变灭磁、电子灭磁开关跳闸、向中控室发声光事故信号、在监控画面推出发电机定子接地保护动作简报。

莲花发电厂发电机三次谐波定子接地保护的出口方式为：向中控室发声光事故信号、在监控画面推出发电机定子接地保护动作简报。

四、发电机负序反时限过流保护

(一)保护的作用

当电力系统中发生不对称短路或在正常运行情况下三相负荷不平衡时,在发电机定子绕组中将出现负序电流,此电流在发电机空气间隙中建立的负序旋转磁场相对于转子为两倍的同步转速,因此将在转子绕组、阻尼绕组以及转子铁芯等部件上感应出 100 Hz 的倍频电流。该电流使得转子上电流密度很大的某些部位可能出现局部灼伤,甚至可能使护环受热松脱,从而导致发电机的重大事故。此外,负序气隙旋转磁场与转子电流之间以及正序气隙旋转磁场与定子负序电流之间所产生的 100 Hz 交变电磁转矩,将同时作用在转子大轴和定子机座上,引起振动。

针对上述情况而装设的发电机负序过电流保护实际上是对定子绕组电流不平衡而引起转子过热的一种保护,因此是发电机主保护之一。

(二)保护构成

该保护由负序过负荷(定时限)和负序过流(反时限)两部分组成。负序过负荷(定时限)按发电机长期允许的负序电流下能可靠返回的条件整定。负序过流(反时限)由发电机转子表层允许的负序过流能力确定。

(三)保护接线

莲花发电厂的双套发电机负序过流保护的电流均取自中性点电流互感器 4LH1 二次电流。如图 14-14 所示为发电机负序反时限过流保护逻辑框图。该保护由定时限过负荷和反时限过流两部分组成。当所取电流任一相达到发电机负序电流定时限启动值时,启动元件动作,保护软压板在投入状态时,保护经一延时 t_1 发负序过流信号。当发电机任一相负荷电流达到反时限启动电流,此时过流启动元件动作,发电机负序过流保护软压板、硬压板均在投入位置,保护反时限动作。

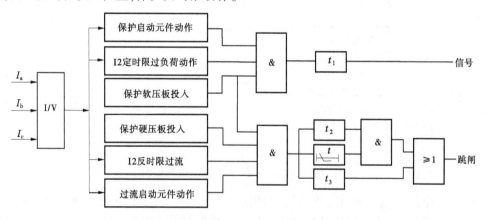

图 14-14 发电机负序反时限过流保护逻辑框图

(四)保护出口方式

启动发变组断路器第一组和第二组跳闸线圈、启动失灵保护、启动 PLC 停机程序、启动机组常规停机、跳发电机灭磁开关、作用于励磁系统逆变灭磁、电子灭磁开关跳闸、向中控室发声光故障信号、在监控画面推出发电机负序过流保护动作简报。

五、发电机过电压保护

（一）保护的作用

当发电机突然甩负荷时,由于转子旋转速度的增加,发电机端电压将升高。水轮发电机因调速系统惯性较大、动作缓慢,突然甩负荷时机端电压有可能高达 1.8 倍额定值,危及发电机绝缘,故装设过压保护。

（二）保护的构成及接线

保护取发电机三相电压,当任一相线电压大于整定值,保护即动作。莲花发电厂双套过电压保护的三相电压取自机端电压互感器 2YH 的三相电压。

（三）保护出口方式

启动发变组断路器第一组和第二组跳闸线圈、启动失灵保护、启动 PLC 停机程序、启动机组常规停机、跳发电机灭磁开关、作用于励磁系统逆变灭磁、电子灭磁开关跳闸、向中控室发声光事故信号、在监控画面推出发电机过电压保护动作简报。

六、发电机低励失磁保护

（一）保护的作用

发电机励磁系统故障使励磁降低或全部失磁,从而导致发电机与系统间失步,对机组本身及电力系统的安全造成重大危害,因此大、中型机组要装设失磁保护。如图 14-15 所示为发电机失磁保护逻辑框图。

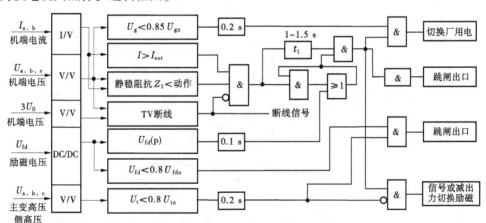

图 14-15　发电机失磁保护逻辑框图

（二）保护的构成

该保护由静稳阻抗判据和静稳极限励磁电压 $U_{fd}(P)$ 判据"与"构成失磁保护的主判据。静稳阻抗判据和静稳极限励磁电压 $U_{fd}(P)$ 判据同时满足条件后,若此时系统电压正常,发失磁信号或减出力。若系统电压低于允许值,同时确定励磁低电压动作,则跳闸。

静稳阻抗判据和静稳极限励磁电压判据同时满足动作条件后,经较长延时 t_2 跳闸。

(三)保护接线

莲花发电厂双套失磁保护的发电机机端电流取自机端电流互感器 7LH1 的三相电流,机端电压取自机端电压互感器 2YH 的三相电压,$3U_0$ 取自机端电压互感器 2YH 的零序电压,励磁电压 U_{fd} 取自发电机的转子电压,系统电压取自所接 220 kV 母线电压。

(四)保护出口方式

t_1 时间减负荷,向中控室发声光报警信号;t_2 启动发变组断路器第一组和第二组跳闸线圈、启动跳灭磁开关;在监控画面推出发电机失磁保护动作简报。

七、发电机过励磁保护

(一)保护的作用

当由于励磁调节器故障或手动调节时甩负荷或频率下降等,使发电机发生过励磁时,其后果严重,有可能造成发电机金属部分的严重过热,因此装设过励磁保护。

(二)保护构成与接线

如图 14-16 所示为发电机过励磁保护逻辑框图。过励磁保护分为预告信号、反时限两部分。当发电机过励倍数达到定时限启动值而未达到反时限启动值时,此时保护的软压板在投入状态时,保护经一延时时间 t_1 发故障信号。

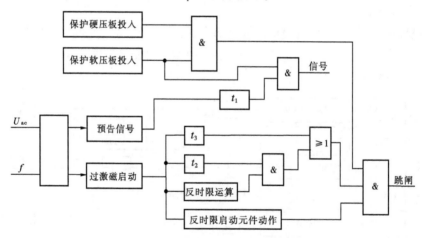

图 14-16 发电机过励磁保护逻辑框图

当发电机过励倍数达到反时限启动值时,此时保护的软压板、硬压板均在投入状态,保护按反时限动作启动跳闸出口。莲花发电厂双套过励磁保护的电压取自机端电压互感器 2YH 电压。

(三)保护出口方式

当定时限保护动作时,向中控室发声光故障信号、在监控画面推出发电机过励磁保护动作简报。

当反时限保护动作时,启动发变组断路器第一组和第二组跳闸线圈、启动失灵保护、跳灭磁开关和电子开关、启动逆变灭磁、向中控室发声光事故信号、在监控画面推出发电机过电压保护动作简报。

八、发电机低压过流保护

(一)保护的作用

发电机低压过流保护作为发电机的后备保护。当发电机或发电机相邻元件短路时,若主保护或相应断路器因故拒动,后备保护就动作跳闸。

(二)保护构成

如图 14-17 所示为发电机低压(记忆)过流逻辑框图。该保护由低电压元件和过流元件"与"构成。过流元件带记忆功能,由软压板控制。过流元件启动值可按需要配置若干段,每段可配不同的时限。该保护出口设置 2 个时限分别作用于发电机解列和停机。当任意一相电压达到低电压启动值和任意一相电流达到过流启动值时,且此时低压过流的软压板、硬压板均在投入位置时,保护动作出口。

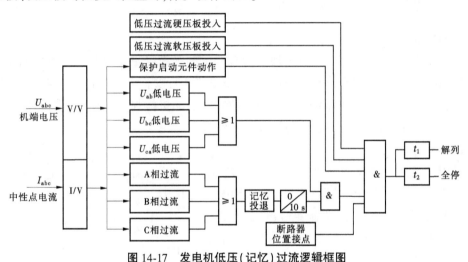

图 14-17　发电机低压(记忆)过流逻辑框图

(三)保护接线

莲花发电厂双套低压过流保护低电压判别元件的电压均取自发电机机端电压互感器 2HY 的三相电压,双套低压过流保护的过流元件电流取自中性点电流互感器 4LH1 的三相电流。

(四)保护出口方式

当以 t_1 时限保护动作时,启动发变组断路器第一组和第二组跳闸线圈、启动失灵保护、跳灭磁开关和电子开关、启动逆变灭磁、向中控室发声光事故信号、在监控画面推出发电机低压过流保护动作简报。

当以 t_2 时限保护动作时,启动发变组断路器第一组和第二组跳闸线圈、启动失灵保护、跳发电机灭磁开关和电子开关、启动 PLC 停机程序和机组常规停机、作用于励磁系统逆变灭磁、向中控室发声光事故信号、在监控画面推出发电机低压过流保护动作简报。

九、发电机负序过流保护

(一) 保护的作用

发电机负序过流保护可作为发电机不对称故障的保护或非全相运行的保护。当发电机的负序电流达到定值条件时保护经一延时动作出口。

(二) 保护接线

莲花发电厂双套发电机负序过流保护的电流取自发电机中性点电流互感器 4LH1 的三相电流。

(三) 保护出口方式

启动发变组断路器第一组和第二组跳闸线圈、启动失灵保护、跳灭磁开关和电子开关、启动 PLC 停机程序和机组常规停机、作用于励磁系统逆变灭磁、向中控室发声光事故信号、在监控画面推出发电机低压过流保护动作简报。

十、发电机转子一点接地保护

(一) 保护的作用

发电机正常运行时,转子回路对地之间有一定的绝缘电阻和分布。当转子回路发生一点接地故障时,由于没有形成电流回路,对发电机运行没有直接影响。一旦又发生第二点接地后,励磁绕组将形成短路,使转子磁场畸变,引起机体强烈振动,严重损坏发电机。因此必须装设转子回路一点接地保护,动作于信号。

(二) 保护构成

采用乒乓式开关切换原理,如图 14-18 所示为乒乓式转子一点接地保护原理图。励磁绕组中任一点 K 经过过渡电阻 R_y(对地绝缘电阻)接地,励磁电压 U_e 由 K 点分为 U_1 和 U_2。S_1、S_2 为由微机控制的电子开关。

通过计算两个不同的接地回路,实时计算转子接地电阻值和接地位置。当所测电阻值小于或等于整定值时,经延时动作发出信号。

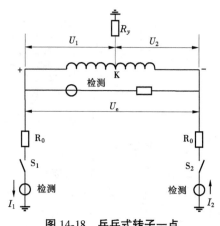

图 14-18　乒乓式转子一点接地保护原理图

(三) 保护出口方式

向中控室发声光故障信号、在监控画面推出发电机转子一点接地保护动作简报。

十一、发电机对称过负荷保护

(一) 保护的作用

发电机对称过负荷保护用于发电机组作为对称过流和对称过负荷保护,接成三相式,取其中的最大相电流判别。主要保护发电机定子绕组的过负荷或外部故障引起的定子绕组过电流。

(二)保护构成及接线

保护由定时限过负荷和反时限过流两部分组成,定时限过负荷按发电机长期允许的负荷电流能可靠返回的条件整定。反时限过流按定子绕组允许的过流能力整定。如图 14-19 所示为发电机对称过负荷保护逻辑框图。

由图 14-19 可以看出,该保护由定时限过负荷和反时限过流两部分组成。当所取电流任一相达到定时限过负荷启动值时,启动元件动作,保护软压板在投入状态时,保护经一延时 t_1 发对称过负荷信号。当发电机任一相负荷电流达到反时限启动电流启动值,此时过流启动元件动作,发电机对称过负荷保护软压板、硬压板均在投入位置,保护反时限动作,启动跳闸出口。

莲花发电厂发电机对称过负荷保护的电流均取自中性点电流互感器 4LH1。

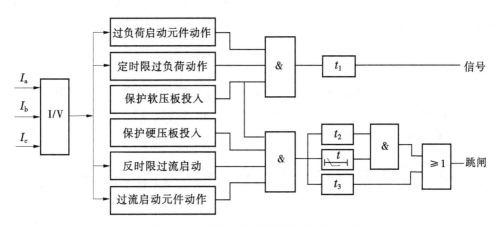

图 14-19 发电机对称过负荷保护逻辑框图

(三)保护出口方式

当发电机过负荷保护定时限动作时,向中控室发声光故障信号、在监控画面推出发电机对称过负荷保护动作简报。

当反时限动作时,启动发变组断路器第一组和第二组跳闸线圈、启动失灵保护、跳灭磁开关和电子开关、作用于逆变灭磁、向中控室发声光事故信号、在监控画面推出发电机过负荷保护动作简报。

十二、发电机 TV 断线保护

(一)保护原理及接线

本保护采用电压平衡式判据,TV 断线判别是比较两组电压互感器二次侧的电压,当任一 TV、任一相失去电压时保护动作,瞬时发出 TV 断线信号。

莲花发电厂发电机 TV 断线保护所取的两组电压互感器为机端的 2YH 和 3YH。

(二)保护出口方式

向中控室发声光故障信号、在监控画面推出发电机 TV 断线保护动作简报。

十三、励磁变电流速断保护

保护电流取自励磁变高压侧电流互感器 12LH1 三相电流。当三相电流任一相达到速断保护定值时保护动作出口。保护出口方式:启动发变组断路器第一组和第二组跳闸线圈、启动失灵保护、启动 PLC 停机程序和机组常规停机、跳发电机灭磁开关和电子开关、作用于逆变灭磁、向中控室发声光事故信号、在监控画面推出发电机励磁变速断保护动作简报。

十四、励磁变过流保护

保护电流取自励磁变高压侧电流互感器 12LH1 三相电流。当三相电流任一相达到定值时保护动作出口。保护出口方式:启动发变组断路器第一组和第二组跳闸线圈、启动失灵保护、启动 PLC 停机程序和机组常规停机、跳发电机灭磁开关和电子开关、作用于逆变灭磁、向中控室发声光事故信号、在监控画面推出发电机励磁变过流保护动作简报。

十五、励磁变过负荷保护

保护电流取自励磁变高压侧电流互感器 12LH1 三相电流。当三相电流任一相达到定值时保护动作出口。保护出口方式:分别作用于 PLC 控制回路和常规控制回路进行发电机减有功负荷和无功负荷。

第六节　莲花发电厂主变 WFB-802、WFB-804 保护装置

一、主变压器的瓦斯保护

(一) 瓦斯保护的作用

变压器的瓦斯保护用来反应油浸式变压器油箱内的各种故障。当变压器油箱内故障时,瓦斯保护具有独特的、其他保护所不具备的优点。如当变压器发生严重漏油、绕组断线故障或绕组匝间短路产生的短路电流值不足以使其他保护动作时,只有瓦斯保护能够灵敏动作发出信号或跳闸。所以变压器的瓦斯保护是大型变压器内部故障的重要保护。

当变压器油箱内发生故障时,在故障点电流和电弧的作用下,变压器油及其他绝缘材料因局部受热而分解产生气体,这些气体将从油箱流向油枕的上部。当故障严重时,变压器油会迅速膨胀并产生大量气体,此时将有剧烈油流和气流冲向油枕的上部。利用油箱内部故障时的这一特点,由安装于变压器油箱与油枕之间的连接管道中的气体继电器构成反应气体变化来实现的保护装置,称之为瓦斯保护。

变压器的瓦斯保护分轻瓦斯保护和重瓦斯保护。轻瓦斯反应变压器油箱内轻微故障或严重的漏油故障,通过延时作用于信号;重瓦斯反应变压器油箱内部较严重故障,瞬时动作作用于跳闸。

瓦斯保护是变压器的主要保护。变压器的瓦斯保护能反应变压器油箱内的任何故障,如铁芯过热烧伤、油面降低等,但差动保护对此无反应。又如变压器绕组发生少数线匝的匝间短路,虽然短路匝内短路电流很大,会造成局部绕组严重过热产生强烈的油流向油枕方向冲击,但表现在相电流上其量值并不大,因此差动保护没有反应,但瓦斯保护对此却能灵敏地加以反应,这就是差动保护不能代替瓦斯保护的原因。

(二)保护应用及接线

瓦斯保护只能反应油箱内部故障,因此不能单独作为变压器的主保护,必须与差动保护共同使用,构成变压器主保护。重瓦斯保护正常应投跳闸;如遇轻瓦斯动作发信号,应重点进行以下检查确认:

(1)对变压器外部进行检查,如油面、油色是否正常,有无严重漏油现象。

(2)用专用工具取气体检查,并判明故障性质,取气体时要小心,引燃时应在远离变压器且周围无易燃物的安全地方进行。

(3)外部检查正常,气体无色不可燃,确认是空气时,应将瓦斯继电器内气体排净,信号复归,变压器可继续运行。但应监视保护再次动作的次数和间隔时间,并应及时联系进行气体和油的分析化验,如可燃性气体总含量比过去增长,应速停电检查。

(4)如查明气体为可燃气体,应立即转移负荷,迅速停电进行处理。如重瓦斯保护动作跳闸,运行人员应对变压器进行全面检查,查找变压器有无喷油损坏等明显故障。如果变压器没有明显故障,则应进行测量变压器绝缘电阻,化验油质,分析故障性质,找出故障原因。如判明为瓦斯继电器误动,应退出重瓦斯保护进行检查,恢复变压器送电,但差动保护必须投运。

莲花发电厂主变轻瓦斯保护动作:向中控室发故障声光信号、在监控画面推出主变轻瓦斯保护动作简报。

莲花发电厂主变重瓦斯保护动作:启动发变组断路器第一组和第二组跳闸线圈、启动失灵保护、启动 PLC 停机程序和机组常规停机程序、跳发电机灭磁开关和电子开关、作用于逆变灭磁、向中控室发事故声光信号、在监控画面推出主变重瓦斯保护动作简报。

二、主变比率制动式差动保护

(一)保护的原理与作用

主变纵差动保护是变压器主保护之一,不但可以正确区别保护区内、区外的短路,而且能瞬时切除保护区内的故障,其工作原理与发电机纵差动保护相同。

主变差动速断保护作为变压器内部发生严重故障时,为快速切除故障,不再进行任何制动条件的判断,只要任一相差动电流大于差动速断的整定值,保护瞬时动作,跳开变压器高压侧断路器,起到快速保护的作用。

当发生 TA 断线时装置发 TA 断线信号,并根据控制字的投退决定是否闭锁保护,莲花发电厂该控制字置"1",故闭锁保护。当任一相差动电流大于差流速断整定值时瞬时动作于跳断路器。

(二)保护接线

逻辑图中高压侧电流:JP1 屏取自主变高压侧电流互感器 9LH3 的二次电流,JP2 屏取自主变高压侧电流互感器 9LH2 的二次电流。机端侧电流:JP1 屏取自机端侧电流互感器 7LH1 的二次电流,JP2 屏取自机端侧电流互感器 5LH1 的二次电流。

(三)保护出口方式

启动发变组断路器第一组跳闸线圈、启动发变组断路器第二组跳闸线圈、跳发电机灭磁开关、启动 PLC 停机程序、启动机组常规停机、作用于励磁系统逆变灭磁、电子灭磁开关跳闸、向中控室发声光事故信号、在监控画面推出主变差动保护动作简报。

三、发变组不完全纵差动保护

(一)保护的原理与作用

发变组不完全纵差动保护的接线方式和工作原理与发电机不完全差动保护的接线方式相同,保护范围为发电机和变压器组。

(二)保护接线

保护装置的高压侧电流:JP1 屏取自主变高压侧电流互感器 9LH3 的二次电流,JP2 屏取自主变高压侧电流互感器 9LH2 的二次电流。中性点电流:JP1 屏取自机端侧电流互感器 3LH2 的二次电流,JP2 屏取自机端侧电流互感器 3LH1 的二次电流。

(三)保护出口方式

启动发变组断路器第一组和第二组跳闸线圈、启动失灵保护、启动 PLC 停机程序和常规停机程序、跳发电机灭磁开关和电子开关、作用于励磁系统逆变灭磁、向中控室发声光事故信号、在监控画面推出发变组差动保护动作简报。

四、零序过流保护

(一)保护作用与原理

零序过流保护即变压器接地保护,用于中性点直接接地系统的变压器,以反应变压器高压绕组、引出线上的接地短路,并作为变压器主保护和相邻元件(母线、线路)接地故障的后备保护。其原理是由主变零序电流 $3I_0$ 元件和时间元件构成。图 14-20 所示为主变零序过流保护逻辑框图。

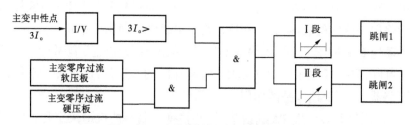

图 14-20　主变零序过流保护逻辑框图

莲花发电厂主变零序保护时限分两段,即零序过流一段和零序过流二段。零序电流达到Ⅰ段定值则Ⅰ段保护延时出口,零序电流达到Ⅱ段定值则Ⅱ段保护延时出口。莲花发电厂只投入零序过流Ⅱ段保护。

(二)保护接线

逻辑框图中的主变中性点零序电流 $3I_o$,JP1 屏、JP2 屏均取自主变中性点电流互感器 10LH1 的二次电流。

(三)保护出口方式

启动发变组断路器第一组和第二组跳闸线圈、启动失灵保护、启动 PLC 停机程序和机组常规停机程序、跳发电机灭磁开关和电子开关、作用于励磁系统逆变灭磁、向中控室发声光事故信号、在监控画面推出主变零序过流保护动作简报。

五、间隙零序保护

(一)保护作用与原理

主变高压侧间隙零序保护主要应用于中性点接地系统中的中性点不接地且中性点有对地放电间隙的变压器,作为变压器中性点不接地运行时单相接地故障的后备保护。图 14-21 所示为主变间隙零序保护逻辑框图,对中性点不接地运行的变压器,利用零序过电压元件和放电间隙零序电流元件组成"或"门输出,经一延时出口构成间隙零序保护。

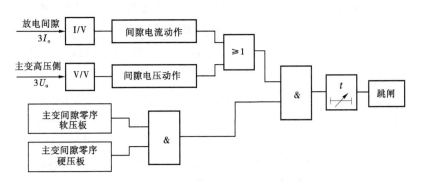

图 14-21　主变间隙零序保护逻辑框图

(二)保护接线

主变中性点零序电流 $3I_o$,JP1 屏、JP2 屏均取自主变中性点电流互感器 11LH 的二次电流。零序过电压 $3U_o$,JP1 屏、JP2 屏均取自 220 kV 母线电压互感器的二次电压。

(三)保护出口方式

启动发变组断路器第一组和第二组跳闸线圈、启动失灵保护、启动 PLC 停机程序和机组常规停机程序、跳发电机灭磁开关和电子开关、作用于励磁系统逆变灭磁、向中控室发声光事故信号、在监控画面推出主变高压侧间隙保护动作简报。

六、过负荷保护

主变压器过负荷与发电机过负荷保护原理相同。保护的电流,JP1 屏取自主变高压侧电流互感器 9LH3 的二次电流,JP2 屏取自主变高压侧电流互感器 9LH2 的二次电流。保护出口方式为发出报警信号。

七、高压侧通风保护

主变高压侧通风保护即根据变压器高压侧绕组可能出现的过负荷情况,通过过负荷电流启动主变冷却器,并发出告警信号。

在莲花发电厂的应用中,采用比过负荷电流值偏低的负荷电流值经延时启动主变备用冷却器投入工作,同时由上位机发出备用冷却器投入工作的告警信号。

八、主变非电量保护

莲花发电厂主变非电量保护由 WFB-804 装置实现,主要包括重瓦斯保护、轻瓦斯保护、主变压力释放阀动作、主变油温保护、主变油面保护、冷却器全停保护。在本节前面已经介绍了瓦斯保护的作用及原理,下面简要介绍其他几种非电量保护。

(一) 主变压力释放保护

在第四章变压器结构中已经介绍了压力释放阀的作用和结构原理,所谓主变压力释放保护,就是当变压器油箱内部发生严重故障时,油分解产生大量气体造成油箱内压力急剧升高,为防止变压器油箱因压力升高而破裂,压力释放阀动作使油箱内压力释放。此时压力释放阀动作后将发出动作于高压侧的断路器跳闸信号,使故障变压器脱离运行。

莲花发电厂主变装设有压力释放保护,动作行为是使主变跳闸并发出事故信号。

(二) 主变油温保护

所谓油温保护,就是根据变压器的绝缘水平所规定的变压器上层最高温度限制所设定的温度保护。对于 A 级绝缘的变压器当最高周围空气温度为 40 ℃ 时,变压器绕组的极限工作温度为 105 ℃。由于绕组的平均温度比油温高 10 ℃,同时为了防止油质劣化,所以规定变压器上层油温最高不超过 95 ℃,而在正常情况下,为保护绝缘油不致过度氧化,上层油温应不超过 85 ℃ 为宜。对于采用强迫油循环风冷的变压器,上层油温最高不超过 80 ℃。

莲花发电厂主变油温保护采用 Pt100 电阻测温,测温点设置在变压器油箱上部,采样温度为 80 ℃ 动作于变压器跳闸并发出事故报警信号。

(三) 主变油面保护

变压器油在工作中会有一定的损耗,而损耗到一定程度就会影响变压器的正常工作甚至发生事故。当变压器油的体积随着油温的变化而膨胀或缩小时,油枕起储油和补油作用。

主变油面保护就是用于监视变压器油枕的油位。当油位降低超出整定值范围时,通过油位信号装置作用于机组减负荷并发出告警信号,提示人员需进行补油处理。

(四) 冷却器全停保护

变压器冷却器的工作状况决定了变压器的温度与温升,因此变压器在正常运行中必须保证冷却器能够按照规定的方式和数量投入,否则不允许变压器长时间运行。按照莲花水电站管理规定:强油循环风冷变压器,当冷却系统故障切除全部冷却器时,允许带额定负载运行 20 min,如 20 min 后顶层油温未达到 75 ℃,则允许上升到 75 ℃,但这种状态下运行最长时间不得超过 1 h。

莲花发电厂主变设有冷却器全停保护,用于监视冷却器的工作状态,当因故造成冷却器全部停止工作时,通过保护装置发出报警信号并作用于变压器高压侧断路器跳闸。

第七节 厂用变压器继电保护装置

由于厂用电在发电厂中的重要地位,对厂用变压器的工作可靠性也提出了很高的要求。若厂用变压器出现故障,将对供给厂用电的可靠性和厂用电系统的正常运行带来严重的影响,因此必须装设性能良好、动作可靠的保护装置。

一、莲花发电厂高厂变保护配置

莲花发电厂高厂变保护采用双重化配置,即配置两套原理及出口一样的 WBH-801 型保护装置。高厂变非电量保护共一套 WBH-814 型保护装置。

WBH-801 装置集成了一台变压器的全部电气量保护,WBH-814 装置集成了一台变压器非电气量类保护,可满足 220 kV 及以上电压等级、不同接线方式变压器的双套保护、双套后备保护、非电气量类保护完全独立的配置要求。图 14-22 所示为高厂变 T21 继电保护配置图。

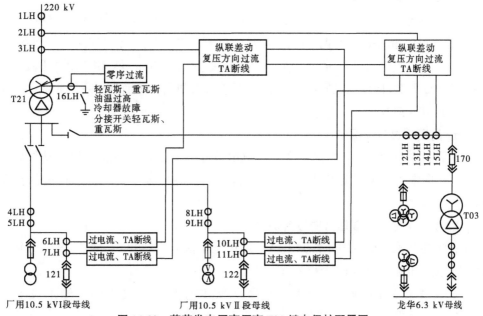

图 14-22 莲花发电厂高厂变 T21 继电保护配置图

（一）比率制动式差动保护

差动保护作为高厂变的主保护，如图 14-22 所示，保护的差流回路由高厂变 220 kV 侧电流互感器 2LH、10 kV 侧厂用电 I 段电流互感器 7LH、10 kV 侧厂用电 II 段电流互感器 11LH、龙华 T03 主变 10 kV 侧电流互感器 15LH 组成。

保护出口方式：跳高厂变 0205 开关第一组和第二组跳闸线圈、跳龙华 T03 主变 170 开关、跳高厂变 10 kV 侧厂用电 I 段 121 开关和 II 段 122 开关、向中控室发声光事故信号、在计算机监控画面推出高厂变差动保护动作简报。

（二）高厂变主油箱瓦斯保护

高厂变主油箱重瓦斯保护作为主油箱内部故障的主保护，保护出口方式：跳高厂变 0205 开关第一组和第二组跳闸线圈、跳龙华 T03 主变 170 开关、跳高厂变 10 kV 侧厂用电 I 段 121 开关和 II 段 122 开关、向中控室发声光事故信号、在计算机监控画面推出高厂变重瓦斯保护动作简报。

主油箱轻瓦斯作用于发出声光报警信号。

（三）高压侧复压（方向）过流保护

220 kV 侧复合电压（方向）过流保护作为高厂变主保护的后备保护，保护电压取自 220 kV 侧切换后的母线电压，电流取自高厂变 220 kV 侧电流互感器 2LH。

保护动作有两个时限：t_1 动作于信号；t_2 动作于跳高厂变 0205 开关第一组和第二组跳闸线圈、跳龙华主变 T03 开关、跳高厂变 10 kV 侧厂用电 I 段 121 开关和 II 段 122 开关、向中控室发声光事故信号、在计算机监控画面推出高压侧复压过流保护动作简报。

（四）零序方向过流二段保护

高厂变零序（方向）过流保护作为主保护的后备保护，保护电流取自高厂变中性点电流互感器 16LH。保护动作有两个时限：t_1 按定值要求未投入；t_2 动作于跳高厂变 0205 开关第一组和第二组跳闸线圈、跳龙华主变 T03 开关、跳高厂变 10 kV 侧厂用电 I 段 121 开关和 II 段 122 开关、向中控室发声光事故信号、在计算机监控画面推出高厂变零序方向过流二段保护动作简报。

（五）高压侧过负荷保护

过负荷保护电流分别取自高厂变高压侧电流互感器 2LH 和 3LH。保护动作后经一延时时间 t 向中控室发声光故障信号，在计算机监控画面推出高厂变过负荷保护动作简报。

（六）低压侧分支 1 复压方向过流保护

保护的电压取自低压侧分支 1（10 kV 厂用电 I 段）母线电压互感器，电流分别取自低压侧分支 1 电流互感器 6LH 和 7LH。

保护动作有 2 个时限：t_1 动作于信号；t_2 动作于跳高厂变 10 kV 侧 I 段 121 开关，并向中控室发声光事故信号，在计算机监控画面推出分支 1 复压方向过流保护动作简报。

(七)低压侧分支 2 复压方向过流保护

保护的电压取自低压侧分支 2(10 kV 厂用电 Ⅱ 段)母线电压互感器,电流分别取自低压侧分支 2 电流互感器 10LH 和 11LH。

保护动作有 2 个时限:t_1 动作于信号;t_2 动作于跳高厂变 10 kV 侧 Ⅱ 段 122 开关,并向中控室发声光事故信号,在计算机监控画面推出分支 2 复压方向过流保护动作简报。

(八)低压侧分支 1 过负荷保护

过负荷保护的电流分别取自低压侧分支 1(厂用电 Ⅰ 段)电流互感器 6LH 和 7LH。保护动作后经一延时 t 向中控室发声光故障信号,在计算机监控画面推出分支 1 过负荷保护动作简报。

(九)低压侧分支 2 过负荷保护

过负荷保护的电流分别取自低压侧分支 2(厂用电 Ⅱ 段)电流互感器 10LH 和 11LH。保护动作后经一延时 t 向中控室发声光故障信号,在计算机监控画面推出分支 2 过负荷保护动作简报。

(十)TV 断线与 TA 断线保护

在高厂变的高、低压侧分别有 TV 断线保护和 TA 断线保护,分别用于闭锁电压保护和电流保护,并发出报警信号。

(十一)高厂变非电量保护

与主变压器相同,在高厂变非电量保护中分别装设有压力释放保护、冷却器故障保护、油位异常保护和油温保护等。

二、10 kV 厂用变压器保护

莲花发电厂厂用变接在 10 kV Ⅰ 段母线上采用的是常规保护(即将更换),接在 10 kV Ⅱ 段上采用的是 ZDB-97X 型微机保护装置,接在 10 kV Ⅲ 段上的主坝线采用 MLPR-10H3 型微机保护装置。厂用变均为干式变压器,主要配置有电流速断保护和过电流保护。

(一)电流速断保护

在莲花厂厂用变压器的保护中,均装有电流速断保护,主要作为变压器电源侧绕组和电源侧套管及引出线故障的主要保护。

速断保护的原理是根据被保护设备元件发生短路故障时,将产生很大的短路电流,故障点距离电源愈近,则短路电流愈大,利用短路电流的大小而动作的一种不带时限的快速保护。其动作电流是按躲开变压器二次侧母线短路的最大短路电流整定的。因此它只能保护变压器本身及引出线始端部分的短路故障。

(二)过电流保护

为了反映变压器外部短路引起的过电流,并作为变压器主保护(速断)的后备,在莲花发电厂的厂用变压器上均装设有过电流保护。

过流保护的动作电流是按躲开变压器的最大负荷电流来整定的。它带有一固定的动作时限,除保护变压器本身外,还可以保护引出线的全部。因厂用变为单侧电源,过流保护的电流互感器装设在电源侧,这样便可以使变压器包括在保护的范围之内了,保护动作时切除变压器两侧开关。

（三）10 kV Ⅰ 段厂用变保护接线

如图 14-23 所示为莲花发电厂 10 kV Ⅰ 段厂用变保护的交流回路和保护回路原理接线图。

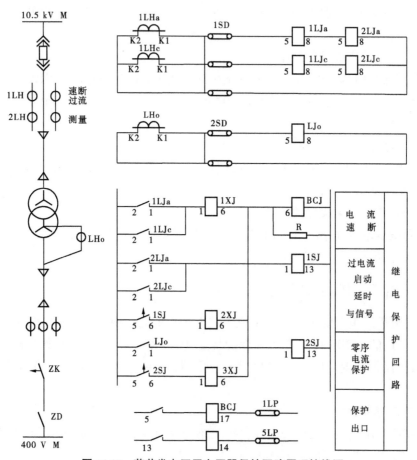

图 14-23　莲花发电厂用变压器保护回路原理接线图

电源侧电流互感器 1LH 的二次侧采用两相式不完全星形接线,分别在 A、C 两相上接有电流继电器 1LJa、1LJc 作为速断保护的启动元件,当被保护设备元件发生短路故障时,将产生很大的短路电流,使 1LJa、1LJc 启动,其常开接点闭合而启动保护出口继电器 BCJ 和信号继电器 1XJ,BCJ 的两对接点闭合使厂用变高、低压两侧的断路器分闸,切断故障点。信号继电器 1XJ 现地掉牌,并向中控室发出音响和灯光报警信号,在监控画面推出该变压器保护动作简报。

在 A、C 两相上接有电流继电器 2LJa、2LJc 作为过电流保护的启动元件,当被保护设备元件发生短路故障时,2LJa、2LJc 启动,其常开接点闭合而启动时间继电器 1SJ,1SJ 启动后经过一定的延时其常开接点才闭合而启动保护出口继电器 BCJ 和信号继电器 2XJ,BCJ 的两对常开接点闭合使厂用变高、低压两侧的断路器分闸,切断故障点。信号继电器 2XJ 现地掉牌,并向中控室发出音响和灯光报警信号,在监控画面推出该变压器保护动作简报。

在 10.5 kV Ⅰ、Ⅱ、Ⅲ 段母线联络开关上也装设有电流速断和过流保护。

三、10 kV 主坝线保护

(一)方向电流闭锁电压速断保护

保护原理如图 14-24 和图 14-25 所示,该保护由 2 块功率方向继电器(1GJ、2GJ)、2 块电流继电器(1LJa、1LJc)、3 块低电压继电器(1YJ、2YJ、3YJ)和信号继电器 2XJ 组成。功率方向继电器由于判定故障方向,当故障电流达到速断定值且由功率方向继电器判定为正方向,此时当任意一相的电压降到低电压继电器动作时,保护同时启动信号继电器 2XJ 和出口继电器 BCJ。

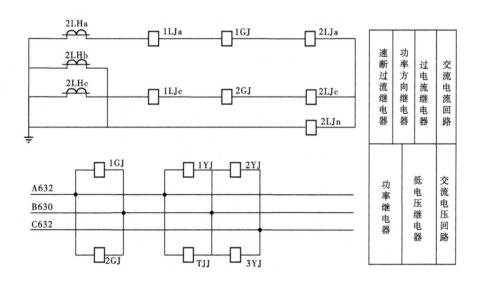

图 14-24 主坝线保护交流回路原理接线图

(二)方向过流保护

该保护由 2 块功率方向继电器(1GJ、2GJ)、3 块电流继电器(2LJa、2LJc、2LJN)、时间继电器 SJ 和信号继电器 3XJ 组成。当故障电流达到过流定值且由功率方向继电器判定为正方向,保护同时启动时间继电器,时间继电器经一延时闭合后启动信号继电器 3XJ 和出口继电器 BCJ。

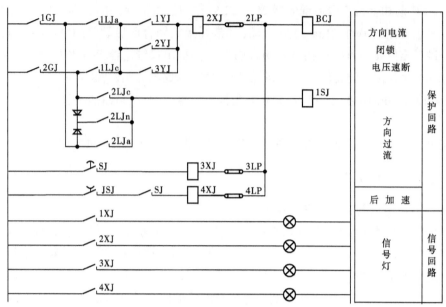

图 14-25　主坝线保护回路原理展开图

第八节　220 kV 线路保护装置

电力线路的继电保护装置主要根据线路的性质、对电网的影响、电网的结构与稳定性等因素进行配置。输电线路的继电保护装置有简单的电流保护,也有复杂的距离保护、高频保护等。高电压、远距离、重负荷的输电线路,对电网的安全稳定运行和对继电保护的要求越来越高,需要采用原理与逻辑复杂、性能完善、动作快速的保护装置。一些短线路、平行线路需采用纵联差动、横联差动方向、电流平衡等保护。

一、220 kV 输电线路保护配置原则

220 kV 电网为中性点直接接地系统,输电线路除应装设反应相间短路的保护装置外,尚需装设反应单相接地的保护装置。其保护配置的原则如下:

(1)双侧电源线路以阶段式距离保护作为相间保护的主保护,以带方向或不带方向的阶段式零序电流保护或接地距离保护作为单相接地短路的主保护。

(2)根据系统稳定性的要求,装设全线速动的保护,可配置高频保护为主保护,以上述 1 的保护为后备保护。

(3)重要线路或短线路可配置两套全线的纵联保护,实行主保护双重化。

(4)220 kV 线路以采用近后备为主,同时采用远近结合的后备方式。

(5)导引线的保护的专用辅助导线长度允许 5~7 km。

(6)并列运行的平行双回线路可以装设方向横联差动保护(含电流平衡保护),作为相间和接地短路的主保护,也可以单独装设零序电流方向横联差动保护作为接地短路的

主保护。

(7)220 kV 输电线路全部采用微机保护装置,实现保护双重化,设置两套完整、独立、全线速动及后备保护的线路微机保护装置,两套保护的交流电源和直流电源熔断器彼此独立。

二、高频保护原理简介

在前面的内容中,已经介绍了纵联差动保护,它也可以用于线路保护,且快速动作。但它只适用于短线路的主保护。对于高电压、大容量、长距离的输电线路,不能采用纵差保护,其原因是纵差保护是靠辅助导线来实现线路两侧电流信息比较,这对于远距离线路而言,既不可靠,更不经济。而采用高频保护就能够很好地解决纵差保护的辅助导线问题。

高频保护按其工作原理的不同可以分为两大类,即方向高频保护和相差高频保护。方向高频保护的基本原理是比较被保护线路两端的功率方向,而相差高频保护的基本原理则是比较两端电流的相位。

(一)高频保护的概念

高频保护就是将线路两端的电流量或功率方向转化为高频信号,然后利用输电线路本身构成一个高频电流通道,将此信号送到对端,以比较两端电流量或功率方向的一种保护。它的动作原理是将进行比较的电量转变为电信技术中常用的高频载波信号,再利用高频通道将高频载波信号自线路一侧传送到另一侧去进行比较,以便确定是内部故障还是外部故障。

高频保护通常利用输电线作为高频电流的通道,输电线除传送 50 Hz 的工频电流外,同时还传送 40~300 kHz 的高频载波信号电流。由于高频保护在原理上能保护线路全长,且动作不带延时,因此在电力系统稳定要求高的线路上,通常采用高频保护作为线路的主保护。

(二)高频保护的构成

如图 14-26 所示为高频保护构成原理框图。它是由继电部分、高频收发信机和通道三个部分构成的。继电部分的作用是:一是将本侧的相关电气量传送到收发信机;二是将收发信机收到并解调后的电气量信号进行比较,决定保护是否动作。发信机将本侧相关电气量转换成高频信号发送到对侧,收信机是将收到的对侧高频信号解调出电气量信号送给继电部分。通道的作用是传送高频信号。

(三)高频通道的构成

"相—地"制高频通道的构成如图 14-27 所示,其主要构成元件的作用如下:

(1)高频阻波器 2。高频阻波器是一个由电感和电容构成的并联谐振回路,该回路对高频设备的工作频率发生并联谐振,因此高频阻波器呈现很大的阻抗。其串联在线路两端,从而将高频信号限制在被保护线路 1 上传递,而不至分流到其他线路上去。而高频阻波器对 50 Hz 的工频呈现的阻抗很小,所以工频电流能顺利通过。

(2)耦合电容器 3。其作用是将低压高频设备输出的高频信号耦合到高压线路上。耦合电容器对工频呈现很大的阻抗,而对高频信号呈现的阻抗很小,所以高频电流能顺利

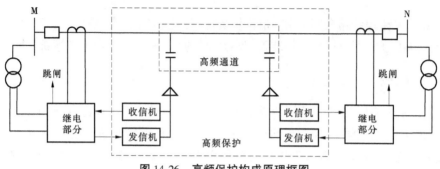

图 14-26　高频保护构成原理框图

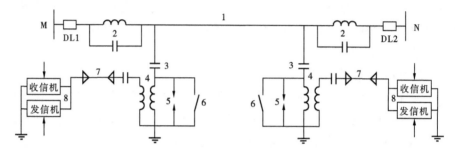

图 14-27　输电线路高频通道构成原理框图

通过。

（3）连接滤波器 4。连接滤波器是一个绕组匝数可调节的变压器,在其连接高频电缆的一侧串接电容器,连接滤波器与耦合电容器共同组成高频串联谐振回路,让高频电流顺利通过。

（4）高频电缆 7。其作用是用来连接高频收、发信机与连接滤波器,通常采用单芯同轴电缆。

（5）接地刀闸 6 与放电间隙 5。在检查调试高频保护时,应将接地刀闸合上,以保证人身安全。放电间隙用以防止过电压对收发信机的伤害。

（6）收发信机 8。收发信机为一体机,收信部分具有放大、解调接收的高频信号的作用。发信部分具有把电气量调制成高频信号并放大输出的作用。

（四）高频信号与高频电流的关系

（1）故障启动发信方式。电力系统正常运行时收发信机不发信,通道中无高频电流。当电力系统故障时,启动元件启动收发信机发信。因此,对故障启动发信方式而言,高频电流代表高频信号。该方式的优点是对邻近通道的影响小,可以延长收发信机的寿命。缺点是必须有启动元件,且需要定时检查通道是否良好。

（2）长期发信方式。电力系统正常运行时,收发信机连续发信,高频电流持续存在,用于监视通道是否完好。而高频电流的消失代表高频信号。该方式的优点是通道的工作状态受到监视,可靠性高。缺点是增大了通道间的干扰,并降低了收发信机的使用年限。

（3）移频发信方式。电力系统正常运行时，收发信机发出频率为 f_1 的高频电流，用于监视通道。当电力系统故障时，收发信机发出频率为 f_2 的高频电流，频率 f_2 的高频电流代表高频信号。该方式的优点是提高了通道工作可靠性，加强了保护的抗干扰能力。

（五）高频信号的作用

高频信号按逻辑性质不同，可分为跳闸信号、允许信号和闭锁信号。

（1）跳闸信号。高频信号与继电保护来的信号具有"或"逻辑关系，因此有高频信号时，高频保护就发跳闸命令，高频信号是保护跳闸的充分条件。

（2）允许信号。高频信号与继电保护来的信号具有"与"逻辑关系，只有当高频信号、继电保护信号同时存在时，高频保护才能发跳闸命令，高频信号是保护跳闸的必要条件。

（3）闭锁信号。闭锁信号存在时，不论继电保护状态如何，高频保护均不能发跳闸命令。当高频闭锁信号消失后继电保护有信号到来，高频保护才能发跳闸令，高频闭锁信号消失是继电保护跳闸的必要条件。

目前，国内高频保护装置多采用闭锁信号。原因如下：

（1）本线路发生三相短路时，高频通道出现阻塞。对于闭锁信号，高频信号的消失是保护跳闸的必要条件，因此不必考虑信号阻塞问题。而允许信号或跳闸信号是保护跳闸的必要或充分条件，必须通过故障点将信号传到对侧，因此必须解决高频通道阻塞时信号的传输问题。显然闭锁信号的通道可靠性较高。

（2）闭锁信号抗干扰能力强。因收到高频信号保护被闭锁，因此干扰信号不会造成保护误动。

（六）方向高频保护

1. 高频闭锁方向保护

高频闭锁方向保护是线路两侧的方向元件分别对短路的方向做出判断，并利用高频信号做出综合判断，进而决定是否跳闸一种保护。

目前采用的高频闭锁方向保护，是以高频通道经常无电流而在外部故障时发出闭锁信号的方式构成的。此闭锁信号由短路功率方向为负的一端发出，这个信号被两端的收讯机所接收，而把保护闭锁称为高频闭锁方向保护。规定线路两端的功率由母线指向线路为正方向，由线路指向母线为反方向。现利用图 14-28 所示的故障情况，来说明保护装置的工作原理。

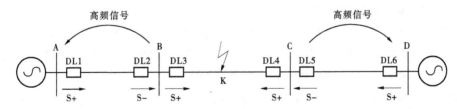

图 14-28　高频闭锁方向保护原理框图

设故障发生在线路 BC 范围，则短路功率的方向 S 如图 14-28 所示，此时安装在线路两端的断路器 DL3、DL4 的方向高频保护的功率方向为正,保护应动作于跳闸,故保护3、4都不发出高频闭锁信号,因而在保护启动后,即可瞬间动作,跳开两端的断路器。但对非故障线路 AB 和 CD,其靠近故障点一端的功率为由线路流向母线,即功率方向为负,则该端的保护2和5发出高频闭锁信号。此信号一方面被自己的收讯机接收,同时经过高频通道把信号送到对端的保护1和6,使得保护装置1、2和5、6都被高频信号闭锁,保护不会将线路 AB 和 CD 错误地切除。

这种保护的工作原理,是利用非故障的线路发出闭锁该保护的高频信号,而不是利用故障线路两端同时发出高频信号,使保护动作于跳闸,这样就可以保证在内部故障并伴随有通道的破坏时,保护装置仍然能够正确的动作。

2. 高频闭锁距离保护和高频闭锁零序方向保护

高频闭锁距离保护是距离保护与电力线载波通道相结合,利用收发信机的高频信号传送对侧保护的测量结果,两端同时比较两侧距离保护的测量结果,实现内部故障瞬时切除,区外故障不动作。高频闭锁零序方向保护工作原理与上同。

三、距离保护原理简介

电流增大、电压降低是电力系统短路的两个基本特征,也是区别正常运行和故障状态的重要依据。随着电力系统的发展,电网的电压等级不断提高,输电距离及传输功率不断增长,系统的运行方式也更加复杂,此时,简单的电流电压保护已不能满足继电保护的基本要求。为此,距离保护被广泛引入电力系统中应用。

(一)距离保护的基本原理

距离保护就是反映故障点至保护安装处之间的距离,并根据该距离的大小确定动作时限的一种继电保护装置。当故障点距保护安装处越近时,保护装置感受到的距离越短,保护的动作时限越短;当故障点距保护安装处越远时,保护装置感受到的距离越长,保护的动作时限就越长。

作为距离保护的测量的核心元件是阻抗继电器,它应能够测量故障点至保护安装处的距离。而方向阻抗继电器不仅能测量阻抗的大小,而且还能测量出故障点的方向。因为线路阻抗的大小,反映了线路的长度。因此,测量故障点至保护安装处的阻抗,实际上就是测量故障点至保护安装处的线路距离。

(二)距离保护的时限特性

距离保护的动作时限与保护安装处到短路故障点间距离的关系称为时限特性。距离保护采用阶梯时限特性并广泛应用。以三段式距离保护为例,保护1和保护2都具有不同的保护范围和相应的动作时间。如图 14-29 所示。

第 I 段保护不带延时,以本身固有动作时限 t_1 动作跳闸。距离保护的第 I 段保护范围往往只有线路全长的 80%~85%。为了保护本线路末端 15%~20% 范围内故障和作为第 I 段保护的后备,需装设距离 II 段保护,其保护范围通常要求最小为线路全长的125%。其动作时限与下一段线路的第 I 段保护相配合,即增加一个时限阶段 Δt。为了

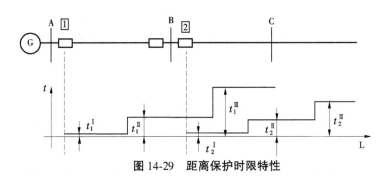

图 14-29　距离保护时限特性

作为下一线路和本线路 I、II 段的后备,还需装设第 III 段甚至第 IV 段保护。

（三）距离保护的构成

三段式距离保护装置一般由启动元件、方向元件、测量元件、时间元件组成,其逻辑关系如图 14-30 所示。

图 14-30　距离保护原理组成元件框图

（1）启动元件。主要作用是在发生故障瞬间起动保护装置。启动元件可以采用反映负序电流构成或负序与零序电流的复合电流构成,也可以采用反映突变量的元件作为启动元件。

（2）方向元件。作用是保证动作的方向性,防止反方向发生短路故障时,保护误动作。方向元件采用方向继电器,也可以采用由方向元件和阻抗元件相结合而构成的方向阻抗继电器。

（3）测量元件。测量元件由阻抗继电器实现,主要作用是测量短路点到保护安装处的距离。

（4）时间元件。主要作用是按照故障点到保护安装处的远近,根据预定的时限特性动作的时限,以保证动作的选择性。

四、接地保护原理简介

在中性点直接接地的电网中,有 80%～90% 的故障为接地故障,因此接地保护是电网中重要的保护之一。中性点直接接地系统中发生接地短路故障时,电网中出现很大的零序分量,因此可利用零序分量的特点构成反映接地故障的零序保护装置。

在大电流接地系统中发生接地故障后,就会有零序电流、零序电压和零序功率出现,利用这些电量构成保护接地短路故障的继电保护装置统称为零序保护。

（一）接地保护的特点

（1）系统正常运行和发生相间短路时,不会出现零序电流和零序电压,因此零序保护的动作电流可以整定得较小,这有利于提高其灵敏度。

(2)Y,d接线的降压变压器。三角形绕组侧以后的故障不会在星形绕组侧反映出零序电流,所以零序保护的动作时限可以不必与该种变压器以后的线路保护相配合而取较短的动作时限。

(二)接地故障时零序电压和零序电流的分布特点

(1)故障点的零序电压最高,系统中距离故障点越远处的零序电压越低,到变压器接地点处为零。

(2)零序电流是由故障点的零序电压产生的。零序电流的分布,主要取决于送电线路零序阻抗和中性点接地变压器的零序阻抗,而与电源的数目和位置无关。

(3)保护安装处的零序电压实际上是从该点到零序网络中性点之间零序阻抗上的压降。

(4)在电力系统运行方式变化时,如果送电线路和中性点接地的变压器数目不变,则零序阻抗和零序等效网络就是不变的。

(三)接地保护方式

接地保护的构成可分为零序电流保护和带有功率方向的电流保护。

1. 零序电流保护

零序电流保护与相间电流保护一样,也可以构成阶段式保护,通常采用三段式保护。当第二段或第三段灵敏度不足时可用四段。

保护第一段为零序电流速断,只能保护一部分线路,不能保护线路的全长;零序保护第二段为时限零序电流速断,一般能保护线路全长,在线路对端母线故障时有足够的灵敏度,其动作时限比相邻线路的零序一段的动作时间大一个时限级差;零序第三段为后备保护段,作为本线路及相邻线路的后备保护,其动作时限与相邻线路的零序二段零序或三段零序相配合。若零序第二段在相邻对端母线接地故障时灵敏度不足,就由零序第三段保护线路的全长,以保证对端母线接地故障时有足够的灵敏度,这时,原来的零序第三段就相应地变为零序第四段。

2. 带有功率方向的电流保护

在双侧电源两侧变压器的中性点均接地的电网中,当线路上发生接地短路时,故障点的零序电流将分为两个支路分别流向两侧的接地中性点。这种情况下不装设方向元件将不能保证保护动作的选择性。

因此,为了避免误动作,需要对可能误动作的保护加装零序功率方向元件,使功率方向元件只在被保护线路内部故障,即假设的功率方向从母线流向被保护线路(或实际的功率方向从母线流向被保护线路)时动作;而在假定的功率方向从被保护线路流向母线(或实际的功率方向从母线流向被保护线路)时不动作。这样,保护的动作就有了方向性,可保证保护有选择地动作。

(四)多段式零序方向电流保护

与零序电流保护一样,零序方向电流保护一般也组成多段式结果。其区别主要是:

(1)在使用单相重合闸的线路上,通常设置两个一段(一般称为零序不灵敏一段和零序灵敏一段)、二段、三段和四段。

(2)零序灵敏一段一般按非全相下两侧电源最大摆角下所产生的零序电流整定。零序灵敏一段按被保护线路两端母线接地短路时的最大零序电流整定。

(3)二段应与相邻线路的不灵敏一段配合。三段与相邻线路的二段或三段配合。

第九节　220 kV 母差与失灵保护装置

一、概述

(一)母线的特点

发电厂和变电所的母线,是电能集中和分配的枢纽,是电力系统最重要电气设备之一。母线发生故障,使与故障母线连接的所有元件被迫停电,将给电网造成严重的损失,多个电源汇集的母线发生故障,将把电网分成互不联系的几个系统,有时甚至造成系统瓦解,使电气设备遭到严重破坏,其后果是非常严重的。

(二)母线故障的特点

发电厂和变电所的母线,可能发生单相接地或者相间短路故障。运行实践表明,在众多的连接元件中,由于绝缘子的老化、污秽引起的闪路接地故障和雷击造成的短路故障次数甚多。另外,运行人员带地线合刀闸造成的母线短路故障也有发生。母线的故障类型主要有单相接地故障、两相接地短路故障及三相短路故障。

母线故障远较线路故障的机会少,但是由于母线故障后果特别严重,如不及时切除故障,将会损坏众多电力设备及破坏系统的稳定性,从而造成全厂或全变电站大停电,乃至全电力系统瓦解。因此,设置动作可靠、性能良好的母线保护,使之能迅速检测出母线故障所在并及时有选择性地切除故障是非常必要的。

(三)对母线保护的要求

与其他主设备保护相比,对母线保护的要求更苛刻。

(1)高度的安全性和可靠性。

母线保护的拒动及误动将造成严重的后果。母线保护误动将造成大面积停电;母线保护的拒动更为严重,可能造成电力设备的损坏及系统的瓦解。因此要求母线保护必须具有高度的安全性和可靠性。

(2)选择性强、动作速度快。

母线保护不但要能很好地区分区内故障和外部故障,还要确定哪条或哪段母线故障。由于母线影响到系统的稳定性,尽早发现并切除故障尤为重要。因此要求母线保护应能快速地、有选择性地切除故障母线。

在母线保护中最主要的是母线差动保护。

二、母线差动保护分类

母线差动保护按母线各元件的电流互感器接线不同可分为母线不完全差动保护和母

线完全差动保护。

母线不完全差动保护只需将连接于母线的各有电源元件上的电流互感器接入差动回路,在无电源元件上的电流互感器不接入差动回路。

母线完全差动保护是将母线上所有的各连接元件的电流互感器连接到差动回路。母线完全差动保护又包括固定连接方式母差保护、电流相位比较式母差保护、比率制动式母差保护(阻抗母线差动保护)、带速饱和电流互感器的电流式母线保护等。

三、莲花发电厂母线差动保护

微机电流型母差保护在国内各电力系统中得到了广泛应用,莲花发电厂母差保护装置采用许继集团生产的 WMH-800 微机型比率制动式母差保护。保护配置为双套母线差动保护和一套断路器失灵保护。该保护装置共由三面屏柜组成,其中两面屏为保护屏,分别由 A、B、C 三相差动保护单元,电压闭锁单元及人机对话单元组成,A、B、C 三相差动保护单元分别完成各自的模拟量采集及转换、开关量输入、保护逻辑运算、信号及跳令的开出。为提高保护的动作可靠性,在保护中还设置有启动元件、复合电压闭锁元件、TA 二次回路断线闭锁元件及 TA 饱和检测元件等。

(一)装置主要特点

(1)采用具有比率制动特性的差动保护原理,设置大差及各段母线小差,大差作为母线区内故障的判别元件,小差作为故障母线的选择元件。

(2)自适应能力强,可以适应母线的各种运行方式,倒闸过程自动识别,不需退出保护,通过方式识别程序完成各种运行方式的自动识别及各段母线小差计算、出口回路的动态切换。

(3)采用瞬时值电流差动算法,保护动作速度快、可靠性高、抗干扰能力强。

(4)具有抗 CT 饱和措施,确保母线外部故障不误动,而区内故障时可靠动作。

(5)对主 CT 变比无特殊要求。

(6)采用独立于差动保护计算机系统的独立复合电压元件作为差动保护的闭锁措施,保证装置的可靠运行。

(二)装置硬件说明

(1)总体结构。保护 CPU 采用 DSP-11 芯片,开关量的输入、输出采用高可靠的光电隔离器件,其总体结构如图 14-31 所示。保护原理如图 14-32 所示。从图 14-32 可以清楚显示保护各单元之间的逻辑关系。

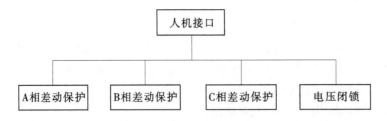

图 14-31　WMH-800 微机母线保护装置总体结构图

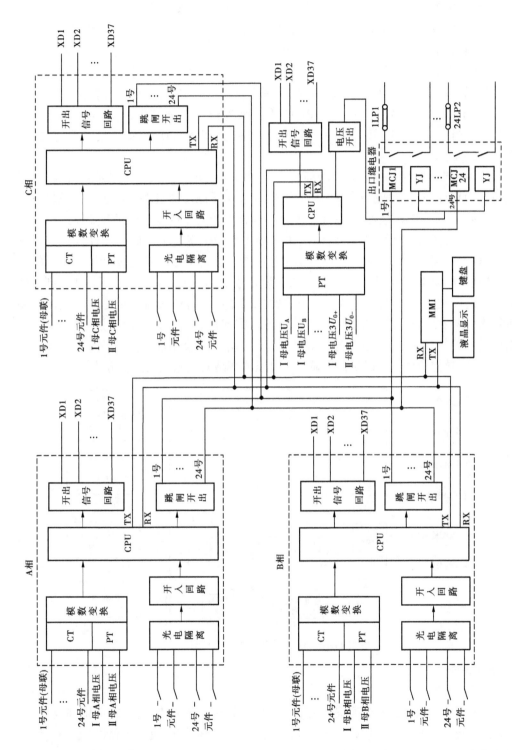

图14-32　WMH-800微机母线保护装置原理图

A、B、C 三相差动保护单元各自独立,分别完成各自的模拟量采集及转换、开关量输入、保护逻辑运算、信号及跳闸令的开出。电压闭锁装置也是一个独立单元,完成电压量的采集及转换、电压闭锁逻辑判断、信号及跳闸令的开出。差动保护单元的跳闸令开出驱动继电器 MCJ,电压闭锁单元的跳闸令开出驱动继电器 YJ,MCJ 和 YJ 的触点串联构成跳闸出口,从而完成保护功能并经电压闭锁有效防止误动。人机接口完成对保护各单元的综合管理,如各种报文的处理显示和发送,实现人机对话,作为监控系统的智能终端等。

(2)DSP-11 保护插件。采用 DSP-11 保护插件作为保护 CPU,是基本的软硬件平台,完成数据采集、A/D 转换、I/O、保护及控制功能等。DSP 模块硬件原理框图如图 14-33 所示。

(3)保护装置外观。在差动 A 箱面板上装设有母线运行方式模拟显示盘,模拟显示盘用画线和小灯来模拟显示双母线运行方式,G 表示母联隔离开关,1G 表示一母隔离开关,2G 表示二母隔离开关,小灯的明灭表示刀闸的合开。G 亮表示母联开关投入即两条母线并列运行,1G 亮表示对应的元件挂在一母线上,2G 亮表示对应的元件挂在二母线上,1G、2G 同时亮表示对应的元件处于倒闸过程中。元件的编号从母联开始按逆时针由小到大递增,母联为 1 号,上排从右到左依次为 2 号、3 号、…、13 号,接着下排从左到右依次为 14 号、15 号、…、25 号。母线运行方式的模拟显示会自动跟踪刀闸变位。A、B、C 差动机箱均引入隔离刀闸的辅助触点(并联),各自完成运行方式的自动识别,差动保护箱中由于引入了各自的电流,利用电流对隔离刀闸的辅助触点位置进行校核,若二者不一致,则发切换异常信号。所以从模拟显示盘可以清楚地看到系统的运行方式。

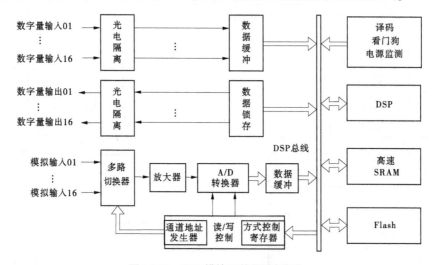

图 14-33　DSP 模块硬件原理框图

(三)保护原理

(1)保护配置。

WMH-800 型微机保护装置设有四套独立的计算机系统和人机接口,分别完成 A、B、C 三相差动保护,复合电压闭锁,人机接口功能。差动保护箱中设置大差电流元件、各段母线小差电流元件、母联充电保护、CT 饱和检测元件、母线运行方式的自动识别等。电压闭锁箱包括母线保护的复合电压闭锁元件、PT 断线告警等功能。

（2）差动保护工作原理。

差动保护设置大差及各段母线小差，大差作为小差的启动元件，用以区分母线区内外故障，小差为故障母线的选择元件。大差、小差均采用具有比率制动特性的瞬时值电流差动算法。大差不包括母联电流，每段母线小差只包括各自所连接单元电流。制动电流也如此。

小差元件为某一条母线的差动元件，其引入电流为该条母线上所有连接元件 TA 二次电流。接入大差元件的电流为二段母线所有连接单元(除母联外)TA 的二次电流。双母线系统大差、小差保护范围如图 14-34 所示。

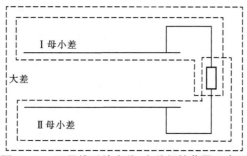

图 14-34　双母线系统大差、小差保护范围示意图

按母联断路器只有一组电流互感器考虑，区外 K 点故障时的电流分布如图 14-35 所示。区外故障时启动元件 KA，也即是大差，选择原件 KA1、KA2 均无电流流过，故差动保护不动作。

按母联断路器只有一组电流互感器考虑，区内 K 点故障时的电流分布如图 14-36 所示。区内母线 I 故障启动元件大差 KA、选择元件 KA1 均有故障电流流过，选择元件 KA2 的电流为零，因此将母联断路器及连接在母线 I 上的断路器均动作跳闸。

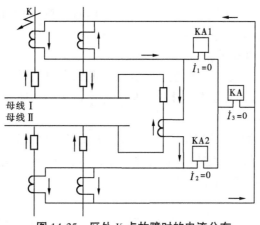

图 14-35　区外 K 点故障时的电流分布

（3）方式识别。

在双母线系统中，根据电力系统运行方式变化的需要，母线上的连接元件需在两条母

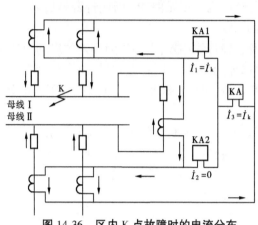

图 14-36　区内 K 点故障时的电流分布

线间频繁切换,为此要求母线保护能够跟踪一次系统的倒闸操作。本装置用软件实现母线方式自动识别,A、B、C 差动箱均引入隔离刀闸的辅助接点,各自完成运行方式的自动识别,作为差动电流计算及出口跳闸的依据。隔离刀闸辅助触点的状态通过装置面板的发光二极管指示。

(4)倒闸操作过程中差动保护逻辑。

在进行双母线的倒闸操作过程中,当某一连接单元的两副刀闸同时闭合时,两条母线通过刀闸短接,成为单母线。因此,当差动保护动作后,不再做故障母线的选择,而直接切除双母线上所有连接单元。

双母线系统在进行倒闸操作时,一般要求禁止跳母联断路器(正常采取拉开操作电源的方法实现),从拉操作电源到两隔离刀闸同时闭合,所需要的时间较长,如果在此过程中母线发生故障,非故障的母线只能靠母联的失灵保护切除,增加了故障的切除时间。为了消除此保护死角,在保护装置上设置了一个倒闸过程中压板,在倒闸操作前投入此压板,即认为系统进入倒闸操作过程中,如果发生母线故障,则保护跳开母线上连接的所有元件,不需启动失灵保护。

(5)母联(分段)充电保护。

当一组母线检修后再投入运行之前,利用母联断路器对该母线进行充电试验时,可投入母联充电保护,由装设在保护装置上的母联充电保护压板实现,当被试验母线存在故障时,利用充电保护切除故障。

充电保护只能短时投入,其逻辑为:一组母线无压,母联由无电流变为有电流,则开放充电保护 5 s。在充电保护投入期间,若母联电流任一相大于充电保护整定值电流,则经整定的充电保护延时将母联断路器切除。

(6)母联非全相保护。

当母联断路器某相断开,母联非全相运行时,可由母联非全相保护延时跳开母联断路器三相。

在母联非全相保护投入时,若母联三相 TWJ 状态不一致,且母联零序电流大于母联非全相电流定值,经整定延时跳母联开关。母联非全相保护出口不经复合电压闭锁。如

图 14-37 所示为母联非全相保护逻辑框图。

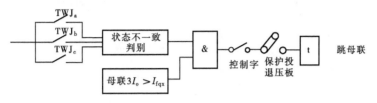

图 14-37　母联非全相保护逻辑框图

(7)CT 断线闭锁及告警装置利用差流进行 CT 断线的判别。系统正常运行时,大差以及各段母线小差为零,当差流连续越限时即判别为 CT 断线,闭锁断线相该段母线差动保护并发出告警信号。

(8)PT 断线告警 PT 断线的判据为:任一相电压低于 PT 断线定值,或自产零序电压或负序电压大于 7 V,延时 7 s 发 PT 断线信号。

(9)电压闭锁元件。

电压闭锁元件含母线各相低电压、负序电压、零序电压元件,各元件并行工作,构成或门关系。零序电压判别元件使用的是外接开口三角电压,该电压的有效值显示和采样点打印均折算到相电压基准下,以方便与自产零序电压进行比较。

四、断路器失灵保护

当输电线路、变压器、母线或其他主设备发生短路,保护装置动作并发出了跳闸指令,但故障设备的断路器拒绝动作,称之为断路器失灵。为防止电力系统故障并伴随断路器失灵造成的严重后果,必须装设断路器失灵保护。

(一)断路器失灵的原因

运行实践表明,发生断路器失灵故障的原因很多,主要有:断路器跳闸线圈断线、断路器操作机构出现故障、空气断路器的气压降低或液压式断路器的液压降低、直流电源消失及控制回路故障等。其中发生最多的是气压或液压降低、直流电源消失及操作回路出现问题。

(二)断路器失灵的影响

系统发生故障之后,如果出现了断路器失灵而又没采取其他措施,将会造成严重的后果。

(1)损坏主设备或引起火灾。例如变压器出口短路而保护动作后断路器拒绝跳闸,将严重损坏变压器或造成变压器着火。

(2)扩大停电范围。如图 14-38 所示,当线路 L1 上发生故障断路器 DL5 跳开而断路器 DL1 拒动时,只能由线路 L3、L2 对侧的后备保护及发电机变压器的后备保护切除故障,即断路器 DL6、DL7、DL4 将被切除。这样扩大了停电的范围,将造成很大的经济损失。

(3)可能使电力系统瓦解。当发生断路器失灵故障时,要靠各相邻元件的后备保护切除故障,扩大了停电范围,有可能切除许多电源;另外,由于故障被切除时间过长,影响了运行系统的稳定性,有可能使系统瓦解。

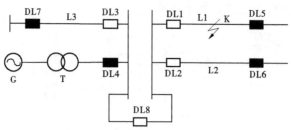

图 14-38　断路器失灵事故扩大示意图

（三）对断路器失灵保护的要求

（1）高度的安全性和可靠性。断路器失灵保护与母差保护一样，其误动或拒动都将造成严重后果。因此，要求其安全性及动作可靠性高。

（2）动作选择性强。断路器失灵保护动作后，宜无延时再次去跳断路器。对于双母线或单母线分段接线，保护动作后以较短的时间断开母联断路器或分段断路器，再经另一时间断开与失灵断路器接在同一母线上的其他断路器。

（3）与其他保护的配合。断路器失灵保护动作后，应闭锁有关线路的重合闸。

（四）失灵保护构成原理及原则

被保护设备的保护动作，其出口继电器接点闭合，断路器仍在闭合状态且仍有电流流过断路器，则可判断为断路器失灵。断路器失灵保护启动元件就是基于上述原理构成的。

断路器失灵保护应由故障设备的继电保护启动，手动跳断路器时不能启动失灵保护；在断路器失灵保护的启动回路中，除有故障设备的继电保护出口接点外，还应有断路器失灵判别元件的出口接点（或动作条件）；失灵保护应有动作延时，且最短的动作延时应大于故障设备断路器的跳闸时间与保护继电器返回时间之和；正常工况下，失灵保护回路中任一对触点闭合，失灵保护不应被误启动或误跳断路器。

（五）失灵保护的逻辑框图

断路器失灵保护由四部分构成：启动回路、失灵判别元件、动作延时元件及复合电压闭锁元件。双母线断路器失灵保护的逻辑框图如图 14-39 所示。

（1）失灵启动及判别元件。

失灵启动及判别元件由电流启动元件、保护出口动作接点及断路器位置辅助接点构成。电流启动元件一般由三个相电流元件组成，当灵敏度不够时还可以接入零序电流元件。

（2）复合电压闭锁元件。

复合电压闭锁元件作用是防止失灵保护出口继电器误动或维护人员误碰出口继电器接点。

（3）运行方式的识别。

运行方式识别回路，用于确定失灵断路器接在哪条母线上，从而决定出失灵保护去切除该条母线。断路器所接的母线由隔离刀闸位置决定。因此，用隔离刀闸辅助接点来进行运行的识别。

（六）提高失灵保护可靠性的其他措施

失灵保护动作后将跳开母线上的各断路器，影响面很大，因此要求失灵保护十分可靠。

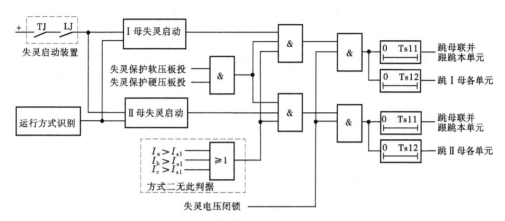

图 14-39 双母线断路器失灵保护的逻辑框图

（1）把好安装调试关。断路器失灵保护二次回路涉及面广，与其他保护、操作回路相互依赖性高，投运后很难有机会再对其进行全面校验。因此，在安装、调试及投运试验时应把好质量关，确保不留隐患。

（2）在失灵启动回路中不能使用非电量保护出口接点。非电气量保护主要有：重瓦斯保护、压力保护、发电机的断水保护及热工保护等。因为非电气量保护动作后不能快速自动返回，容易造成误动。另外，要求相电流判别元件的动作时间和返回时间要快，均不应大于 20 ms。

（3）复合电压闭锁方式。对于双母线断路器失灵保护，复合电压闭锁元件应设置两套，分别接在各自母线 TV 二次，并分别作为各自母线失灵跳闸的闭锁元件。闭锁方式应采用接点闭锁，分别串接在各断路器的跳闸回路中。

（4）复合电压闭锁元件应有一定的延时返回时间。双母线接线的每条母线上均设置有一组 TV。正常运行时其失灵保护的两套复合电压闭锁元件分别接在各自母线上的 TV 二次。但当一条母线上的 TV 检修时，两套复合电压闭锁元件将由同一个 TV 供电。

设 I 母上的 TV 检修，与 I 母连接的系统内出现短路故障 I 母所连的某一出线的断路器失灵。此时失灵保护动作，以短延时跳开母联。由于失灵保护的两套复合电压闭锁元件均由 II 母 TV 供电，而在母联开关跳开后，II 母电压恢复正常，复合电压元件不会动作，失灵保护将无法将接在 I 母上各元件的断路器跳开。

五、装置的运行维护与检查处理

（1）正常运行时，装置面板上除运行灯闪亮以及母线运行方式模拟显示灯应和实际投入的元件对应外，其余灯均不亮，LCD 右下角显示实时时钟，循环显示方式字和模拟量，并无通信异常报警，若运行灯不闪亮，说明相应 CPU 板发生故障，应及时通知专业人员进行处理。

（2）正常运行时，差动保护、失灵保护、母联非全相保护、Ⅰ、Ⅱ母电压投入压板及对应各元件的跳闸出口压板应投入。

（3）CT断线告警灯亮，应立即汇报省调停用母差保护，通知维护人员处理。

（4）PT断线告警灯亮，可不停用母差保护，此时禁止在母差保护回路上工作，立即汇报省调，通知继电人员处理。

（5）装置告警灯亮，此时按复归键将信号复归，如不能复归立即汇报省调停用母差保护，通知继电人员处理。

（6）电压动作灯，母线电压元件动作点亮。此时按复归键将信号复归，如不能复归，可不必停用母差保护，通知继电人员立即处理。

（7）切换异常灯亮表示隔离刀闸位置异常。倒闸操作过程中，会出现切换异常灯亮，倒闸操作后按复归键将信号复归，如不能复归立即汇报省调停用母差保护，通知继电人员处理。

（8）PT断线告警时，可不停用失灵保护，立即汇报省调，通知有关人员处理。

（9）当母线保护"直流消失"信号表示时，立即汇报省调将失灵保护停用，并通知有关人员处理。

（10）装置有故障或需将保护全停时，应先断开跳闸出口压板，再断开直流电源开关。该双套微机保护装置及其辅助屏的直流电源分别取自中控室M7屏，交流电源取自中控室交流负荷屏。

（11）保护投退应严格服从于调度。

（12）运行修改定值时应先联系调度断开跳闸出口压板，修改完毕核查无误后，再汇报调度投入跳闸压板。

（13）装置压板功能说明如下：

①差动保护投入压板。投入该压板即为差动保护投入。

②充电保护投入压板。当一段母线经母联对另一段母线或一线路充电时，投入充电保护压板，充电完成后退出充电保护压板。

③充电保护速动压板。当一段母线经母联对另一段母线或一线路充电时，投入该压板，充电保护无延时速动。退出该压板，充电保护将延时动作（按定值）。

④倒闸过程中压板。双母线系统在进行倒闸操作时，若要求禁止跳母联断路器（拉掉电源保险），倒闸操作前投入倒闸开始压板，倒闸操作后退出此压板。

⑤旁路充电压板。旁路充电时投入，充电完毕后退出。

⑥失灵保护投入压板。投入该压板即为失灵保护投入，高厂变及1号、2号、3号、4号机的启动失灵保护压板安装在母差一屏，旁路、莲方甲线、莲方乙线启动失灵保护压板安装在相应辅助屏。各元件在投入或退出运行时，应投入或退出其启动失灵压板。

⑦母联非全相保护压板。投入该压板即为母联非全相保护投入。

⑧Ⅰ母电压投入压板。投入该压板判Ⅰ母PT断线。

⑨Ⅱ母电压投入压板。投入该压板判Ⅱ母PT断线。

第十五章 二次回路

第一节 概 述

发电厂电气设备通常分为一次设备和二次设备,关于一次接线在第五章中已经做了介绍。本章主要介绍二次接线的有关内容。

二次设备是指对一次设备进行监察、控制、测量、调整和保护的低压设备。它包括控制、信号、测量监察、同期、继电保护装置、自动装置、操作电源等设备。

二次接线又称为二次回路,是将二次设备互相连接而成的电路。包括电气设备的控制操作回路、测量回路、信号回路、保护回路、同期回路等。二次回路总是附属于某一次接线或一次回路的,它是对一次设备进行控制操作、测量监察和保护的有效手段。

表明二次接线的图称为二次接线图,二次接线图以国家规定的通用图形符号和文字符号,表示二次设备的相互连接关系。常见的二次接线图有三种形式,即原理接线图、展开接线图和安装接线图。

一、原理接线图

原理接线图是用来表示二次接线各元件(仪表、继电器、信号装置、自动装置及控制开关等设备)的电气联系及工作原理的电气回路图。

(一)原理接线图的特点

原理接线图在表示二次回路的工作原理时,主要有以下特点:

(1)接线图中的全部仪表、继电器等设备以整体的形式来表示。

(2)接线图将交流电压、电流回路和直流电源之间的联系综合地表达在一起。

(3)一次回路的有关部分也画在接线图中,这样可清晰地表明该回路对一次回路的辅助作用。

如图 15-1 所示为 10 kV 线路过电流保护原理图。现以该回路为例进行动作原理分析。

(二)元件结构和功能

(1)电流互感器 TA。其一次绕组流过系统电流 I_1,二次绕组中流过变换后的小电流 I_2,I_2 额定值为 5 A。

(2)电流继电器 LJ。线圈中流过电流互感器的二次电流 I_2,当 I_2 大于 LJ 的动作电流时,其常开(动合)触点闭合。

(3)时间继电器 SJ。线圈通电时,其常开触点延时闭合。

(4)信号继电器 XJ。线圈通电时,其常开触点闭合,接通信号回路并掉牌,以便运行人员辨别其是否动作。信号继电器 XJ 需手动复归,准备下一次动作。

（5）断路器跳闸线圈 TQ。线圈通电，断路器跳闸。

（6）断路器 DL。合闸线圈通电，断路器 DL 主触点接通线路，其辅助触点相应切换，常开辅助触点闭合，接通外电路；同时常闭（动断）辅助触点打开，切断外电路。

（三）装置动作原理

由图 15-1 可见，电流继电器 LJ1、LJ2 线圈分别接于 A、C 相上 TA 的二次。当线路发生三相短路时，流过线路的短路电流增大，使 LJ1、LJ2 线圈流过的电流也增大，若短路电流大于保护装置的整定值时，LJ1、LJ2 动作，其常开触点闭合，将直流操作电源正母线来的电源加在时间继电器 SJ 的线圈上，时间继电器 SJ 启动，经过预定的时限，SJ 延时闭合的常开触点闭合，正电源经过其触点和信号继电器 XJ 的线圈以及断路器的辅助常开触点 DL 和断路器跳闸线圈 TQ 接至负电源。信号继电器 XJ 的线圈和跳闸线圈 TQ 中有电流流过，两者同时动作，使断路器 DL 跳闸，并由 XJ 的常开触点闭合发出信号。

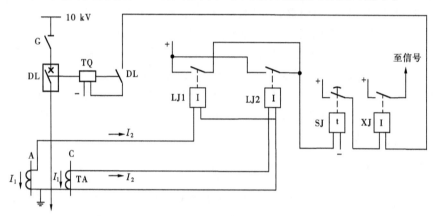

图 15-1 10 kV 线路过电流保护原理图

原理接线图主要表示继电保护和自动装置的工作原理，但对一些细节，如元件的内部接线、引出端子及回路的编号都没有表示出来，不便于现场查找回路及调试，现场广泛应用的还是展开接线图。

二、展开接线图

展开式原理接线图是将二次设备按线圈和接点的接线回路展开分别画出，组成多个独立回路。其特点是以分散的形式表示二次设备之间的电气联系。

在展开接线图中，交流电流回路、交流电压回路、直流回路分别画成几个彼此独立的部分；同一仪表的线圈、同一元件的线圈和触点分开画在各自相应不同的回路中，但采用相同的文字符号。图形右边有对应的文字说明，表示回路名称、用途等，便于阅读、分析。

例如将图 15-1 所示的原理接线图画成展开接线图，即为如图 15-2 所示，图 15-2(a)是主接线示意图，用来表示该二次接线与其之间的联系位置以及作用范围。

图 15-2(b)~(d)是保护回路展开图，依次为交流电流回路、直流操作回路和信号回路。

在图 15-2(b)中，交流电流回路由电流互感器 TA 的二次绕组供电，TA 仅装于 A、C

两相,其二次绕组分别接入电流继电器 LJ1、LJ2 的线圈,然后用一根公共线引回构成不完全星形接线。

图 15-2(c)为直流操作回路,保护装置的动作过程如下:当被保护线路发生过电流时,电流继电器 LJ1、LJ2 动作,其常开触点闭合,接通时间继电器 SJ 的线圈回路,SJ 延时闭合的常开接点延时闭合,又因断路器 DL 在合闸状态,其常开触点也闭合,故跳闸回路接通,跳闸线圈 TQ 中有电流流过,使断路器 DL 跳闸。同时信号继电器 XJ 动作并掉牌发信号。

在二次回路中所有的开关电器、继电器和接触器的触点都按照它们的正常状态来表示。对于开关电器,正常状态是指其断路时的状态;对于继电器和接触器,则是指其线圈无电压失磁的状态。

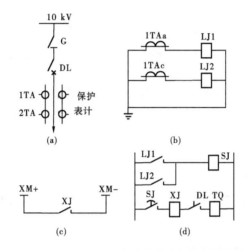

图 15-2　10 kV 线路过电流保护展开接线图

三、安装接线图

安装接线图用来表明二次接线的实际安装情况,是控制屏等安装施工用图,是根据展开接线图绘制的。安装接线图包括屏面布置图、屏后接线图和端子排图等,在此不做介绍。

四、互感器二次接线

互感器是将电路中的大电流转变为小电流,将高电压变为低电压的电气设备,作为测量仪表和监察保护装置的交流电源。关于互感器的二次接线方式在本书第四章中已经做了简要介绍,本章不再重复。

第二节　测量回路

一、测量仪表的配置原则

为了保证发电厂一次设备的安全经济运行,电路中应装设必要的电气测量仪表,并满足以下要求：

(1)应能正确反映电气设备及系统的运行状态。

(2)能监视绝缘状态。

(3)在发生事故时,能使运行人员迅速判断发生事故的设备及性质和原因。

测量回路是电气测量仪表相互连接而形成的回路。按照测量参数的不同可以分为电流测量、电压测量、功率测量等;按测量方式不同分为连续测量和选线测量。

电气测量仪表配置的基本原则主要包括仪表的准确度等级和满足测量范围要求以及不同位置与数量的要求。

电气测量回路与其他二次回路一样是以主设备为安装单元绘制的,并应满足以下要求：

(1)当测量仪表与继电保护装置共用一组电流互感器时,仪表与保护应分别接于互感器不同的二次绕组。若受条件限制只能接在同一个二次绕组时,应采取措施防止校验仪表时影响保护装置的正常工作。

(2)直接接于电流互感器二次绕组的仪表,不宜采用切换方式检测三相电流。

(3)常测仪表、电能计量仪表不应与故障录波装置共用电流互感器的同一个二次绕组。

(4)当电力设备在额定值运行时,互感器二次绕组所接入的阻抗不应超过互感器准确度等级允许范围所规定的值。

(5)当几种仪表接在互感器的同一个二次绕组时,宜先接指示和积算式仪表,再接记录仪表。

二、莲花发电厂几种测量回路简要介绍

(一)发变组单元

如图 15-3 所示为莲花发电厂发变组单元测量表计交流回路系统图。在该图中标明了莲花厂发变组单元交流测量仪表的接线位置,主要包括以下内容：

(1)电压互感器 1YH。用于励磁回路的测量。

(2)电压互感器 3YH。用于发电机定子电压测量及同期装置使用。主要包括发电机定子电压和零序电压。

(3)电流互感器 1LH。用于测量发电机中性点电流。

(4)电流互感器 4LH2。用于发电机定子回路测量。主要包括机旁发电机三相定子电流、发电机有功功率和无功功率的电流分量。

(5)电流互感器 6LH2。用于发电机定子回路变送器。

(6)电流互感器 7LH2。用于发电机定子回路测量。主要包括装置在中控室的发电机有功功率、无功功率表的电流分量,保护室内发电机有功电度表和无功电度表的电流分量,以及中控室定子 B 相电流表。

如图 15-4 所示为莲花发电厂发变组单元测量表计电流回路接线图,如图 15-5 所示为莲花发电厂发变组单元测量表计电压回路接线图。

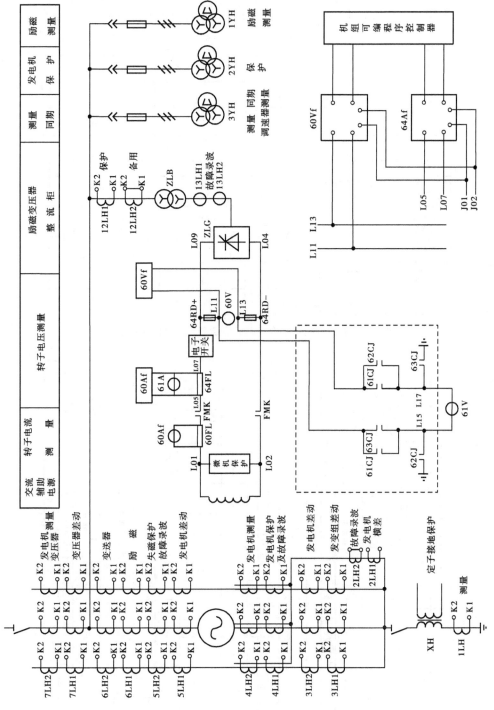

图 15-3　莲花发电厂发变组单元测量表计交流回路系统图

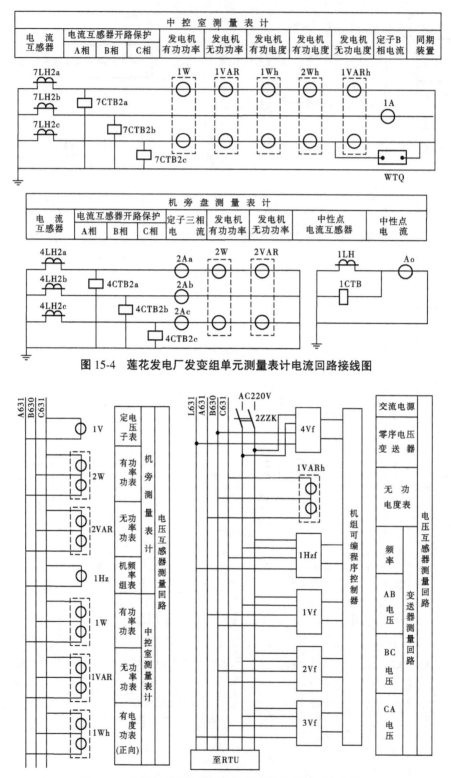

图 15-4　莲花发电厂发变组单元测量表计电流回路接线图

图 15-5　莲花发电厂发变组单元测量表计电压回路接线图

(二)220 kV 线路

如图 15-6 所示为莲花发电厂 220 kV 线路测量表计回路接线图。

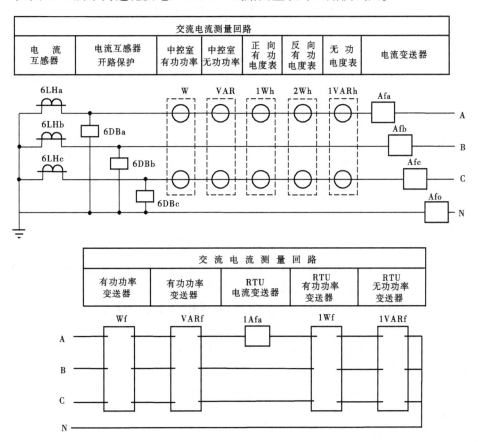

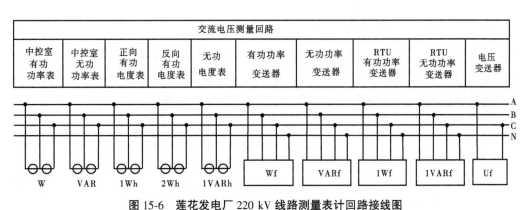

图 15-6　莲花发电厂 220 kV 线路测量表计回路接线图

在电流互感器 6LH 上接有的表计有:中控室有功功率表和无功功率表的电流分量,有功电度表和无功电度表的电流分量,RTU 电流变送器及有功功率和无功功率电流分量。

在母线电压互感器上接有的表计有:中控室有功功率表和无功功率表的电压分量,有功电度表和无功电度表的电压分量,RTU 电压变送器及有功功率和无功功率电压分量。

第三节　高压断路器控制回路

高压断路器是发电厂的重要电气设备,断路器的控制方式分为一对一控制和一对 N 的选线控制。莲花厂采用的方式均为一对一控制,即利用一个控制开关控制一台断路器,这种控制方式适用于重要且操作量较少的断路器。

莲花发电厂高压断路器均采用弹簧储能式操作机构,弹簧储能式操作机构是靠预先储存在弹簧内的位能来进行合闸的机构,这种机构不需要配备附加设备,弹簧储能时耗用功率小,因而合闸电流小,合闸回路可直接用控制开关触点接通。

一、对断路器控制回路的基本要求

断路器的控制回路应满足下列要求:

(1)操作机构的合闸线圈和跳闸线圈都是按短时通过电流设计的,在手动(或自动)跳、合闸操作完成后,应自动解除命令脉冲,断开跳、合闸回路,避免线圈长时间带电而烧损。

(2)断路器应具有防止多次合、跳闸的闭锁措施。

(3)断路器可以用控制开关进行手动跳闸与合闸,也可以由继电保护装置和自动装置进行自动跳闸与合闸。

(4)断路器的控制回路应有短路保护和过负荷保护,同时应具有监视控制回路及操作电源是否完好的措施。

(5)断路器的跳、合闸回路应有灯光监视和音响监视。

(6)对于采用气压、液压和弹簧操作机构断路器,应有压力是否正常、弹簧是否储能到位的监视回路和闭锁回路。

二、发变组断路器控制回路

如图 15-7 所示为莲花发电厂发变组高压断路器操作原理接线图。该回路由以下几部分组成:合闸控制回路、分闸控制回路、防跳跃回路、断路器跳闸线圈回路(共两组)、断路器位置监视回路、弹簧储能控制回路、SF_6 气体密度闭锁回路等。

(一)符号说明

(1)+KM、-KM。为控制电源小母线的正、负电源。

(2)1TBM、2TBM。为同期小母线电源。

(3)1TK。为同期方式选择开关,安装在中控室返回屏上。选择方式有:手动准同期方式 SZ、自动准同期方式 ZT 和切除位置 Q。

(4)KK。为断路器控制开关,安装在中控室返回屏上。其操作位置有:预备合闸位置 YH、合闸位置 H、合闸后位置 HH、预备分闸位置 YT、分闸位置 T、分闸后位置 TH。

(5)S1。现地控制开关,安装在断路器控制箱内。

(6)S4。位置选择开关,安装在断路器控制箱内,正常选择在"远方"位置。

(7)41QK。切换开关。

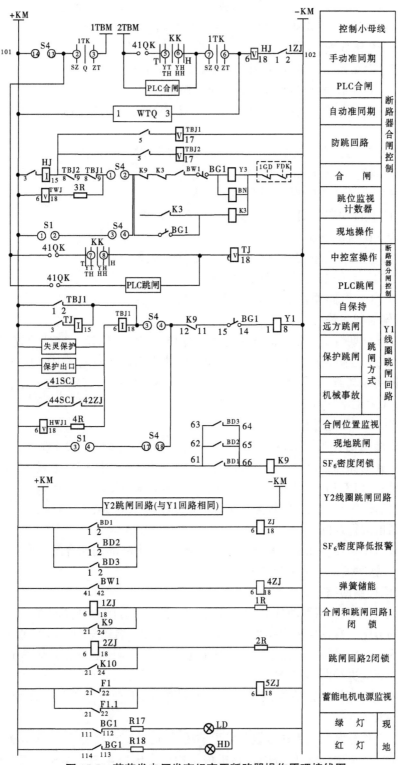

图 15-7 莲花发电厂发变组高压断路器操作原理接线图

(8)Y1。第一组分闸线圈,安装在断路器控制箱内,220 V直流电源。

(9)Y2。第二组分闸线圈,安装在断路器控制箱内,220 V直流电源。

(10)Y3。合闸线圈,安装在断路器控制箱内,220 V直流电源。

(11)BN。断路器动作计数器,安装在断路器控制箱内。

(12)BG。断路器辅助接点,安装在断路器控制箱内。

(13)BD1-3。带信号接点和闭锁接点的密度计,用于监视断路器SF$_6$气体压力。安装在断路器处。

(14)BW1-2。弹簧储能限位开关,安装在断路器控制箱内。

(15)K9、K10。气体监测闭锁继电器,当SF$_6$气体压力异常时,用于闭锁合闸和跳闸控制回路(禁合、禁分),安装在断路器控制箱内。

(16)WTQ。自动准同期装置,安装在保护室同期屏内。

(17)TBJ。防跳继电器。

(18)HWJ、TWJ。合闸位置继电器和跳闸位置继电器。

(19)HJ、TJ。合闸继电器和跳闸继电器。

(20)HD、LD。断路器合闸位置灯与分闸位置灯。

(二)合闸控制回路

(1)自动准同期合闸。将同期方式选择开关1TK切向同期投入"ZT"位置,WTQ装置工作,在达到同期合闸条件后由WTQ发出合闸脉冲启动合闸继电器HJ,HJ(3—15)接点闭合,通过防跳继电器TBJ2闭接点→TBJ1闭接点→S4(1—2)接点(远方控制)→K9接点(SF$_6$气体压力正常)→K3(现该接点短接)→BW1(弹簧储能正常)→BG1(断路器在开位)使合闸线圈Y3通电进行合闸。

(2)手动准同期合闸。在返回屏上操作,将同期方式选择开关1TK切向手动同期"ST"位置,操作断路器控制开关KK进行合闸操作,控制正电源+KM通过S4(13—14)接点(远方控制)→1TK→同期小母线1TBM→2TBM→41QK→KK使合闸继电器HJ启动,HJ动作后→TBJ2闭接点→TBJ1闭接点→S4(1—2)接点→K9接点→K3→BW1→BG1使合闸线圈Y3通电进行合闸。

(3)PLC合闸操作。在监控系统上位机上操作,与手动准同期合闸操作相同,只是由PLC发出合闸脉冲代替了操作开关KK。

(三)分闸控制回路

断路器分闸控制包括手动分闸、PLC分闸和保护动作分闸三种控制方式。

(1)手动分闸。在返回屏上操作断路器控制开关KK,启动分闸继电器TJ,TJ(3—15)接点闭合→S4(7—8)接点→K9接点→BG1接点(断路器合闸后该接点闭合),使第一组分闸线圈Y1通电进行断路器分闸。

(2)PLC分闸操作。在监控系统上位机上操作,与手动分闸动作程序相同,只是由PLC代替了KK开关。

(3)保护动作分闸。当系统或设备发生事故时,启动保护装置工作,发出断路器分闸指令进行分闸。保护出口动作分闸包括机械保护动作出口41SCJ、44SCJ,发变组保护动作出口,母差及失灵保护动作出口,保护出口→TBJ1电流线圈→S4(7—8)接点→K9

接点→BG1 接点,使第一组分闸线圈 Y1 通电进行断路器分闸。

第二组分闸线圈的启动过程与第一组相同。

(四)断路器防"跳跃"闭锁回路

所谓断路器"跳跃",是指断路器在进行手动装置或自动装置合闸操作后,如果操作控制开关未复归或控制开关接点、自动装置接点卡住,而此时一次设备(或系统)发生永久性故障,保护装置动作使断路器跳闸,但合闸脉冲并未解除而引起的断路器反复发生"跳—合"现象。如果断路器发生"跳跃",势必造成断路器绝缘下降等故障,影响断路器的使用寿命,严重时会造成断路器爆炸事故,危及人身和设备安全。同时故障设备多次接通和断开,短路电流长时间通过电气设备,可使设备损坏,扩大系统事故。因此,要在断路器控制回路采取防止"跳跃"现象的发生。

而"防跳"就是利用断路器机械或电气机构设置防跳功能。一般情况下均在断路器控制回路中设置"防跳"回路,实现跳跃闭锁功能。

如图 15-7 所示,在发变组断路器的控制回路中设有"防跳"继电器 TBJ。它有两个线圈,一个是电流启动线圈(6—18),串联在分闸回路 Y1 中;另一个为电压(自保持)线圈(5—17),它与自身的动合触点串联,再并接于合闸回路 Y3 中,在合闸回路中串接了 TBJ 的动断触点(8—9)。

假设手动合闸,将控制开关 KK 切至"合闸"位置后,且开关一直保持在合闸位置,则合闸线圈通电将断路器合闸,若此时断路器合在永久性故障线路上,则继电保护会启动出口继电器,出口继电器触点闭合使分闸线圈 Y1 通电切开断路器,以切断短路电流。Y1 线圈带电的同时,防跳继电器 TBJ 的电流线圈也带电,有 TBJ1 的 1—2 接点实现自保持,串接于合闸回路中的 TBJ1 动断触点 8—9(TBJ2 的 8—9)断开,使合闸线圈断电,同时串接于 TBJ 电压线圈回路的动合触点也闭合,使 TBJ1 电压线圈通电,实现回路的自保持,使 Y3 线圈保持在失电状态无法再将断路器合上,从而起到了"防跳"的目的。

(五)断路器的位置监视回路

断路器的位置信号一般用信号灯表示,如图 15-7 所示,莲花发电厂发变组断路器位置由双灯监视,分为现地和远地两处,还包括计算机监控系统上位机系统图中的断路器位置变化控制。在现地断路器位置灯由断路器辅助接点 BG 实现,当断路器在"合闸"位置时,BG1 的 113—114 动合触点闭合,点亮合闸位置"红灯";当断路器在"分闸"位置时,BG1 的 111—112 动断触点闭合,点亮分闸位置"绿灯"。

在中控室返回屏上断路器位置由分闸位置继电器、合闸位置继电器 TWJ、HWJ 开出接点转换,并送入上位机中实现操作系统图中断路器位置的转换。该位置灯还具有分合闸回路监视的作用。

(六)分合闸回路闭锁

为了保证断路器的安全、可靠工作,防止在 SF_6 气体压力异常时操作断路器发生断路器损坏和爆炸事故,在其操作回路中设有气体压力闭锁回路,即当 SF_6 压力异常时,禁止进行断路器的分合闸操作。

在断路器上安装有气体密度继电器 BD1-3,即每相有一块密度计 BD,用于监视 SF_6 气体的压力,当任一相断路器压力出现异常时,BD 接点闭合,启动闭锁继电器 K9(第二组线圈启动 K10),串接于合闸与分闸回路中的 K9(K10)动断接点打开,切断分合闸控制回路,使分合闸操作无法实现,从而起到闭锁的作用。

(七)弹簧储能回路监视

储能弹簧回路监视包括储能电机电源回路和弹簧储能位置。电源监视由电机控制器 F1(F1.1)实现,当 F1 在分闸位置时,F1 的动断触点闭合,使中间继电器 5ZJ 带电,从而发出储能电机电源消失的报警信号。储能弹簧的位置由位置开关 BW1、BW2 实现监视,并串接于断路器的合闸回路中,若弹簧储能未完成,则闭锁合闸操作。

三、其他断路器控制回路

莲花发电厂断路器的控制还包括 220 kV 莲方甲线、莲方乙线、旁路、高厂变断路器,以及厂用电系统 10 kV 真空断路器的操作控制,其原理与发变组基本相同,而厂用电系统断路器还要相对简单一些,在此不做说明。

第四节　高压隔离开关控制回路

对高压隔离开关的控制,可以采用现地控制和远方控制两种方式,其操动机构有手动和动力式两类。由于没有灭弧装置,隔离开关不能用来通断大电流,所以隔离开关与断路器之间必须有闭锁,以防止误操作的发生。下面就以莲花发电厂隔离开关的控制原理为例,主要介绍隔离开关的控制回路及操作闭锁回路。

一、隔离开关控制接线的原则

(1)为防止带负荷拉合隔离开关,其控制回路必须和相应的断路器闭锁,以保证断路器在合闸状态下不能操作隔离开关。

(2)为防止带接电线合闸,其控制回路必须与相应的接地刀闸闭锁,以保证接地刀闸在合闸状态下不能操作隔离开关。

(3)操作脉冲必须是短时间的,并且在完成操作后能自动撤除。

(4)操作用隔离开关应有其所处状态的位置信号。

二、220 kV 线路隔离开关的控制回路

如图 15-8 所示为莲花发电厂 220 kV 线路隔离开关的操作控制回路图。

(一)回路符号说明

图中 1DLa、1DLb、1DLc 分别为相应断路器位置开关,1GD 为隔离开关 1G 相应的接地刀闸的位置开关,1HA 为合闸操作按钮,1TA1 为分闸操作按钮,1TA2 为停止操作按钮,CK1、CK2 为隔离开关位置转换接点,1C、2C 为合闸电源接触器与分闸电源接触器,RJ 为热偶继电器,DK 为操作动力电源刀闸,1QP 为远地与现地操作方式切换压板,D 为三相交流电动机,RD1 为控制回路熔断器,RDa-c 为动力电源回路熔断器。

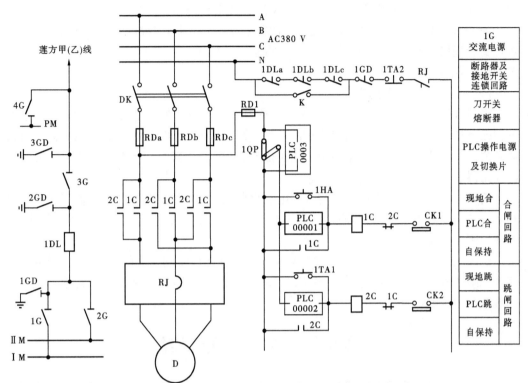

图 15-8　莲花发电厂 220 kV 线路隔离开关的操作回路接线图

(二)控制回路工作原理

如图 15-8 所示,220 kV 线路隔离开关的操作机构为 CJ2 型电动操作机构,采用交流 220 V 控制电源回路。

隔离开关合闸操作时,需具备以下条件:一是断路器在分闸位置,其三相辅助触点 1DLa、1DLb、1DLc 在闭合状态;二是接地刀闸 1GD 在分闸位置,其转换触点 1GD 在闭合状态;三是隔离开关的行程开关 CK1 在闭合状态。在满足上述条件下,才可以进行隔离开关的电动合闸操作。

进行隔离开关的电动合闸操作可以分为现地操作和远方 PLC 控制操作。分了安全可靠,目前采用现地操作方式,即切换连片 1QP 投在"现地"位置。合上交流动力电源开关 DK 和控制回路保险 RD1 后,按操作箱上的 1HA 按钮,1C 接触器带电,其触点闭合使电动机正转,完成合闸操作过程。同时隔离开关的位置转换开关 CK2 闭合,为分闸操作提供条件。

隔离开关的分闸操作与合闸操作方式相同,采用现地控制方式。分闸条件与合闸条件相同,只是隔离开关的转换开关由 CK1 换为 CK2 闭合。按分闸按钮 1TA1,使接触器 2C 带电,其触点闭合使电动机反转,完成分闸操作过程。

按钮 1TA2 为停止按钮,不论分闸与合闸操作,当需要停止隔离开关操作时,按 1TA2 即可实现隔离开关停止在任何一个位置。

(三)倒母线时的操作控制

在图 15-8 中,当系统运行方式改变需要倒母线操作时,此时断路器在合闸位置,其三相位置辅助触点将操作控制回路断开,将无法实现正常的隔离开关操作。

为了解决上述问题,在隔离开关控制回路中,增加了倒母线控制短路刀闸 K。当需要进行倒母线操作时,合上 K 短路刀闸将断路器三相位置辅助触点短路,即可完成隔离开关的操作控制。

(四)隔离开关防误闭锁回路

隔离开关因没有灭弧装置,不能接通或断开负荷电流。如果违反操作规程,在带负荷的情况下拉、合隔离开关,将造成严重的后果。因此,为了防止隔离开关的误操作,除在隔离开关机械结构上采取与接地刀闸的闭锁措施外,还需在其电动控制回路中采取必要的与断路器和接地刀闸的电气闭锁措施。

莲花发电厂的高压隔离开关均采用电动操作机构,为此在电气回路中加装了闭锁回路。一是与断路器的闭锁,由断路器的三相辅助接点来实现;二是与接地刀闸的闭锁,由接地刀闸的位置转换开关实现。

在图 15-8 中,当进行合闸操作时,只有断路器和接地刀闸在分闸位置,且隔离开关在完全分闸位置,才具备合闸操作条件;反之进行分闸操作,也只有断路器和接地刀闸在分闸位置时,才能进行分闸操作。

第五节　中央信号装置

中央信号是监视发电厂或变电所机械、电气设备运行状态的一种信号装置。当发生事故或故障时,相应的装置发出各种灯光及音响信号。根据信号的指示,运行人员能迅速而准确地确定和了解所得到的信号的性质、地点和范围,从而做出正确的处理。

一、中央信号装置完成的任务

(1)中央信号应能保证开关的位置指示正确。

(2)当开关跳闸时应能发出音响信号(蜂鸣器)。

(3)当发生故障时应能发出区别于事故音响的另一种音响信号(警铃)。

(4)事故、预告信号装置及光字牌应能进行是否完好的试验。

(5)当发生音响信号后,应能手动复归或自动复归,而故障的性质显示仍保留。

(6)其他信号装置如电源中断等信号。

二、中央信号的组成

中央音响信号装置由事故信号和故障信号(预告信号)两部分组成。每种信号装置都由灯光信号和音响信号两部分组成。音响信号是为了唤起值班人员的注意,灯光信号是为了便于判断发生故障或事故的设备及性质。为了区分发生事故还是一般故障,两种信号装置采用不同的音响元件。事故音响信号采用蜂鸣器发出音响;而故障信号则采用电铃发出音响。

(一)事故信号装置

事故信号通常包括发光信号和音响信号,当断路器发生事故跳闸时,启动事故信号,发出事故灯光和音响信号,通知值班人员有事故发生,同时跳闸的断路器位置指示灯闪光,显示出故障的范围。

(二)预告信号装置

当运行设备发生其他故障及不正常运行情况时,启动故障信号,提示运行值班人员的注意。预告信号将发出区别于事故音响的另一种音响(警铃),同时标明故障内容的一组光字牌亮,值班人员根据信号提示进行处理。

(三)位置信号装置

位置信号是监视断路器断合情况的,断路器位置信号通常采用双灯制接线,红灯表示断路器"接通",绿灯表示断路器"断开",当断路器的位置与操作把手位置不对应时,指示灯即发出闪光。

三、事故信号装置的功能

(1)发生事故时应无延时地发出音响信号,同时有相应的灯光信号指出发生事故的对象。

(2)事故时应立即启动监控系统发出简报信息。

(3)能手动或自动地复归音响信号,能手动试验声光信号,但在试验时不发监控信息简报。

(4)事故时应有光信号或其他形式的信号,如机械掉牌,指明继电保护和自动装置的动作情况。

(5)能自动记录发生事故的时间。

(6)能重复动作,当一台断路器事故跳闸后,在值班人员没来得及确认事故之前又发生了新的事故跳闸时,事故信号装置还能发出音响和灯光信号。

(7)当需要时,应能启动计算机监控系统。

四、回路的动作程序

莲花发电厂事故中央音响信号装置回路如图 15-9 所示。图中 91YMJ 为 ZC-23 型冲击继电器;GHJ 为干簧继电器,做执行元件,BL 为脉冲变流器。并联于 BL 一次侧的二极管 D2 和电容 C 起抗干扰作用。并联于 BL 二次侧的二极管 D1 的作用是:将由于一次回路电流突然减少而产生的反方向电势所引起的二次电流旁路掉,使其不流入 GHJ 的线圈。因为干簧继电器不同于极化继电器,它本身没有极性,任何方向的电流都能使其动作。

(一)事故信号启动回路

当事故音响母线 SYM 与信号电源-XM 之间有不对应回路时,在脉冲变流器 BL 一次绕组中有电流流过,在二次绕组中感应出脉冲电势使执行元件 GHJ 动作,GHJ 动作后其常开触点闭合,启动中间继电器 ZJ。ZJ 的三对常开触点,其中:

(1)ZJ1 与 GHJ 的触点并联,以实现自保持,因为 GHJ 继电器在 BL 二次绕组中的脉冲电势消失后即返回。

(2)ZJ2 启动中间继电器 91ZJ,91ZJ 有三对常开触点,其中 91ZJ1—2 接点启动中控室 91FM 和机旁 92FM 蜂鸣器,91ZJ4—5 接点通过中间继电器 94ZJ 启动图 15-10 中的事故

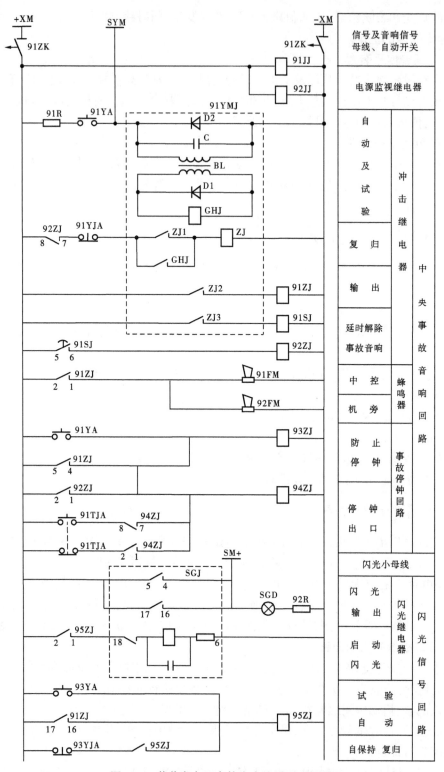

图 15-9 莲花发电厂事故中央信号原理接线图

停钟,时钟 91ZJ16—17 接点启动 95ZJ 励磁,从而启动闪光继电器 SGJ 发出断路器跳闸事故闪光信号。

（3）ZJ3 启动时间继电器 91SJ,91SJ 是为了自动解除音响而设,经整定的时限后 91SJ 的延时触点闭合,使中间继电器 92ZJ 励磁,92ZJ7—8 常闭触点断开 ZJ 的线圈保持回路使其返回,停止音响;92ZJ1—2 常开触点闭合,保持事故停钟回路。

回路中按钮 91YA 是用于音响信号的检验,以此来检查音响信号回路工作是否正常。

91YJA 为装置复归按钮。91JJ 和 92JJ 为电源监视继电器,当信号直流电源消失时 91JJ 失电,在图 15-11 中使其 2—3 常闭触点闭合,光字牌 2GP 亮,91JJ14—15 常闭触点闭合,警铃 93JL 音响报警。92JJ 的接点开出到 PLC 中发送故障简报。

（二）信号电源监视回路

图 15-10 为中央信号电源监视回路原理图。该回路用于监视中央音响信号装置电源工作情况、事故停钟回路控制及信号输出。

（三）故障信号启动回路

图 15-11 为莲花发电厂故障中央音响信号原理接线图。与事故启动回路相同,由预告音响母线 YBM 来的电源-XM 接通回路,启动 92YMJ,由警铃代替了蜂鸣器,且无启动事故停钟回路。音响回路试验通过 92YA 进行,装置复归由 92YJA 实现。光字牌回路的检验由试验按钮 94YA 实现。

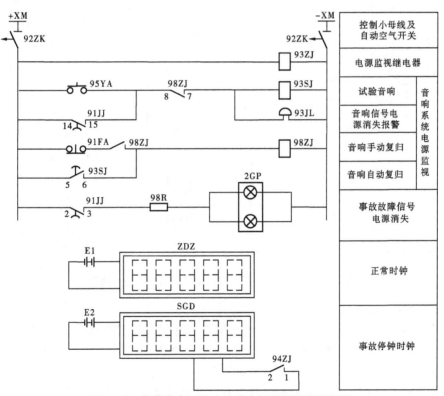

图 15-10　莲花发电厂中央信号电源监视回路原理图

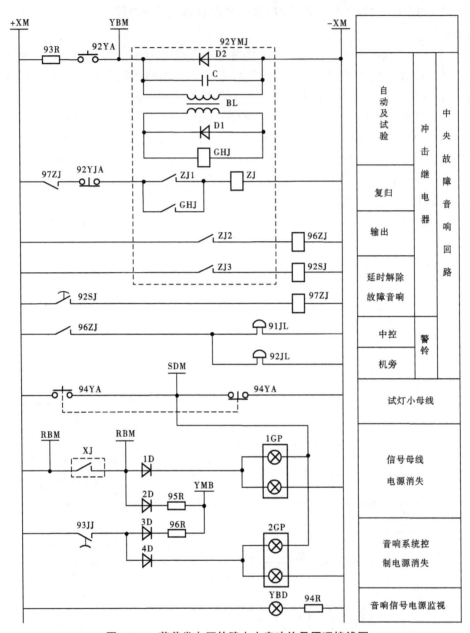

图 15-11　莲花发电厂故障中央音响信号原理接线图

(四)光字牌灯光信号回路

如图 15-12 所示,当设备发生故障或不正常运行状态时,相应的保护装置动作,其触点将信号正电源+XM 经光字牌 GP 的灯泡电阻引至故障小母线 1YBM 和 2YBM 上(事故时引至事故小母线上),转换开关 QK 平时是在"工作"位置,其触点 13—14 和 15—16 是连通的,其余触点是断开的,启动冲击继电器发音响信号,同时光字牌亮。音响解除后,光字牌依旧点亮,它要在故障消除后,启动它的继电器返回之后才能熄灭。

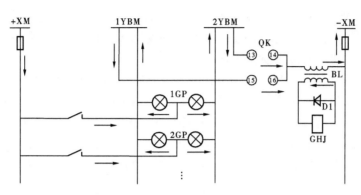

图 15-12　故障信号启动时电流回路图

如图 15-13 所示,为了在运行中能经常检查各光字牌内灯泡是否良好,可以用转换开关 QK 进行切换,当由"工作"位置切换至"试验"位置时,其触点 1—2、3—4、5—6、7—8、9—10、11—12 接通,13—14、15—16 断开,分别将故障小母线 1YBM 和 2YBM 直接接到直流信号电源母线 +XM 和 -XM 上,使所有接在 YBM 上的故障或事故光字牌都点亮。

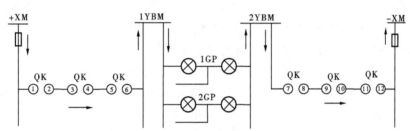

图 15-13　检查光字牌时电流回路图

应指出,在工作状态发信号时,同一光字牌内的两只灯泡是并联的,灯泡上所加的电压是其额定电压,因而发光明亮,而且当其中一只灯泡损坏时仍能显示。而在进行检查试验时,两只灯泡是串联的,每只灯泡上所加的电压是其额定值的一半,灯光发暗,如果其中一只灯泡损坏,则不发光,这样就可以及时地发现已损坏的灯泡而加以更换。由于接至信号小母线的光字牌数目较多,为了保证在切换过程中转换开关 QK 的触点不至烧损,采用了三对触点串联,以加强其断弧能力。

第六节　常规水机保护回路

水轮机作为水电厂最重要的动力设备,保证其安全可靠运行将直接影响到水轮发电机组的正常出力。

一、水轮机常见故障

(1)轴承温度升高。包括推力轴承、上导轴承、下导轴承和水导轴承。通常是由于冷却效果不良(如冷却水压偏低、冷却水中断)或润滑油质劣化等引起,如不及时消除将会造成烧瓦事故的发生。

（2）事故低油压。由于油压装置油泵故障或管路大量跑油造成机组油压系统压力急速下降，此时如遇到机组事故，调速器等因油压不足将无法操作控制，会发生机组过速甚至发生飞逸，造成机组的重大损坏事故。

（3）导叶剪断销间断。导叶传动机构发卡或导叶之间夹杂异物，将造成导叶调整过程中剪断销剪断，导致水轮机导叶开度不一致，从而引起机组的振动严重。特别是在机组事故过程中发生导叶剪断销剪断，将使机组停机时间过长，影响机组的事故处理。

（4）机组过速。运行中的机组突然发生甩负荷，由于调速器关闭导叶时间过长和机组转动惯性的作用，将会引起机组转速升高，机组转速超过额定转速有可能导致机组部件的损坏。

二、水轮机保护的配置

（1）断水保护。机组各部轴承一般都采用油润滑水冷却方式，冷却水中断将会引起轴承温度逐步升高，如果断水时间过长，严重时会引起轴瓦烧损事故。为此，对于油润滑水冷却方式的机组，应配置断水保护，在发生断水现象时发出"水机故障"告警信号。

（2）轴承温度保护。轴承温度保护配置一般分为两级，第一级为温度升高，保护动作后发"水机故障"报警信号；第二级为温度过高，保护动作后发"水机事故"报警信号，并应作用于机组停机、跳灭磁开关、跳发电机出口断路器等。

（3）事故低油压保护。为了防止机组油压系统油压过低时，遇到机组事故而引发机组过速，一般均设有机组事故低油压保护。事故低油压保护配置一般也分为两级，第一级为油压降低，保护动作后启动备用油泵工作，同时发"水机故障"报警信号；第二级为事故低油压，保护动作后发"水机事故"报警信号，并应作用于机组停机、跳灭磁开关、跳发电机出口断路器等。

（4）过速保护。过速保护的配置一般也分两级，第一级保护动作定值为 $115\%n_e$，保护动作后发"水机事故"报警信号，并同时作用于停机、灭磁、跳开关。第二级保护定值一般整定为 $140\%n_e$，其动作后果为机组过速限制器动作，快速关闭机组进口快速门或蝶阀，同时停机、灭磁、跳开关，并报"水机事故"信号。

（5）剪断销保护。剪断销剪断在水机保护回路中均设有两条支路。一支路启动"水机故障"告警信号，一般只发生 1—2 各剪断销剪断，此时可以通过将调速器切手动调整导叶开度后进行处理。另一支路串接水机事故继电器的一对接点，动作后果为作用于过速限制器，并关闭机组进口快速门或蝶阀，一般发生三根以上剪断销剪断则采取关闭快速门或进口蝶阀方式直接停机。

（6）油位保护。包括机组各部轴承油箱的油位，油压装置压力油罐和集油槽、漏油箱等油位，这些油位发生异常时，一般不会对机组的正常运行产生严重影响，因此保护动作后一般只发"水机故障"报警信号，提示现场人员尽快处理，消除异常。

（7）电气事故。发电机电气事故时，除去跳开关、灭磁外，还要向水机保护发出信号，动作于机组事故停机。

(8)其他保护。根据机组的重要性,有些机组还配置有其他一些机械保护,如机组的振动、摆动超出允许值时作用于发信号,发电机空冷器进出口温度超标时发告警信号,机组火灾报警等。

三、莲花发电厂常规水机保护的配置

莲花发电厂水机保护为双重配置,分为计算机监控系统保护和水机常规保护,双套保护并行运行。既提高了水机保护的可靠性,同时常规保护的设置更增加了保护的直观性,便于巡视检查和观察。图15-14、图15-15为莲花发电厂常规机械保护原理图。

(一)推力轴承温度保护

莲花发电厂机组推力轴承温度保护配置分为两级,由温度信号器10WDX、11WDX、15WDX、23WDX进行监视:第一级为温度升高保护,推力轴承瓦温升高到43℃时保护动作,启动47XJ信号继电器掉牌,并发"水机故障"报警信号。第二级为温度过高保护,推力轴承瓦温升高到48℃时保护动作,启动41XJ信号继电器掉牌,发"水机事故"报警信号,同时启动水机保护出口继电器44SCJ作用于机组停机、跳灭磁开关、跳发电机出口断路器等。保护的投退由切换压板41QP控制,现投在"信号"位置。

(二)上导轴承和水导轴承温度保护

莲花发电厂机组上导轴承和水导轴承温度保护配置分为两级,上导由温度信号器5WDX、6WDX、17WDX、18WDX进行监视,水导由温度信号器13WDX、14WDX进行监视:第一级为温度升高保护,轴瓦温度升高到65℃时保护动作,启动47XJ信号继电器掉牌,发"水机故障"报警信号。第二级为温度过高保护,轴瓦温度升高到70℃时保护动作,启动41XJ信号继电器掉牌,发"水机事故"报警信号,同时启动水机保护出口继电器44SCJ作用于机组停机、跳灭磁开关、跳发电机出口断路器等。保护的投退由切换压板41QP控制,现投"信号"位置。

(三)事故低油压

莲花发电厂油压保护分为两级:第一级为油压降低,启动备用油泵工作,并发"油压降低"报警信号。第二级为事故低油压,当油压降低到3.0 MPa时,由PLC开出接点启动43XJ信号继电器掉牌,发"水机事故"报警信号,同时启动44SCJ作用于机组停机、跳灭磁开关、跳发电机出口断路器等。保护的投退由切换压板42QP控制,现投"跳闸"位置。

(四)机组过速保护

莲花发电厂机组过速保护分为两级配置,转速测量由齿盘测速装置接引,输出接点为1ZSJ。

第一级为机组转速超过额定转速150%,启动信号继电器44XJ掉牌,发出"水机事故"报警信号,同时启动42SCJ开启事故配压阀动作进行紧急停机,42SCJ7—8接点闭合进行自保持,42SCJ1—2接点闭合动作于42XJ掉牌,发"水机事故"报警信号,同时启动41SCJ水机保护出口继电器作用于停机、跳灭磁开关和发电机出口开关。保护出口压板43LP投"跳闸"位置。

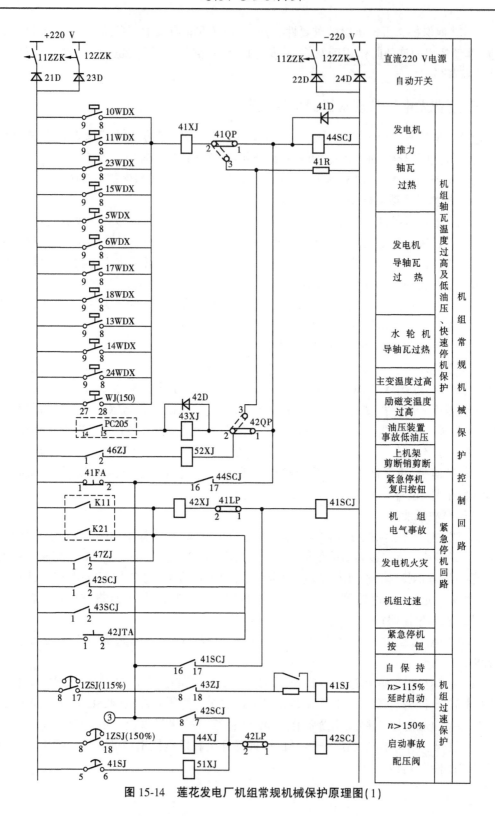

图 15-14　莲花发电厂机组常规机械保护原理图(1)

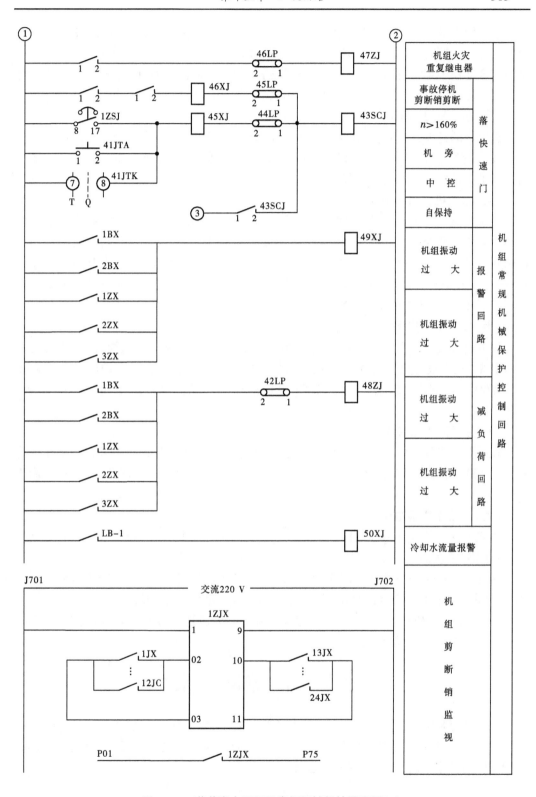

图 15-15 莲花发电厂机组常规机械保护原理图(2)

第二级为机组转速超过额定转速 160%，启动信号继电器 45XJ 掉牌，发出"水机事故"报警信号，同时启动 43SCJ 落快速门，43SCJ13—14 接点闭合进行自保持，43SCJ1—2 接点闭合动作于 42XJ 掉牌，发"水机事故"报警信号，同时启动 41SCJ 水机保护出口继电器作用于停机、跳灭磁开关和发电机出口开关。保护出口压板 44LP 投"跳闸"位置。

(五)机组振动、摆动保护

机组振动过大、摆动过大保护分为两级配置：第一级为启动信号继电器 49XJ 掉牌，发水机故障报警信号；第二级为启动信号继电器 48XJ 掉牌，同时启动 48ZJ 作用于机组减负荷。保护出口压板 42LP 投"切除"位置。

(六)水轮机剪断销保护

在水轮机导叶剪断销上并联安装有信号器 1JX—24JX，作用于剪断销监视继电器 1ZJX。当发生剪断销剪断故障时，若机组无过速现象，则 1ZJX 只发报警信号；若剪断销剪断同时机组发生过速，启动 46XJ 掉牌，并发"水机事故"报警信号，同时启动 43SCJ 落快速门，并由 41SCJ 水机保护出口继电器作用于停机、跳灭磁开关和发电机出口开关。保护出口压板 45LP 投"跳闸"位置。

(七)发电机火灾保护

发电机火灾保护由安装于定子上挡风板上方的 12 个感温元件监视，作用于机旁的 JB-QB 型"火灾报警装置"，其开出接点启动 13ZJ，13ZJ1—2 接点通过保护投切压板 46LP 启动 47ZJ，由 47ZJ1—2 接点启动 41SCJ 出口继电器。保护出口压板 46LP 投"切除"位置。

(八)主变和励磁变温度保护

在常规水机保护中接有主变和励磁变温度保护，主变温度由 24WDX 监视，动作值为 80 ℃，励磁变温度由 WJ 监视，动作值为 150 ℃。与各轴承温度保护回路并联，现作用于信号。

(九)机组电气事故保护

由继电保护装置开出，通过 41LP 作用于水机保护出口继电器 41SCJ 进行事故停机。

(十)其他保护

在常规水机保护中，还设有空冷器温度保护、各轴承油箱油温保护、冷却水温度保护等，这些保护共同作用于 47XJ 信号继电器掉牌，并发"水机故障"报警信号。

另外，还有冷却水流量保护，由流量变送器 LB-1 监视，作用于信号继电器 50XJ 掉牌，并发"水机故障"报警信号。

第七节　自动准同期回路

电力系统是由多个发电厂的多台机组并列运行的，各电源之间的联网运行对提高电能质量、供电可靠性及系统稳定性具有重要意义，而且通过联网运行可以合理分配负荷，减少系统的备用容量，实现系统经济运行。

将同步发电机或某一电源投入到电力系统并列运行的操作过程,称为同期并列。

一、同期条件

两个独立的电源并列运行在一起,必须具备以下条件:

(1)电压相等。待并发电机电压与系统电压相等或接近相等。

(2)频率相同。待并发电机频率与系统频率相等。

(3)电压相位角差不超过允许值。待并发电机电压的相位与电网电压相位相同。

(4)相序相同。待并发电机相序与系统相序必须完全相同。

若上述条件不满足,将发生非同期并列,则会出现很大的冲击电流,发电机转子受到较大扭力矩并发生剧烈振动,系统电压下降,严重时会导致机组损坏,系统振荡并失去稳定,造成严重的后果。

二、同期方式及同期点

发电机同期并列方式有两种,即准同期方式和自同期方式。

(一)准同期方式

准同期方式就是指待并发电机在并列合闸前已经励磁,当发电机的电压、频率和相位与运行系统一致时,将发电机出口断路器合上,发电机即与系统并列运行。在同期合闸的瞬间,发电机定子电流等于零或接近于零。

准同期方式的最大优点是:并列合闸时冲击电流小,不会对系统带来大的影响。

准同期方式的缺点是:

(1)并列操作时间长。因为需要进行电压和频率的调整,相位相同瞬间的捕捉较麻烦。特别是在系统事故的情况下,系统频率和电压急剧变化,同期困难更大。

(2)操作要求高。在手动同期并列时,要求运行人员具有熟练的操作技术和技巧,能够准确掌握并列合闸时间。

(3)操作系统复杂,要求严格。

准同期方式分为手动准同期和自动准同期两种。

(二)自同期方式

自同期方式是指发电机在同期合闸前不加励磁,当发电机的转速接近额定转速的时候,合上断路器,然后合上灭磁开关给发电机加上励磁,待并发电机借助电磁力矩自行拉入同步。

自同期方式的优点:

(1)并列过程快,特别是在事故情况下能使机组迅速投入系统。

(2)操作简单,不会造成非同期合闸。

(3)接线简单,易于实现自动化。

自同期方式的缺点:

(1)并列瞬间冲击电流大,对系统和机组产生不利的影响。

(2)并列瞬间引起系统电压短时严重下降。

(3)两个系统间不能采用自同期并列。

(三)同期点的设置

莲花厂发变组的同期点设置在每个发变组单元出口高压断路器处。

三、同期电压的引入

如图 15-16 所示为莲花发电厂发变组同期电压引入接线图。图中 1EM、2EM 为 220 kV 电压 Ⅰ、Ⅱ段母线；1YMXC、2YMXC 分别为 220 kV Ⅰ、Ⅱ段母线 PT 二次侧电压引出；1YQJ、2YQJ 分别为隔离开关 1G、2G 转换开关所带继电器输出接点，用于母线电压切换；1YH 为发电机出口 PT；3ZK 为自动开关；KK 为发电机出口断路器控制开关；1TK 为同期方式选择开关，由四个切换位置，分别为自同期 ZT、切除 Q、手动同期 SZ、自动自同期 ZZ；WTQ 为微机准同期装置，1 号、2 号机组为 SID-2CM 型，3 号、4 号机组为 SID-2 型；TQMXC 为系统电压母线，TQMC 为待并系统(发电机)电压母线，YMB 为 B 相公共电压母

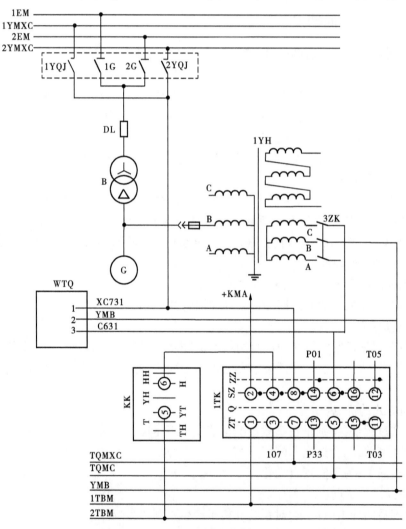

图 15-16　莲花发电厂发变组同期电压引入接线图

线,1TBM、2TBM 为同期合闸母线。

发变组同期点在出口 DL 处,其同期电压分别从高、低压母线电压互感器引出。此时,低压侧 13.8 kV 母线为待并系统,高压侧 220 kV 母线为运行系统。由于主变 B 接线组别为 Y,d11 接线,而高、低压侧 PT 均采用 Y,y12 接线,因此两 PT 的二次侧电压相角相差 30°,即高压侧 PT 二次侧电压滞后低压侧 PT 二次侧电压 30°相角,为此在高压侧 PT 二次侧接线中采取了技术措施对相角进行补偿,而没有采取转角变的接线方式。

图中待并系统侧电压和运行系统电压均取自 PT 二次侧 c 相电压,分别由端子 C631 和 XC731 送入同期装置 WTQ 中。b 相为公共相母线电压 YBM。

四、自动准同期回路工作原理

图 15-17 为莲花发电厂发变组自动准同期原理接线图。

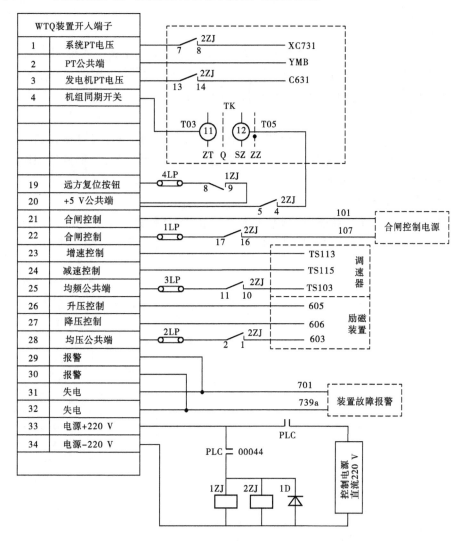

图 15-17　莲花发电厂发变组自动准同期原理接线图

(一) 同期电压

在前面已经简要介绍了同期电压的取得方式,在图 15-17 中,XC731、YMB 和 C631 分别为运行系统电压、PT 公共端电压和待并系统电压,经 2ZJ 继电器接点引入 WTQ 装置中。

(二) 装置的投入

同期装置的投入由 PLC 开出接点控制将装置上电,当 PLC 下达机组起机并网命令后,机组转速达到 95%N_e 时由 PLC00044 接点启动 1ZJ、2ZJ 继电器。1ZJ8—9 接点断开,切除 WTQ 装置复位功能。2ZJ7—8、13—14 接点闭合,将运行系统和待并系统电压引入 WTQ 中;2ZJ1—2 接点闭合,启动励磁调节器进行电压调整;2ZJ10—11 接点闭合,启动调速器进行转速调整;2ZJ16—17 接点闭合,投入断路器合闸控制电源;2ZJ4—5 接点闭合,接通同期选择开关 TK(1TK)回路,此时 TK 投切在 ZZ 位置,把手的 11—12 接点接通,使断路器合闸回路具备合闸条件。

(三) 同期合闸

当同期装置 WTQ 对运行系统和待并系统的电压、频率及相角进行检测和调整,达到同期并列条件时,由 WTQ 发出合闸脉冲,经输出端子 101、107 启动断路器合闸继电器 HJ (图 15-8 中)进行同期合闸,至此完成同期合闸操作。

(四) 装置的退出

完成同期并列任务后,由 PLC 开出接点将 WTQ 断电,同时 1ZJ、2ZJ 失磁,2ZJ 所有接点断开,分别断开同期母线电压、励磁调节、调速器调节、断路器合闸回路等;1ZJ8—9 接点闭合,对装置进行整组复归。

(五) 装置故障监测

同期装置在投入工作状态时,若发生失电等故障,具备故障报警功能,由输出端 701 和 739 引入故障报警系统进行提示报警。

第十六章　水轮机磨蚀防护及案例

第一节　水轮机磨蚀破坏形式

一、冲蚀磨损

冲蚀磨损是指含有泥沙等硬质颗粒的高速水流对水轮机过流部件产生强烈的磨损破坏的现象。不同棱角、硬度、运动速度的沙粒随水流以一定角度冲击过流部件表面,过流部件受到冲击、微切削、犁削而剥落,在部件表面留下与水流方向一致的刮痕、擦伤小沟,逐渐发展为沟槽、波纹和鱼鳞坑等特征的破坏形貌。冲蚀磨损有以下两种形式。

一是变形磨损。水轮机的过流部件在工作中,受到高速水流中硬质沙粒冲击,材料首先产生弹性变形,继而在接触面中心处最大应力位置,开始进入塑性流动状态,并随沙粒动能的消耗,塑性变形区进一步扩大,直到在沙粒动能转化为材料弹塑性变形功的过程中,沙粒停止运动为止。弹性变形区域将恢复,而塑性变形区将形成冲击坑,并在冲击坑边缘形成材料堆积物。堆积物在受到不同角度的沙粒冲击时易剪切折断,造成过流部件质量损失。此外,冲击坑边缘和坑壁可能会产生径向裂纹,随着冲击时间延长,发生疲劳剥落。过流部件因弹性-塑性变形过程而引起质量体积损失,产生变形磨损。

二是微切削磨损。当沙粒以小冲角撞击材料表面,冲击压力的垂直分量使沙粒压入材料表面;其水平动能分量使沙粒沿材料表面的水平方向移动,导致接触点的横向塑性流动而切出微体积材料。

根据国内外试验研究,水力机械过流部件的实际磨损是由变形磨损和微切削磨损相结合的,影响水轮机冲蚀磨损的主要因素有含沙量、沙粒特性、含沙水流特性、金属母体特性、机型、过流部件设计等,计算式如下:

$$\delta = \frac{1}{\varepsilon}s\beta w^m t$$

式中:δ 为磨损量,计算部位的平均磨损深度,mm;ε 为材料的耐磨系数,与水轮机过流部件材质的硬度、表面加工光洁度、设计型线等因素有关;s 为过机平均含沙量,kg/m³;β 为泥沙的磨损能力综合系数,与粒径大小、颗粒形状、硬度及泥沙成分等有关,可由试验确定或由试验曲线近似估算;w 为水流相对流速,m/s,平顺流动时指数 $m = 2.3 \sim 2.7$,冲击表面时指数 $m = 3.0 \sim 3.3$ 或更大,近似计算时,可用指数 $m = 3.0$ 计算;t 为累计运行时间,h。

在上述因素中,流速对冲蚀磨损影响最大,其与磨损量成 3 次方的关系。

二、空蚀

空蚀是空化产生的空泡在溃灭时对过流部件表面造成的冲击破坏。水流局部区域的压力下降到临界点以下时发生气化,流体中的气核逐渐发育、长大成空泡,破坏了液相流体的连续性,使其变为含气的二相流。当空泡运动到压力较高的区域时,其迅速凝缩并溃灭。在溃灭时,气泡壁远离材料表面的部分破灭较快,而靠近材料表面的部分破裂较迟。溃灭的空泡在液固边界产生高压冲击波,其速度很快($100 \sim 1\,000$ m/s),压强很大($100 \sim 1\,000$ MPa)。这种高频反复的冲击作用使材料发生局部塑性变形和加工硬化,产生疲劳破坏。另外,空泡由于上下壁角边界的不对称性,在溃灭时带动周围小股水流形成高速高压的"微射流",对部件表面造成直接的冲击破坏和脉冲式疲劳破坏。

空蚀的破坏作用无明显方向性,过流部件表面首先被破坏为呈灰暗无光泽的针孔、麻面状,而后发展为疏松的蜂窝状、海绵状和鱼鳞坑等形貌,甚至出现孔洞、沟槽、裂纹,严重时会导致过流部件穿孔、破裂。

对于特殊形状的过流部件,如水轮机中的叶轮、水工建筑的泄洪道等,由于结构的特征,许许多多类似的气泡几乎在某些相同的较固定的部位溃火。大量气泡在同样的一个点处塌陷溃灭,导致周围流体不断去填充这个塌陷后的空白区域,从而形成微射流。微射流随后在使气泡溃灭时形成冲击作用。在某些部位气泡塌陷压力超过 1 GPa。频繁的局部冲击作用使得水轮机转轮表面破坏。

过流部件空蚀破坏与所受到的冲击力有直接关系,接触冲击力主要受水流冲击速度影响。当水流冲击过流部件表面时,接触冲击力可按下式计算:

$$T = \sqrt{\rho E E_1 / (E + E_1)}\,v$$

式中,T 为接触冲击力,N;E 为过流部件材料的弹性模量,N/m^2;E_1 为水流弹性模量,N/m^2;ρ 为流体密度,kg/m^3;v 为接触冲击速度,m/s。

首先,空蚀会损坏过流部件。过流部件使用过程中,空蚀会造成过流表面形成蜂窝状或海绵状的空蚀坑,随着时间延长,空蚀坑越来越扩大、变深。到一定程度,过流部件就会变形甚至断裂、失效。其次,空蚀会造成水轮机效能降低。空蚀破坏易使过流部件失去设计外形,使水流流态改变、水轮机出力下降,造成水轮机输出效率有所下降。最后,空蚀破坏易导致产生噪声和震动。发生空蚀时,很容易发生压力脉动,从而引起巨大的噪声和震动。

综合上述分析空蚀机制为:①空泡溃灭中心辐射出的冲击波压力使材料产生脉冲式局部塑性变形和应力脉冲,反复作用使材料表面产生蚀坑。②气泡溃灭时的微射流作用对材料的切削作用和冲击作用。微射流在使材料产生弹塑性变形的过程中,产生裂纹。裂纹在微射流和水压的作用下扩展,形成蚀坑。

大多数学者同意空蚀是机械作用的,较多的试验也证明了这一点。但是一些实例也证明了空蚀也有一些非机械作用的存在。因此,对于空蚀破坏的综合见解,不应限于一种单纯的原因。有研究证明,当机械作用非常大时,定量地测定腐蚀作用,发现其造成破坏很小,这时认为机械作用是主要的。当然机械作用和腐蚀作用程度相当、水流情况相同,机械作用表现为气泡溃灭时,直接引起材料破坏,而化学、电化学协同作用的材料腐蚀致使材料新的暴露面进一步破坏。一般情况下,机械破坏比非机械破坏腐蚀要早得多。在整个空蚀发展期间,初期无疑是机械破坏作用最为主要。另外,一般认为,延展性强的材料可长时间经受空蚀作用而不失重,但脆性材料很快就出现损耗。而结晶材料是随着其性质的不同而出现塑性变形或疲劳破坏,富于弹性的材料可以在某一期间不减少重量。

三、空蚀和冲蚀磨损的耦合作用

水轮机在含沙水流条件下运行,往往受到空蚀和冲蚀磨损双重作用。因此,水轮机过流部件的破坏机制一般同时包括空蚀和冲蚀磨损,两者相互作用、相互影响,形成耦合作用的破坏形式。

一方面,冲蚀磨损加剧空蚀破坏。水流夹杂的沙粒提高气核的浓度,强化了空化产生的条件;同时泥沙磨损造成的过流部件表面粗糙,乃至改变过流面线型,导致水流流态发生改变,形成局部漩涡,造成了空化产生的低压条件。另一方面,空蚀也加剧了泥沙磨损。首先,空泡溃灭所产生的"微射流"加快了沙粒向材料表面的冲击速度,沙粒的微切削力增强,增大了材料磨损量。其次,空蚀破坏造成的粗糙过流面加大了沙粒的冲蚀角,加剧了沙粒对材料的切削和破坏。最后,空蚀产生的冲击作用造成过流面的疲劳破坏,材料性能劣化,抵御泥沙冲蚀的能力降低,从而加剧了冲蚀磨损。

气蚀和泥沙磨损的耦合作用使水轮机过流部件的破坏形貌发生改变。空化对周围的液体产生扰流作用,使沙粒的冲蚀方向失去了一致性,影响了磨损形貌的方向性。在气蚀与泥沙磨损的联合作用下,过流部件最终形成点坑、裂纹、沟槽等多种破坏形貌。

冲蚀与空蚀磨损耦合作用是分析汽、液、固三相流的相间作用,很难从理论上推导出动力学方程。目前的研究都是从两相流方面建立动力学方程,没有将气泡或固相的影响考虑进去。但在磨损的联合作用中气泡对水流流向以及沙粒的运动规律影响重大,在解决具体工程问题上也难以得出突破性结论,所以目前研究仍存在一定的局限性。

目前,中国的大中型水电机组中有至少30%存在不同程度的泥沙磨损破坏问题,个别水电站水力机械组泥沙磨损问题特别严重,使水电机组效率降低较快,导致机组检修频繁,这给水电机组的正常运行和电网的安全稳定带来极大的隐患。但由于水轮机磨蚀破坏影响因素较多,破坏原因复杂,相同型号的水轮机,在不同运行工况下磨蚀破坏程度可能有很大差异,甚至同一个电站相同型号的水力机械由于布置位置不同,实际过机含沙量也有差异,因而破坏程度也会有量级上的差异。只有根据现场实际情况,具体问题具体分析,在诸多影响因素中,找出主要因素采取相应的防护材料和防护技术。

第二节　水轮机耐磨材料

一、耐磨金属

铁基合金具有优异的耐磨损、高硬度和强韧性等综合性能,成分变化调控范围大,价格低廉,广泛应用于工业领域。铁基堆焊材料按照含碳量、合金元素含量、微观组织的不同可以分为珠光体型、奥氏体型、马氏体型和铸铁型。奥氏体合金具有优良的耐腐蚀性能、韧性、强度和耐磨性等,在水力机械磨蚀修复中应用较多。

镍基合金具有优异的耐磨性、耐热性和耐腐蚀性能。但是,由于在热喷涂、补焊修复过程中,冷却速度大,易产生较大的热应力,镍基合金也存在很高的开裂敏感性。镍基合金具有良好的塑韧性、润湿性和黏附性,使其在复合材料领域备受关注,对其改性研究也较多,如通过引入硬质增强相(如 TiC、ZrC、WC 等)提高其综合性能。

钴基合金中合金元素主要为铬+钨、铬+钼、铬+钨+钼。钴基合金具有优异的高温耐磨性、耐腐蚀性和稳定性。相比于镍基合金和铁基合金,钴基合金具有更低的堆垛层错能和更好的抗空蚀性能,在水力机械磨蚀防护中应用前景更广。

二、无机非金属

陶瓷是以金属氧化物或氮化物为主要基料的烧结材料。陶瓷晶体是以离子键和共价键为主要结合键,一般存在两种以上的不同键合形式。强固的离子键和共价键结合使陶瓷具有高熔点、高硬度、耐腐蚀和无塑性等特性。绝大多数陶瓷材料在室温下拉伸或弯曲,不产生塑性变形,呈脆性断裂特征。陶瓷在低冲击磨损能量下,是一种抗磨性极高的材料。

三、有机高分子

(一)聚氨酯

聚氨酯是由多异氰酸酯、低聚物多元醇和扩链交联剂等原料聚合反应生成的主链上含有氨基甲酸酯基团的高分子材料,其主链中含有高弹态聚醚、聚酯、聚烯烃、聚硅氧烷等组成的软段和扩链剂、异氰酸酯、聚氨基甲酸酯或聚脲在常温下处于结晶状态或玻璃态的硬段,软、硬段之间通过分散聚集形成独立的微区,从而形成各自的相结构。聚氨酯弹性体通常存在硬段相、软段相及两者的融合相等多种相结构,具备塑料的刚性和橡胶的高弹性。因此,聚氨酯具有耐磨性优异、强度高、耐疲劳振动性好、耐化学介质性优异、抗冲击性强等多种优异性能,在舰船、防腐、汽车、建材等领域具有非常广泛的研究和应用,也作为非金属抗磨蚀涂层。

(二)环氧树脂

环氧树脂是分子中含有两个以上环氧基团的一类聚合物的总称,由环氧氯丙烷与双酚 A 或多元醇缩聚而成。由于环氧基的化学活性,可用多种含有活泼氢的化合物使其开环,固化交联生成三维交联网状结构。经过固化后,环氧树脂具有较高的力学性能以及化学稳定性等优点,相关研究很多。在水力机械耐磨蚀领域主要侧重于环氧树脂涂层增强相与树脂基体的黏结性、涂层的韧性等研究,以提高涂层抗冲蚀磨损性能。环氧树脂涂层通常采用 Al_2O_3、SiO_2、SiC 等硬质相对树脂基体进行增强改性,以提高涂层的耐磨性。环氧金刚砂涂层是将环氧树脂与金刚砂混合后涂覆于磨蚀破坏部位,涂层对水轮机过流部位,如转轮叶片正面、导叶、底环顶盖抗磨板等非空蚀区具有良好的抗泥沙磨损效果,但在空蚀区的防护效果不理想。主要是由于固化后的环氧金刚砂涂层韧性差,涂层的热膨胀系数与金属基体的存在差异,涂层存在内应力,在强空蚀条件下易脱落。可采用添加液体橡胶、弹性体、热塑性树脂等韧性相,改变固化剂类型等方法对环氧树脂进行增韧改性,可有效提高其抗空蚀性。

(三)超高分子量聚乙烯

超高分子量聚乙烯一般指相对分子量在 150 万以上的聚乙烯,是一种线型结构的具有优异综合性能的热塑性工程塑料,耐磨性能优异,比一般的碳钢和铜等金属材料耐磨性高数倍。超高分子量聚乙烯的冲击强度优异,并且耐低温,在-70 ℃时仍有较高冲击强度,同时具有很好的自润滑性能,摩擦系数小,其摩擦系数与聚四氟乙烯的相当。

(四) 聚醚醚酮

聚醚醚酮是一种具有自润滑性能的特种工程塑料,其结晶度在常温下最高可达48%,玻璃化转变温度为143 ℃,耐高温。聚醚醚酮分子链上含有大量连续的苯环结构、醚键以及羰基。苯环结构具有较高刚性,醚键易旋转,具有较好的柔顺性;羰基能提高分子链上各单体之间的分子间作用力,所以聚醚醚酮具有极其优越的机械性能和耐磨、耐化学腐蚀、耐高温等性能,其抗疲劳性能也优于尼龙类等塑料。聚醚醚酮在轴承制造、工程建筑等领域有较多应用。

第三节　水轮机磨蚀防护技术

经过多年的研究,结合多种技术实际应用,在水轮机磨蚀防护领域应用较多的技术有堆焊、超音速喷涂、热喷涂、等离子熔覆、激光熔覆等。

一、堆焊

堆焊是利用焊枪与基体间所形成的电弧高温而使焊条熔化,堆积于零件金属基体表面,形成一层与焊条成分相同的具有耐磨、耐蚀等特殊性能的金属保护层的工艺方法。堆焊设备简单、技术成熟、现场施工方便,应用广。堆焊可使焊层与基体形成冶金结合,结合强度高,过流面修复后耐磨性能有较大的提高,但是这种处理方法冲淡率大,焊层厚且不均匀,加工余量大,对工件基体材料的可焊性要求高,而且耗时耗力,易导致基体热变形。由于热影响,补焊部位金属晶体变粗,极易形成双金属效应处理区,致使修复区域反复出现磨蚀破坏。

二、超音速喷涂

超音速喷涂是将助燃气体与燃烧气体在燃烧室中连续燃烧,燃烧的火焰在燃烧室内产生高压并通过与燃烧室出口连接的膨胀喷嘴产生高速焰流,将喷涂材料送入高速焰流中使喷涂材料微粒被加热、加速达到半熔化状态时被喷射到经预处理的基体表面上形成涂层技术。该技术可借助乙炔、丙烷、丙烯、氢气等气体燃料,也可使用柴油或煤油等液体燃料。燃料、氧气通过小孔进入燃烧室后混合,在燃烧室内稳定、均匀地燃烧。有监测器用来监控燃烧室内压力,以确保稳定燃烧,喷涂粉末的速度与燃烧室内压力成正比。燃烧室的出口设计使高速气流急剧扩展加速,形成超音速区和低压区。粉末在低压区域沿径向多点注入,粉末均一混合,在气流中加速喷出。高速火焰喷涂焰流速度高达 1 500 ~ 2 000 m/s,与基材物理结合在一起,而基材温度低,在 150 ℃左右,使基材不发生任何变形。

三、热喷涂

利用氧乙炔焰及等离子焰加热自熔性合金粉末,通过喷枪将其高速喷射到经处理过的工件表面上,然后对该涂层加热重熔并润湿工件,通过液态合金与固态工件表面相互溶解和扩散,形成牢固的薄而均匀致密的冶金结合合金焊层。该技术应用于水轮机过流部件,所采用的喷熔材料主要是合金粉末,如 Ni 基合金、Stellite 合金,也有采用喷熔金属陶瓷。热喷涂设备简单、投资少、效率高,便于现场修复施工;喷熔层与基体结合良好,涂层组织均匀,致密无孔,表面光滑平整,喷熔层硬度较高,经济效益显著,是一种水轮机过流部件磨蚀损坏修复和保护的比较理想的表面保护工艺。但该技术易导致基体热变形和重熔质量不稳定。热喷涂过程分为喷粉和重熔两个阶段,高温重熔并冷却后,水轮机部件(特别是转轮及抗磨板)会产生较大的热应力变形。为了避免变形,通常采用分块处理,但块与块之间的搭接处往往结合质量欠佳,易首先破坏而形成空蚀源。

第四节　水轮机磨蚀防护案例

一、聚氨酯复合树脂砂浆技术应用

与环氧金刚砂涂层相比,聚氨酯复合树脂砂浆涂层不仅抗磨性能更优,而且克服了环氧金刚砂涂层在水机应用中抗汽蚀性能差的缺点。目前,该技术已在一些水利枢纽工程中得到了应用,抗磨效果显著。

(1)聚氨酯复合树脂砂浆技术在水轮机座环和固定导叶中的应用,如图 16-1 所示。

多泥沙河流上,水轮机遭受不同程度的磨蚀破坏,尤其到达冲淤平衡后破坏更为严重,因此采用聚氨酯复合树脂砂浆技术对水轮机过流部件进行磨蚀预防护,可以起到有效防止磨蚀破坏发生的作用。

图 16-1　固定导叶磨蚀防护

(2)聚氨酯复合树脂砂浆技术在活动导叶中的应用,如图 16-2 所示。

水轮机活动导叶经过长期运行,易出现磨蚀破坏,尤其在高水头、高含沙、高速水流条件下运行的水电站,活动导叶表面磨蚀破坏更为突出。活动导叶磨蚀破坏首先发生在密封面。密封面破坏后,进一步加剧密封处的磨蚀,形成恶性循环。

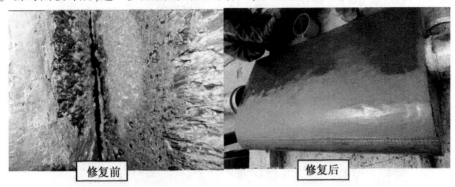

图16-2　水轮机活动导叶磨蚀防护

(3)聚氨酯复合树脂砂浆技术在蜗壳中的应用,如图16-3所示。

水轮机蜗壳一般为普通铸铁材料,常采用油漆重防腐处理。但对于黄河等多泥沙河流,机组运行一段时间后,蜗壳内磨损严重,导致蜗壳层壁厚减小,严重时可能出现磨穿情况,影响水轮机组运行安全。

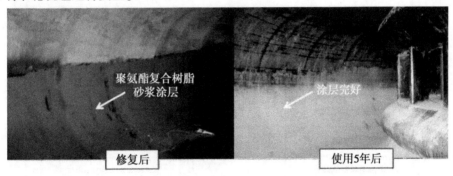

图16-3　水轮机蜗壳磨蚀防护

二、浇注聚氨酯涂层技术应用

莲花发电厂机组为两导半伞式结构,水轮机为立轴混流式,上冠由优质低合金钢ZG20SiMn铸造而成,叶片和下环由抗空蚀性能优良的不锈钢ZG06Cr13Ni5Mo铸造而成。经过多年运行,两叶片之间靠右侧上冠出现空蚀现象(见图16-4)。利用补焊技术,可以对气蚀区域进行修补,但补焊技术的工艺复杂,需要工期较长,影响整个机组大修时间,同时补焊后,上冠采用的合金钢经过高温会破坏材料结构,致使其性能受到影响。再者,经过补焊后运行一段时间,上冠会再次出现空蚀现象,随着时间延长,空蚀区域扩大速度急剧增大。

浇注聚氨酯涂层技术利用先进的真空浇注成型工艺,通过高温固化将聚氨酯材料抗空蚀性能最大限度地发挥出来。浇注过程中使用高效黏接材料及结构设计,可显著提高

图 16-4　水轮机上冠磨蚀破坏

聚氨酯弹性体涂层与被修复面之间的黏接强度,使聚氨酯弹性体涂层与金属基体黏接得更加牢固。涂层性能指标如表 16-1 所示。

表 16-1　改性聚氨酯性能指标

序号	项目	单位	指标
1	撕裂强度	kN/m	70
2	抗拉强度	MPa	29.9
3	断裂伸长率	%	654
4	硬度(邵氏 A)	度	81
5	静态耐臭氧龟裂	—	无龟裂
6	低温脆性−40 ℃	—	无破坏
7	黏接强度	MPa	>4(混凝土);20~30(不锈钢)
8	抗冲击强度	MPa	>100
9	抗冲磨强度	h/(g/cm^2)	>20
10	空蚀率	g/h	<0.025

注:静态耐臭氧龟裂测试条件(50±5)×10^{-8}、(40±2)℃,湿度 65%,72 h。抗冲磨强度为水下钢球法测得。

浇注聚氨酯涂层起到了显著的抗空蚀效果(见图 16-5),水轮机运行 2 年后,浇注聚氨酯涂层完好,对水轮机上冠空蚀区起到了较好的保护作用(见图 16-6)。

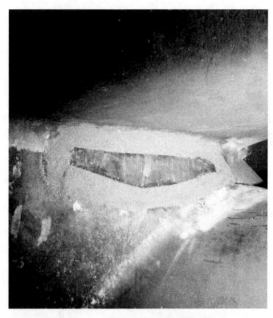

图 16-5　水轮机上冠磨蚀防护

图 16-6　水轮机上冠防护后运行两年效果

参 考 文 献

［1］甘肃省电力工业局.水轮发电机组运行技术［M］.北京:中国电力出版社 ,1995.

［2］单文培,罗忠,应大包.电气运行技术问答［M］.北京:中国电力出版社,2007.

［3］上海人民电机厂电源研究所.电泵的使用与修理［M］.上海:上海科学技术出版社,1989.

［4］华北电业管理局.变电运行技术问答［M］.北京:中国电力出版社,1997.

［5］周德贵,巩兆宁.同步发电机运行技术与实践［M］.北京:中国电力出版社,1996.

［6］本书编写组.面向 21 世纪电力科普知识读本［M］.北京:中国电力出版社 ,2002.

［7］中国长江电力股份有限公司,陈国庆,谢刚,等.水电厂运行技术问答［M］.北京:中国电力出版社,2005.

［8］华东电业管理局.高压断路器技术问答［M］.北京:中国电力出版社,1997.

［9］湖北清江水电开发有限责任公司,熊华康.水库调度技术问答［M］.北京:中国电力出版社,2004.